"双一流"建设精品出版工程

微电子器件基础

FUNDAMENTALS OF MICROELECTRONIC DEVICES

主 编　兰慕杰　来逢昌
主 审　赵晓锋

内容简介

本书重点介绍 pn 结二极管、双极型晶体管和场效应晶体管的基本结构、工作原理、直流特性、频率特性、功率特性和开关特性,以及描述这些特性的有关参数;简要介绍晶闸管、异质结双极晶体管、静电感应晶体管、绝缘栅双极晶体管、单结晶体管、双极反型沟道场效应晶体管和穿通型晶体管等微电子器件的基本概念、结构和工作原理。本书配有 PPT 等教学资源。

本书可作为普通高等学校电子科学与技术、集成电路设计、微电子学等专业本科生相关课程的教材,也可供相关专业本科生、研究生以及从事微电子技术相关工作的科研及工程技术人员阅读参考。

图书在版编目(CIP)数据

微电子器件基础/兰慕杰,来逢昌主编. —哈尔滨:哈尔滨工业大学出版社,2020.8
ISBN 978−7−5603−8595−2

Ⅰ.①微… Ⅱ.①兰… ②来… Ⅲ.①微电子技术—电子器件—高等学校—教材 Ⅳ.①TN4

中国版本图书馆 CIP 数据核字(2020)第 001730 号

策划编辑 杜 燕
责任编辑 李长波 周一瞳
封面设计 屈 佳
出版发行 哈尔滨工业大学出版社
社　　址 哈尔滨市南岗区复华四道街 10 号 邮编 150006
传　　真 0451−86414749
网　　址 http://hitpress.hit.edu.cn
印　　刷 黑龙江艺德印刷有限责任公司
开　　本 787mm×1092mm 1/16 印张 22.75 字数 580 千字
版　　次 2020 年 8 月第 1 版 2020 年 8 月第 1 次印刷
书　　号 ISBN 978−7−5603−8595−2
定　　价 59.80 元

(如因印装质量问题影响阅读,我社负责调换)

前　言

　　本书为满足电子科学与技术等专业课程体系教学要求而编写。

　　本书以半导体中载流子运动基本规律为基础，系统地介绍最基本微电子器件的基本结构、工作原理和工作特性，着重于基本物理概念和基本原理，侧重于工作原理和基本特性与其内部载流子运动基本规律和微观过程的内在联系。

　　本书共9章，主要内容涵盖pn结二极管、双极型晶体管和场效应晶体管三类基本的微电子器件，重点阐述这些器件的基本结构、工作原理、基本特性，描述各类特性的主要参数。第1章有关pn结理论虽已在先修课程"半导体物理"中涉及，但考虑到内容的相对完整性，该章作为pn结二极管及后续章节的理论基础而保留，结合1.7节"pn结二极管的其他类型"，彰显pn结二极管独立为一类器件的特点。第2、3、4、5章分别是双极型晶体管的直流特性、频率特性、功率特性和开关特性。第6章介绍结型场效应晶体管，包括pn结和肖特基结场效应晶体管，虽然该种器件应用范围不及双极型晶体管和MOS场效应晶体管宽泛，但其独有的结构和原理有利于理解微电子器件的一些基本概念。第7章系统介绍MOS场效应晶体管，突出基本概念，以更好地为后续课程服务。第8章集中介绍晶体管噪声特性，以侧重基本概念为原则，简要介绍各种器件的噪声源和基本噪声特性。第9章简要介绍晶闸管等其他类型的微电子器件的基本结构和工作原理，以使读者更为全面地了解微电子器件。常用的物理常数和图表列于书后附录中供查阅和参考。

　　本书适用于电子科学与技术、集成电路设计等本科专业的专业基础课"微电子器件原理"课程或其他类似课程，参考学时为60～80学时。第1～8章（1.7节除外）可用于"晶体管原理"课程教学，约60学时。1.7节和第9章可作为从"晶体管原理"向"微电子器件基础"的扩展内容。本书也可作为相关专业研究生和工程技术人员的参考用书。

　　本书在编写过程中参考了许多已有著作，各著作的作者阐述、分析问题的不同角度使编者受益匪浅。编者从中汲取了有益部分，恕不一一列举，谨在此致以敬意和谢意。

　　特别感谢武世香老师为本书的出版所做的一切。

　　由于编者水平有限，书中难免有疏漏及不足之处，敬请读者批评指正。

编　者
2019年12月

目　录

第1章　pn结二极管 ··· 1
1.1　pn结的形成及平衡状态 ·· 1
1.2　pn结的直流特性 ·· 9
1.3　pn结空间电荷区和势垒电容 ····································· 26
1.4　pn结的小信号交流特性 ·· 39
1.5　pn结的击穿特性 ··· 42
1.6　pn结二极管的开关特性 ·· 56
1.7　pn结二极管的其他类型 ·· 61
思考与练习 ··· 71

第2章　双极型晶体管的直流特性 ··································· 74
2.1　晶体管的基本结构和杂质分布 ····································· 74
2.2　晶体管的放大机理 ··· 77
2.3　晶体管的直流伏安特性及电流增益 ······························ 81
2.4　晶体管的反向电流及击穿电压 ····································· 99
2.5　双极型晶体管的直流特性曲线 ··································· 104
2.6　基极电阻 ·· 106
2.7　埃伯尔斯－莫尔(Ebers－Moll)模型 ····························· 109
思考与练习 ··· 111

第3章　双极型晶体管的频率特性 ··································· 113
3.1　晶体管交流电流放大系数与频率参数 ························· 113
3.2　晶体管交流特性的理论分析 ······································ 115
3.3　晶体管的高频参数及等效电路 ··································· 120
3.4　高频下晶体管中载流子的输运及中间参数 ···················· 129
3.5　晶体管电流放大系数的频率关系 ································ 138
3.6　晶体管的高频功率增益和最高振荡频率 ······················ 143
3.7　工作条件对晶体管 f_T、K_{pm} 的影响 ······················ 147
思考与练习 ··· 148

第 4 章 双极型晶体管的功率特性 150
4.1 集电极最大允许工作电流 I_{CM} 150
4.2 基区大注入效应对电流放大系数的影响 150
4.3 有效基区扩展效应 155
4.4 发射极电流集边效应 161
4.5 晶体管最大耗散功率 P_{CM} 166
4.6 二次击穿和安全工作区 170
思考与练习 179

第 5 章 双极型晶体管的开关特性 180
5.1 开关晶体管的静态特性 180
5.2 晶体管的开关过程和开关时间 183
5.3 开关晶体管的正向压降和饱和压降 199
思考与练习 201

第 6 章 结型栅场效应晶体管 203
6.1 JFET 基本结构和工作原理 203
6.2 JFET 的直流特性与低频小信号参数 208
6.3 JFET 的交流特性 223
6.4 JFET 的功率特性 227
6.5 JFET 和 MESFET 结构举例 229
思考与练习 234

第 7 章 MOS 场效应晶体管 236
7.1 MOSFET 基本结构和工作原理 236
7.2 MOSFET 的阈值电压 240
7.3 MOSFET 的伏安特性和直流特性曲线 251
7.4 MOSFET 的频率特性 258
7.5 MOSFET 的功率特性和功率 MOSFET 的结构 266
7.6 MOSFET 的开关特性 271
7.7 MOSFET 的击穿特性 277
7.8 MOSFET 的温度特性 282
7.9 MOSFET 的短沟道和窄沟道效应 285
思考与练习 294

第8章　晶体管的噪声特性 ………………………………………………………………… 296
8.1　晶体管的噪声和噪声系数 …………………………………………………………… 296
8.2　晶体管的噪声源 ……………………………………………………………………… 297
8.3　pn 结二极管的噪声 …………………………………………………………………… 300
8.4　双极型晶体管的噪声特性 …………………………………………………………… 302
8.5　JFET 和 MESFET 的噪声特性 ……………………………………………………… 303
8.6　MOSFET 的噪声特性 ………………………………………………………………… 304
思考与练习 ………………………………………………………………………………… 306

第9章　其他类型的微电子器件 …………………………………………………………… 307
9.1　晶闸管 ………………………………………………………………………………… 307
9.2　异质结双极晶体管 …………………………………………………………………… 314
9.3　静电感应晶体管 ……………………………………………………………………… 317
9.4　绝缘栅双极晶体管 …………………………………………………………………… 322
9.5　单结晶体管 …………………………………………………………………………… 324
9.6　双极反型沟道场效应晶体管 ………………………………………………………… 326
9.7　穿通型晶体管 ………………………………………………………………………… 327

附　录 …………………………………………………………………………………………… 330
附录 Ⅰ　常温下主要半导体的物理性质 ………………………………………………… 330
附录 Ⅱ　常用介质膜的物理参数 ………………………………………………………… 332
附录 Ⅲ　常用物理常数表 ………………………………………………………………… 334
附录 Ⅳ　硅电阻率与杂质浓度的关系(300 K) …………………………………………… 335
附录 Ⅴ　硅中迁移率与杂质浓度的关系 ………………………………………………… 335
附录 Ⅵ　扩散结势垒电容和势垒宽度关系曲线 ………………………………………… 336
附录 Ⅶ　硅中扩散层平均电导与表面浓度、结深关系 ………………………………… 344
附录 Ⅷ　半导体分立器件型号命名法 …………………………………………………… 348

参考文献 ……………………………………………………………………………………… 352

第 1 章　pn 结二极管

　　pn 结(p-n Junction)是一块半导体中 p 型区与 n 型区的交界面及其两侧很薄的过渡区。半导体具有 n 型和 p 型两种基本的导电类型,因此,除了只利用一种导电类型半导体构成的电阻器外,pn 结是绝大部分半导体器件的基本结构。例如,一个 pn 结可以构成半导体二极管(Diode);两个背靠背靠得很近的 pn 结组成双极型晶体管(Bipolar Junction Transistor,BJT)或者结型场效应晶体管(Junction Field-Effect Transistor,JFET);三个 pn 结可以构成可控硅(晶闸管)结构。在表面场效应晶体管的基本结构中,pn 结也是不可缺少的组成部分。在半导体集成电路中,除了用 pn 结构成电路中的二极管、三极管外,还利用 pn 结的有关特性制成电路中的电阻、电容及实现电路元器件间的隔离,从而使大规模集成电路的制作成为可能。由此可见,无论怎样的半导体器件,几乎都是以 pn 结为基础工作的,pn 结可以称得上是"半导体器件的核心"。因此,要了解半导体二极管、三极管、半导体集成电路以及某些特种半导体器件的工作原理及特性,首先要弄清 pn 结具有哪些特性,以及为什么会具有这样的特性。

　　本章主要讨论 pn 结的形成和杂质分布、能带图、空间电荷区的电场及电位分布,以及在外加电压作用下,pn 结空间电荷区的变化及载流子的分布、运动及复合的规律,从而解释 pn 结的整流特性、电容效应、击穿现象和开关特性;进而介绍利用这些特性制作的各种类型的 pn 结二极管。

1.1　pn 结的形成及平衡状态

1.1.1　pn 结的形成与空间电荷区

1. pn 结的形成与杂质分布

　　采用各种各样的工艺将 p 型半导体和 n 型半导体制作在同一块半导体中,在其交界面处形成了 pn 结。在这块含有 pn 结的半导体中,p 型区中以受主杂质(如 Si 中的 B、Al、Ga 等)为主,多子是空穴;n 型区中以施主杂质(如 Si 中的 P、As、Sb 等)为主,多子是电子。在 pn 结交界面(称为冶金结)处,受主杂质与施主杂质浓度相等,也称净杂质浓度为零。

　　pn 结有同质结和异质结两种。由同一种半导体材料制成的 pn 结称为同质结;由禁带宽度不同的两种半导体材料制成的 pn 结称为异质结。制作 pn 结的工艺方法很多,主要有合金法、扩散法、离子注入法、外延法及键合法等。合金法多用于锗器件的制作,化合物半导体的 pn 结多是由外延方法获得的,制作硅器件可以根据需要采用上述任何一种方法。

　　制作 pn 结的方法不同,其内部杂质分布也各不相同。用合金法制得的 pn 结称为合金结,其 p 型区和 n 型区内部杂质各自均匀分布,而在交界面处杂质类型突变,如图 1—1(a)所示,故成为突变结的典型代表。若突变结中一侧的杂质浓度比另一侧杂质浓度高两个数量级以上,则称为单边突变结,记作 p$^+$n 结或 pn$^+$ 结。上角标"+"表示高浓度侧。用扩散法制得的 pn 结称为扩散结,其杂质浓度由表面向内部沿扩散方向逐渐减小,如图1-1(b)所示。在$x=x_j$处,$N_A(x_j)=N_D$,此即冶金结的位置。冶金结附近杂质浓度缓变的pn结称为缓变结。大多数扩散结是缓变结。在工程上,为简便起见,在允许的情况下常做一些近似处理。对于表面杂质浓度较高而结深很浅的pn结,结附近杂质浓度梯度很大,可做突变结近似(图1-1(c));而对于表面杂质浓度较低而结深又较深的pn结,可近似认为结附近杂质浓度呈线性变化,如图1-1(b)中虚线所示,其杂质浓度梯度是常数,按线性缓变结近似处理(图1-1(d))。

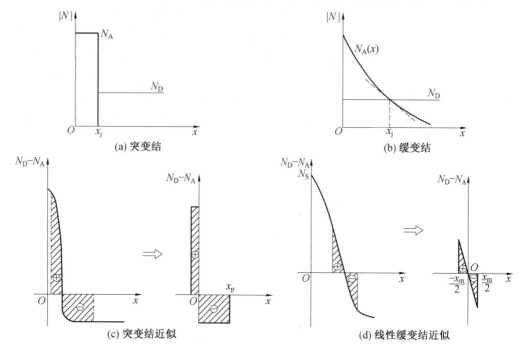

图1-1　pn结的杂质分布及其近似处理

离子注入结由于结深很浅,且在结附近杂质浓度变化很大,因此常按突变结近似处理。外延法获得的pn结也是突变结。键合法可以获得较为理想的突变结。

无论是用哪一种方法获得的pn结,也无论其内部杂质分布如何,它们都具有单向导电性,有相似的伏安特性,也就允许用统一的符号来表征,如图1-2所示,图1-2(b)符号多用于讨论pn结特性,在电路中则采用图1-2(c)的符号。如图1-3所示为pn结二极管典型的封装结构。

2. pn结空间电荷区

pn结空间电荷区的存在和其中电荷、电场及电势的变化是pn结具有各种特性的物理基础,空间电荷区堪称pn结的核心。由于冶金结界面两侧有不同的导电类型和掺杂浓度,因此两侧相同类型载流子存在浓度差,在此浓度差的作用下,界面附近的多数载流子通过交界面向对方做扩散运动。载流子是荷电粒子,其扩散运动破坏了原来的电中性条件。在交界面附近,原p型区侧因失去带正电荷的空穴,剩余带负电荷的电离受主和接受了来自n区侧的电子而带负电;原n型区侧则因失去电子,剩余带正电荷的电离施主和接受空穴而带正电。由于正、负电荷之间的相互吸引,这些过剩电荷分布于交界面两侧一定的区域内。电离施主与电离受

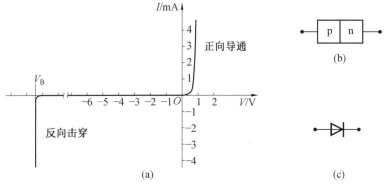

图1-2 pn结的伏安特性和符号

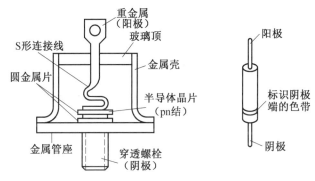

图1-3 pn结二极管典型的封装结构

主都固定在晶格结点上,因此这个区域称为空间电荷区。此区域内n区侧带正电荷,p区侧带负电荷,因而存在着一个自n区侧指向p区侧的电场。由于这个电场是载流子自然的扩散运动的结果,并不是外加的,因此称其为空间电荷区自建电场。在空间电荷区以外的p型区与n型区仍然保持着电中性,不存在电场。

由n区侧指向p区侧的空间电荷区自建电场将促使空穴流向p区而电子流向n区,即引起由n区向p区的漂移电流。这个漂移电流与由于浓度梯度的作用而形成的由p区向n区的扩散电流方向相反。

空间电荷区自建电场的强度及其对载流子漂移作用的强弱与其中所包含的正、负电荷量的多少有关。如果空间电荷区中载流子的浓度远小于杂质电离所形成的空间电荷的密度,则可以仅考虑电离杂质电荷的作用,这也是称其为空间电荷区的一个原因。

空间电荷区是随着pn结的制作过程而形成的。在形成pn结的过程中,随着向晶体中掺入受主杂质或施主杂质,载流子进行扩散运动,剩余的电离杂质空间电荷的数目越来越大,所建立起来的不断增强的自建电场对载流子的漂移作用也在逐渐增大。当漂移作用和扩散作用相当时,载流子的运动达到动态平衡。此后空间电荷区内空间电荷的数目不再变化,自建电场也不再继续增大,空间电荷区的宽度也不再变化。这时的pn结称为平衡pn结。

在平衡pn结中,载流子的扩散和漂移处于动态平衡意味着两种载流子在空间电荷区中也满足浓度积关系$np=n_i^2$。这时,在交界面两侧总长度为x_m的区域内,扩散进入n区侧的空穴与该区的电子相复合,而扩散进入p区侧的电子与该区的空穴相复合。在边扩散边复合的过程中,两侧多数载流子浓度大大下降,少子浓度上升。图1-4(a)、(b)分别给出pn结中电荷及载流子分布的示意图。

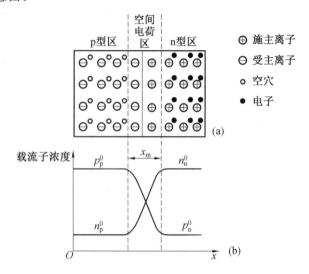

图1-4　pn结中电荷及载流子分布

在平衡pn结中,载流子的扩散运动与漂移运动达到动态平衡,通过pn结的净电流为零。这意味着每种载流子各自在扩散与漂移之间达到动态平衡,而各处的载流子浓度分布也达到动态平衡,不再变化。以空穴为例,此时应有

$$J_p = -qD_p \frac{dp}{dx} + q\mu_p pE(x) = 0 \tag{1-1}$$

式中, $-qD_p \frac{dp}{dx}$ 为扩散电流密度分量; $q\mu_p pE(x)$ 为漂移电流密度分量。由此可得平衡pn结空间电荷区自建电场强度为

$$E(x) = \frac{D_p}{\mu_p} \cdot \frac{1}{p} \cdot \frac{dp}{dx} = \frac{kT}{q} \cdot \frac{1}{p} \cdot \frac{dp}{dx} \tag{1-2}$$

式(1-2)利用了爱因斯坦关系式 $D = \mu \cdot \frac{kT}{q}$。按照电场与电势的关系,式(1-2)也可以写为

$$E(x) = -\frac{d\varphi}{dx} = \frac{kT}{q} \cdot \frac{1}{p} \cdot \frac{dp}{dx} \tag{1-3}$$

式中, φ 表示空间电荷区中的电势。

1.1.2　平衡pn结的能带图与势垒高度

1. 平衡pn结的能带图

pn结空间电荷区中存在着自建电场,两侧的多子向对面区域扩散时要克服电场阻力而做功,其结果是载流子本身势能的增大,也就是说载流子"爬"上了一座势能的高坡——pn结势垒。换句话说,只有有能力"爬"上这个势垒高坡(或具有高于势垒能量)的载流子才可能扩散到对面区域中。因为这个势垒处于空间电荷区中,所以空间电荷区又称为势垒区。

在平衡pn结中,如果空间电荷区自建电场所对应的内建电势差为 V_D,则载流子克服电场力所做的功 qV_D 全部转化为载流子的势能,即载流子在逆电场作用方向穿过空间电荷区后势

能提高了 qV_D，所以势垒高度应正好等于 qV_D。

空间电荷区内各点电势是渐变的，载流子在其中各处的电势能也随之渐变。图 1-5 所示为用电子电势能表示的 pn 结势垒示意图。

空穴电荷符号与电子相反，其电势能高低也与电子势能图相反。在讨论 pn 结能带图时多用电子电势能表示。

图 1-6 示意地给出了 p 型半导体与 n 型半导体的能带图及它们组成 pn 结后的能带图。

pn 结能带图具有如下特点。

① p 区导带底比 n 区导带底高 qV_D，p 区价带顶也比

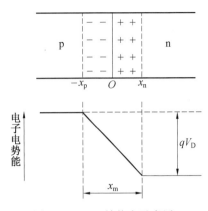

图 1-5　PN 结势垒示意图

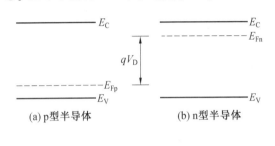
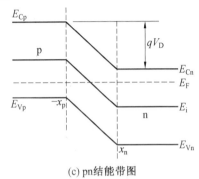

图 1-6　均匀半导体与平衡 pn 结的能带图

n 区价带顶高 qV_D。

② 能带图中处处均保持禁带宽度 E_g。

③ 与电子势能图一样，在势垒区内 pn 结能带图是弯曲的。

按照半导体物理理论，费米能级是反映半导体材料中电子填充能带水平高低的标志。在 n 型半导体中，费米能级靠近导带底；而在 p 型半导体中，费米能级靠近价带顶。当 n 型半导体与 p 型半导体相结合形成 pn 结时，电子就要从填充水平高的 n 型区流向填充水平低的 p 型区，即电子从费米能级高处流向费米能级低处，这就是电子从 n 区向 p 区的扩散（一部分是导带电子流，另一部分是价带电子流，后者表现为由 p 区向 n 区的空穴流）。达到平衡时，费米能级处处相等。

以电子电流为例，流过 pn 结的电子电流为电子漂移电流与电子扩散电流之和，即

$$J_n = nq\mu_n E + qD_n \frac{dn}{dx} \qquad (1-4)$$

利用爱因斯坦关系式，式（1-4）又可表示为

$$J_n = nq\mu_n \left[E + \frac{kT}{q} \frac{d}{dx}(\ln n) \right] \qquad (1-5)$$

由半导体物理理论，已知

$$n = n_i e^{(E_F - E_i)/kT} \qquad (1-6)$$

将式（1-6）两边取对数后代入式（1-5），可得

$$J_n = nq\mu_n \left[E + \frac{1}{q}\left(\frac{dE_F}{dx} - \frac{dE}{dx}\right) \right] \quad (1-7)$$

本征费米能级 E_i 的变化与电子电势能的变化 $-qV(x)$ 是一致的,所以

$$\frac{dE_i}{dx} = -q\frac{dV(x)}{dx} = qE \quad (1-8)$$

将式(1-8)代入式(1-7),得

$$J_n = n\mu_n \frac{dE_F}{dx} \Leftrightarrow \frac{dE_F}{dx} = \frac{J_n}{n\mu_n} \quad (1-9)$$

同理,空穴电流密度的表达式为

$$J_p = p\mu_p \frac{dE_F}{dx} \Leftrightarrow \frac{dE_F}{dx} = \frac{J_p}{p\mu_p} \quad (1-10)$$

式(1-9)和式(1-10)表达了费米能级随位置的变化与电流密度的关系。对于平衡 pn 结,J_n、J_p 均为零,所以 $\frac{dE_F}{dx}=0$,说明在平衡 pn 结中费米能级是一个与位置无关的恒量。费米能级处处相等是平衡 pn 结的标志。

2. 平衡 pn 结的势垒高度

如前所述,由于 pn 结空间电荷区自建电场的作用,当 pn 结平衡时,p 区能带相对 n 区能带提高了 qV_D,$E_{Fp}=E_{Fn}=E_F$。qV_D 既是 p 区能带的提高量,也是 p 区费米能级的提高量,它等于构成此 pn 结的 p 区与 n 区的起始费米能级之差。

由式(1-3)可知,在空间电荷区范围($-x_p \sim x_n$)内(图 1-5)对电势积分,有

$$-\int_{\varphi_p}^{\varphi_n} d\varphi = \frac{kT}{q}\int_{p_p}^{p_n} \frac{dp}{p} \quad (1-11)$$

式中,φ_p 和 p_p 分别为空间电荷区 p 区侧边界处的电位和空穴浓度;φ_n 和 p_n 分别为空间电荷区 n 区侧边界处的电位和空穴浓度。由式(1-11)可得

$$-(\varphi_n - \varphi_p) = \frac{kT}{q}\ln\frac{p_n}{p_p} \quad (1-12)$$

式中,$(\varphi_n - \varphi_p)$ 恰好就是 pn 结的接触电势差 V_D。

由式(1-12)可知,利用 $p_n(x_n) \cdot n_n(x_n) = n_i^2$ 得

$$\varphi_n - \varphi_p = V_D = \frac{kT}{q}\ln\frac{p_p(-x_p)}{p_n(x_n)} = \frac{kT}{q}\ln\frac{p_p(-x_p) \cdot n_n(x_n)}{n_i^2} \quad (1-13)$$

在掺杂浓度不太高的 pn 结中,室温下杂质几乎全部电离,载流子浓度可用杂质浓度来表示。对于均匀掺杂的突变结,有

$$p_p(-x_p) = N_A, \quad n_n(x_n) = N_D \quad (1-14)$$

则式(1-13)可表示为

$$V_D = \frac{kT}{q}\ln\frac{N_A \cdot N_D}{n_i^2} \quad (1-15)$$

另外,从能带图角度,由图 1-6 及式(1-6)、式(1-14)可得

$$\varphi_n = -\frac{1}{q}(E_i - E_F)\Big|_{x \geqslant x_n} = \frac{kT}{q}\ln\frac{N_D}{n_i} \quad (1-16)$$

$$\varphi_p = -\frac{1}{q}(E_i - E_F)\Big|_{x \leqslant -x_p} = -\frac{kT}{q}\ln\frac{N_A}{n_i} \quad (1-17)$$

同样可以得到式(1-15)。

在热平衡条件下,在 p 型及 n 型中性区之间的静电势之差称为内建电势差,即 V_D。静电势与掺杂浓度之间的关系如图 1-7 所示。根据图 1-7 查出 φ_n、φ_p,则可方便地求得 V_D。

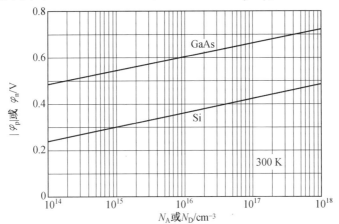

图 1-7　Si 和 GaAs 突变结 p 型区和 n 型区静电势与杂质浓度的关系

对于图 1-1(d)所示的线性缓变结,有

$$p_p(-x_p) = n_n(x_n) = a \cdot \frac{x_m}{2}$$

式中,a 为线性缓变结的杂质浓度梯度;x_m 为空间电荷区宽度。代入式(1-13)得

$$V_D = 2\frac{kT}{q}\ln\left(\frac{ax_m}{2n_i}\right) \tag{1-18}$$

线性缓变结内建电势与结杂质浓度梯度的关系如图 1-8 所示。

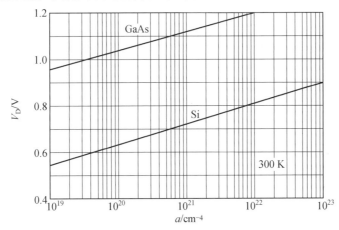

图 1-8　Si 和 GaAs 线性缓变结内建电势与结杂质浓度梯度的关系

至此,可以得出如下结论。

① 构成 pn 结的两个区域掺杂浓度越大,或结附近杂质浓度梯度越大,pn 结的接触电势差 V_D 也越大。

② 半导体材料禁带宽度越大,在相同温度下,n_i 越小,V_D 越大。

③ V_D 与工作温度有关,温度升高时 V_D 有所降低。

④ 利用 $n_p^0 \cdot p_p^0 = n_n^0 \cdot p_n^0 = n_i^2$ 关系，式(1—13)可以改写为

$$\frac{p_p^0}{p_n^0} = \frac{n_n^0}{n_p^0} = e^{qV_D/kT} \tag{1—19}$$

这是一个很有用的关系式，它给出了平衡 pn 结两侧载流子的浓度关系，说明平衡 pn 结的势垒高度决定了两侧载流子浓度的比例。

下面的例子可以给出 V_D 数量的概念。有一硅 pn 结，$N_D = 10^{16}$ cm^{-3}，$N_A = 2 \times 10^{18}$ cm^{-3}，室温下(300 K)$n_i = 1.4 \times 10^{10}$ cm^{-3}，$kT/q \approx 0.026$ V，按突变结近似代入式(1—15)得 $V_D = 0.84$ V。对于同样掺杂的锗 pn 结，由于室温下 $n_i = 2.5 \times 10^{13}$ cm^{-3}，可求得 $V_D = 0.445$ V。

可见，在相同掺杂浓度下，禁带宽度造成本征载流子浓度的差异，硅 pn 结的接触电势差约比锗的大一倍。

应当指出，由式(1—13)、式(1—15)、式(1—18)计算出的 V_D 仅代表 n 区电位比 p 区电位高多少，是相对值。

3. 平衡 pn 结的载流子浓度分布

在平衡 pn 结中，费米能级处处相等，而本征费米能级 E_i 成为位置 x 的函数(图1—9)，可表示为 $E_i(x)$。于是，空间电荷区中 x 处的电子浓度为

$$n(x) = n_i e^{[E_F - E_i(x)]/kT} \tag{1—20}$$

该处空穴浓度为

$$p(x) = n_i e^{[E_i(x) - E_F]/kT} \tag{1—21}$$

如果以 p 区电位为参考电位，即令 p 区电位为零，则空间电荷区中电位 $V(x)$ 均为正值，且由 p 区到 n 区逐渐提高。若以 E_{ip} 表示 p 区的本征费米能级，则有

$$E_i(x) = E_{ip} - qV(x) \tag{1—22}$$

代入式(1—21)，得

$$p(x) = n_i e^{(E_{ip} - E_F)/kT} \cdot e^{-qV(x)/kT} = p_p^0 e^{-qV(x)/kT} \tag{1—23}$$

在空间电荷区 n 区侧边界 x_n 处，电位为 pn 结接触电势差 V_D，则由式(1—23)得

$$p(x_n) = p_p^0 e^{-qV_D/kT} \tag{1—24}$$

比较式(1—19)、式(1—24)，可得

$$p(x_n) = p_n^0 \tag{1—25}$$

可见，平衡 pn 结空间电荷区中空穴浓度分布是按照与电势的指数关系，从 p 区侧边界($-x_p$)的平衡多子浓度 p_p^0 连续下降为 n 区侧边界(x_n)处的平衡少子浓度 p_n^0。

同样地，可以得到

$$n(x) = n_p^0 e^{qV(x)/kT} \tag{1—26}$$

$$n(x_p) = n_p^0 \tag{1—27}$$

即电子浓度分布也是按照与电势的指数关系，从 n 区平衡多子浓度 n_n^0 连续下降到 p 区的平衡少子浓度 n_p^0。

图1—9集中给出平衡 pn 结空间电荷区以及其中的电势分布、能带图和载流子浓度分布的示意图。

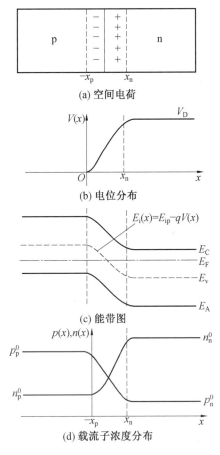

图 1-9　平衡 pn 结的空间电荷区

1.2　pn 结的直流特性

当 pn 结上被施以外加电压时，空间电荷区由于其中的载流子浓度远低于平衡多子浓度而呈高阻，几乎降落全部的外加电压。外加电压产生电场，将改变原来的空间电荷区电场，即将打破 pn 结原先的平衡状态。故将被施以外加电压的 pn 结统称为非平衡 pn 结，并根据所施加电压的极性分为正向 pn 结和反向 pn 结。

本节将分别讨论被施以正向和反向电压的 pn 结中电场、电势、能带和势垒的变化，以及由此而引起的载流子分布和运动规律的变化，进而得出 pn 结正向和反向状态下电流与电压的关系，即 pn 结的直流伏安特性。

1.2.1　正向 pn 结

pn 结具有单向导电性。当将外电源的正极接在 p 区侧，负极接在 n 区侧时，pn 结处于导通状态，称为 pn 结正向偏置，简称正偏。正向 pn 结就是处于正偏状态的 pn 结。下面讨论正向 pn 结中载流子的注入、浓度分布和运动规律，以及伏安特性。

1. 正向 pn 结的势垒和正向注入效应

当正向偏置的外加电压作用于 pn 结上时，外加电压将在空间电荷区产生与其自建电场方向相反的电场，两者互相抵消导致势垒区中总电场强度减弱，致使势垒区里包含的空间电荷数减少，势垒区宽度减小，p 区和 n 区电势能差值减小，势垒高度降低。若外加正向电压为 V_A，势垒高度就从 qV_D 减小为 $q(V_D-V_A)$。图 1—10 形象地说明了这种变化。

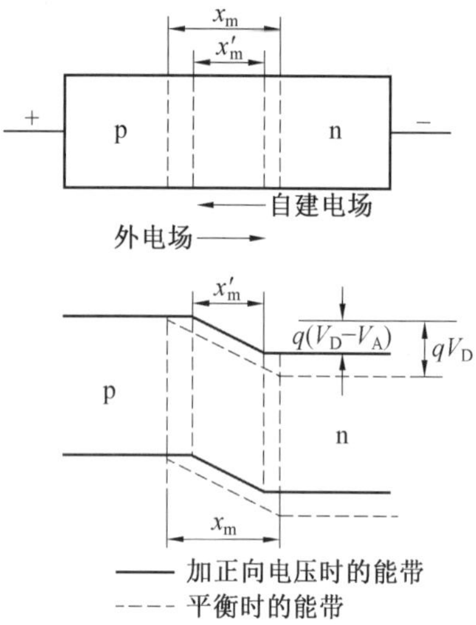

空间电荷区自建电场被削弱的同时，原来载流子扩散运动与漂移运动之间的平衡也被破坏。漂移运动被削弱而使扩散运动占优势，将有一部分空穴从 p 区扩散到 n 区成为 n 区的非平衡少数载流子，同时有一部分电子从 n 区扩散到 p 区成为 p 区的非平衡少数载流子。这就是 pn 结的正向注入效应。

图 1—10 正向电压作用下 pn 结势垒的变化

2. 准费米能级的变化

按照半导体物理理论，处于热平衡状态的半导体中，电子和空穴有统一的费米能级，并满足载流子浓度积的关系式 $n \cdot p = n_i^2$。pn 结处于平衡状态时，p 区和 n 区也有统一的费米能级。因此，可以说"统一的费米能级"和"热平衡状态"是同一物理状态的两种说法。

外加正向电压打破了 pn 结的平衡状态，不仅使 p 区与 n 区不再具有统一的费米能级，而且在 p 区和 n 区内部的某一区域内也由于正向注入效应出现了非平衡载流子，电子和空穴不再满足 $n \cdot p = n_i^2$ 的关系，原来统一的费米能级分裂为电子准费米能级和空穴准费米能级，分别用 E_F^- 和 E_F^+ 来表示。准费米能级的含义就是将同一半导体中的导带电子与价带电子看作两个电子体系，分别用"各自的"费米能级来描述。

在正向电压作用下，p 区向 n 区注入的空穴变成了 n 区的非平衡少子，n 区向 p 区注入的电子变成了 p 区的非平衡少子。这些非平衡少子堆积在空间电荷区边界附近，并在浓度梯度作用下由边界分别向 n 区和 p 区内部扩散，且边扩散边与多子相复合，其浓度随着扩散距离的增加而迅速减小，经过一个扩散长度后其浓度下降为边界浓度的 1/e。为简化起见，通常可近似认为仅仅在一个扩散长度的范围内存在非平衡少子，而在大于一个扩散长度以外的区域，非平衡少子均已被复合，载流子浓度为平衡浓度。这个非平衡少数载流子边扩散边复合的区域称为少子扩散区。

根据以上分析，可以画出正向 pn 结中准费米能级变化规律示意图，如图 1—11 所示，扩散区以外没有非平衡载流子，电子和空穴有统一的费米能级，且费米能级在能带中的相对位置没有变化。但是，由于势垒高度已由平衡时的 qV_D 减小为 $q(V_D-V_A)$，即势垒高度减小了 qV_A，因此在 n 区导带底 E_{Cn} 和价带顶 E_{Vn} 相对于 p 区提高了 qV_A 的同时，n 区的费米能级也相应地提高了 qV_A，此时 $E_{Fn}-E_{Fp}=qV_A$。这表明，虽然在扩散区以外的 n 区和 p 区各自处于平衡状态，然而 p 区与 n 区之间是不平衡的，n 区的费米能级高于 p 区，由此引起电子从 n 区向 p 区的注入。

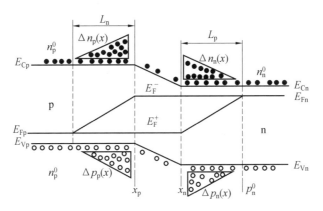

图 1-11 正向 pn 结中准费米能级变化规律示意图

在电子扩散区、空穴扩散区以及空间电荷区中,因为存在非平衡载流子,所以没有统一的费米能级,只能用准费米能级来分别描述电子和空穴的浓度。为了进一步讨论其中准费米能级的变化规律,首先做如下假设:

① 小注入,即注入的非平衡少子浓度远远小于平衡多子浓度。
② 势垒区很薄,忽略非平衡少子在势垒区内的复合。

上述假设在一般应用条件下是可以满足的。

如图 1-11 所示,在电子扩散区中,空穴准费米能级 E_F^+ 没有变化,仍然等于 p 区的费米能级 E_{Fp}。这是因为在电子扩散区内空穴是多数载流子,浓度很高,虽然为了满足电中性条件,当电子浓度增加 Δn 时,空穴浓度也增加 Δp,且 $\Delta n = \Delta p$,但因为是小注入,$\Delta n \ll p_p^0$,可以认为空穴浓度 $p_p^0 + \Delta p \approx p_p^0$(平衡空穴浓度),所以在此区域内 $E_F^+ = E_{Fp}$。同理,空穴扩散区中电子的准费米能级 E_F^- 也等于 n 区的费米能级 E_{Fn}。

由于势垒区宽度很窄,费米能级在其中的变化极小,可以忽略,因此准费米能级保持水平。同时,势垒区中水平的准费米能级与本征费米能级差值的变化反映了两种载流子浓度的剧烈变化。

电子扩散区 L_n 范围内 E_F^- 的下降和空穴扩散区 L_p 范围内 E_F^+ 的上升正好反映了在少子扩散区中,非平衡载流子边扩散边复合造成浓度逐渐下降的事实。

3. 正向 pn 结势垒边界处的少子浓度

借助于空穴和电子的准费米能级 E_F^+ 和 E_F^-,可以用类似于平衡条件下载流子浓度公式的形式来表示非平衡条件下的载流子浓度,即

$$\begin{cases} n = N_C e^{-(E_C - E_F^-)/kT} \\ p = N_V e^{-(E_F^+ - E_V)/kT} \end{cases} \quad (1-28)$$

对于正向 pn 结,在小注入条件下,x_p 处的空穴浓度为

$$p_p(x_p) = p_p^0 + \Delta p \approx p_p^0 = N_V e^{-(E_F^+ - E_{Vp})/kT} \quad (1-29)$$

x_n 处的空穴浓度为

$$p_n(x_n) = N_V e^{-(E_F^+ - E_{Vn})/kT} \quad (1-30)$$

根据上面的讨论,x_p 处与 x_n 处的 E_F^+ 具有相同的数值,而 $E_{Vp} - E_{Vn} = q(V_D - V_A)$ 表示正向电压为 V_A 时 pn 结的势垒高度。

由式(1-30)进行变换,并考虑到式(1-19)和式(1-29),有

$$p_n(x_n) = N_V e^{-(E_F^+ - E_{Vn} + E_{Vp} - E_{Vp})/kT}$$
$$= N_V e^{-(E_F^+ - E_{Vp})/kT} \cdot e^{-q(V_D - V_A)/kT}$$
$$= p_p^0 e^{-qV_D/kT} \cdot e^{qV_A/kT}$$
$$= p_n^0 e^{qV_A/kT} \tag{1-31}$$

类似地得到 x_p 处电子浓度为

$$n_p(x_p) = n_n^0 e^{-q(V_D - V_A)/kT} = n_p^0 e^{qV_A/kT} \tag{1-32}$$

式(1-31)、式(1-32)直观地表明,正向 pn 结边界处的少子浓度等于该处的平衡少子浓度乘以一个正向电压的指数项 $e^{qV_A/kT}$。

后面还将看到,式(1-31)、式(1-32)不仅适合于正偏 pn 结,也适合于反偏 pn 结的情况,只不过需注意到那时的反偏电压是负的。

另外还应该看到,平衡 pn 结接触电势差 V_D 对应的势垒高度 qV_D 决定了平衡 pn 结两侧载流子浓度的比值,而正向 pn 结也是由其势垒高度 $q(V_D - V_A)$ 决定这个比值,反向 pn 结也将有类似的形式,因为它们都遵循了同样的物理规律。

利用式(1-31)、式(1-32)可以很方便地求出在一定偏压作用下 pn 结势垒边界处的少子浓度。例如,有一硅 pn 结,两侧杂质浓度分别为 $N_A = 10^{20}$ cm^{-3}、$N_D = 10^{17}$ cm^{-3},当外加正向电压 $V_A = 0.5$ V 时,可求得 x_n 处的空穴浓度为

$$p_n(x_n) = p_n^0 e^{qV_A/kT} = \frac{n_i^2}{n_n^0} e^{qV_A/kT} \approx \frac{n_i^2}{N_D} e^{qV_A/kT}$$

代入相关数据,可得

$$p_n(x_n) = 4.85 \times 10^{11} \text{ cm}^{-3}$$

同理可得

$$n_p(x_p) = 4.85 \times 10^8 \text{ cm}^{-3}$$

由此可见,在所给定的电压下,注入边界的少数载流子的浓度确实比多子浓度(掺杂浓度)低很多,这正是小注入的情况。如果外加正向电压增大,致使注入的少数载流子浓度接近等于以至超过多数载流子浓度,则称为大注入情况。

4. 正向 pn 结的电流－电压公式

首先做如下几点近似假设:

① p 区和 n 区的电阻率很低,外加电压完全降落在空间电荷区,空间电荷区以外没有电场。

② p 区和 n 区的宽度均大于少数载流子的扩散长度,因而在到达 p 区或 n 区边界前注入的平衡少数载流子均已被复合,载流子浓度恢复到平衡值。

③ 势垒区很薄,可忽略载流子在势垒区内的复合,因而通过势垒区时电流密度不变。

④ 小注入,即注入的非平衡少数载流子浓度远远小于平衡多子浓度。

⑤ 不计表面的影响。

(1) 正向 pn 结两侧非平衡少数载流子的浓度分布。

根据半导体物理理论,非平衡载流子在边扩散边复合的过程中,其浓度遵守的分布函数为

$$\begin{cases} \Delta p(x) = \Delta p(0) e^{-x/L_p} \\ \Delta n(x') = \Delta n(0) e^{-x'/L_n} \end{cases} \tag{1-33}$$

代入式(1-31)、式(1-32)给出的边界少子浓度,并注意到边界浓度与非平衡浓度的关系,可以写出

$$\begin{cases} \Delta p(x) = p_n^0 (e^{qV_A/kT} - 1) e^{-x/L_p} \\ \Delta n(x') = n_p^0 (e^{qV_A/kT} - 1) e^{-x'/L_n} \end{cases} \quad (1-34)$$

$$\begin{cases} p(x) = p_n^0 (e^{qV_A/kT} - 1) e^{-x/L_p} + p_n^0 \\ n(x') = n_p^0 (e^{qV_A/kT} - 1) e^{-x'/kT} + n_p^0 \end{cases} \quad (1-35)$$

在这里,取 x_n 处为 $x=0$,自势垒边界指向 n 区侧为 x 正方向;取 $-x_p$ 处为 $x'=0$,自势垒边界指向 p 区侧为 x' 的正方向。如图 1-12 所示为正向 pn 结两侧少子分布示意图。

(2) 正向 pn 结中电流成分的转换。

正向注入的非平衡少数载流子在扩散区中边扩散边与多子复合,其浓度自势垒边界分别向两侧呈指数衰减,浓度梯度随之减小,少子扩散电流不断下降,而与少子复合的多子电流逐渐增加。最后,在扩散区以外,少子全部复合,少子扩散电流全部转换为多子电流。图 1-13 示意地绘出了这一转换关系。根据电流连续性原理,通过 pn 结的总电流处处相等,所以图中有 $J_n(x) + J_p(x) = J$ 为常数。这意味着,尽管正向 pn 结中流过处处相等的电流,但是在

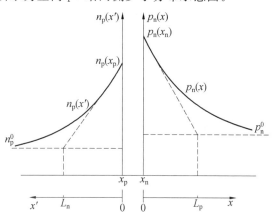

图 1-12 正向 pn 结两侧少子分布示意图

不同的截面上,参与传输电流的载流子种类和数量却是不断变化的。

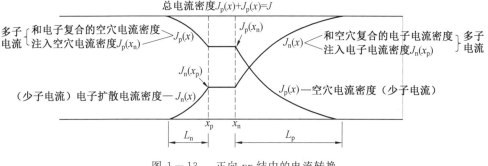

图 1-13 正向 pn 结中的电流转换

(3) pn 结正向电流公式。

综上所述,正向 pn 结中任意截面上电子电流与空穴电流之和都等于通过 pn 结的总电流。因此,可以取任一截面如 $x = x_n = 0$ 处来讨论 pn 结的正向电流,即

$$J = J(x_n) = J_p(x_n) + J_n(x_n)$$

式中,$J_p(x_n)$ 为少子(空穴)扩散电流密度,可通过扩散定律容易地求出;$J_n(x_n)$ 为多子(电子)电流密度,很难直接求取,然而根据假设③,可有 $J_n(x_n) = J_n(x_p)$,后者恰好也是少子扩散电流密度。于是,在忽略势垒区复合的假设下有

$$J = J_p(x_n) + J_n(x_p) \quad (1-36)$$

即可以通过计算势垒区两边界处的扩散电流求得 pn 结的总电流。由式(1-34),利用扩散定

律，可得

$$\begin{cases} J_p(x_n) = -qD_p \dfrac{\mathrm{d}\Delta p(x)}{\mathrm{d}x}\bigg|_{x=x_n=0} = -qD_p \dfrac{\mathrm{d}}{\mathrm{d}x}\left[p_n^0(\mathrm{e}^{qV_A/kT}-1)\mathrm{e}^{-x/L_p}\right]\bigg|_{x=0} \\ \qquad\quad = \dfrac{qD_p p_n^0}{L_p}(\mathrm{e}^{qV_A/kT}-1) \\ J_n(x_p) = -qD_n \dfrac{\mathrm{d}\Delta n(x')}{\mathrm{d}x'}\bigg|_{x=x_p=0} = -qD_n \dfrac{\mathrm{d}}{\mathrm{d}x'}\left[n_p^0(\mathrm{e}^{qV_A/kT}-1)\mathrm{e}^{-x'/L_n}\right]\bigg|_{x'=0} \\ \qquad\quad = \dfrac{qD_n n_p^0}{L_n}(\mathrm{e}^{qV_A/kT}-1) \end{cases}$$

(1-37)

于是，通过正向 pn 结的总电流密度为

$$J_F = \left(\frac{qD_p p_n^0}{L_p} + \frac{qD_n n_p^0}{L_n}\right)(\mathrm{e}^{qV_A/kT}-1) \tag{1-38}$$

若 pn 结面积为 A，则通过该结的正向电流为

$$I_F = A\left(\frac{qD_p p_n^0}{L_p} + \frac{qD_n n_p^0}{L_n}\right)(\mathrm{e}^{qV_A/kT}-1) \tag{1-39}$$

也可表示为

$$I_F = I_0(\mathrm{e}^{qV_A/kT}-1) \tag{1-39a}$$

其中

$$I_0 = A\left(\frac{qD_p p_n^0}{L_p} + \frac{qD_n n_p^0}{L_n}\right) \tag{1-40}$$

这就是正向 pn 结电流－电压关系式，或称为正向 pn 结的伏安特性，也称为肖克莱方程。

通常工作条件下，加在 pn 结上的正向电压 $V_A \gg \dfrac{kT}{q} \approx 0.026\ \mathrm{V}$，$\mathrm{e}^{qV_A/kT} \gg 1$，式(1-39a)可以近似为

$$I_F = I_0 \mathrm{e}^{qV_A/kT} \tag{1-41}$$

即正向 pn 结的电流随外加电压呈指数上升。

对于 p^+n 结，$n_p^0 \ll p_n^0$，有

$$I_F \approx A\frac{qD_p p_n^0}{L_p}(\mathrm{e}^{qV_A/kT}-1) \tag{1-42}$$

电流主要由 p^+ 区注入 n 区的空穴电流组成。而对于 n^+p 结，有

$$I_F \approx A\frac{qD_n n_p^0}{L_n}(\mathrm{e}^{qV_A/kT}-1) \tag{1-43}$$

则主要由 n^+ 区注入 p 区的电子电流组成。可见，穿过单边突变结的正向电流主要由高掺杂侧的多子电流组成。

（4）正向阈值电压。

pn 结正向电流随外加电压呈指数关系上升，但对于不同材料、不同掺杂浓度的 pn 结，其 I_0 值可能会相差很大。为了衡量不同 pn 结的正向电流随电压增大的性能，规定当 pn 结的正向电流达到 0.1 mA 时所对应的外加电压为该 pn 结的正向阈值电压，记为 V_f。

由式(1-41)可知，如果外加电压增大 0.1 V，则电流变化为

$$I'_F = I_0 \mathrm{e}^{q(V_A+0.1)/kT} = I_0 \mathrm{e}^{qV_A/kT} \cdot \mathrm{e}^{0.1/0.026} \approx 55I$$

即正向电压每升高 0.1 V,正向电流增大 55 倍。当电流为 μA 数量级时,即使增大 55 倍,电流仍然很小;但当电流为 0.1 mA 时,再增大 55 倍就很可观了。因此,以 0.1 mA 定义阈值电压是恰当的。

如图 1-14 所示为不同材料和掺杂浓度 pn 结的伏安特性实验曲线。根据正向 pn 结电流形成的原因及影响因素来分析很容易得到解释。值得注意的是,在实际的二极管中,pn 结两侧存在着体电阻和两个欧姆接触电阻,使二极管上压降增大,影响伏安特性,结果是实际测量的阈值电压总是略大于理论计算值。

5. 实验曲线与理论公式的偏离

按照式(1-41),有 $\ln I_F = \ln I_0 + \dfrac{qV_A}{kT}$。若分别以 $\ln I_F$ 和 V_A 为纵坐标和横坐标,可得一直线,该直线的斜率为 q/kT,在纵轴上的截距为 $\ln I_0$。图 1-15 在同样的坐标系中给出室温下测得的 Si 与 GaAs pn 结正向特性曲线,并可用经验公式 $J \propto e^{qV/\eta T}$ 来描述。小电流下电流曲线对应于 $\eta=2$ 的斜率;在较高电流水平下对应于 $\eta=1$,此时实验值与式(1-41)的理论关系符合得很好;在更高的电流下,电流也偏离 $\eta=1$ 的规律,且随着电压的升高,电流增加得越来越慢。这是因为在小电流时,势垒复合起着主要作用;而大电流时,注入少子的浓度可以和多子浓度相比拟甚至超过多子浓度,所做的"势垒复合可以忽略""小注入"的两个假设都已不再成立,因此实验曲线与理论公式出现偏离。

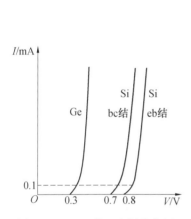

图 1-14 pn 结正向阈值电压

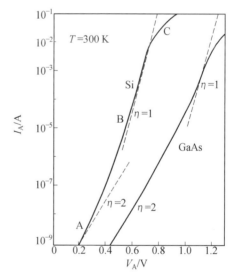

图 1-15 Si 和 GaAs 二极管室温下的正向伏安特性(虚线表示不同理想因子 η 下的斜率)

(1) 正向 pn 结的势垒复合电流。

如图 1-16 所示,按载流子浓度在 pn 结中的变化情况,可将其分为以下三个区域。

① 在扩散区以外,无非平衡载流子,热平衡条件下的载流子浓度分别为

n 区: $n = n_i e^{(E_{Fn}-E_i)/kT}$

p 区: $p = n_i e^{(E_i-E_{Fp})/kT}$

② 在 pn 结两侧的少子扩散区中,有非平衡载流子,分别用准费米能级表示其浓度,即

n 区侧的空穴扩散区中:

$$n = n_i e^{(E_F^- - E_i)/kT}, p = n_i e^{(E_i - E_{Fn}^+)/kT}, \quad p \ll n$$

p 区侧的电子扩散区中:

$$n = n_i e^{(E_{Fp}^- - E_i)/kT}, p = n_i e^{(E_i - E_F^+)/kT}, \quad n \ll p$$

③ 在势垒区中,$n = n_i e^{(E_F^- - E_i)/kT}, p = n_i e^{(E_i - E_F^+)/kT}$。显然存在着这样一个截面 AB,在截面 AB 处有 $E_F^- - E_i = E_i - E_F^+, n = p$。此时复合中心较易于俘获电子和空穴,使得电子和空穴比二者浓度相差悬殊的情况更易通过复合中心复合。因此,势垒区中的复合中心比扩散区及 p、n 中性区中的复合中心更能发挥复合作用。

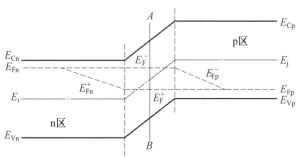

图 1-16 正向 pn 结的能带图

根据复合理论,势垒区中的杂质原子、晶格缺陷、位错、表面态等都可以在禁带中产生能级而起复合中心的作用。在稳态条件下,电子和空穴通过复合中心的净复合率 R 可表示为

$$R = \frac{n \cdot p - n_i^2}{\tau_p(n + n_1) + \tau_n(p + p_1)} \quad (1-44)$$

式中,n、p 分别为电子和空穴的浓度;n_1、p_1 分别为假设费米能级与复合中心能级 E_t 相重合时导带电子和价带空穴的浓度,即 $n_1 = n_i e^{(E_t - E_i)/kT}, p_1 = n_i e^{(E_i - E_t)/kT}$;$\tau_n$、$\tau_p$ 分别是"强"p 型区和"强"n 型区的非平衡少子寿命,它与复合中心的浓度成反比。

位于禁带中心附近的深能级复合效率最高,载流子的复合主要通过这些复合中心进行,可以假设 $E_t = E_i$,从而 $n_1 = p_1 = n_i$。假设电子与空穴的寿命相同,有 $\tau_n = \tau_p = \tau$。

在 AB 截面(本征面)处,有 $n \cdot p = n_i^2 e^{qV_A/kT}$ 和 $n = p$,于是有 $n = p = n_i e^{qV_A/2kT}$。

将以上关系代入式(1-44),则有

$$R = \frac{n_i(e^{qV_A/kT} - 1)}{2\tau(e^{qV_A/2kT} + 1)} = \frac{n_i}{2\tau}(e^{qV_A/2kT} - 1) \quad (1-45)$$

当正向电压 $V_A \gg \dfrac{2kT}{q}$ 时,有

$$R \approx \frac{n_i}{2\tau} e^{qV_A/2kT} \quad (1-46)$$

若近似认为上述本征面 AB 处的条件在空间电荷区中处处被满足,则可得空间电荷区中的复合电流密度,即

$$J_{RG} = \int_0^{x_m} qR \, dx = qx_m \frac{n_i}{2\tau} e^{qV_A/2kT} \quad (1-47)$$

n^+p 结扩散电流与电压关系已由式(1-43)给出。利用 $L_n^2 = D_n \tau_n$ 关系,由式(1-43)可得

$$J = J_n = qL_n \frac{n_p^0}{\tau_n}(e^{qV_A/kT} - 1) \approx qL_n \frac{n_p^0}{\tau_n} e^{qV_A/kT} \quad (1-48)$$

式中，$n_p^0(e^{qV_A/kT}-1)=n_p(x_p)-n_p^0=\Delta n_p(x_p)$恰为势垒边界$x_p$处的非平衡少子(电子)浓度,而$\Delta n_p(x_p)/\tau_n$则表示$x_p$处非平衡载流子的复合率。因此,式(1-48)的意义在于表明注入p区的电子电流密度就是单位时间内扩散区中(扩散长度内)复合的电子电荷量。这也从另一个角度说明扩散区中少子运动形成电流的本质,即边扩散边复合实际上是以扩散运动补充更远处的复合损失。因此,按照扩散流密度和复合流密度计算有相同的结果。非平衡少子在扩散区运动形成的电流称为扩散电流,记为J_D。

同时考虑到扩散电流和势垒复合电流,n^+p结的正向电流应为

$$J = J_D + J_{RG} = qL_n\frac{n_p^0}{\tau_n}e^{qV_A/kT} + qx_m\frac{n_i}{2\tau_n}e^{qV_A/2kT} \qquad (1-49)$$

这时pn结中的各电流分量如图1-17所示。显然,当扩散电流占优势时,$\eta=1$;而当势垒复合电流为主要成分时,$\eta=2$;当两者相差无几时,η的数值介于1~2。η反映了pn结接近理想模型的程度,故称为理想因子。

由式(1-49)可得

$$\frac{J_{RG}}{J_D} = \frac{x_m n_i}{2L_n n_p^0}e^{-qV_A/2kT} = \frac{x_m N_A}{2L_n n_i}e^{-qV_A/2kT} \qquad (1-50)$$

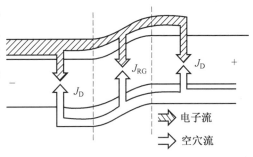

图1-17 正向pn结中的势垒区复合与扩散区复合示意图

室温下,硅n^+p结中一般$N_A/n_i \approx 10^5$,$x_m/2L_n \approx 10^{-3}$,于是当$V_A < 10(kT/q)$时,即可使$J_{RG}/J_D > 1$,即使势垒区复合电流占优势,此时正向电流随正向电压按照$J \propto e^{qV/2kT}$的规律变化,这对应于图1-15中的A段。

对于锗pn结,室温下$n_i=2.5\times10^{13}$ cm^{-3},与上例参数相同时,J_{RG}/J_D在10^{-3}数量级,所以可忽略J_{RG}。低温时,n_i较小,比值J_{RG}/J_D变大,并逐渐不可忽略。

(2) 正向pn结的大注入效应。

pn结的大注入效应是指当作用在pn结上的正向电压增大到使注入边界的少子浓度可以和多子浓度相比拟时,小注入的假设不再成立,这时将在扩散区形成大注入自建电场,并对势垒区分压,使pn结伏安特性偏离肖克莱方程的现象。

仍以n^+p结为例,由n区注入p区并积累在边界的电子在浓度梯度的作用下向p区内部扩散。根据电中性的要求,在少子扩散区应有相同浓度和相同分布的非平衡多子积累。存在浓度梯度就会产生扩散现象。电子的扩散是形成正向电流所必需的,而空穴一旦扩散开来,电中性就受到破坏。为了维持空穴这一相应的积累,需要在扩散区内建立一定电场。这个电场实质就是由积累的电子对空穴的吸引作用而建立起来的电场,称为大注入自建电场。此电场对空穴的漂移作用恰好和空穴的扩散作用相抵消,从而维持空穴的稳定分布。其实这个电场在小注入情况下也是存在的,只不过由于注入的载流子很少,形成的电场很弱,对少数载流子的作用可以忽略不计而已。在大注入条件下,这个电场对少子的漂移作用不再可以忽略。这个电场的存在使外加电压被扩散区与势垒区分压。如果势垒区的压降为V_1,电子扩散区的压降为V_2,则外加电压$V=V_1+V_2$,如图1-18所示。V_2在电子扩散区起着双重作用,一方面阻止空穴扩散,以维持空穴的稳定积累;另一方面使得电子在扩散运动上又叠加了漂移运动。于是,随着注入水平的提高,大注入自建电场的分压作用和对少子的漂移愈加明显,使pn结伏安

特性愈加偏离小注入假设下的肖克莱方程。

在扩散区大注入自建电场作用下,空穴的漂移和扩散达到了动态平衡,x_p 处净空穴电流密度为零,即

$$J_p(x_p) = q\mu_p p_p(x_p) E(x_p) - qD_p \frac{dp_p(x)}{dx}\bigg|_{x=x_p} = 0$$

式中,$E(x_p)$ 为 x_p 处大注入自建电场的强度,于是有

$$E(x_p) = \frac{D_p}{\mu_p} \cdot \frac{1}{p_p(x_p)} \cdot \frac{dp_p(x)}{dx} \tag{1-51}$$

在扩散运动上叠加漂移运动的电子通过 x_p 处的电流密度,即通过 n$^+$p 结的电流密度,有

$$J \approx J_n(x_p) = qD_n \frac{dn_p(x)}{dx}\bigg|_{x=x_p} + q\mu_n n_p(x_p) E(x_p)$$

将式(1-51)代入,并注意到扩散区中电子和空穴有相同的浓度梯度,即 $\frac{dn_p(x)}{dx} = \frac{dp_p(x)}{dx}$,则可得大注入下 n$^+$p 结电流密度为

$$J = qD_n\left[1 + \frac{n_p(x_p)}{p_p(x_p)}\right]\frac{dn_p(x)}{dx}\bigg|_{x=x_p} \tag{1-52}$$

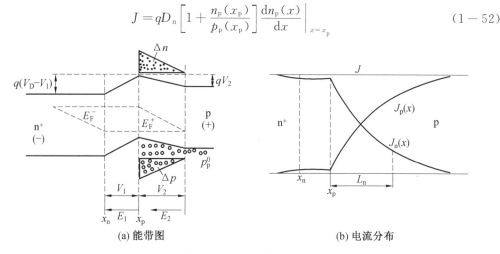

图 1-18 大注入时 n$^+$p 结的能带图和电流分布

若 $n_p(x_p) \ll p_p(x_p)$,则由式(1-48),$J = qD_n \frac{dn_p(x)}{dx}\bigg|_{x=x_p}$ 还原成小注入下的形式。

若注入电子的浓度 $\Delta n \gg p_p^0$,则有

$$n_p(x_p) = n_p^0 + \Delta n \approx \Delta n_p$$
$$p_p(x_p) = p_p^0 + \Delta p \approx \Delta p_p$$

由于 $\Delta n_p = \Delta p_p$,因此 $n_p(x_p) \approx p_p(x_p)$,$D_n\left[1 + \frac{n_p(x_p)}{p_p(x_p)}\right] \to 2D_n$,这时,式(1-52)变成

$$J = q(2D_n)\frac{dn_p(x)}{dx}\bigg|_{x=x_p} \tag{1-53}$$

这意味着,在特大注入的条件下,大注入自建电场对电子的漂移作用相当于使电子的扩散系数增大一倍,这时电子电流中扩散电流和漂移电流各占一半。

由图 1-18 的能带图可得

$$n_p(x_p) = n_p^0 e^{qV_1/kT}$$
$$p_p(x_p) = p_p^0 e^{qV_2/kT}$$

利用 $n_p(x_p) \approx p_p(x_p)$ 关系及 $V_1 + V_2 = V$，有

$$n_p(x_p) = p_p(x_p) = n_i e^{qV/2kT} \qquad (1-54)$$

如果近似认为电子在扩散区内呈线性分布，则有

$$\left.\frac{dn_p(x)}{dx}\right|_{x=x_p} = \frac{n_i e^{qV/2kT} - n_p^0}{L_n} \approx \frac{n_i}{L_n} e^{qV/2kT} \qquad (1-55)$$

将此关系代入式(1-52)，可得

$$J = J_n(x_p) = \frac{2qD_n n_i}{L_n} e^{qV/2kT} \qquad (1-56)$$

可见，在特大注入情况下，pn 结电流和电压关系按 $I \propto e^{qV/2kT}$ 规律变化。

综上所述，大注入时，扩散区大注入自建电场的分压作用使实际作用到势垒区上的电压减小，势垒区边界注入少子浓度随外加电压的上升而增大的速度变缓，于是正向电流随电压增大的速度也变缓。特大注入的极限条件下，势垒区只能分得外加电压的一半。在一般的大注入水平下，扩散区大注入自建电场的分压小于总电压的一半，这时 η 介于 $1 \sim 2$，对应于图 1-15 中的 C 段。

除大注入效应外，大电流下还有另一个导致电流上升缓慢的重要原因，这就是串联电阻效应——正向电流 I 在中性区体电阻 R 上的压降也能使实际作用在势垒区上的偏压减小，造成电流随电压上升变缓，这时 pn 结的伏安关系为

$$I \approx I_0 e^{q(V_A - IR)/kT} = I_0 e^{qV_A/kT} \cdot e^{-qIR/kT} \qquad (1-57)$$

后一个指数项使得随着正向电流增大，正向电流随电压增大的幅度减小，而当电流较小时，其影响可以忽略。

6. pn 结直流特性的理论分析

前面通过逐步具体分析正向 pn 结中载流子的注入、浓度分布和运动规律，在一系列合理的近似和假设条件下得出其伏安特性方程。实际上，可以按照半导体中载流子运动的基本规律，在物理模型的基础上借助于能够完整地描述半导体中任意单元的电子及空穴运动规律的基本方程——连续性方程，对 pn 结直流特性进行理论分析。这种方法更具有普适性。

宏观上，pn 结中载流子的运动是沿垂直于结平面方向进行的，允许运用一维模型来讨论。如图 1-19 所示，在垂直于空穴电流的方向上取一个体积元 $A \cdot \Delta x$，若取其面积 $A = 1$，则其体积为 Δx。该体积内非平衡少子(空穴)单位时间的变化数应等于单位时间内的增加数减去单位时间内的减少数。如果用 $\partial p/\partial t$ 表示单位体积内少子的变化率，$J_p(x)$ 表示少子空穴流的密度分布，则有

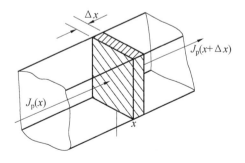

图 1-19 空穴电流的一维模型

$$\frac{\partial p}{\partial t} \cdot \Delta x = J_p(x) - \left[J_p(x + \Delta x) + \frac{\Delta p}{\tau_p} \cdot \Delta x\right]$$

稍加变换，得

$$\frac{\partial p}{\partial t} = \frac{J_p(x) - J_p(x+\Delta x)}{\Delta x} - \frac{\Delta p}{\tau_p} \tag{1-58}$$

式(1-58)表明,所考察体元内空穴的增长率等于单位时间净流入的空穴数减去复合损失数。若 Δx 取得无穷小,则式(1-58)可写为

$$\frac{\partial p}{\partial t} = -\frac{\partial J_p}{\partial x} - \frac{\Delta p}{\tau_p} \tag{1-59}$$

这就是空穴的一维连续性方程。将扩散定律 $J_p = -D_p \dfrac{dp}{dx}$ 代入上式后则有

$$\frac{\partial p}{\partial t} = D_p \frac{\partial^2 p}{\partial x^2} - \frac{\Delta p}{\tau_p} \tag{1-60}$$

此即为非平衡载流子的一维扩散方程。

当扩散和复合达到动态平衡时,半导体中空穴浓度不再随时间变化,即 $\partial p/\partial t = 0$,从而得到空穴的稳态扩散方程,即

$$D_p \frac{d^2 p}{dx^2} - \frac{p_n - p_n^0}{\tau_p} = 0$$

或利用 $D \cdot \tau = L^2$ 改写为

$$\frac{d^2 p}{dx^2} - \frac{p_n - p_n^0}{L_p^2} = 0 \tag{1-61}$$

此二阶常微分方程的解为

$$p - p_n^0 = A e^{x/L_p} + B e^{-x/L_p} \tag{1-62}$$

边界条件为

$$x = 0 \text{ 处}, p = p_n^0 e^{qV/kT}$$
$$x = W_n \text{ 处}, p = p_n^0 (\text{假设 } W_n > L_n)$$

于是,可求得

$$\begin{cases} A = \dfrac{-p_n^0 (e^{qV/kt} - 1) e^{-W_n/L_p}}{e^{W_n/L_p} - e^{-W_n/L_p}} \\ B = \dfrac{p_n^0 (e^{qV/kt} - 1) e^{W_n/L_p}}{e^{W_n/L_p} - e^{-W_n/L_p}} \end{cases}$$

或写成常用的双曲函数的形式,即

$$\begin{cases} A = \dfrac{-p_n^0 (e^{qV/kt} - 1) e^{-W_n/L_p}}{2\operatorname{sh}(W_n/L_p)} \\ B = \dfrac{p_n^0 (e^{qV/kt} - 1) e^{W_n/L_p}}{2\operatorname{sh}(W_n/L_p)} \end{cases}$$

代入式(1-62),得到空穴的分布函数为

$$p(x) = p_n^0 + p_n^0 (e^{qV/kt} - 1) \frac{\operatorname{sh}\left(\dfrac{W_n - x}{L_p}\right)}{\operatorname{sh}(W_n/L_p)} \tag{1-63}$$

进而可求得空穴电流密度分布及在 $x = x_n = 0$ 处的空穴电流密度,即

$$J_p(x_n) = -qD_p \frac{dp}{dx}\bigg|_{x=0} = \frac{qD_p p_n^0}{L_p} (e^{qV/kT} - 1) \operatorname{cth}\left(\frac{W_n}{L_p}\right) \tag{1-64}$$

类似地,可得电子的稳态扩散方程为

$$\frac{\mathrm{d}^2 n}{\mathrm{d}x^2} - \frac{n_\mathrm{p} - n_\mathrm{p}^0}{L_\mathrm{n}^2} = 0 \tag{1-65}$$

并求解出 $x = x_\mathrm{p} = 0$ 处的电子电流密度,即

$$J_\mathrm{n}(x_\mathrm{p}) = \frac{-qD_\mathrm{n}n_\mathrm{p}^0}{L_\mathrm{n}}(\mathrm{e}^{qV/kT} - 1)\mathrm{cth}\left(\frac{W_\mathrm{p}}{L_\mathrm{n}}\right) \tag{1-66}$$

忽略势垒复合电流,通过 pn 结的总电流密度为

$$J = J_\mathrm{p}(x_\mathrm{n}) + J_\mathrm{n}(x_\mathrm{p})$$

$$= \left[\frac{qD_\mathrm{p}p_\mathrm{n}^0}{L_\mathrm{p}}\mathrm{cth}\left(\frac{W_\mathrm{n}}{L_\mathrm{p}}\right) + \frac{qD_\mathrm{n}n_\mathrm{p}^0}{L_\mathrm{n}}\mathrm{cth}\left(\frac{W_\mathrm{p}}{L_\mathrm{n}}\right)\right] \cdot (\mathrm{e}^{qV/kT} - 1) \tag{1-67}$$

这就是 pn 结的直流电流 — 电压基本方程。

如果 $W_\mathrm{p} \gg L_\mathrm{n}, W_\mathrm{n} \gg L_\mathrm{p}$,则 $\mathrm{cth}\left(\frac{W_\mathrm{n}}{L_\mathrm{p}}\right) \approx 1, \mathrm{cth}\left(\frac{W_\mathrm{p}}{L_\mathrm{n}}\right) \approx 1$,则式(1-67)简化为式(1-38);

如果 $W_\mathrm{p} \ll L_\mathrm{n}, W_\mathrm{n} \ll L_\mathrm{p}$,则 $\mathrm{cth}\left(\frac{W_\mathrm{n}}{L_\mathrm{p}}\right) \approx \frac{L_\mathrm{p}}{W_\mathrm{n}}, \mathrm{cth}\left(\frac{W_\mathrm{p}}{L_\mathrm{n}}\right) \approx \frac{L_\mathrm{n}}{W_\mathrm{p}}$,式(1-67)简化为

$$J = \left(\frac{qD_\mathrm{p}p_\mathrm{n}^0}{W_\mathrm{p}} + \frac{qD_\mathrm{n}n_\mathrm{p}^0}{W_\mathrm{n}}\right)(\mathrm{e}^{qV/kT} - 1) \tag{1-68}$$

可见,当 pn 结两区的宽度远小于少子扩散长度时,非平衡载流子在两区是线性分布的。由此可见理论分析方法及结果的普适性。

1.2.2 反向 pn 结

1. 反向 pn 结的能带与势垒

外加反向偏压时,外加电场与势垒区自建电场方向一致,从而使空间电荷区,内电场增强。若外加电压的幅值为 V_R,则 pn 结上的电压由其平衡时的 V_D 增大至 $(V_\mathrm{D} + V_\mathrm{R})$,其势垒高度也由平衡时的 qV_D 上升为 $q(V_\mathrm{D} + V_\mathrm{R})$。空间电荷区内电场的增强是借助于空间电荷数目的增加实现的,因而反向电压使势垒宽度由平衡时的 x_m 增大为 x'_m,如图 1-20 所示。

2. pn 结的反向抽取作用与准费米能级

反向偏置电压也打破了 pn 结中载流子扩散与漂移的动态平衡。与正向时相反,反向电压的作用提高了势垒高度,削弱了载流子的扩散,其电场的漂移作用促使空间电荷区 p 区边界的电子向 n 区运动,而把 n 区边界的空穴拉到 p 区,形成了自 n 向 p 的反向电流,这就是 pn 结的反向抽取作用。由于 p 区中的电子和 n 区中的空穴都是少子,因此这个电流很小。与正向注入电流相对应,这个电流称为反向抽取电流。

在图 1-20 中同时给出了反向 pn 结准费米能级的变化。显然,此处也忽略了势垒区内电子和空穴的准费米能级的变化而都保持水平。在 p 区侧靠近空间电荷区一个电子扩散长度范围内,由于扩散和反向抽取的作用,电子浓度越来越小,电子准费米能级 E_F^- 越来越远离导带底;同样的原因,n 区侧一个空穴扩散长度范围内的空穴准费米能级 E_F^+ 越来越远离价带顶。

3. 反向 pn 结边界少子浓度及两侧少子浓度分布

与正向时相似,边界少子浓度也可以表示为

$$\begin{cases} p_\mathrm{n}(x_\mathrm{n}) = p_\mathrm{n}^0 \mathrm{e}^{qV_\mathrm{R}/kT} \\ n_\mathrm{p}(x_\mathrm{p}) = n_\mathrm{p}^0 \mathrm{e}^{qV_\mathrm{R}/kt} \end{cases}$$

这里 $V_R < 0$。若 V_R 绝对值较大,则边界少子浓度为

$$\begin{cases} p_n(x_n) \to 0 \\ n_p(x_p) \to 0 \end{cases}$$

所以边界非平衡少子浓度为

$$\begin{cases} \Delta p_n(x_n) = p_n(x_n) - p_n^0 = -p_n^0 \\ \Delta n_p(x_p) = n_p(x_p) - n_p^0 = -n_p^0 \end{cases} \quad (1-69)$$

非平衡载流子浓度为负值,说明载流子浓度低于平衡值,这正反映了在反向 pn 结势垒区强电场作用下反向抽取作用将边界处的少数载流子拉向对面区域。

由于反向 pn 结的抽取作用,少子边界浓度低于平衡少子浓度,浓度梯度将使少子向边界扩散,同时载流子浓度低于平衡值的区域必然有载流子的净产生。当单位时间内产生的少子正好等于单位时间内扩散走的少子数时,少子便形成稳定的浓度分布。因此,在这个区域中,少子分布也具有指数函数的形式。反向 pn 结两侧的少子浓度分布可以类似于式(1-35)写出,即

$$\begin{cases} p(x) = \Delta p_n(x_n) e^{-x/L_p} + p_n^0 = p_n^0 (1 - e^{-x/L_p}) \\ n(x') = n_p^0 (1 - e^{-x'/L_n}) \end{cases}$$

$$(1-70)$$

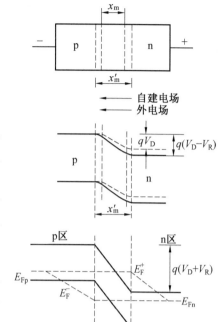

图 1-20 反向 pn 结的势垒及准费米能级

可见,与正向 pn 结相对应,反向 pn 结势垒边界少子也是指数分布的,只不过随着远离空间电荷区,少子浓度由零逐渐趋于平衡值(图 1-21)。

4. pn 结的反向扩散电流

反向 pn 结势垒边界附近存在非平衡载流子的浓度梯度,使少子向势垒边界扩散,形成反向扩散电流,即

$$\begin{aligned} J_p(x_n) &= -qD_p \frac{d}{dx}[\Delta p_n(x)]\Big|_{x=x_n=0} \\ &= -qD_p \frac{d}{dx}[\Delta p_n(x_n) e^{-x/L_p}]\Big|_{x=0} \\ &= -qD_p \frac{p_n^0}{L_p} \end{aligned}$$

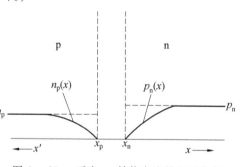

图 1-21 反向 pn 结势垒边界少子分布

同理有

$$\begin{aligned} J_n(x_p) &= -qD_n \frac{d}{dx}[\Delta n_p(x')]\Big|_{x'=x_p=0} \\ &= -qD_n \frac{n_p^0}{L_n} \end{aligned}$$

从而可得 pn 结反向扩散电流为

$$I_{RD} = -Aq\left(\frac{D_p p_n^0}{L_p} + \frac{D_n n_p^0}{L_n}\right) \quad (1-71)$$

可见，pn结的反向扩散电流仅与该pn结掺杂及材料参数有关，而与外加电压无关，故又称其为反向饱和电流。值得注意的是，这里利用了$V_R < 0$且绝对值较大条件下得到的式(1-69)。显然，当反向电压很小时，也有电流随电压增大而上升的过程。

对比式(1-71)和式(1-40)，二者完全相同，再比较式(1-39)，可以得出结论：pn结的正向电流在数值上等于反向饱和电流乘以电压的指数因子($e^{qV_A/kT} - 1$)。实际上，在式(1-39)中，当$V=V_R<0$且$|V_R| \gg \dfrac{kT}{q}$时，$e^{qV/kT} \approx 0$，$(e^{qV/kt}-1) \rightarrow -1$，就变成了式(1-71)，出现负号正好说明其方向与正向电流相反。两者的统一性表明它们遵守着同样的载流子运动规律，即边界非平衡少子浓度与电压的指数关系，只不过正向时的边界少子浓度可以有理论上的无穷大，而反向时最大只能为平衡少子浓度的负值。

利用$L^2 = D \cdot \tau$关系变换式(1-71)，得

$$I_{RD} = -Aq\left(\dfrac{p_n^0}{\tau_p}L_p + \dfrac{n_p^0}{\tau_n}L_n\right) \quad (1-72)$$

由式(1-69)可知，在势垒区两边界处分别有空穴的复合率$\Delta p_n(x_n)/\tau_n = -p_n^0/\tau_n$，及电子的复合率$\Delta n_p(x_p)/\tau_p = -n_p^0/\tau_p$，负的复合率即表示产生率。则式(1-72)表明，反向扩散电流也可看作一个扩散长度内单位时间产生的少数载流子的电荷量。在反向电压作用下，空间电荷区电场将每一个能扩散到达空间电荷区边界的少数载流子立即扫到对面区域。因此，反向饱和电流就是由pn结附近产生而又有机会扩散到pn结空间电荷区边界的少数载流子形成的。

在空穴扩散区L_p内净产生的电子－空穴对中，空穴扩散到势垒区，由电场扫向p区，电子在外加反向电压推动下向n区侧漂移；在电子扩散区L_n内净产生的电子－空穴对中，电子扩散到势垒区，由电场扫向n区，空穴向p区侧漂移。这样便构成从n区到p区的pn结反向电流，这股反向电流在n区侧为电子的漂移电流，到了扩散区逐步转换成空穴电流，在p区侧全部变为空穴电流。与正向电流一样，反向电子电流密度和空穴电流密度在pn结各处是不相等的，但它们之和却保持不变，即也有电流成分的转换。

上述反向电流公式对于Ge pn结来说与实验值符合得较好，但与Si pn结的实验值偏差较大，如图1-22所示。例如，杂质浓度约为10^{16} cm^{-3}，结面积为10^{-4} cm^{2}的Si pn结，计算的$I_{RD} < 10^{-12}$ A，而实际测量值达10^{-9} A，相差约1 000倍。同时还发现，Si pn结的反向电流随电压有明显增大的趋势，说明除了少数载流子的反向扩散外，还有其他产生反向电流的机构。

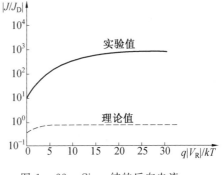

图1-22 Si pn结的反向电流

5. 势垒产生电流

在一定温度下，势垒区靠本征激发可以产生许多电子和空穴，势垒区的复合中心也可以释放电子和空穴。在平衡状态下，产生和复合达到动态平衡，净产生为零。当pn结加上反向电压以后，势垒区中存在着很强的电场。电子和空穴对一旦产生，立即被此强电场分开并扫出势垒区，电子被扫向n区而空穴被扫向p区。电子和空穴被扫走后又会产生新的电子和空穴，从而形成一股反向电流，称为势垒产生电流。

与讨论正向 pn 结的势垒复合电流一样，同样假设：① $\tau_n = \tau_p = \tau$；② 在空间电荷区各处有 $n = p$；③ $n_1 = p_1 = n_i$。由式(1-45)可得，当 $V < 0$ 且 $|V| > 2kT/q$ 时，净复合率 $R = -n_i/2\tau$，即净产生率 $G = n_i/2\tau$。于是，同样地近似认为在整个空间电荷区宽度 x_m 内有相同的净产生率，势垒产生电流的密度为

$$J_G = G \cdot q \cdot x_m = \frac{n_i}{2\tau} q \cdot x_m \tag{1-73}$$

即随着反向偏压的升高，势垒区宽度增大，势垒产生电流上升，且电流没有饱和值。

如图 1-23 所示为 pn 结反向电流中的两个分量的来源及流向。将 $n_p^0 \approx n_i^2/N_A$，$p_n^0 \approx n_i^2/N_D$ 关系代入式(1-71)并与式(1-73)比较，可以看出，J_G 与 n_i 成正比，而 J_{RD} 与 n_i^2 成正比，所以 n_i 越小，J_G 相对于 J_{RD} 越大。室温下，Si pn 结中 J_G 是主要成分，而 Ge pn 结中 J_{RD} 起主导作用。因此，在一般应用中对于 Ge pn 结可以近似只考虑反向扩散电流，忽略势垒产生电流，而 Si pn 结则主要考虑势垒产生电流。这也就解释了 Ge pn 结反向电流-电压特性饱和，而 Si pn 结反向电流随电压略有增加，不饱和。另外，温度升高时本征载流子浓度增加，J_{RD} 与 J_G 均增大，但因 $J_G \propto n_i$，而 $J_{RD} \propto n_i^2$，所以反向饱和电流随温度增加比势垒产生电流要快。

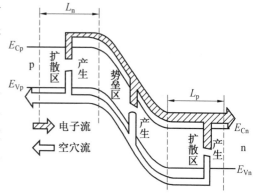

图 1-23　反向 pn 结中的势垒区产生电流 I_G 和扩散区产生电流(反向电流) I_{RD}

6. 表面漏电流

表面漏电流是 pn 结反向电流中另一重要组成部分，而且往往是造成 pn 结反向漏电不合格的主要原因。形成表面漏电流的可能原因如下。

① 表面复合中心产生电子-空穴对。扩散区的产生使反向扩散电流增加，势垒区的产生使势垒产生电流增加。

② 表面沾污。当 pn 结表面由于材料原因或吸附水气、金属离子等引起表面沾污时，如同在表面并联一个电导，形成漏电通路(图 1-24)，引起表面漏电，反向电流增加。

③ 表面沟道漏电。如果表面 SiO_2 层被 Na^+ 严重沾污，或原材料本身是高补偿型的，则在 p 型 Si 表面极易形成 n 型表面反型层(或表面反型沟道)，其结果是使 pn 结实际面积增大(图 1-25)，空间电荷区产生电流也大大增加。

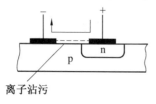

图 1-24　表面漏电流

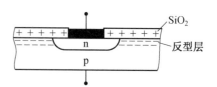

图 1-25　Si pn 结的表面沟道

综上所述，pn 结反向电流应包括三个部分：体内扩散电流 I_{RD}、势垒产生电流 I_G 和表面漏电流 I_S，故可以写为

$$I_R = I_{RD} + I_G + I_S \tag{1-74}$$

对于 Si pn 结，$I_R \approx I_G + I_S$；对于 Ge pn 结，$I_R \approx I_{RD} + I_S$。

1.2.3 温度对 pn 结电流和电压的影响

前面关于 pn 结正向特性及反向特性的讨论中均未涉及温度变化的影响，即都假定了温度恒定。实际上，由于半导体及其中载流子浓度对温度变化的敏感性，温度的变化对 pn 结特性的影响是很大的。因此，有必要进一步了解 pn 结的温度特性。

1. 温度对反向饱和电流的影响

根据式(1-71)，并考虑到 $n_p^0 \approx n_i^2/N_A$，$p_n^0 \approx n_i^2/N_D$ 关系，反向饱和电流为

$$I_{RD} = -Aq\left(\frac{D_p p_n^0}{L_p} + \frac{D_n n_p^0}{L_n}\right) = Aqn_i^2\left(\frac{D_p}{L_p N_D} + \frac{D_n}{L_n N_A}\right) \tag{1-75}$$

式(1-75) 右式括号中两项随温度变化不大，而 n_i^2 与温度的关系可根据半导体物理理论写为

$$n_i^2 = KT^3 e^{-E_{g0}/kT} \tag{1-76}$$

式中，K 为与温度无关的比例系数；E_{g0} 为 0 K 时的禁带宽度。将此式代入式(1-75)，得

$$I_{RD} = I_{RD0} T^3 e^{-E_{g0}/kT} \tag{1-77}$$

式中，$I_{RD0} = AqK\left(\frac{D_p}{L_p N_D} + \frac{D_n}{L_n N_A}\right)$。则反向扩散电流随温度的相对变化率为

$$\frac{1}{I_{RD}} \cdot \frac{dI_{RD}}{dT} = \frac{3}{T} + \frac{E_{g0}}{kT^2} \tag{1-78}$$

在室温附近，每增加 1 K，第一项约增加 1%；第二项与材料有关，对于 Ge 约增加 10%，对于 Si 约增加 16%。即 Ge pn 结温度每增加 10 K，反向饱和电流就增加一倍；Si pn 结温度每提高 6 K，反向饱和电流就增加一倍。可见温度的影响。

2. 温度对势垒产生电流的影响

对于 Si pn 结，反向产生电流远大于反向扩散电流。因此，Si pn 结反向电流随温度的变化取决于反向产生电流之变化。

将式(1-76) 代入式(1-73) 并乘以截面积 A，可得

$$I_G = A \frac{qx_m}{2\tau} K^{1/2} T^{3/2} e^{-E_{g0}/2kT} = I_{G0} T^{3/2} e^{-E_{g0}/2kT} \tag{1-79}$$

可求得反向产生电流随温度的相对变化率为

$$\frac{1}{I_G} \cdot \frac{dI_G}{dT} = \frac{1}{2}\left(\frac{3}{T} + \frac{E_{g0}}{kT^2}\right) \tag{1-80}$$

比较式(1-78)、式(1-80) 可见，反向势垒产生电流随温度的相对变化率为反向扩散电流的一半。

3. 温度对 pn 结正向电流的影响

由式(1-77) 和式(1-41)，注意到 $I_0 = I_{RD}$，可得正向电流与温度的关系为

$$I_F = I_{RD0} T^3 e^{(qV_A - E_{g0})/kT} \tag{1-81}$$

当外加电压一定时，正向电流随温度的相对变化率为

$$\frac{1}{I_F} \cdot \frac{dI_F}{dT}\bigg|_{V=C} = \frac{3}{T} + \frac{E_{g0} - qV_A}{kT^2} \tag{1-82}$$

对比式(1-78)、式(1-82)可见,正向电流随温度的相对变化率比反向饱和电流的变化率小 qV_A/kT^2。

4. 温度对 pn 结电压的影响

在固定电流的情况下,pn 结电压将随温度变化。由式(1-41)可得

$$V_A = \frac{kT}{q} \ln \frac{I_F}{I_{RD}} \tag{1-83}$$

当 I_F 不变时,求 V_A 对 T 的导数,有

$$\left.\frac{\partial V_A}{\partial T}\right|_{I_F=\text{const}} = -\frac{kT}{q} \cdot \frac{1}{I_{RD}} \cdot \frac{dI_{RD}}{dT} + \frac{k}{q} \ln \frac{I_F}{I_{RD}}$$

将式(1-78)、式(1-83)代入上式,得

$$\left.\frac{\partial V_A}{\partial T}\right|_{I_F=\text{const}} = -\frac{kT}{q}\left(\frac{3}{T} + \frac{E_{g0}}{kT^2}\right) + \frac{V_A}{T}$$

$$= -\frac{3k}{q} - \frac{E_{g0}}{qT} + \frac{V_A}{T}$$

$$\approx -\frac{E_{g0}/q - V_A}{T} \tag{1-84}$$

可见,在正向电流一定的条件下,电压随温度的相对变化率与 pn 结所处的温度近似成反比,并随 pn 结上外加电压升高而增大。将 Ge 和 Si 的禁带宽度与常用正向电压值代入式(1-84),可得 Si pn 结正向电压随温度的变化率约为 -2 mV/K,Ge 的约为 -1 mV/K。

由图 1-26 所给出的曲线可以看出温度对 pn 结二极管伏安特性的影响。

由于 pn 结的正向电压随温度的变化比较灵敏,因此在工程技术上可以利用 pn 结作为温度敏感元件。

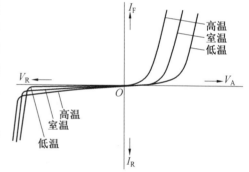

图 1-26 温度变化对二极管伏安特性的影响

1.3 pn 结空间电荷区和势垒电容

已知 pn 结有一个很窄的空间电荷区,其中有很强的电场,对载流子的运动起着十分重要的作用,空间电荷区的电场和电位分布情况直接影响着 pn 结的特性,尤其是电容特性和击穿特性。因此,有必要对空间电荷区电场、电位分布情况以及外加电压变化时产生的效应做进一步详细的了解。

1.3.1 pn 结空间电荷区的电场和电位分布

不同杂质分布的 pn 结,其空间电荷区的电场和电位分布也不同。这里只讨论两种典型情况——突变结和线性缓变结。

1. 耗尽层近似

在讨论 pn 结空间电荷区时经常采用一个极为重要的近似——耗尽层近似,即认为在空间电荷区中只存在着未被中和的带电离子(电离施主或电离受主),而不存在自由载流子,或者说自由载流子已被"耗尽"了,因此可近似认为空间电荷区是载流子的"耗尽层"。做这种近似的依据可由下面的证明来提供。

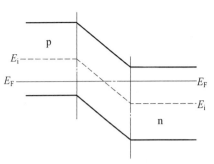

图 1-27 平衡 pn 结的能带图

如图 1-27 所示,以一个平衡 pn 结的能带图为例,由 n 区侧进入空间电荷区后能带上弯,本征费米能级 E_i 也随之一同上弯,而费米能级 E_F 处处相等,则 $(E_F - E_i)$ 值逐渐减小。

n 区电子平衡浓度为 $n_n^0 = n_i e^{(E_F - E_i)/kT}$,当从 n 区侧进入空间电荷区,$E_i$ 随能带弯曲而上升 0.1 eV 时,$(E_F - E_i)$ 值就减小 0.1 eV。令此时的电子浓度为 n',则有

$$n' = n_i e^{(E_F - E_i - 0.1\,\text{eV})/kT} = n_i e^{(E_F - E_i)/kT} \cdot e^{-0.1\,\text{eV}/0.026\,\text{eV}} = n_n^0 e^{-4} \approx \frac{1}{54.6} n_n^0$$

这意味着,在空间电荷区以外,n 区电子浓度等于施主杂质浓度。进入空间电荷区后,E_i 每提高 0.1 eV,电子浓度就下降为原值的 1/54 左右。同样,在 p 区侧进入空间电荷区,E_i 每降低 0.1 eV,空穴浓度也减为 1/54。可见,在空间电荷区中,电子和空穴的浓度与施主、受主杂质电离形成的空间电荷相比确实是可以忽略不计的。

"耗尽层近似"包含着下面两层含义:

① 空间电荷区的电场仅仅决定于空间电荷的分布。

② 空间电荷区内有电荷,而空间电荷区以外没有电荷,空间电荷区边界是突变的。

采用"耗尽层近似"可使空间电荷区问题的处理大为简化,同时,所导出的许多结论都与实验基本符合,因此这个近似得到了广泛的应用。

2. 突变结空间电荷区的电场和电位分布

根据电学原理,空间电荷区电位 φ 与电荷密度 ρ 之间的关系由泊松方程来描述,即

$$\nabla^2 \varphi = -\frac{\rho}{\varepsilon \varepsilon_0} \tag{1-85}$$

对于突变结,可以只考虑沿垂直于结平面方向的一维情况,如图 1-28 所示。于是,有

$$\frac{d^2 \varphi(x)}{dx^2} = -\frac{\rho(x)}{\varepsilon \varepsilon_0} \tag{1-86}$$

式中,$\varphi(x)$ 是空间电荷区中 x 处的电位;$\rho(x)$ 是 x 处的电荷密度;ε 是构成 pn 结半导体材料的相对介电常数($\varepsilon_{Si} = 11.8$,$\varepsilon_{Ge} = 16$);ε_0 是真空介电常数(8.85×10^{-14} F/cm)。

通常情况下,认为杂质全部电离,则空间电荷区中的电荷密度为

$$\rho(x) = q(N_D - N_A + p - n)$$

采用耗尽层近似,对照图 1-28,可以写出

$$\begin{cases} \rho(x) = -qN_A, & -x_p < x < 0 \\ \rho(x) = qN_D, & 0 < x < x_n \\ \rho(x) = 0, & x < -x_p, x > x_n \end{cases} \tag{1-87}$$

代入一维泊松方程,有

$$\begin{cases} \dfrac{d^2\varphi}{dx^2} = \dfrac{qN_A}{\varepsilon\varepsilon_0}, & -x_p < x < 0 \\ \dfrac{d^2\varphi}{dx^2} = \dfrac{-qN_D}{\varepsilon\varepsilon_0}, & 0 < x < x_n \end{cases} \quad (1-88)$$

积分一次,得到

$$\begin{cases} \dfrac{d\varphi}{dx} = \dfrac{qN_A}{\varepsilon\varepsilon_0}x + A, & -x_p < x < 0 \\ \dfrac{d\varphi}{dx} = \dfrac{-qN_D}{\varepsilon\varepsilon_0}x + B, & 0 < x < x_n \end{cases} \quad (1-89)$$

利用空间电荷区边界 $x=-x_p$ 与 $x=x_n$ 处,电场强度等于零为边界条件,求出积分常数 A 和 B,代入式(1-89),整理得

$$\begin{cases} E(x) = -\dfrac{d\varphi}{dx} = -\dfrac{qN_A}{\varepsilon\varepsilon_0}(x+x_p), & -x_p < x < 0 \\ E(x) = -\dfrac{d\varphi}{dx} = \dfrac{qN_D}{\varepsilon\varepsilon_0}(x-x_n), & 0 < x < x_n \end{cases}$$
$$(1-90)$$

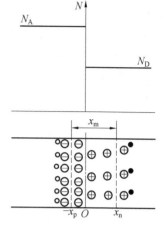

图 1-28 突变 pn 结杂质分布与空间电荷区

在 $x=0$ 处,有

$$E(x)|_{x=0} = -\dfrac{qN_A}{\varepsilon\varepsilon_0}x_p = -\dfrac{qN_D}{\varepsilon\varepsilon_0}x_n = E_M \quad (1-91)$$

式(1-90)即为耗尽层近似下,突变结空间电荷区中的电场分布函数。可以看出,突变结空间电荷区中两侧电场分布分别以斜率 $-qN_A/\varepsilon\varepsilon_0$ 和 $qN_D/\varepsilon\varepsilon_0$ 按线性规律变化,在 $x=0$ 处电场强度有最大值 E_M 且连续,如图 1-29 所示。进而可以得出以下结论:

① $qN_Ax_p = aN_Dx_n$,即 pn 结空间电荷区两侧正、负电荷总量相等,满足电中性条件。

② $\dfrac{x_n}{x_p} = \dfrac{N_A}{N_D}$,即突变结空间电荷区向 p、n 区两侧扩展的宽度与两侧掺杂浓度成反比。

对式(1-90)积分,就得到突变结空间电荷区中的电位分布函数,即

$$\begin{cases} \varphi(x) = \dfrac{qN_A}{\varepsilon\varepsilon_0} \cdot \dfrac{x^2}{2} + \dfrac{qN_A}{\varepsilon\varepsilon_0}x_p x + C, & -x_p < x < 0 \\ \varphi(x) = -\dfrac{qN_D}{\varepsilon\varepsilon_0} \cdot \dfrac{x^2}{2} + \dfrac{qN_D}{\varepsilon\varepsilon_0}x_n x + D, & 0 < x < x_n \end{cases} \quad (1-92)$$

pn 结中电位连续,在 $x=0$ 处应有统一数值。故可取 $x=0$ 处 $\varphi(0)=0$ 为参考电位,得到 $C=D=0$,于是

$$\begin{cases} \varphi(x) = \dfrac{qN_A}{2\varepsilon\varepsilon_0} \cdot x^2 + \dfrac{qN_Ax_p}{\varepsilon\varepsilon_0}x, & -x_p < x < 0 \\ \varphi(x) = -\dfrac{qN_D}{2\varepsilon\varepsilon_0} \cdot x^2 + \dfrac{qN_Dx_n}{\varepsilon\varepsilon_0}x, & 0 < x < x_n \end{cases} \quad (1-93)$$

即为突变结空间电荷区以正、负电荷交界面 $x=0$ 处电位为参考电位的电位分布函数,其示意图如图 1-30 所示。

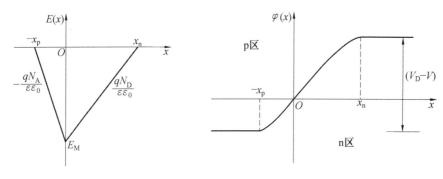

图 1-29　突变结空间电荷区电场分布　　图 1-30　突变结空间电荷区电位分布

如果忽略空间电荷区以外部分的电压降,则从 n 区侧的 x_n 处到 p 区侧的 x_p 处的电位差就是 pn 结上总电压 $(V_D - V)$,即

$$\varphi(x_n) - \varphi(-x_p) = V_D - V = \frac{q}{2\varepsilon\varepsilon_0}(N_D x_n^2 + N_A x_p^2) \tag{1-94}$$

式中,V 为外加电压。显然,对于平衡 pn 结,$V = 0$。

令 $x_n + x_p = x_m$ 为空间电荷区总宽度,利用 $N_D x_n = N_A x_p$ 关系可得

$$x_p = \frac{N_D}{N_A + N_D} \cdot x_m, \quad x_n = \frac{N_A}{N_A + N_D} \cdot x_m$$

代入式(1-94),整理变换后得

$$x_m = \left[\frac{2\varepsilon\varepsilon_0(N_A + N_D) \cdot (V_D - V)}{q N_A N_D}\right]^{\frac{1}{2}} \tag{1-95}$$

$$\begin{cases} x_n = \dfrac{N_A}{N_A + N_D} \cdot x_m = \left[\dfrac{2\varepsilon\varepsilon_0 N_A (V_D - V)}{q N_D (N_A + N_D)}\right]^{\frac{1}{2}} \\ x_p = \dfrac{N_D}{N_A + N_D} \cdot x_m = \left[\dfrac{2\varepsilon\varepsilon_0 N_D (V_D - V)}{q N_A (N_A + N_D)}\right]^{\frac{1}{2}} \end{cases} \tag{1-96}$$

对于 $n^+ p$ 结,$N_D \gg N_A$,有

$$x_m \approx x_p = \sqrt{\frac{2\varepsilon\varepsilon_0(V_D - V)}{q N_A}} \tag{1-97}$$

对于 $p^+ n$ 结,$N_A \gg N_D$,有

$$x_m \approx x_n = \sqrt{\frac{2\varepsilon\varepsilon_0(V_D - V)}{q N_D}} \tag{1-98}$$

以 N_0 表示单边突变结高阻侧的杂质浓度,则上两式统一写成

$$x_m = \sqrt{\frac{2\varepsilon\varepsilon_0(V_D - V)}{q N_0}} \tag{1-99}$$

综上,可以得出如下结论:
① 突变结空间电荷区宽度随结上电压的 1/2 次幂变化,即 $x_m \propto (V_D - V)^{1/2} \approx V^{1/2}$。
② 单边突变结空间电荷区宽度与低掺杂侧(高阻侧)的杂质浓度的平方根成反比。

3. 线性缓变结空间电荷区的电场与电位分布

在耗尽层近似下,线性缓变结空间电荷区中电荷分布同于杂质分布,也符合线性分布,即 $\rho(x) = qax$。因为电荷是线性分布的,空间电荷区在冶金结界面两侧应是对称分布的,两边扩

展的宽度各为空间电荷区总宽度 x_m 的一半$(x_m/2)$,如图 1-31 所示。

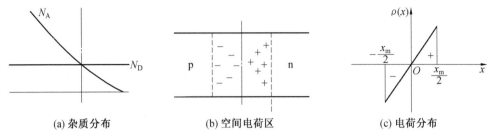

图 1-31 线性缓变结

此时,一维泊松方程为

$$\frac{d^2\varphi}{dx^2} = -\frac{qax}{\varepsilon\varepsilon_0} \quad (1-100)$$

积分并利用空间电荷区边界$(x_m/2)$和$(-x_m/2)$处电场为零的边界条件,解得线性缓变结电场强度分布函数为

$$-\frac{d\varphi}{dx} = E(x) = \frac{qa}{2\varepsilon\varepsilon_0}\left[x^2 - \left(\frac{x_m}{2}\right)^2\right] \quad (1-101)$$

可见,在线性缓变结的空间电荷区中,电场强度是按抛物线分布的。最大场强也在 p、n 区交界面处,其数值为

$$E_M = -\frac{qa}{2\varepsilon\varepsilon_0} \cdot \left(\frac{x_m}{2}\right)^2 \quad (1-102)$$

对式(1-101)积分,并取 $x=0$ 处电位等于零,即 $\varphi(x)|_{x=0}=0$ 为边界条件,可得电位分布函数为

$$\varphi(x) = -\frac{qa}{6\varepsilon\varepsilon_0}x^3 + \frac{qax_m^2}{8\varepsilon\varepsilon_0}x \quad (1-103)$$

线性缓变结空间电荷区电场及电位分布如图 1-32 所示。

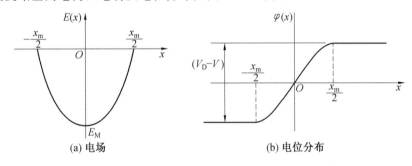

图 1-32 线性缓变结空间电荷区电场及电位分布

空间电荷区两边界$(x_m/2)$和$(-x_m/2)$之间的电位差也等于 pn 结上的总电压(V_D-V),于是,可由式(1-103)求得线性缓变结空间电荷区宽度为

$$x_m = \left[\frac{12\varepsilon\varepsilon_0(V_D-V)}{qa}\right]^{1/3} \quad (1-104)$$

结果表明:

① 线性缓变结空间电荷区宽度随结上电压的 1/3 次幂变化,即 $x_m \propto (V_D-V)^{1/2} \approx V^{1/3}$。

② 线性缓变结空间电荷区的宽度与冶金结界面附近杂质浓度梯度的立方根成反比。

4. 扩散结的空间电荷区

实际扩散结的杂质分布依据结形成时的具体条件不同,或为余误差函数分布或为高斯函数分布,情形比较复杂,往往不能简单地用突变结或线性缓变结去处理。因为空间电荷区的情形直接影响着 pn 结的势垒电容,所以将这一部分内容与扩散结的势垒电容一起讨论。

5. 关于耗尽层近似的讨论

前面采用"耗尽层近似"分析了 pn 结空间电荷区的电场、电位分布,得出简单明了的结果。但"耗尽层近似"既然是一种近似,就必然存在着一定的局限性,仅适用于某些特定条件下的 pn 结。下面对"耗尽层近似"与实际情况的偏差及其适用条件加以简单的讨论和说明。

(1) 关于空间电荷区内的自由载流子。

"耗尽层近似"认为,在空间电荷区内的自由载流子——电子和空穴都已经耗尽,只存在未被中和的电离杂质离子。这个近似,对于对称的(即两侧杂质浓度相等或相近的)pn 结,在较大的反向偏压作用下,与实际情况比较符合。但是在正偏、零偏和较小的反向偏压下,空间电荷区自由载流子的存在将影响空间电荷区电场的大小及分布,此近似不再适用。在单边突变结这样极不对称的 pn 结中,空间电荷区低掺杂侧存在着自由载流子积累而形成的反型层,使实际的电场和电位分布与耗尽层近似的结果出现很大的偏差。

图 1-33 所示为 p^+n 结空间电荷区中的电荷、电场及电位分布,其中虚线表示耗尽层近似下的结果,实线表示实际的分布。可见,在 $0 \sim x_i$ 范围内空穴浓度已经超过了电离施主的电荷密度而形成了反型层。在外加电压低于击穿电压的情况下,产生反型层的条件可近似为

$$N_A = 10^C N_D$$

当 n 型区掺杂浓度较高时, $C \approx 2$;当 n 型区掺杂浓度较低时, $C \approx 4$ 。也就是说,对于 p^+n 结,只要 p^+ 区比 n 区的掺杂浓度高出 $2 \sim 4$ 个数量级,就会在空间电荷区的 n 区侧产生反型层。计算表明,此反型层的厚度大约为 10^{-6} cm 数量级。由于它很薄,因此对 pn 结的击穿基本没什么影响。但正由于其改变了空间电荷区的电荷分布,因此对 pn 结势垒电容产生很大的影响。

(2) 关于空间电荷区的边界问题。

耗尽层近似认为,在空间电荷区边界上电荷突变,在边界上电荷密度突然下降为零,如图 1-34 中虚线所示。实际上,空间电荷区边界上的电荷密度是逐渐下降的,如图 1-34 中实线所示。

可见,在 $x_1 \sim -x_3$ 区间内空间电荷密度最大,可认为是耗尽区;在 x_2 及 $-x_4$ 以外为电中性区;$x_1 \sim x_2$ 和 $-x_3 \sim -x_4$ 两部分为过渡区,在此区域内电离杂质部分被中和。详细分析表明,过渡区的宽度约为 10^{-6} cm 数量级。在过渡区内电荷密度近似为指数分布。过渡区的存在将使 pn 结的接触电位差比用耗尽层近似计算得到的 V_D 低约 $2kT/q$。对于正偏、零偏及小的反偏下的 pn 结,结上总电压与接触电位差 V_D 相近,此时几个 kT/q 的偏差会使 pn 结势垒电容的计算产生很大的误差。

由此可见,耗尽层近似仅适用于掺杂浓度比较对称且处于较大反偏下的 pn 结,而在零偏和正偏时,应加以适当修正。

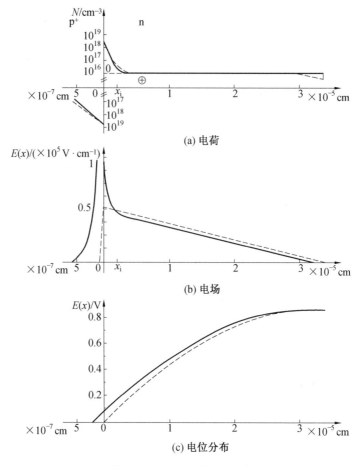

(a) 电荷

(b) 电场

(c) 电位分布

图 1-33 p^+n 结空间电荷区

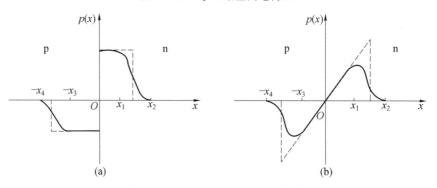

图 1-34 pn 结空间电荷区的边界

1.3.2 pn 结势垒电容

1. pn 结势垒电容的来源

从 pn 结空间电荷区宽度的表达式可以看出,当外加电压变化时,势垒区的宽度随之变化,势垒区的电荷量也就随外加电压的变化而变化。这种电压变化引起电荷变化的现象可看作 pn 结的电容效应。这种发生在势垒区的电容效应称作势垒电容,记为 C_T。如图 1-35 所示,随着外加电压的变化,载流子流入或流出势垒区,引起其中空间电荷量的变化,其结果是改变了空间电荷区边界的位置。当 pn 结上施以随时间变化的电压时,势垒电容才显现出来,这时有电流流过 pn 结,其中与载流子穿过 pn 结的运动无关的那部分电流确定了势垒电容。因此,势垒电容应该与通过的位移电流有关。当外加电压周期性地变化时,载流子不断交替地流入和流出势垒区,相当于电容器的充放电作用。

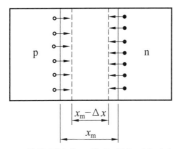 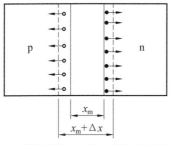

(a) 载流子流入,势垒变窄(充电)   (b) 载流子流出,势垒变宽(放电)

图 1-35 pn 结势垒边界处载流子的运动

显然,这种变化和作用仅限于势垒区两侧边界的平面上,所以可以将势垒区看作一个平行板电容器(电荷变化仅发生在极板上,势垒区的宽度相当于平行板电容器极板之间的距离)。但势垒电容和平行板电容器又有如下两点差别:一是势垒电容的电容量是随外加电压变化的,是非线性电容,而平行板电容器的电容是个恒定值;二是势垒区内部充满着空间电荷,而平行板电容器内部没有电荷。后面还将会看到,势垒电容有与平行板电容器相似的表达式。

既然势垒电容效应与载流子补偿势垒区空间电荷有关,其大小也就与 pn 结两侧的掺杂情况密切相关了。下面分别就不同杂质分布特征的 pn 结讨论其势垒电容。

2. 突变结的势垒电容

按照耗尽层近似,由式(1-91)可得空间电荷区两侧的电荷量 $|Q|=AqN_Ax_p=AqN_Dx_n$。将式(1-96)所表示的 x_p 或 x_n 代入此式,均可得

$$|Q|=A\left[2q\varepsilon\varepsilon_0\frac{N_AN_D}{N_A+N_D}\cdot V\right]^{1/2} \tag{1-105}$$

式中,$V=V_D-V_A$ 表示结上总电压。将式(1-105)代入 $C=dQ/dV$ 关系中,整理后可得

$$C_T=A\left[\frac{q\varepsilon\varepsilon_0}{2(V_D-V_A)}\cdot\frac{N_AN_D}{N_A+N_D}\right]^{1/2} \tag{1-106}$$

稍加变换,有

$$C_T=A\varepsilon\varepsilon_0\left[\frac{q\varepsilon\varepsilon_0}{2\varepsilon\varepsilon_0(V_D-V_A)}\cdot\frac{N_AN_D}{N_A+N_D}\right]^{1/2} \tag{1-107}$$

对比式(1-107)和式(1-95)可得

$$C_T=\varepsilon\varepsilon_0\frac{A}{x_m} \tag{1-108}$$

这正是平行板电容器电容公式的形式。

对于单边突变结,可以进行同样的简化并写出统一的势垒电容公式,即

$$C_T=A\left[\frac{q\varepsilon\varepsilon_0N_0}{2(V_D-V_A)}\right]^{1/2} \tag{1-109}$$

式中,N_0 为单边突变结低掺杂侧的杂质浓度。

可见，突变结势垒电容与结上电压的平方根成反比，而单边突变结的 C_T 还与轻掺杂侧杂质浓度的平方根成正比。

锗和硅单边突变结势垒电容、势垒宽度与电压、杂质浓度 N_0 的关系如图 1-36 所示。

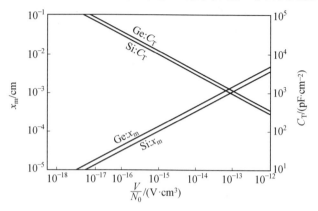

图 1-36　突变结势垒宽度、势垒电容与 V/N_0 关系

显然，上面公式的推导均采用了耗尽层近似，所以在较高的反向偏压作用时应用较为准确。如果耗尽层近似的条件不成立，即空间电荷区中自由载流子的影响不可忽略，则可按下面公式来计算突变结势垒电容。

对称突变结（$1 \leqslant N_A/N_D \leqslant 10$）为

$$C_T = A\left[\frac{q\varepsilon\varepsilon_0}{2(V_D - V_A - 2kT/q)} \cdot \frac{N_A N_D}{N_A + N_D}\right]^{1/2} \quad (1-110)$$

单边突变结（$N_A/N_D > 10$）为

$$C_T = A\left[\frac{q\varepsilon\varepsilon_0 N_D}{2(V_D - V_A) + \frac{2kT}{q}\left(1 - \ln\frac{N_A}{N_D}\right)}\right]^{1/2} \quad (1-111)$$

上述两式在小的反偏及零偏下都是有效的。

3. 线性缓变结的势垒电容

在耗尽层近似下，线性缓变结空间电荷区净电荷密度 $\rho(x) = qax$，如图 1-31(c) 所示。空间电荷区两侧的电荷量为

$$|Q| = A\int_{-\frac{x_m}{2}}^{0} \rho(x) \mathrm{d}x = A\int_{0}^{\frac{x_m}{2}} \rho(x) \mathrm{d}x = Aqa\frac{x_m^2}{8}$$

将式(1-104)的 x_m 表达式代入，可得

$$Q = Aqa \cdot \frac{1}{8}\left(\frac{12\varepsilon\varepsilon_0}{qa}V\right)^{2/3} \quad (1-112)$$

式中，$V = V_D - V_A$。于是

$$C_T = \frac{\mathrm{d}Q}{\mathrm{d}V} = A\left[\frac{qa(\varepsilon\varepsilon_0)^2}{12(V_D - V_A)}\right]^{1/3} \quad (1-113)$$

可见，线性缓变结的势垒电容与结上电压的立方根成反比，而与杂质浓度梯度的立方根成正比。

同样，式(1-113)适用于较高的反偏电压情况下。在耗尽层近似不成立的情况下，应计

入空间电荷区内的自由载流子进行较严格的计算。此时,有

$$C_T = A\left[\frac{qa(\varepsilon\varepsilon_0)^2}{12(V_g - V_A)}\right]^{1/3} \quad (1-114)$$

式中,$V_g = \frac{2}{3} \cdot \frac{kT}{q} \ln\left[\frac{a^2\varepsilon\varepsilon_0(kT/q)}{8qn_i^3}\right]$。

对比式(1-113)和式(1-114)可见,C_T计算公式的形式完全一样,只不过式(1-113)中的V_D被V_g取代了。

4. 扩散结的势垒电容

实际的扩散结杂质分布根据工艺条件介于突变结和缓变结之间,按照实际分布函数计算势垒电容比较繁杂,所以一般采用近似计算和查曲线两种方法。近似计算方法是根据扩散结的浓度分布特征将其近似为突变结或者线性缓变结,再通过计算或者查曲线图表得到结两侧浓度或者结附近的浓度梯度,进而按照上述公式计算其势垒电容。查曲线方法是直接利用扩散结C_T和势垒宽度与杂质浓度、结深、结电位差之间的关系曲线查得其势垒电容等参数。

对于表面浓度较高,结深较小,可做突变结近似的扩散结,可以以扩散层浓度和衬底浓度按突变结计算,或者以衬底浓度按单边突变结计算。

对于表面浓度较低,结深较大,可做线性缓变结近似的扩散结,计算其势垒电容的关键是求取结附近的杂质浓度梯度。

若杂质分布服从高斯分布 $N(x) = N_S e^{-x^2/4Dt}$,在反偏电压不太高、x_m较小的情况下,将结深x_j附近杂质分布近似为 $N(x) = ax$,如图 1-37 所示,则

$$|a| = \left.\frac{dN(x)}{dx}\right|_{x=x_j}$$

代入高斯分布函数,整理可得

$$|a| = \frac{2x_j}{4Dt} N_S e^{-x_j^2/4Dt}$$

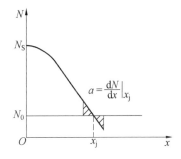

图 1-37 线性缓变结近似

在 $x = x_j$ 处,净杂质浓度应等于零,则

$$N_S e^{-x_j^2/4Dt} = N_0,\text{或者} \quad x_j^2 = 4Dt \ln\frac{N_S}{N_0}$$

式中,N_0为衬底的杂质浓度。于是

$$|a| = \frac{2x_j}{4Dt} N_0,\text{或者} \quad |a| = \frac{2N_0}{x_j} \ln\frac{N_S}{N_0}$$

若利用工程上常用的近似关系 $x_j \approx 5.4\sqrt{Dt}$,可有

$$|a| \approx \frac{14N_0}{x_j}$$

也常用于扩散结近似为线性缓变结时计算其浓度梯度。

图 1-38 给出了 300 K 下余误差函数分布、高斯函数分布和指数函数分布的扩散结在冶金结界面处实际

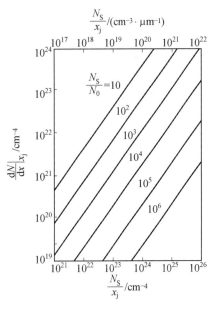

图 1-38 扩散结的实际杂质浓度梯度与平均杂质浓度梯度的关系

杂质浓度梯度 $a = \dfrac{\mathrm{d}N}{\mathrm{d}x}\bigg|_{x=x_j}$ 与平均杂质浓度梯度 $\dfrac{N_S}{x_j}$ 的关系。利用这样的图表可以简便地查取扩散结的浓度梯度,进而按照线性缓变结计算其势垒电容。用于指数分布时,需注意其 a 值等于表中求出数值除以 2。

对于既不能做突变结近似又不能做线性缓变结近似的实际扩散结,精确计算其势垒电容很困难,可采用查表法。有人采用耗尽层近似计算给出了比较完整的扩散结 C_T 和势垒宽度与杂质浓度、结深、结电位差之间的关系曲线,其典型形式如图 1-39 所示。从这些曲线中还可求出正、负空间电荷区的宽度。这组曲线可用于余误差杂质浓度分布,也可用于高斯分布,二者相差不大。x_1 代表向扩散层侧扩展的空间电荷区宽度,如图 1-40 所示。相应于其他参数的该系列图表列于附录中,供参考。

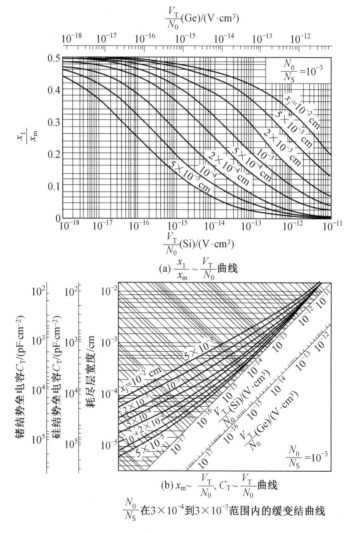

图 1-39　用于估算扩散结势垒电容的曲线图表

现举例说明这些图表的用法。

例:有一 Si 扩散结,衬底材料杂质浓度 $N_0 = 10^{16}$ cm^{-3},结深 $x_j = 2\ \mu$m,表面杂质浓度 $N_S = 10^{19}$ cm^{-3},试估算当外加反向偏压为 10 V 时该 pn 结的势垒电容和空间电荷区宽度。

步骤如下。

第一步:根据 $N_0/N_S=10^{-3}$,确定查图 1-39 中曲线。

第二步:计算出 $\dfrac{V_D-V_A}{N_0} \approx \dfrac{|V_A|}{N_0} = \dfrac{10 \text{ V}}{10^{16} \text{ cm}^{-3}} = 10^{-15}$ V·cm³。

第三步:在图 1-39(b) 中,V_T/N_0(Si) 轴上取 10^{-15} V·cm³ 点,沿轴垂线向上与 $x_j=2$ μm 曲线相交,由交点处水平向左,与势垒宽度轴相交于 1.4×10^{-4} cm,此即欲求的 x_m。水平线继续向左,交 C_T 轴于 8×10^3 pF/cm²,即为该结单位面积的势垒电容。若已知 pn 结面积,则可求出该 pn 结电容。

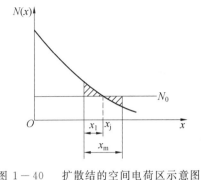

图 1-40 扩散结的空间电荷区示意图

第四步:在图 1-39(a) 横轴上取 V_T/N_0(Si) 为 10^{-15} V·cm³,向上与 $x_j=2$ μm 曲线相交,由交点再向左,在 x_1/x_m 轴上读出 $x_1/x_m=0.27$,由此可计算出该扩散结空间电荷区向扩散区伸展的宽度为 $x_1=0.27 \times 1.4 = 0.378$ (μm)。

这组曲线同样由于采用了耗尽层近似而只在较高的反偏下比较准确。图 1-41 给出计入空间电荷区自由载流子影响的扩散结势垒电容的计算值曲线,计算时设扩散结的杂质浓度按指数规律分布。由于指数分布与余误差分布和高斯分布相差不大,因此计算结果也可用于一般的扩散结。图中 L 为杂质按指数分布的衰减常数,$N(x) \propto e^{-x/L}$,如果用于实际扩散结,可近似取 $L=2Dt/x_j$,其中 D 为扩散温度下杂质在基片中的扩散系数,t 为扩散时间,x_j 为结深。

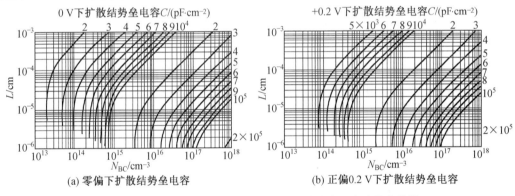

(a) 零偏下扩散结势垒电容

(b) 正偏0.2 V下扩散结势垒电容

图 1-41 计入自由载流子影响的扩散结势垒电容计算值曲线

在实际中,常常需要计算正偏 pn 结,比如晶体管发射结的势垒电容。此时一般采用经验公式,认为正偏pn结的势垒电容等于零偏pn结(平衡pn结)势垒电容(耗尽层近似)的4倍,即 $C_T=4C_T(0)$。

5. pn结势垒电容的应用

(1) 变容二极管。

变容二极管是一种利用 pn 结势垒电容特性制作的电压控制可变电容元件。

综合式(1-106)和式(1-113),反向偏置下势垒电容可统一表示为

$$C_T \propto (V_D-V_A)^{-n}$$

考虑外加电压 V_A 为反偏 V_R,且 $|V_R| \gg V_D$,则有

$$C_T \propto V_R^{-n} \tag{1-115}$$

对于突变结，$n=1/2$；对于线性缓变结，$n=1/3$。可见，突变结电容的电压灵敏度（即C_T随V_R的变化量）比线性缓变结大。于是人们设想用$n>1/2$的超突变结来进一步提高电容的电压灵敏度。

设有一p^+n结，其n区侧杂质分布$N_D(x)=Bx^m(x>0)$，B为常数。

若$m=1$，则$N_D(x)=Bx$，为线性缓变结；若$m=0$，则$N_D=B$，为突变结。

为了得到一般的电容－电压关系，解一维泊松方程

$$\frac{d^2\varphi}{dx^2}=-\frac{qN}{\varepsilon\varepsilon_0}=-\frac{qBx^m}{\varepsilon\varepsilon_0}$$

将上式积分两次并利用适当的边界条件可求出此pn结单位面积电容，有

$$C_T=\left[\frac{qB(\varepsilon\varepsilon_0)^{m+1}}{(m+2)(V_D-V_A)}\right]^{\frac{1}{m+2}} \tag{1-116}$$

令$n=\frac{1}{m+2}$，则式$(1-116)$与式$(1-115)$完全一致。

由此可见，pn结势垒电容的非线性程度随杂质分布的不同而有很大差异。当$m=0$时，式$(1-116)$还原为式$(1-106)$；当$m=1$时，$C_T\propto(V_D-V_A)^{-1/3}$为线性缓变结势垒电容规律。此处与式$(1-113)$的差别是由于这里讨论的是单边的线性缓变结。

若要求$n>1/2$，则必须$m<0$，此时结电容随外加电压的变化程度超过了突变结，超突变结的名称即由此而来。图$1-42$给出了三种p^+n结杂质分布情况。选取不同的m值，可以得到各种有特定用途的$C_T\sim V_R$依赖关系。图中$m=-3/2$是一个典型例子，此时$n=2$。当把这种变容二极管并联到谐振电路中的电感上时，其谐振频率$\omega_T=\frac{1}{\sqrt{LC}}\propto\frac{1}{\sqrt{V_R^{-2}}}=V_R$，即谐振频率与外加电压成正比，从而可方便地实现线性调谐，这种二极管被称为调谐变容二极管。典型变容二极管的$C\sim V$曲线如图$1-43$所示。

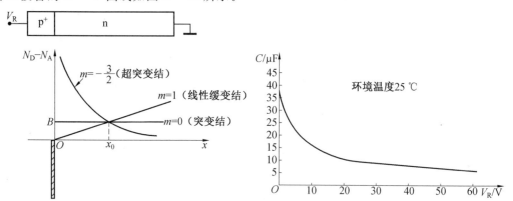

图$1-42$　几种典型p^+n结的杂质分布　　图$1-43$　典型变容二极管的$C\sim V$曲线

在谐振电路中，变容二极管可以全部或者部分地代替电容，只需改变其反向偏置电压即可控制电路的谐振频率。显然，变容二极管应工作在低于击穿电压的反向偏置下，其电容值在1到几千皮法不等。为减小寄生参数，变容二极管的封装不同于普通二极管。

（2）测量半导体中杂质分布。

pn结势垒电容与结附近杂质浓度的密切关系可被用来测量半导体中杂质浓度。

由式(1-109)变换得

$$\frac{1}{C_T^2} = \frac{2(V_D - V_A)}{q\varepsilon\varepsilon_0 N_0 A^2} \qquad (1-117)$$

式(1-117)清楚地表明，单边突变结的 $1/C_T^2$ 与外加电压有线性关系，由直线的斜率可求出衬底杂质浓度 N_0，截距可给出接触电势差 V_D。

由式(1-113)可得

$$\frac{1}{C_T^3} = \frac{12(V_D - V_A)}{qa(\varepsilon\varepsilon_0)^2 A^3} \qquad (1-118)$$

则由 $1/C_T^3 \sim V$ 关系的直线斜率和截距分别求得该线性缓变结的杂质浓度梯度 a 和 V_D。

对于杂质分布未知的 pn 结，也可利用电容-电压曲线描绘出轻掺杂一侧的杂质分布。如图 1-44 所示，外加电压增量 dV 引起空间电荷区宽度变化 dx_m，从而改变电荷量，即

$$dQ = AqN(x_m)dx_m \qquad (1-119)$$

式中，$N(x_m)$ 是在空间电荷区边缘 x_m 处的杂质浓度。

电荷增量与电场强度增量的关系由泊松方程决定，即

$$dE = \frac{dQ}{\varepsilon\varepsilon_0 A} \qquad (1-120)$$

而电场强度增量又可表示为偏压增量的函数，即

$$dE = \frac{dV}{x_m} \qquad (1-121)$$

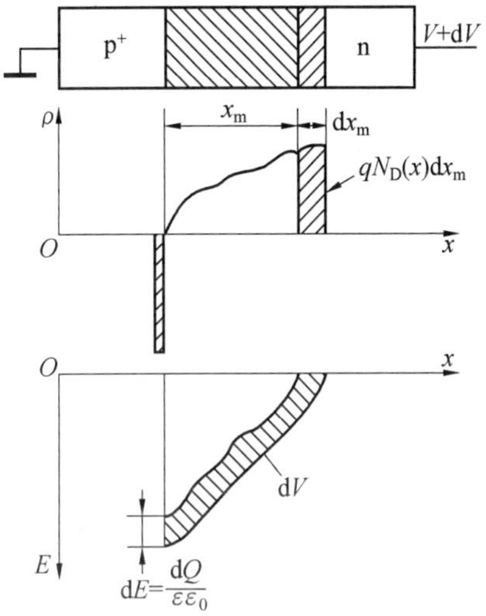

图 1-44 $C \sim V$ 法测量轻掺杂侧杂质浓度分布

由式(1-119)~(1-121)，并利用式(1-108)，经整理变换后得到

$$N(x_m) = \frac{2}{q\varepsilon\varepsilon_0 A^2} \cdot \frac{dV}{d(1/C_T^2)} \qquad (1-122)$$

对于在轻掺杂一侧有任意杂质浓度的任何 pn 结，可以在不同偏压下测量电容并绘制 $1/C^2 \sim V$ 曲线。在曲线上取 $\Delta(1/C^2)/\Delta V$ 并代入式(1-122)得到 $N(x_m)$，同时利用式(1-108)求得 x_m。通过一系列计算，即可获得 $N(x_m) \sim x_m$ 关系。这种测量杂质浓度分布的方法称为 $C \sim V$ 法。

1.4　pn 结的小信号交流特性

在交流工作状态下，pn 结在直流偏置电压的基础上叠加交流信号电压。交流信号电压幅值远小于直流偏压时，称为交流小信号。本节讨论交流小信号条件下，pn 结的交流电流-电压关系，进而分析其交流导纳和扩散电容。

1.4.1　pn 结小信号交流电流-电压方程

以 p^+n 结为例。当加在 p^+n 结上的电压 $V = V_0 + V_1 e^{j\omega t}$ 时(以下讨论均采用脚标"0"表示直

流分量，脚标"1"表示交流分量），注入 n 区的空穴也应有交、直流两部分，即

$$p(x,t) = p_0(x) + p_1(x,t) = p_0(x) + p_1(x)e^{j\omega t} \quad (1-123)$$

将式(1-123)代入式(1-60)，可得

$$D_p \frac{\partial^2}{\partial x^2}[p_0(x) + p_1(x)e^{j\omega t}] - \frac{p_0(x) + p_1(x)e^{j\omega t} - p_n^0}{\tau_p} = j\omega p_1(x)e^{j\omega t} \quad (1-124)$$

方程两边交、直流分量应各自相等，式(1-124)可以拆分写成分别与时间无关的直流分量连续性方程式和与时间有关的交流分量连续性方程，即

$$D_p \frac{\partial^2}{\partial x^2} p_0(x) - \frac{p_0(x) - p_n^0}{\tau_p} = 0 \quad (1-125)$$

$$D_p \frac{\partial^2 p_1(x)e^{j\omega t}}{\partial x^2} - \frac{p_1(x)e^{j\omega t}}{\tau_p} = j\omega p_1(x)e^{j\omega t} \quad (1-126)$$

式(1-125)在1.2节中已求解，此处仅需讨论式(1-126)。消去式中的公共因子 $e^{j\omega t}$ 并变换得

$$\frac{d^2 p_1(x)}{dx^2} - \frac{1}{L_p^2}(1+j\omega\tau_p)p_1(x) = 0 \quad (1-127)$$

式(1-127)与直流分量的方程形式一样，故可得到与直流分量形式相似的解，即

$$p_1(x) = A_1 e^{x(1+j\omega\tau_p)^{\frac{1}{2}}/L_p} + B_1 e^{-x(1+j\omega\tau_p)^{\frac{1}{2}}/L_p} \quad (1-128)$$

在 $x = 0$ 处，注入的空穴浓度为

$$p(0,t) = p_n^0 e^{q(V_0+V_1 e^{j\omega t})/kT} = p_n^0 e^{qV_0/kT} \cdot e^{qV_1 e^{j\omega t}/kT}$$

因为只讨论小信号，上式第2个指数因子可用泰勒级数展开，并取一级近似，则有

$$p(0,t) = p_n^0 e^{qV_0/kT}\left(1 + \frac{qV_1}{kT}e^{j\omega t}\right) \quad (1-129)$$

对比式(1-129)和式(1-123)，可得边界条件为

$$\begin{cases} p_0(0) = p_n^0 e^{qV_0/kT} \\ p_1(0) = p_n^0 \dfrac{qV_1}{kT}e^{qV_0/kT} \end{cases} \quad (1-130)$$

在 $x \to \infty$ 处，有

$$p_1(\infty) \to 0 \quad (1-131)$$

将式(1-130)、式(1-131)代入式(1-128)，求出积分常数，则得交流小信号下空穴浓度的交流分量为

$$p_1(x,t) = \frac{qp_n^0}{kT}e^{qV_0/kT} \cdot e^{-x(1+j\omega\tau_p)^{\frac{1}{2}}/L_p} \cdot V_1 e^{j\omega t} \quad (1-132)$$

当假定 n 区内无电场，空穴在 n 区只有扩散运动时，可得通过 p^+n 结的空穴电流交流分量，即

$$i_p = -AqD_p \frac{dp_1(x,t)}{dx}$$

$$= A\frac{qD_p p_n^0}{L_p} \cdot \frac{q}{kT}(1+j\omega\tau_p)^{\frac{1}{2}} \cdot e^{-\frac{x}{L_p}(1+j\omega\tau_p)^{\frac{1}{2}}} \cdot e^{qV_0/kT} \cdot V_1 e^{j\omega t} \quad (1-133)$$

$$= I_{p1} e^{j\omega t}$$

式中，$I_{p1} = A\dfrac{qD_p p_n^0}{L_p} \cdot \dfrac{q}{kT}(1+j\omega\tau_p)^{\frac{1}{2}} \cdot e^{-\frac{x}{L_p}(1+j\omega\tau_p)^{\frac{1}{2}}} \cdot e^{qV_0/kT} \cdot V_1$ 为交流电流的幅值，V_1 为交流电

压的幅值。式(1—133)即为 p^+n 结小信号交流电流—电压方程。

对于两侧杂质浓度相差不大的 pn 结，交流电流中应该包括空穴电流和电子电流。交流电流的幅值为

$$I_1 = I_{p1} + I_{n1}$$
$$= A\left[\frac{qD_p p_n^0}{L_p}(1+j\omega\tau_p)^{\frac{1}{2}}e^{qV_0/kT} + \frac{qD_n n_p^0}{L_n}(1+j\omega\tau_n)^{\frac{1}{2}}e^{qV_0/kT}\right]\frac{qV_1}{kT}$$
$$= [I_{p0}(1+j\omega\tau_p)^{\frac{1}{2}} + I_{n0}(1+j\omega\tau_n)^{\frac{1}{2}}]\frac{qV_1}{kT}$$

式中，$I_{p0} = A\dfrac{qD_p p_n^0}{L_p}e^{qV_0/kT}$ 和 $I_{n0} = A\dfrac{qD_n n_p^0}{L_n}e^{qV_0/kT}$ 分别是直流偏置 V_0 作用下空穴电流和电子电流的直流分量。

1.4.2 pn 结的小信号交流导纳

交流导纳是交流电流与交流电压之比。对于 p^+n 结，忽略电子电流，通过 pn 结的电流近似为势垒区 n 区一侧边界(x_n)处空穴的电流，则交流导纳为

$$Y = \frac{i_p(0)}{V_1 e^{j\omega t}}$$

将式(1—133)代入，并令 $x=0$，则有

$$Y = A\frac{qD_p p_n^0}{L_p} \cdot \frac{q}{kT}(1+j\omega\tau_p)^{\frac{1}{2}}e^{qV_0/kT} \tag{1—134}$$

式中，$A\dfrac{qD_p p_n^0}{L_p} \cdot e^{qV_0/kT}$ 为直流偏置电压 V_0 作用下通过 p^+n 结的正向电流，记作 I_F。故式(1—134)可写作

$$Y = \frac{qI_F}{kT}(1+j\omega\tau_p)^{\frac{1}{2}} \tag{1—135}$$

仿照 $f(x) = (1+x)^a = 1+ax+\dfrac{a(a-1)}{2!}x^2+\cdots$ 展开 $(1+j\omega\tau_p)^{1/2}$，在低频下，$(\omega\tau_p)^2 \ll 1$，取级数前两项，则有

$$Y = \frac{qI_F}{kT}(1+\frac{1}{2}j\omega\tau_p) = g + j\omega g\frac{\tau_p}{2} \tag{1—136}$$

式中，$g = \dfrac{qI_F}{kT}$，称为 pn 结电导，也可由式(1—41)求 dI/dV 得到，因此其物理意义十分清楚，它代表 pn 结正向伏安特性曲线上某一点处切线的斜率，即微分电导。在不同的电压和电流值(工作点)时，有不同的斜率值，也有不同的微分电导值，如图 1—45 所示。

1.4.3 pn 结扩散电容

式(1—136)中右式第二项具有电纳的量纲，即 $j\omega\dfrac{\tau_p}{2} = j\omega C_D$，说明载流子在 pn 结扩散区中的运动具有电容效应。于是，有

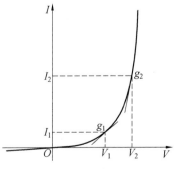

图 1—45 pn 结电导和微分电导示意图

$$C_D = g \frac{\tau_p}{2} \quad (1-137)$$

这反映了用于外加电压的变化引起边界注入少子浓度的增减，从而引起扩散区所积累的少数载流子以至少子电荷数量的增减，可以视为电容的充放电，故称其为扩散电容。其物理意义可借助于图 1-46 进一步说明。假设空穴在扩散区内为线性分布，在 $x=0$ 处，$p_n(0)=p_n^0 e^{qV_0/kT}$；在 $x=L_p$ 处，$p_n(L_p)=p_n^0$。在 $0 \sim L_p$ 范围内，非平衡空穴电荷总量为

$$Q = \frac{1}{2} A q L_p p_n^0 (e^{qV_0/kT} - 1) \quad (1-138)$$

当外加电压变化 dV_0 时，电荷量的变化量为

$$dQ = \frac{1}{2} A q L_p p_n^0 e^{qV_0/kT} \cdot \frac{q}{kT} \cdot dV_0 \quad (1-139)$$

则有

$$C = \frac{dQ}{dV} = \frac{q}{kT} \cdot \frac{\tau_p}{2} \cdot I_F = g \cdot \frac{\tau_p}{2}$$

由此可见，pn 结的导纳由一可变电阻与扩散电容并联而成，这是由连续性方程得到的本征部分。再计及势垒电容，则有如图 1-47 所示的 pn 结等效电路。

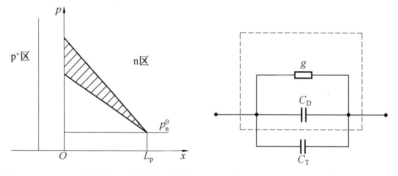

图 1-46　pn 结扩散电容效应示意图　　图 1-47　pn 结的等效电路

如果作用在 pn 结上交流电压的频率较高，式(1-135)级数展开时不能忽略高次项，则有

$$Y = \frac{qI_F}{kT} \left\{ \left[\frac{1}{2}(1+\omega^2\tau_p^2)^{\frac{1}{2}} + \frac{1}{2} \right]^{\frac{1}{2}} + j\left[\frac{1}{2}(1+\omega^2\tau_p^2)^{\frac{1}{2}} - \frac{1}{2} \right]^{\frac{1}{2}} \right\} \quad (1-140)$$

pn 结扩散电容的大小与通过 pn 结的正向电流有关。一般扩散电容比势垒电容大许多倍。因此，pn 结正偏时的电容值主要决定于扩散电容，而反偏时则只计算势垒电容。

1.5　pn 结的击穿特性

已知 pn 结的反向电流很小，而且随反向电压的增加很快趋于饱和。然而当加在 pn 结上的反向电压达到某一数值时，反向电流会突然急剧增大，这种现象称为 pn 结击穿，与之对应的反向电压称为击穿电压，记为 V_B，如图 1-2(a)所示。pn 结一旦被击穿，就失去了整流作用，所以击穿电压 V_B 是 pn 结所能承受的反向电压的上限，属于极限参数。击穿现象限制了 pn 结的反向电压承受能力固然不利，但人们利用其在击穿点附近电流在很大范围内变化而电压基本不变这一特性制成了稳压管，为 pn 结二极管的应用开辟了新的方向。本节讨论 pn 结击穿的机理，重点分析常见的雪崩击穿发生的条件。

1.5.1 pn结击穿机理

pn结的击穿大致可分为热击穿和电击穿两类,其中电击穿又有隧道击穿和雪崩击穿之分。下面分别予以讨论。

1. 热击穿

热击穿是由热效应引起的pn结击穿。

在反向电压作用下,pn结中产生反向电流,引起热损耗。随着反向电压增大,对应于反向电流的热损耗功率增大,产生的热量增加,如果散热不良,将使结温升高。由式(1－77)和式(1－79)可见,无论是反向饱和电流还是势垒产生电流都将随温度的升高而剧增,从而产生更多的热量使结温更加剧烈地上升,造成一种恶性循环,最后使反向电流无限增大而发生击穿。如果没有保护措施,将导致pn结烧毁。

对于禁带宽度较窄的半导体或者反向漏电流较大的pn结,特别是由材料不均匀(如缺陷、厚度不均匀等)或工艺上的不完整性(如扩散结不平坦、烧结不良而出现空洞导致热阻不均匀、铝层边缘尖锋、划伤等)导致沿整个pn结结面电流分配不均匀时更易发生这种击穿。显然,热击穿属于破坏性击穿。

一般情况下,pn结发生的都是雪崩击穿,因此本节重点讨论雪崩击穿。

2. 隧道击穿(齐纳击穿)

由隧道效应引起的电流剧增现象称为隧道击穿,也称齐纳击穿,通常发生在p区和n区掺杂浓度都很高的pn结中。

当很高的反向偏压作用在两侧掺杂浓度都很高(势垒区宽度很小)的pn结上时,势垒区导带和价带的水平距离随着反向偏压的增加而变窄,如图1－48所示。这时,p区价带电子的能量有可能等于甚至超过n区导带电子的能量。因此,p区的价电子将有一定概率穿透禁带,进入n区导带,成为n区导带的自由电子。若禁带水平距离不是很窄,这种穿透一般不会发生,因为中间隔着禁带,禁带中没有电子可取的能级。然而,根据量子力学理论,当禁带的水平距离比较小时,价带中的电子就有一定概率穿过水平禁带到达n区导带,这种现象称为隧道效应。如果pn结的势垒区电场很强,x_m很小,穿过禁带的电子就会很多,反向电流很大,从而引起pn结击穿,这种击穿称为隧道击穿,也称齐纳击穿。

Si pn结发生隧道击穿时的场强约为10^6 V/cm。

3. 雪崩击穿

由雪崩倍增效应导致的pn结击穿简称雪崩击穿。

当pn结上被施加较大的反向偏压时,势垒区中形成很强的电场。其中的载流子一方面受电场力的作用不断被加速和积累能量,另一方面又不断与晶格发生碰撞。当载流子积累的能量足够大时,这种碰撞作用可把价键上的束缚电子释放出来,即把价带电子激发到导带,产生一个电子－空穴对。这种新产生的电子和空穴在势垒中又被加速并积累能量,重复上述行为,产生出第二代、第三代等的电子－空穴对。如图1－49所示,这种载流子成倍增长的效应称为载流子的倍增效应。当反向电压足够高时,倍增效应如同雪崩一样强烈而导致的电流剧增称为雪崩击穿。

雪崩击穿外在表现为电压达到某一数值,而实质上是电场强度使载流子积累足够的能量,并有机会与晶格发生碰撞。Si pn 结雪崩击穿时的场强为 $(3\sim7)\times10^5$ V/cm，低于隧道击穿的场强。

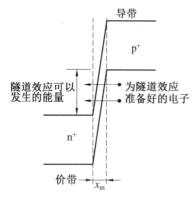

图 1-48　隧道效应示意图

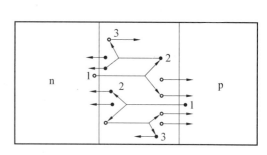

图 1-49　雪崩倍增过程示意图
○ 空穴；• 电子

4. 两种电击穿机理的比较

显然，雪崩击穿和隧道击穿都与最大电场强度有关，但这两种击穿的机理却是完全不同的。雪崩击穿是快速载流子轰击晶格原子使之电离所致，而隧道击穿是强电场作用下把价电子从原子晶格中直接拉出来而产生大量的载流子（电子、空穴），使通过 pn 结的反向电流剧烈增加的结果。这两种击穿均为非破坏性的可逆击穿。二者的区别如下。

① 隧道击穿只发生在两边重掺杂的 pn 结中。因为隧道击穿取决于隧道穿透的概率，而隧穿概率又强烈地依赖于禁带水平距离，重掺杂结的势垒区宽度比较窄，而且反偏时变化不大，所以禁带水平距离随反向偏压升高而显著减小。对于低掺杂结，在反偏时虽然势垒升高，但 x_m 也变宽，禁带水平距离随反向偏压减小并不显著，所以低掺杂结不易发生隧道击穿。雪崩击穿取决于碰撞电离。载流子能量的积累需要一个加速过程，因此要求势垒区有一定的宽度，这与隧道击穿的情况正好相反。因此，pn 结的掺杂浓度不太高时，击穿机构往往是雪崩击穿。这也是大多数半导体器件中的情况。

② 因为雪崩击穿是碰撞电离的结果，外界作用，如光照或快速粒子轰击等，也会增加势垒区中参与倍增的电子和空穴数目，这些电子和空穴同样会产生倍增效应，而使反向电流显著增大，雪崩击穿电压降低。上述外界作用对隧道击穿则不会有明显的影响。

③ 由隧道击穿决定的击穿电压，其温度系数是负的，即击穿电压随温度升高而减小。这是禁带宽度随温度升高而变窄，隧道宽度随之减小，隧道击穿概率上升的结果。当温度升高时，晶格振动加剧，载流子平均自由程减小，在晶格间积累足够的能量比较困难，碰撞电离随温度升高而减弱，因此雪崩击穿电压的温度系数是正的，即击穿电压随温度升高而增大。

④ 理论和实践表明，当击穿电压 $V_B<4(E_g/q)$ 时，为隧道击穿；当 $V_B>6(E_g/q)$ 时，为雪崩击穿；介于两者之间时，兼有两种击穿机构。对于硅 pn 结，击穿电压小于 4.5 V 是隧道击穿，而击穿电压大于 6.7 V 则是雪崩击穿；对于锗 pn 结，击穿电压小于 3.2 V 为隧道击穿，而击穿电压大于 4.8 V 为雪崩击穿。

根据以上特点，可以从实验上区分这两种不同的电击穿。硅、锗晶体管和集成电路中的 pn 结击穿在绝大多数情况下属于雪崩击穿机构，因此，下面重点讨论雪崩击穿条件及影响击穿电压的因素。

1.5.2 雪崩击穿条件

雪崩击穿是由碰撞电离的倍增效应引起的电流剧增,因此,雪崩击穿条件应该由碰撞电离和雪崩倍增的程度来描述。

1. 雪崩碰撞电离率及倍增因子

(1) 雪崩碰撞电离率。

雪崩碰撞电离率被用来描述载流子碰撞电离的能力,定义为一个载流子在电场作用下漂移单位距离所能碰撞电离产生的电子-空穴对数,记为 α,显然有电子碰撞电离率 α_n 和空穴碰撞电离率 α_p 之分,且 $\alpha_p \neq \alpha_n$。

电离率对电场强度有着强烈的依赖关系,可用经验公式 $\alpha(E) = A_i e^{-[B_i/E(x)]^m}$ 来描述。式中,A_i、B_i 及 m 均为常数。Ge、Si、GaAs 和 GaP 四种材料的有关数值见表 1-1。图 1-50 是这四种材料电离率与电场强度的关系曲线。由图可见,电场在 10^5 V/cm 附近强度增大一倍,电离率增大几个数量级。

在计算雪崩击穿电压时常采用有效电离率近似,即

$$\text{对于锗:} \alpha_{\text{eff}} = 6.25 \times 10^{-34} E^7 \tag{1-141}$$

$$\text{对于硅:} \alpha_{\text{eff}} = 8.45 \times 10^{-36} E^7 \quad (E < 4.5 \times 10^5 \text{ V/cm}) \tag{1-142}$$

$$\alpha_{\text{eff}} = 2.08 \times 10^{-13} E^3 \quad (E > 4.5 \times 10^5 \text{ V/cm}) \tag{1-143}$$

以上关系式中都假定了 $\alpha_n = \alpha_p$。

表 1-1 电离率常数

材料	电子		空穴		m
	A_i/cm^{-1}	B_i/(V·cm^{-1})	A_i/cm^{-1}	B_i/(V·cm^{-1})	
Ge	1.55×10^7	1.56×10^6	1.0×10^7	1.28×10^6	1
Si	7.03×10^5	1.23×10^6	1.58×10^6	2.03×10^5	1
GaAs	3.5×10^5	6.85×10^5	3.5×10^5	6.85×10^5	2
GaP	4.0×10^5	1.18×10^6	4.0×10^5	1.18×10^6	2

(2) 倍增因子 M。

倍增因子 M 被用来描述载流子倍增程度的强弱,定义为发生雪崩倍增后的反向电流 I 与未发生雪崩倍增时的反向电流 I_0 之比,即 $M = \dfrac{I}{I_0}$。

2. 雪崩击穿条件

分析一个在外加反向电压作用下,其势垒宽度为 x_m 的 pn 结(图 1-51)。在 $x = 0$ 处进入势垒的电子流密度 $j_{n0} = J_{n0}/q$,在 $x = x_m$ 处进入势垒的空穴流密度 $j_{p0} = J_{p0}/q$,J_{n0}、J_{p0} 分别表示进入势垒的电子、空穴电流密度。显然在不计势垒区产生电流的前提下,$J_{p0} + J_{n0} = J_0$ 表示未发生雪崩时的反向电流密度。发生雪崩倍增时,分析势垒区中 $x \sim x + \mathrm{d}x$ 薄层:$j_n(x)$、$j_p(x + \mathrm{d}x)$ 分别表示流入 $\mathrm{d}x$ 层的电子、空穴流密度(倍增前);$j_n(x + \mathrm{d}x)$、$j_p(x + \mathrm{d}x)$ 则分别表示经倍增后流出 $\mathrm{d}x$ 层的电子及空穴流密度。这样,流入 $\mathrm{d}x$ 层(倍增前)的载流子流密度可以表示为 $j_n(x) + j_p(x + \mathrm{d}x)$,这些载流子穿

过 dx 薄层时产生的电子－空穴对数为 $\alpha[j_n(x)+j_p(x+dx)]dx$。

当达到稳态时，有

$$j_n(x+dx)=j_n(x)+\alpha[j_n(x)+j_p(x+dx)]dx \tag{1-144}$$

$$j_p(x)=j_p(x+dx)+\alpha[j_n(x)+j_p(x+dx)]dx \tag{1-145}$$

变换式(1-144)和式(1-145)，并注意到 $j_{n0}=J_{n0}/q, j_{p0}=J_{p0}/q$，则有

$$\frac{dJ_n(x)}{dx}=\alpha[J_n(x)+J_p(x+dx)] \tag{1-146}$$

$$\frac{dJ_p(x)}{dx}=-\alpha[J_n(x)+J_p(x+dx)] \tag{1-147}$$

由图 1-51 可见，随着 x 增加，电子电流密度增加而空穴电流密度减小，两股电流的方向是一致的。

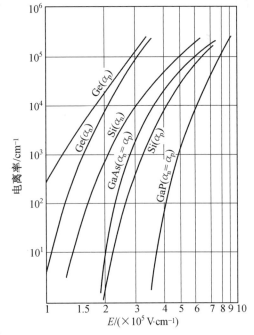

图 1-50 电离率与电场强度的关系

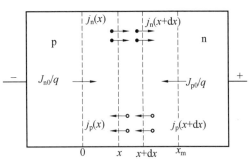

图 1-51 碰撞电离示意图(箭头所指为载流子流动方向)

将式(1-146)和式(1-147)相加，可得

$$\frac{dJ_n(x)}{dx}+\frac{dJ_p(x)}{dx}=\frac{d}{dx}[J_n(x)+J_p(x)]$$

$$=\frac{dJ(x)}{dx}=0$$

说明在稳定情况下通过 dx 层(以及通过 pn 结)的总电流密度 J 与位置 x 无关。当 dx 取得无限小时，$J_p(x+dx)\approx J_p(x)$，式(1-146)可改写为

$$\frac{dJ_n(x)}{dx}=\alpha[J_n(x)+J_p(x)]=\alpha J \tag{1-148}$$

对式(1-148)进行积分，并注意到 $x=0$ 处由 p 区流入势垒区的电子电流密度为 J_{n0}，可得

$$J_n(x)=J\int_0^x \alpha dx+J_{n0} \tag{1-149}$$

同理，式(1-147)也可改写成

$$\frac{dJ_p(x)}{dx}=-\alpha[J_n(x)+J_p(x)]=-\alpha J \tag{1-150}$$

对式(1-150)进行积分，并注意到 $x=x_m$ 处由 n 区流入势垒区的空穴电流密度为 J_{p0}，可得

$$J_p(x)=-J\int_{x_m}^x \alpha dx+J_{p0} \tag{1-151}$$

将式(1-149)和式(1-151)相加，得到倍增后总电流密度为

$$J = J_n(x) + J_p(x) = J\int_0^{x_m} \alpha dx + J_0$$

$$M = \frac{J}{J_0} = \frac{1}{1 - \int_0^{x_m} \alpha dx} \tag{1-152}$$

当反向电压使 $\int_0^{x_m} \alpha dx \to 1$ 时,$M \to \infty$,$J \to \infty$,所以 $\int_0^{x_m} \alpha dx \to 1$ 称为 pn 结的雪崩击穿条件。其物理意义为:一个载流子在穿过势垒区时只要能够碰撞电离产生出一对电子－空穴对,就可以维持雪崩击穿。

载流子在整个势垒区内的碰撞电离概率是不一样的。式(1－141)～(1－143)表明,$\alpha(E)$ 随电场强度 E 按 3～7 次方变化。当 E 较小时,$\alpha(E)$ 也很小;当 E 足够大时,$\alpha(E)$ 剧烈增大。因此,有效的碰撞电离实际上集中发生在电场强度最大的部位附近,也即 $\int_0^{x_m} \alpha dx$ 中对倍增有贡献的部分主要产生在势垒区中最大场强 E_M 附近,这意味着最大场强 E_M 将有一个发生雪崩击穿的临界值 E_{MB}。图 1－52 所示为单边突变结势垒区中电离率的分布情况。

虽然雪崩倍增因子 M 是以倍增前后电流之比定义的,但是由于雪崩倍增过程本质上与结上电压和电场强度的依赖关系,也可以用结上电压与雪崩击穿电压的相对关系来表示。图 1－53 表明了这种关系,同时有经验公式

$$M = \frac{1}{1 - \left(\frac{V}{V_B}\right)^n} \tag{1-153}$$

式中,n 是取决于衬底材料和导电类型的常数,对于 Si、Ge 的数值列于表 1－2 中。

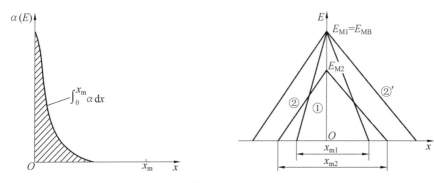

图 1－52　单边突变结势垒区中电离率的分布　　图 1－53　突变结电场分布随掺杂浓度和电压的变化

表 1－2　式(1－153) 中的 n 值

材料	衬底类型	
	n	p
Si	4	2
Ge	3	6

1.5.3 雪崩击穿电压及其影响因素

1. 突变结的雪崩击穿电压

将式(1-96)代入式(1-91),可得突变结空间电荷区最大场强为

$$|E_\mathrm{M}| = \left[\frac{2q}{\varepsilon\varepsilon_0}\left(\frac{N_\mathrm{A}N_\mathrm{D}}{N_\mathrm{A}+N_\mathrm{D}}\right)(V_\mathrm{D}-V)\right]^{\frac{1}{2}} \tag{1-154}$$

可见,在一定的外加电压下,pn 结两侧掺杂浓度越高,势垒区中最大场强越大,越容易发生击穿。如图 1-53 所示,pn 结 ① 的掺杂浓度高于结 ②,在相同的外加电压下,$x_\mathrm{m1} < x_\mathrm{m2}$,$E_\mathrm{M1} > E_\mathrm{M2}$,且两个电场强度分布曲线下面的三角形面积相等。若 $E_\mathrm{M1} = E_\mathrm{MB}$,则结 ① 击穿;若 $E_\mathrm{M2} < E_\mathrm{MB}$,则结 ② 不发生击穿。提高反向电压使 $E_\mathrm{M2} = E_\mathrm{MB}$,则结 ② 击穿,此时电场强度分布曲线为 ②′,其包围面积即为结上电压 V_B2,于是有 $|V_\mathrm{B2}| > |V_\mathrm{B1}|$。

由式(1-154)可知,当 $E_\mathrm{M} = E_\mathrm{MB}$ 时,所对应的外加电压即为击穿电压 $-V_\mathrm{B}$,且 $|V_\mathrm{B}| \gg V_\mathrm{D}$,所以击穿时,$V_\mathrm{D} - V = V_\mathrm{D} + V_\mathrm{B} \approx V_\mathrm{B}$,于是有

$$V_\mathrm{B} = \frac{\varepsilon\varepsilon_0}{2q} \cdot \frac{N_\mathrm{A}+N_\mathrm{D}}{N_\mathrm{A}N_\mathrm{D}} \cdot E_\mathrm{MB}^2 \tag{1-155}$$

对于单边突变结,可统一写成

$$V_\mathrm{B} = \frac{\varepsilon\varepsilon_0}{2qN_0}E_\mathrm{MB}^2 \tag{1-156}$$

式中,N_0 为低掺杂侧的杂质浓度。可见,单边突变结的雪崩击穿电压取决于高阻侧的掺杂浓度。高阻侧杂质浓度越高,击穿电压 V_B 越小。

对于一个已知杂质浓度的突变结,可先由雪崩击穿条件 $\int_0^{x_\mathrm{m}}\alpha\mathrm{d}x \to 1$ 导出发生击穿时的临界电场强度,再根据电压与电场关系导出击穿电压 V_B。

将 $\alpha_\mathrm{eff} = c_\mathrm{i}E^7$ 代入雪崩击穿条件表达式有

$$\int_0^{x_\mathrm{m}} c_\mathrm{i}E^7 \mathrm{d}x = 1$$

经积分变换,并按照单边突变结最大场强关系可得

$$E_\mathrm{M} = E_\mathrm{MB} = \left[\frac{8qN_0}{\varepsilon\varepsilon_0 c_\mathrm{i}}\right]^{\frac{1}{8}}$$

由单边突变结 $x_\mathrm{m} \approx x_\mathrm{n} = \left[\frac{2\varepsilon\varepsilon_0}{qN_0}(V_\mathrm{D}-V_\mathrm{A})\right]^{1/2}$ 可得最大电场强度为

$$E_\mathrm{M} = \frac{qN_0}{\varepsilon\varepsilon_0}x_\mathrm{m} = \left[\frac{2qN_0}{\varepsilon\varepsilon_0}(V_\mathrm{D}-V_\mathrm{A})\right]^{1/2}$$

当 $E_\mathrm{M} = E_\mathrm{MB}$ 时,$V_\mathrm{A} = -V_\mathrm{B}$,于是有

$$V_\mathrm{B} = \frac{1}{2}\left(\frac{\varepsilon\varepsilon_0}{q}\right)^{3/4} \cdot \left(\frac{8}{c_\mathrm{i}}\right)^{1/4} N_0^{-3/4}$$

分别将式(1-142)和式(1-141)中 c_i 值及 $\varepsilon_\mathrm{Si} = 12$,$\varepsilon_\mathrm{Ge} = 16$ 代入上式,得

$$\mathrm{Si}: V_\mathrm{B} = 6 \times 10^{13} N_0^{-3/4} \mathrm{~V} \tag{1-157}$$

$$\mathrm{Ge}: V_\mathrm{B} = 2.76 \times 10^{13} N_0^{-3/4} \mathrm{~V} \tag{1-158}$$

还可以利用普遍适用的经验公式计算单边突变结雪崩击穿电压,即

$$V_B = 60 \left(\frac{E_g}{1.1}\right)^{3/2} \cdot \left(\frac{N_0}{10^{16}}\right)^{-3/4} \qquad (1-159)$$

式中，E_g 的单位为 eV；N_0 的单位为 cm^{-3}；V_B 的单位为 V。

几种不同材料单边突变结雪崩击穿电压与低掺杂侧净杂质浓度关系曲线如图 1—54 所示。该曲线适用于 n 型和 p 型材料，可据以确定获得所需击穿电压而应当选用的衬底杂质浓度。

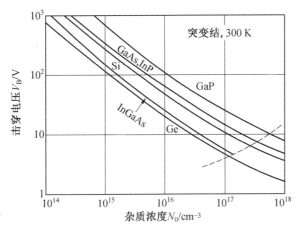

图 1—54　单边突变结雪崩击穿电压和低掺杂侧净杂质浓度的关系

2. 线性缓变结的雪崩击穿电压

将式(1—104)代入式(1—102)，并注意到 $V=V_B$ 时，$E_M = E_{MB}$，可得线性缓变结雪崩击穿电压(V)与最大场强的关系为

$$V_B = \left(\frac{32\varepsilon\varepsilon_0}{9qa}\right)^{1/2} E_{MB}^{3/2} \qquad (1-160)$$

与突变结时一样，由雪崩击穿条件 $\int_0^{x_m}\alpha dx \to 1$ 求出所需的 E_{MB}，进而求出击穿电压 V_B，有

$$\text{Ge}: V_B = 5.05 \times 10^9 a^{-2/5} \text{ V} \qquad (1-161)$$

$$\text{Si}: V_B = 10.4 \times 10^9 a^{-2/5} \text{ V} \qquad (1-162)$$

同样有经验公式

$$V_B = 60 \left(\frac{E_g}{1.1}\right)^{6/5} \cdot \left(\frac{a}{3 \times 10^{20}}\right)^{-2/5} \qquad (1-163)$$

式中，杂质浓度梯度 a 的单位为 cm^{-4}；E_g 的单位为 eV；V_B 的单位为 V。线性缓变结雪崩击穿电压与杂质浓度梯度的关系如图 1—55 所示。

可见，线性缓变结杂质浓度梯度越大，其雪崩击穿电压越低。

3. 扩散结的雪崩击穿电压

实际扩散结的杂质分布情况比较复杂，在工程上可根据不同情况来处理(图 1—56)。若表面浓度 N_S 较低，衬底材料掺杂浓度 N_0 较大，结深 x_j 较深，杂质浓度梯度 a 较小，击穿时 x_m 没有超出杂质缓变的范围，则可按线性缓变结近似处理(图 1—56(a))；反之，若 N_S 大、N_0 小、a 大，击穿时 x_m 远远超过了杂质分布的缓变范围，则可按突变结近似处理(图 1—56(b))；如果

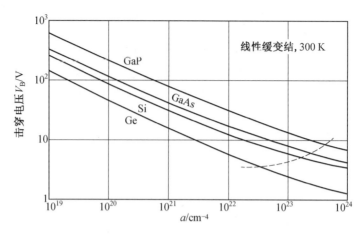

图 1-55　线性缓变结雪崩击穿电压与杂质浓度梯度的关系（虚线表示最大梯度，超过它开始出现隧道机制）

$a \cdot \dfrac{x_m}{2} > N_0$，即击穿时 $x_m > \dfrac{N_0}{a/2}$，线性缓变结就没有意义了，这时则应按实际分布来计算（图 1-56(c)）。

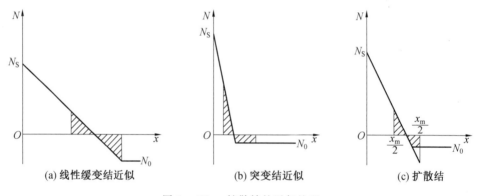

(a) 线性缓变结近似　　　(b) 突变结近似　　　(c) 扩散结

图 1-56　扩散结的近似处理

图 1-57 给出了 300 K 下 Si 扩散结雪崩击穿电压 V_B 和本体杂质浓度 N_0、表面杂质浓度 N_S 及结深 x_j 之间的关系曲线。该曲线是对余误差分布和高斯分布计算的结果，所给出的 V_B 是不受"穿通"限制的真正的雪崩击穿电压。

从图 1-57 中可见，对于相同结深的 pn 结，随着 N_S/N_0 的增加，V_B 减小；而对于 N_S/N_0 相同的 pn 结，V_B 随着扩散结深 x_j 的减小而下降。显然这都是杂质浓度梯度随之变化的结果。

如果已知的是扩散结的衬底浓度 N_0、结深 x_j 及结附近的杂质浓度梯度 a，则可直接由图 1-58 来查取雪崩击穿电压 V_B。图中曲线上的数字表示衬底杂质浓度的指数。

此外，根据实验结果得到如下经验公式，即

$$V_B = 5.8 \times 10^4 x_m^{6/7} \text{ V} \tag{1-164}$$

适用于余误差分布和高斯分布的 Si 扩散结的雪崩击穿电压估算。在 15～1 000 V 范围内，误差小于 9%。

4. 影响雪崩击穿电压的其他因素

影响 pn 结击穿电压的因素除前述温度、杂质浓度及杂质分布外，还有很多与实际工艺有

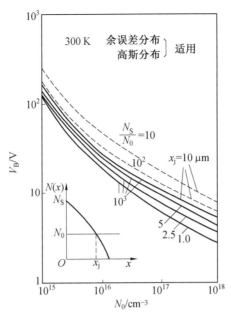

图 1-57　Si 扩散结击穿电压与本体杂质浓度、
表面杂质浓度及结深的关系

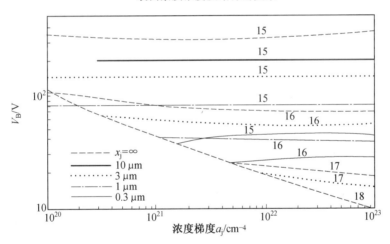

图 1-58　雪崩击穿电压与结上浓度梯度、结深的关系

关的因素，这里仅讨论几种主要因素。

(1) pn 结形状对雪崩击穿电压的影响。

用平面工艺制成的 pn 结实际上并非完全的平行平面结，由于存在着横向扩散现象，在扩散窗口的边缘及棱角处将生成柱面结及球面结，如图 1-59 所示。

由于柱面结及球面结的面积远远小于平面结的面积，因此在计算电流、电容等与面积有关的参数时可以忽略不计，然而讨论击穿时却不能忽视，因为这是影响击穿特性的重要因素。

如图 1-60 所示，由于在柱面结区和球面结区发生电场集中，在这些区域内的电场强度远远大于平面结处的电场强度，因此这些区域比平面结区先发生雪崩击穿。相同结深的 pn 结在同样外加电压下，有 $E_{M球} > E_{M柱} > E_{M平}$，所以 $V_{B球} < V_{B柱} < V_{B平}$。由图 1-61 还可反映出，结深越浅，V_B 越小，显然这是电场更加集中的结果(图中 $r_j \to \infty$ 表示平面结的情况)。

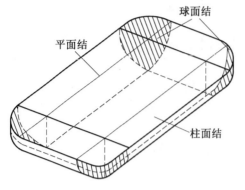 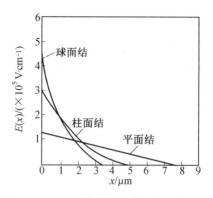

图 1-59　扩散结各部位 pn 结结面形状　　图 1-60　不同形状 pn 结电场分布比较

可见,圆形扩散区比矩形、三角形及菱形扩散区有较高 V_B(不会生成球面结),这就是许多大功率管、高反压管都采用圆形基区扩散图形的原因。

为消除局部电场集中对 V_B 的影响,可采取以下措施。

① 深结扩散。当结深增加时,电场集中效应的影响逐渐减小,V_B 随之提高,图 1-62 中,当 $r_j/x_m \gg 1$ 时可近似做平面结处理。

② 保护环。在不允许扩散结深随意加深的场合,可采用浓扩散保护环结构,通过减小 pn 结边缘处的曲率提高边缘尖角处的 V_B,如图 1-63(a) 所示。

与此相似的还有分压环(电场限制环)结构,如图 1-63(b) 所示,即在 pn 结(主结)周围增加环状 pn 结(环结)。环结与主结是同时扩散制成的,环结与主结的距离较小。当对主结所加的反向电压还低于主结的雪崩击穿电压时,主结的空间电荷区已经扩展到了环结,使主结和环结的空间电荷区连成一片。此时,若进一步增加反向偏压,所增加的电压在表面处附近将由环结承担,这时环结就相当于一个分压器,故称为分压环。根据实际需要可以采用多个分压环结构。

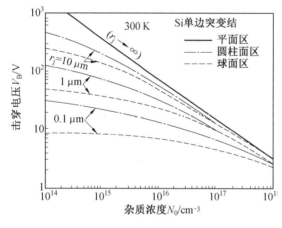 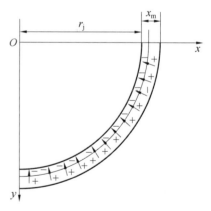

图 1-61　击穿电压和结面形状及衬底掺杂浓度的关系(r_j 是曲面结的曲率半径)　　图 1-62　深结的电场分布

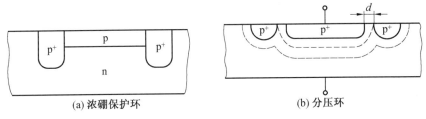

图 1-63 浓硼保护环和分压环结构示意图

③ 磨角法。将电场集中的柱面和球面结部分磨去，形成如图 1-64 所示的台面管结构以根除棱角电场，从而提高 V_B。

(2) pn 结端面形状——磨角的影响。

磨斜角是根除 pn 结棱角电场的常用方法之一。

图 1-65 给出了两种不同斜角的 pn 结，图 1-65(a) 中，沿着斜面 pn 结的截面积由高浓度侧向低浓度侧方向逐渐减小，θ 称为正斜角。为维持空间电荷区内正、负空间电荷总量相等，此时 p^+ 区侧势垒区宽度 x_p 变薄但不明显，而 n 区侧势垒区显著变宽，结果使表面势垒区总宽度 x_{ms} 大

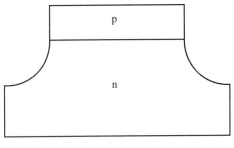

图 1-64 台面管结构

于体内势垒区宽度 x_m，从而导致表面电场减弱。沿着图 1-65(b) 中斜面，pn 结面积由低掺杂侧向高掺杂侧减小时，θ 称为负斜角。此时 x_n 明显减小而 x_p 增加不明显，$x_{ms} < x_m$，表面电场增强，但如果斜角进一步减小，x_n 下降不明显，x_p 的增加起主导作用，此时表面电场又会减弱。因此，图 1-66 给出的表面电场强度与斜角 θ 的关系曲线存在一个峰值。由图 1-66 可见，如果采用负斜角，一般要求 $\theta < -10°$。

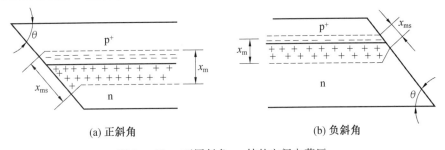

图 1-65 不同斜角 pn 结的空间电荷区

(3) 高阻层(外延层)厚度的影响。

在许多实际半导体器件中，经常出现高阻层厚度 W 小于击穿电压下应有的势垒厚度 x_{mB} 的情况。此时，势垒的实际厚度受高阻层厚度 W 的限制，势垒区的电场分布也随之改变。图 1-67 给出了几种不同高阻区厚度的 p^+n 结电场分布示意图。$W_1 > x_m$ 时电场按 ① 线分布；W_2 和 W_3 均小于 x_m 时，其电场分别按 ②、③ 线分布。因为 n 区掺杂远小于 n^+ 区掺杂，所以可认为空间电荷区向 n^+ 区中延伸的宽度可以略去，其宽度即为 n 区宽度。在同样外加电压下 $E(x) \sim x$ 曲线下面包围面积应相等，且 n^+ 区内增加的正空间电荷所发出的电力线均通过厚度为 W 的低掺杂区，故该区各处电场增量相同，电场线向下平移。由图可见，$W_1 > W_2 >$

W_3,$E_{M1} < E_{M2} < E_{M3}$,所以,$V_{B1} > V_{B2} > V_{B3}$,即 W 比 x_m 小得越多,V_B 下降越多。可以证明,当 $W_0 < x_{mB}$ 时所对应的击穿电压为

$$V'_B = \left(2 - \frac{W_0}{x_{mB}}\right)\frac{W_0}{x_{mB}} \cdot V_B \tag{1-165}$$

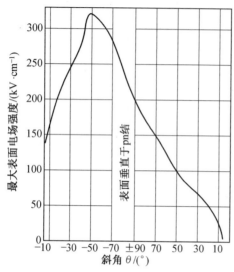

图 1-66 最大表面场强与斜角的关系

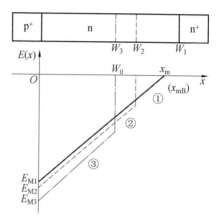

图 1-67 受高阻区厚度限制的 pn 结电场分布

可见,当 $W_0 < x_{mB}$ 时,击穿电压的下降值由比值 W_0/x_{mB} 决定。式(1-165)可用来估算薄高阻区 pn 结的雪崩击穿电压。

(4) 表面状态的影响。

半导体表面存在的表面态、表面氧化层中存在的带电中心(如 Na^+)等都有可能改变半导体表面附近的电场,从而影响击穿电压的大小。

(5) 其他影响因素。

① 单晶材料杂质不均匀,使空间电荷区内电场分布不均匀,在杂质浓度高的部位会首先发生击穿。

② 材料位错等缺陷集中处,杂质扩散特别快,由杂质管道形成 pn 结面上的凸出尖锋而引起击穿。

③ 光刻操作不慎造成的毛刺、划痕、针孔、小岛等均可能引起局部电场集中而造成击穿电压的下降。

综上所述,在大多数情况下,pn 结击穿并不是沿整个结平面均匀发生的,而是首先发生在局部场强增大的地方。因此,击穿点往往发生在 pn 结边缘周界处或缺陷处。这个原因常常使 pn 结的实际击穿电压并不决定于其掺杂浓度而是受限于局部电场强度的升高。只有采取专门措施,降低表面电场和消除体内不均匀点之后,才有可能获得真正在整个结面上均匀击穿的 pn 结。由于击穿点通过的电流密度很大,会使击穿点发光,因此在显微镜下可以观察到具体的击穿点位置。

5. 几种不正常的击穿特性

一个正常的 pn 结,击穿前漏电很小,在击穿点电流陡然上升,如图 1-2(a) 所示,这种击穿特性称为硬击穿。然而在实际生产中经常会遇到如图 1-68 所示的不正常击穿特性。

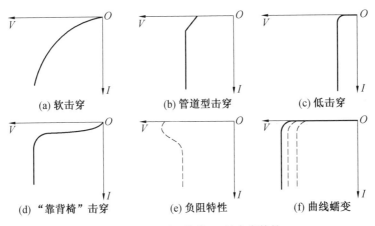

图 1-68 不正常的 pn 结击穿特性

① 软击穿。其特点是当反向电压较低时就有较大的反向电流,没有明显的击穿点。软击穿实际上就是大漏电造成的(图 1-68(a))。

② 管道型击穿。其特点是分段击穿。第一次击穿之后在击穿点附近形成一个电阻性的导电通道(如杂质管道),故有一段特性呈电阻特性,再升高电压后才发生由杂质浓度决定的雪崩击穿(图 1-68(b))。

③ 低击穿。这种击穿往往很硬,只是击穿电压较低。这是一种由局部缺陷(如材料不均匀、缺陷、光刻图形边缘不齐、扩散合金点等使 pn 结出现大量管道击穿并叠加到一起)引起的击穿(图 1-68(c))。

④ "靠背椅"型击穿。其特点是在小电压下反向电流就有一个比正常值大得多的饱和值,在电压继续升高到某一值后才出现真正的击穿,其形状有如靠背椅子并因此而得名。造成这种特性的原因是表面存在着导电沟道或外延基片在结的附近有夹层(图 1-68(d))。

⑤ 负阻特性。击穿后 pn 结两端电压突然降至比 V_B 低许多的数值,而电流却继续增大,称为负阻特性,这也是一种局部击穿,又称微等离子体击穿,有时在结面处能看到发光现象(图 1-68(e))。

⑥ 曲线蠕变。击穿后,图示仪上图形不稳定,反向电流增加,V_B 减小,降低反向电压后图形又可复原,这种现象与表面沾污(湿气、金属离子吸附等)有关。击穿后反向电流增大,表面状态发生了变化,导致电流增加,V_B 下降,电压降低后表面状态恢复原状(图 1-68(f))。

1.5.4 击穿现象的应用——稳压二极管

利用 pn 结击穿时电流增长很快而电压变化很小这一特性可以制成稳压二极管。这种器件的正反向特性曲线与普通二极管相类似,主要区别在于当反向偏压大于 V_B 时,二极管能工作在较大的反向电流下。由图 1-69 可见,这种器件在击穿点附近的曲线呈弧形,此弯曲呈弧形的部分常称为曲线的"膝部"。当膝部边沿很陡时,二极管将很快地进入击穿区,而在膝部较圆滑时则较平缓地进入击穿区。

稳压二极管的额定电压 V_W 可以是几伏到几百伏不等。V_W 并不是 V_B,而是对应规定的反向电流 I_W(恒小于二极管安全工作的最大反向电流 I_{WM})的工作电压。如前所述,一般 6 V 以下的硅稳压管利用了隧道击穿机理(高掺杂结);而 12 V 以上者则是利用扩散法制作的雪崩

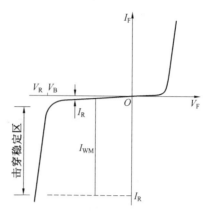

图 1-69　稳压二极管的 $I-V$ 特性曲线

结;介于两者之间的,两种机理均可起作用。此外,若将一只具有正温度系数的雪崩击穿稳压管与一只具有负的正向电压温度系数二极管背靠背串接,前者反偏而后者正偏,则可得到温度系数为 $0.01\%/℃ \sim 0.0005\%/℃$ 的温度补偿型稳压二极管。

稳压二极管的典型外形结构、电路符号及典型稳压电路如图 1-70 所示。

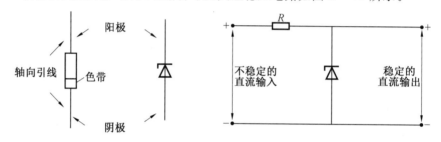

图 1-70　稳压二极管的外形、符号及典型应用电路

1.6　pn 结二极管的开关特性

pn 结二极管大量用于开关电路中,因此,其开关特性具有重要的实际意义。同时,作为微电子器件的核心,有关开关特性及概念也是讨论后续器件相关特性的基础。

1. pn 结二极管的开关作用

pn 结二极管的开关作用是基于 pn 结的单向导电性。如图 1-71 所示,当电路的输入端加上正向电压 V_1,二极管处于正向导通状态时,由于它的正向电阻远小于负载电阻 R_L,因此可以近似看作短路,所以正向导通相当于电灯开关处于闭合状态,这时外加电压就直接加在负载 R_L 上。二极管处于导通状态又称为"开态"。当输入端加上负电压$(-V_2)$时,二极管处于反向截止状态,其反向电阻远大于负载电阻 R_L,因此二极管这时可近似看作开路,相当于电灯开关处于断开状态。二极管处于截止状态又称为"关态",这就是 pn 结二极管的开关作用。

2. pn 结开关特性的基本方程

分析开关特性及瞬态过程的基本方法是电荷控制法。因此,首先以 p^+n 结为例,建立电荷控制法的基本方程。

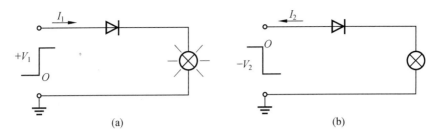

图 1－71　二极管的开关作用示意图

对 p⁺n 结施加正向偏压，p⁺ 区将向 n 区注入空穴。在一维情况下，注入 n 区的空穴服从连续性方程，即

$$D_p \frac{\partial^2 p}{\partial x^2} = \frac{\partial p}{\partial t} + \frac{p}{\tau_p}$$

将上式乘以 q 和结面积 A，并在整个 n 区内从 0 到 W_n 对 x 积分，得到

$$Aq\left[\frac{\partial p}{\partial x}\bigg|_{x=W_n} - \frac{\partial p}{\partial x}\bigg|_{x=0}\right] = \frac{\partial}{\partial t}\int_0^{W_n} Aqp\,dx + \frac{1}{\tau_p}\int_0^{W_n} Aqp\,dx \quad (1-166)$$

当 $W_n \gg L_p$ 时，$\frac{\partial p}{\partial x}\bigg|_{x=W_n} = 0$。因此，式（1－166）左边为

$$-AqD_p \frac{\partial p}{\partial x}\bigg|_{x=0} = i_p(0,t)$$

等式右边 $\int_0^{W_n} Aqp\,dx$ 是 n 区内在 t 时刻积累的总空穴电荷，用 $Q_p(t)$ 表示，则式（1－166）可写成

$$i_p(0,t) = \frac{dQ_p(t)}{dt} + \frac{Q_p(t)}{\tau_p} \quad (1-167)$$

这就是电荷控制法的基本方程。它表示在单位时间内，流入 n 区的空穴电荷量等于单位时间内 n 区积累的空穴电荷量加上复合掉的空穴电荷量。下面将用这个基本方程来分析 pn 结的开关特性。

3. 电荷存储效应

如图 1－71(a) 所示，当电路输入端加上 V_1，且 $V_1 \gg V_f$ 时（V_f 为 pn 结的正向压降），流过 pn 结二极管的电流为

$$I_f = \frac{V_1 - V_f}{R_L} \approx \frac{V_1}{R_L}$$

这时流过 pn 结的电流基本保持不变，即 $i_p(0,t) = I_f$，则由式（1－167）有

$$I_f = \frac{dQ_p(t)}{dt} + \frac{Q_p(t)}{\tau_p}$$

将上式积分，得

$$\ln[I_f\tau_p - Q_p(t)] = -\frac{t}{\tau_p} + C$$

式中，C 为积分常数。由于 t=0 时，$Q_p(0)=0$，得到 $C=\ln(I_f\tau_p)$。于是得

$$Q_p(t) = I_f\tau_p(1 - e^{-\frac{t}{\tau_p}}) \quad (1-168)$$

表明了 n 区少子电荷积累量随时间 t 的变化关系，如图 1－72 所示。当 $t \to \infty$ 时，存储电荷达

到稳定分布，此时有

$$Q_p = I_f \tau_p \tag{1-169}$$

由此可见，当 p^+n 结达到稳定的开态时，n 区内存储的少子电荷量正比于正向注入电流和少子寿命。

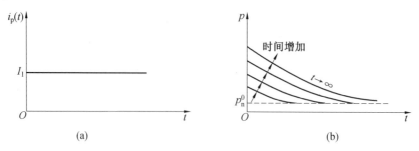

图 1-72　在导通过程中 p^+n 结内电流和少子浓度分布随时间的变化过程

当输入端由正电压 V_1 突然变为负电压（$-V_2$）时，流过 pn 结二极管的电流也突然反向，但不是立即减小到 pn 结的反向饱和电流，而是在一段时间内，电流仍然保持不变，并等于

$$i_p(t) = -I_r = -\frac{V_2 + V_f}{R_L} \approx -\frac{V_2}{R_L}$$

这是因为存储在 n 区的空穴电荷并没有立即消失，只有通过 I_r 的抽出和复合作用才能逐渐消失。显然，存储电荷消失以后，pn 结才开始反偏，通过 pn 结的电流才逐渐变成 pn 结的反向饱和电流，如图 1-73 所示。

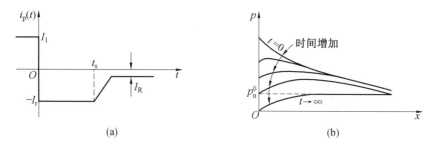

图 1-73　在关断过程中 p^+n 结内电流和少子浓度分布的变化过程

从电压开始反向到势垒边界处空穴浓度降为 0，这段时间内电流恒定，$I_r = -V_2/R_L$，所对应的时间称为存储时间，记为 t_s。从边界处空穴浓度降为 0 开始，边界处空穴浓度梯度逐渐减小，反向电流减小，至反向饱和电流值 I_R，pn 结又恢复到稳态。反向电流从 $-I_r$ 下降至 $-0.1I_r$ 所需要的时间定义为下降时间，记为 t_f。存储时间与下降时间的总和称为 pn 结二极管的关断时间或反向恢复时间。以上过程称为反向恢复过程。这种由于扩散区存储少子电荷而造成反向恢复过程的现象称为电荷存储效应。

综上所述，电流从 I_f 变到 I_R，需要反向恢复时间。同样，由反向到正向时也需要一定的时间使电流逐渐上升，以对应 pn 结中空穴电荷的逐渐积累。但相比之下，反向恢复过程时间最长，是影响开关速度的主要因素。

4. 反向恢复时间的计算

pn 结的反向恢复时间是开关二极管的一个重要参数。下面根据电荷控制基本方程导出存储时间 t_s 和下降时间 t_f 的表达式。

(1) 存储时间 t_s。

在 $t=0$ 之前,pn 结处于开态,存储电荷量由式(1-152)给出,即 $t\leqslant 0$ 时,$Q_p=I_f\tau_p$。

在 $0\leqslant t\leqslant t_s$ 时间内,$i_p(t)=-I_r$,则式(1-150)为

$$-I_r=\frac{\mathrm{d}Q_p(t)}{\mathrm{d}t}+\frac{Q_p(t)}{\tau_p}$$

其解为

$$Q_p(t)=-\tau_p I_r+Ce^{-t/\tau_p}$$

式中,C 为积分常数。将 $t=0$ 时,$Q_p=I_f\tau_p$ 代入可得 $C=\tau_p(I_f+I_r)$,所以

$$Q_p(t)=-\tau_p I_r+\tau_p(I_f+I_r)e^{-t/\tau_p} \qquad (1-170)$$

可见,在电荷消失过程中,存储电荷随时间 t 的增加而按指数衰减。

为简化问题,认为电流开始反向到结边缘少子浓度(严格讲应是非平衡少子浓度)下降为零的时间为 t_s。欲求 t_s,则应知道 t_s 时刻 n 区的少子电荷量 $Q(t_s)$。下面借助于图 1-74 对此问题做一粗略分析。

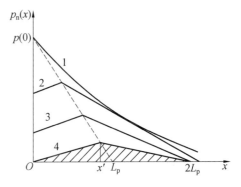

图 1-74　反向恢复过程中 n 区空穴分布变化示意图

由于存储时间内反向电流 I_r 不变,可以假设空穴分布依次按图中 2、3、4 变化。从 $x=0$ 到虚线之间部分的斜率均为 I_r/AqD_p,虚线是初始分布时在 $x=0$ 处的切线。在虚线以右,少子仍按斜直线分布,在 $x=2L_p$ 处空穴浓度降为 0。于是,$Q(t_s)$ 应为图中三角形阴影区的面积,可从几何关系求出。三角形的高可从直线 4 与虚线交点的纵坐标求出。虚线的直线方程为

$$p(x)=-\frac{p(0)}{L_p}x+p(0)$$

直线 4 的方程为

$$p(x)=\frac{I_f}{AqD_p}x$$

注意到 $I_f=-AqD_p\frac{\mathrm{d}p}{\mathrm{d}x}\Big|_{x=0}=AqD_p\frac{p(0)}{L_p}$,可解出该阴影三角形的高为

$$p(x')=\frac{1}{Aq}\cdot\frac{I_r\cdot I_f}{I_r+I_f}\cdot\frac{L_p}{Q_p}$$

则阴影区所包围的空穴电荷总量为

$$Q(t_s)=\frac{1}{2}Aqp(x')\cdot 2L_p=\frac{I_r\cdot I_f}{I_r+I_f}\tau_p \qquad (1-171)$$

代入式(1-170),可解出存储时间为

$$t_s=\tau_p\ln\left[\frac{(I_r+I_f)^2}{I_r(I_r+2I_f)}\right] \qquad (1-172)$$

可见存储时间 t_s 与 I_r、I_f(即注入存储及抽取)均有关,也和寿命 τ_p 密切相关。在实际中常通过测量 t_s 来确定 τ_p,这是测量少子寿命的一个简单方法。

(2) 下降时间 t_f。

在下降过程中，结边缘处少子浓度梯度要逐渐下降，反向电流 I_r 不再是常数，这使问题变得复杂起来。通常假定在整个反向恢复过程中电流均为 I_r，以便可以用式(1—170)来进行粗略的估算。

反向过程结束时，n 区存储电荷 $Q_p=0$，将 $t=t_r$ 时 $Q_p=0$ 条件代入式(1—170)，可求得反向恢复时间为

$$t_r = \tau_p \ln\left(1 + \frac{I_f}{I_r}\right) \tag{1—173}$$

于是，下降时间为

$$t_f = t_r - t_s = \tau_p \ln\left(1 + \frac{I_f}{I_f + I_r}\right) \tag{1—174}$$

这样计算出来的下降时间较实际下降时间要短一些，这是因为在下降过程中边界少子浓度梯度的下降导致抽取少子电荷的速度(I_r)实际上是逐渐减小的。

由此可见，pn 结的反向恢复时间 t_r 由三个因素决定：少数载流子寿命 τ_p、正向注入电流 I_f 和反向抽取电流 I_r。从器件本身参数考虑，缩短少子寿命是减少存储时间、提高开关速度的有效方法。开关管制作中采用掺金工艺就是为了缩短少子寿命。

5. 开关二极管

半导体开关二极管是一种过渡过程持续时间很短和专门用于开关工作状态的半导体二极管。

开关二极管的基本用途是作为电子计算机的开关元件。此外，开关二极管也广泛用于高频信号的检波及其他目的。开关二极管的工作条件通常对应于高水平的注入，即对应于有相当大的正向电流。因此，开关二极管的性质和参数由上述过渡过程决定。

反向恢复时间 t_r 是开关二极管的基本参数之一，它等于二极管由给定的正向电压 V_F 转换为给定的反向电压 V_R 状态后，从电流经过零点的时刻到反向电流达到给定的低值的时刻之间的时间间隔，如图 1—75(a)所示。按照这个参数的值，可以把所有开关二极管分为六等，分别以大于 500 ns、150～500 ns、30～150 ns、5～30 ns、1～5 ns 和小于 1 ns 的反向恢复时间为特征。

当脉冲电流正向流过二极管时，导通后的初始时刻可观察到电压的尖峰(图 1—75(b))，这是由于注入尚未导致二极管基区(被明显注入少子的轻掺杂区)积累少子，基区体电阻较大，使二极管上电压降提高。在把二极管迅速正向接通以后，二极管的正向电阻稳定到一个恒定值，这个过渡过程称为二极管正向电阻的建立。

二极管正向电阻的建立时间 t_f 是开关二极管的第二个特殊参数，它等于从正向电压脉冲加至二极管上的时刻(在零起始偏压下)起到二极管上的正向电压达到给定值这段时间间隔。

这两个参数(t_r 和 t_f)的值都取决于二极管的结构、二极管基区少子寿命，同时还有测量的条件。例如，在切换到反向电压之前增大二极管的正向电流时，反向恢复时间增加，这是由积累在基区中的大量少子消散过程引起的。当反向电压绝对值增大时，反向电阻的恢复时间减小，即反向电压促进了二极管基区少子的消散过程。但如果在二极管切换时，反向电流的尖峰是由势垒电容充放电引起的，那么充放电的时间随着反向电压的增大而增加，这相应于二极管

反向恢复时间的增加。

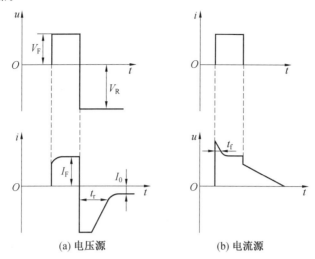

图 1-75 开关二极管工作在电压源和电流源电路中时,其电流和电压的波形图

1.7 pn 结二极管的其他类型

pn 结二极管是一类以 pn 结为核心工作的,具有两个电极的半导体器件的总称。例如,利用 pn 结的单向导电性可以制成整流二极管,利用其势垒电容制成了变容二极管,利用击穿特性制成了稳压二极管,利用其瞬态特性制成了开关二极管。此外,还有许多利用 pn 结某种特性而用于特定场合的二极管。显然,不同特性的应用对 pn 结结构有不同的要求。本节就其他类型 pn 结二极管及其对 pn 结的特殊要求加以概要介绍。

1.7.1 反向电阻阶跃恢复二极管

反向电阻阶跃恢复二极管是一种利用反向电阻急剧恢复效应,用于倍频和上升时间较小的脉冲整形电路中的半导体二极管,简称阶跃恢复二极管。

如前所述,在设计高速整流和脉冲(开关)二极管时,基本的努力应该是缩短过渡过程的持续时间,首先加快少子消散过程,或者用消除少子注入的方法有效地消除少子积累效应。

但是,对于一些器件所不希望的物理过程可作为另一些器件工作原理的基础而被应用。例如,积累在二极管基区中的少子的消散过程就是如此。

如果在正向导通时发生了少子向二极管基区的注入,那么当其切换到反向电压时将发生所积累少子的消散。在切换后的初期,二极管的电阻仅由基区体电阻决定。少子消散的过程可以分为两个阶段(图 1-76)。

第一阶段——高反向电导阶段,其持续时间 t_1 由从电流过零时刻到反向电流开始下降的时间确定。在第一阶段的时间内,pn 结附近二极管基区少子的边界浓度将减小到零。这个阶段的持续时间取决于积累在基区中的少子数量,即取决于切换之前的正向电流及反向电流的幅度。至于反向电流的幅度,则取决于换向时降落在二极管上的反向电压,还取决于二极管在理想电压源电路中工作条件下的基区电阻。在实际条件下,反向电流的幅度由反向电压源的

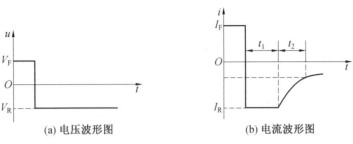

图 1-76 当二极管由正向电压切换到反向电压时，电压和电流的波形图

t_1 — 高反向电导阶段；t_2 — 反向电流下降阶段

电动势和二极管基区及外电路电阻的总和确定。

第二阶段——反向电流下降阶段，其持续时间 t_2 由反向电流减小到一个规定的较小值的时间确定。在第二阶段的时间内，基区深层少子进一步消散，同时它们也在基区中复合。

当第二阶段持续时间较小时，二极管换向时得到的反向电流几乎是矩形的。阶跃恢复二极管在大幅度短脉冲整形电路中的应用是这种二极管的基本用途之一。另一个可能的应用与大幅度短脉冲中包含许多可以通过电路的方法分离开的高次谐波有关。因此，可以实现电磁振荡的倍频。

其他的开关二极管也可以用于脉冲整形和倍频，但它们应该是具有少子注入的和具有较小的反向电流下降持续时间的，即阶跃恢复二极管的结构构造有自己独特的要求。

在用杂质扩散方法制作的二极管中，pn 结范围以外的基区中可能存在未被补偿杂质的非均匀分布。当存在杂质浓度梯度时，多子（对于 n 型半导体为电子）向较低浓度处的扩散导致半导体中产生电场。载流子扩散的结果破坏了半导体各个部分的电中性：一方面出现载流子的过剩（在本例中是电子）；另一方面留下电离的非补偿杂质（本例中为电离施主，即正电荷）。异号电荷之间产生称为自建场的电场后，在载流子的扩散和漂移之间建立起动力学平衡。

于是，在二极管基区靠近 pn 结处可能存在电场，通常称为自建电场，因为它产生于杂质的扩散过程，并且在没有外电压也就没有电流时才存在。自建场阻碍正向导通时经过 pn 结注入的少子——空穴，并在反向时，在消散的时间内加快其向结的运动。这时，少子的积累应该只发生在靠近 pn 结的地方，而反向电流下降的持续时间应该是较小的。

为了从根本上加快少子的消散过程，必须有较大的自建电场强度和较大的杂质浓度梯度。但杂质浓度梯度的提高将导致击穿电压下降和 pn 结势垒电容增大。

通常选择具有高浓度施主的低阻硅衬底以获得最小的基区电阻。低阻衬底和在衬底上生长的高阻外延层之间将出现一个对于正向导通时经过 pn 结注入的少子——空穴的势垒。于是衬底和外延层之间的欧姆结同时起到了阶跃恢复二极管基区少子积累区域限制器的作用。

适于形成持续时间为纳秒和皮秒级矩形电流脉冲的阶跃恢复二极管具有较大的实际意义，因为正是在这个波段，阶跃恢复二极管使我们有可能获得其他方法达不到的结果。在设计这种用于超高频段的二极管时，必须预先考虑尽可能减小壳体及内外引线的电容和电感。

除了其他半导体二极管也用到的参数外，为了评价阶跃恢复二极管的质量和功能，还要用到下列特殊参数。

① 少子有效寿命 τ_{eff}。决定二极管基区少子复合过程的时间。

② 转换电荷 Q。即当电流的方向由正向变到反向时，流出到外电路的那部分积累电荷。

转换电荷取决于二极管换接之前的正向电流,也取决于切换之后施于二极管的反向电压。因此,当给出转换电荷时应同时说明其测量条件。

③ 最大允许反向脉冲电流 $I_{Rp\,max}$。保证所必需的二极管工作可靠性的反向脉冲电流值。反向电阻阶跃恢复二极管的工作特点要求必须引入这个参数。例如,某型号阶跃恢复二极管,在等于或大于 10% 的占空比下,最大允许反向脉冲电流为 1 000 mA。

1.7.2 超高频二极管

超高频半导体二极管是一类用于超高频信号的产生和处理的半导体二极管。

半导体超高频二极管已经在各种超高频段,即频率高于 300 MHz 的无线电电子仪器和测量技术中应用了很长时间。最初的超高频二极管用于检波和混频。在半导体晶体与被磨尖的弹簧形金属压紧电极之间形成其整流结的点接触二极管就曾用于这些电路。后来制成的新型超高频二极管实际上完全代替了点接触式检波和混频二极管,它们广泛用于超高频电磁振荡的产生和放大、信号的倍频、调制、限幅等。

这里所讨论的不是所有的超高频二极管,因为在上述章节中讨论过的一些二极管也可以在超高频段上工作(开关二极管、阶跃恢复二极管)。

下面讨论具有特殊的工作原理的超高频二极管(隧道和反向二极管、变容二极管、雪崩渡越二极管、耿氏振荡器)。

1. 混频二极管

混频二极管是一种专门用于将高频信号转换为中频信号的半导体二极管。

将信号和电压由专门的振荡器 —— 本机振荡器引入混频二极管。由于二极管伏安特性的非线性而产生差频(中频)信号,在这个中频上实现输入信号的进一步放大,这个中频应该高于与频率成反比的低频噪声所对应的频率。

混频二极管的转换损耗 L 决定了输入高频信号转换为中频信号的效率,它等于二极管腔体的输入端上超高频信号的功率与混频二极管负载上在工作状态输出的中频信号功率之比,即

$$L(dB) = 10\lg \frac{P_{SHF}}{P_{MF}}$$

大多数超高频段的接收设备中,在混频器前面都没有放大器。因此,整个接收设备的灵敏度 —— 在噪声背景下分辨有效信号的能力,取决于混频二极管的噪声电平。混频二极管(及其他器件)的噪声电平用噪声比 n_N 来评价,它是工作状态下二极管噪声的标称功率与相应的有源电阻在同样温度及同一频带下热噪声的标称功率之比。

噪声系数是描述混频二极管及其他器件和电路噪声的另一个参数,它等于输出端上噪声功率与其电信号源热噪声引起的部分之比,即

$$F = \frac{(P_S/P_N)_i}{(P_S/P_N)_o} = \frac{P_{No}}{P_{Ni}(P_{So}/P_{Si})}$$

标称噪声系数 —— 当中频放大器的噪声系数 $F_{MA}=1.5$ dB 时,输入端上装有混频二极管的接收装置的噪声系数值,它是混频器中使用了具有一定转换损耗和噪声比的二极管的接收设备的普遍参数,即

$$F_B[dB] = L[dB] + 10\lg(n_N + F_{MA} - 1)$$

整流电流 I 是混频二极管的辅助参数之一,它是工作状态下流入二极管输出回路电流的直流分量。这个参数被用于检查混频二极管和本机振荡器的完好程度。

另一个辅助参数是超高频二极管的电压驻波比 K,即当超高频传输线安装到装有超高频二极管的二极管腔上时,在工作状态下传输线中的电压驻波比。腔(含有二极管的)的输入阻抗与线路的波阻抗匹配得越好,电压驻波比和被接收信号的损耗越小。

超高频二极管的结构对初始半导体材料的基本要求以及提出这些要求的原因可以用如下方式说明。

没有经过整流结向基区的少子注入,较小的基区少子寿命和较小的势垒电容充放电时间常数,即整流结势垒电容和为了减小二极管中功率损耗而应该减小的基区电阻都很小,这些就是获得超高频二极管所必需的频率特性的条件。

击穿电压尽管不是超高频二极管独有的参数,也应该很大。首先,这对于防止来自本机振荡器的电流在伏安特性的反向分支上被检波是必要的,因为本机振荡器给出的交流电压具有相当大的幅度;其次,这对于提高超高频二极管的可靠性是必要的,因为会有一些大功率的无关的无线电脉冲降落在无线电接收设备的输入端上。为了保证足够的击穿电压值,同时也为了减小势垒电容,整流结附近基区中的杂质浓度应该是较小的,这与要求基区电阻很小相矛盾。

为了提高超高频二极管的可靠性,其击穿应该是雪崩的,而不应是伴随不可避免的电流集中的热击穿。

由此可得结论,用于超高频二极管的初始半导体材料应该具有较大的禁带宽度、较小的少子寿命和较大的多子迁移率,即在给定的杂质浓度下,它应该有较小的电阻率。例如,砷化镓就是这样的材料。

为了方便地与相应的超高频元件和电路连接(例如波导的和同轴的传输线),超高频二极管被封装在各种结构的管壳中(图 1-77)。

超高频二极管管壳类型、外廓及连接尺寸(和许多其他半导体器件一样)符合相应的标准。

具有由陶瓷垫套和黄铜法兰盘式内接头组成的卡盘式管壳结构的二极管(图 1-77(a)),专门用在分米和厘米波波段,即达到约 12 GHz 的频率。同轴式管壳结构的二极管(图 1-77(b))用在某些频率达 30 GHz 的厘米波范围内。在毫米波段使用的主要是波导插入体。用于微波传输带和超高频集成电路的或是装在微小管壳中的二极

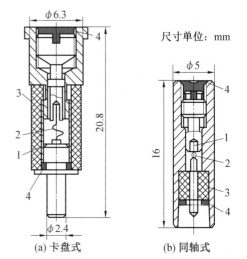

图 1-77 某些卡盘式和同轴式超高频二极管的结构
1— 半导体晶体;2— 接触弹簧;3— 陶瓷垫套;4— 密封填充物

管,或是其半导体晶体表面仅由一层薄薄的氧化物保护的无管壳超高频二极管。

超高频二极管的管壳结构可对其频率性质产生实质性的影响。为了减小这种影响,管壳的电容和内、外引线的电感都应该是微小的。超高频二极管的金属部件通常覆以银或金的薄层,从而保证其电阻极小、与外电路可靠接触及防止腐蚀。

2. 检波二极管

检波半导体二极管是一种专门用于信号检波的半导体二极管。检波时利用二极管的整流特性从调幅高频或超高频振荡中分离出频率较低的信号送到放大器输入端。

电流灵敏度 β_I 是在给定的输出回路负载下，二极管整流电流的增量与输入端上引起这个增量的超高频信号功率之比，是超高频检波二极管的基本参数之一。检波二极管的电流灵敏度取决于直流正向偏置电流。电流灵敏度的最大值通常在偏置电流为几十毫安时出现，但在选择偏置电流时，必须考虑它对其他参数的影响。

检波二极管的品质因数描述了含有检波二极管的接收设备的灵敏度，并由公式

$$M = \frac{\beta_I r_d}{\sqrt{n_N r_d + r_N}}$$

决定。式中，r_d 为二极管在一定的正向偏置下的微分电阻；n_N 为超高频二极管的噪声比；r_N 为视频放大器的噪声等效电阻，计算时通常取 1 kΩ。

较好的超高频检波二极管具有大于 100 $W^{-1/2}$ 的品质因数。例如，砷化镓衬底上具有多层外延结构，专门用于厘米波段检波的肖特基二极管就属于这类二极管。

3. 超高频开关二极管

超高频开关二极管是一种专门用在超高频功率电平控制设备中的半导体二极管，其工作原理是基于当正向直流电流通过二极管时和反向直流电压加在二极管上时，对超高频信号的总阻抗有很大的差别。正因如此，在含有二极管的开关装置后面的超高频线路（波导线、同轴线和微波传输线）对超高频信号可能是开启的，也可能是关闭的。例如，在含有几千个同样的天线单元的相控阵雷达中，开关二极管应该保证在确定的时刻向每个单元传递超高频功率脉冲，这时发射机的功率脉冲不应该落入灵敏的接收机的信道里。

由此明确了对超高频开关二极管的基本要求：它们应该在导通状态以最小的损失通过和在关闭状态不通过超高频功率，具有大的允许耗散功率、大的击穿电压、小的本征电容和足够高的开关速度。

截止频率 f_c 是开关二极管的一个广义参数，由公式

$$f_c = \frac{1}{2\pi C_c \sqrt{r_F r_R}}$$

定义。式中，C_c 为结构电容；r_F 为在一定的正向偏置电流下的正向损耗电阻（二极管总阻抗的有源分量）；r_R 为在一定的反向偏压下的反向损耗电阻。

为了提高二极管的允许耗散功率，必须增大整流结的面积，这将引起势垒电容的增大。因此，大多数超高频开关二极管具有 p-i-n 结构，其 pn 结宽度由于 p 区和 n 区之间存在一层具有本征电导的高阻半导体而得到实质上的增加（图 1-78）。

实际上，超高频二极管的 p-i-n 结构是在具有接近本征电导率的初始硅晶体上形成的，即或是具有较小的受主浓度（π层），或是具有较小施主浓度。这些结构的形成方法是各种各样的，如合金和扩散、外延生长、离子注入掺杂等。

具有 p-i-n 结构的二极管具有很小的，并且非常微弱的取决于电压的势垒电容（特别是当 p 区和 n 区杂质浓度较大时）。结构电容实际上与电压无关这样的一种特性是开关二极管的重要性质，因为电容随电压的变化可能导致有用信号产生额外的频率失真。

p−i−n 二极管的击穿电压可达几百伏,这远远超过具有常规 pn 结和具有同样的相邻区域掺杂水平的二极管的击穿电压。

某些型号的超高频二极管在连续工作状态能够允许耗散的最大功率达 20 W,这样的二极管是一些带有刚性输出端－晶体支架－保护覆层的无壳器件,它们通常直径为 2 mm,长 3.6 mm。

超高频开关二极管可以连续地工作和与传输线并联工作。在并联电路中,正偏时,二极管具有不太大的电阻,为传输线分流,并且反射出大部分超高频功率。因此,在并联线路中,超高频系统的开关是利用反射中的差别,而不是吸收中的差别。这时,降落在二极管上的超高频功率的一小部分被二极管内部吸收,这使功率比较小的器件得以控制几十和几百千瓦的超高频脉冲功率。

具有 p−i−n 结构的超高频开关二极管的不足是当二极管从正向电压切换到反向电压时,i 层中载流子(电子和空穴)消散过程的惯性,因为 i 层的宽度可能有几十微米,而载流子的运动速度是有限的。

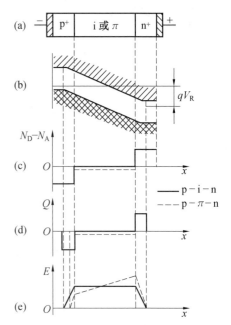

图 1−78　p−i−n 二极管、能带图、杂质分布、空间电荷密度分布和电场强度分布

当使用砷化镓制作的肖特基二极管时,可以得到相当高的开关速度,但这时被开关的超高频功率的电平比使用 p−i−n 结构的超高频开关二极管时低几个数量级。

1.7.3　钳位二极管

半导体钳位二极管是一种在正偏区中工作,其电压在所给范围微弱地取决于电流,并专门用于稳定电压的半导体二极管。与稳压二极管相比的明显区别是,钳位二极管是由二极管上正向压降决定稳定电压。一般单个钳位二极管的稳定电压大约为 0.7 V,两个或三个钳位二极管串联可以得到两倍以上的稳定电压值。某些型号的钳位二极管是含有几个串联的分立单元的器件。

钳位二极管具有负的稳定电压温度系数,即在不变的电流下,钳位二极管上电压随温度的升高而减小。这是因为:第一,温度升高时,pn 结势垒高度减小;第二,载流子按能量的再分布,随着温度的升高,将导致大量的载流子穿过势垒。由于负的稳定电压温度系数和保证电压稳定的伏安特性非线性,钳位二极管可用于具有正的稳定电压温度系数的稳压管的温度补偿。为此,可将一个或几个钳位二极管与稳压管串联起来。

钳位二极管大部分是硅二极管。它们不同于通常的整流二极管的是,用于钳位二极管的 pn 结是在低阻硅中形成的,这可以获得较小的基区体电阻和相应较小的钳位二极管微分电阻。基区电阻可以影响到钳位二极管微分电阻值,因为它们的 pn 结在工作时是正向偏置的,并且有很小的电阻。

初始硅电阻率较小,钳位二极管 pn 结宽度和击穿电压也非常小,而钳位二极管是专门在正向导通下工作的。只有在某一电路中的过渡过程时,其上面才可能呈现反向电压。在过渡过程中,对于钳位二极管来说最大允许反向电压通常不超过几伏特。

1.7.4 噪声二极管

半导体噪声二极管是这样一种半导体器件,在一定的频段内,它是一个具有给定频谱密度的噪声源。

在雪崩击穿的初始阶段,碰撞电离过程是不稳定的:碰撞电离产生、湮灭,又重新产生在 pn 结中有足够的电场强度的地方。为一定电流范围所特有的噪声是碰撞电离时产生的新载流子的随机不均匀性的结果。当这样的器件作为稳压管工作时,噪声是一种有害的现象。正因如此,稳压管的工作电流范围避开了相应于噪声的电流范围。但是,无线电技术中的各种测量还需要噪声电压发生器。

因此,在从最小击穿电流 I_{Bmin} 到最大击穿电流 I_{Bmax} 的反向电流范围内,可把二极管用作噪声电压发生器,在这个范围内可获得最大的电涨落强度。

噪声二极管的一个基本参数是噪声谱密度 S_N,即给定击穿电流下,被除以 1 Hz 的噪声电压有效值。另外还有频谱均匀性截止频率 f_C,即负偏差侧满足对噪声频谱密度均匀性的要求时,频谱的最高振荡频率(在给定的击穿电流下)。

噪声谱密度的平均温度系数 TKS_N 是噪声二极管的参考参数之一,它是噪声谱密度在给定的工作温度范围内的相对变化与恒定电流下环境温度的绝对变化之比,即

$$TKS_N = \frac{1}{S_N} \frac{\Delta S}{\Delta T} \bigg|_{I_B = \text{const}}$$

雪崩击穿之前的反向电流和雪崩击穿时的击穿电压都随温度的升高而增加,结果使伏安特性相应于最大噪声强度的区段随着温度的变化向大电流和高电压区域收缩。因此,在不同的恒定电流下测得的噪声谱密度温度系数的符号和数值的是不一样的。

1.7.5 雪崩渡越二极管

雪崩渡越二极管是一种工作在电学结反偏下载流子雪崩倍增状态,专门用于参量超高频振荡的半导体二极管。

超高频电磁振荡的产生可以出现在各种结构的二极管中。例如,在具有直流分量和交流分量的反向电压作用于 p^+nn^+ 结构时,当总电压超过击穿电压时,开始了碰撞电离 —— 雪崩击穿。在靠近冶金结边界,电场强度足以导致碰撞电离的狭窄的 pn 结区域中产生的电子-空穴对被电场分开(图 1-79)。如果交流分量的频率是较高的,在载流子穿过结的时间内(在本例中是电子),二极管上的电压能够来得及减小,新载流子对引起的电流在这些载流子流出 pn 结之前一直存在。这样,在流过二极管的电流和施于这个二极管的高频交流电压之间将由于有限的载流子渡越时间而出现相移。

电流和电压之间的相位移不仅由渡越时间决定,而且由碰撞电离时雪崩发展过程的惯性决定。事实上,载流子获得足以电离的能量时未必能够立即与一个半导体原子碰撞电离,一段时间对于获得额外的能量也是必需的。

假设渡越时间与碰撞电离惯性所确定的时间同时等于某一频率交流电压振荡周期的一半(图 1-80(a)),在这种情况下,通过二极管的交流电流将落后于引起这个电流的交流电压半个周期。电压的增长将总是伴随着电流的减小,相反,电压减小则电流增加。这意味着对于给

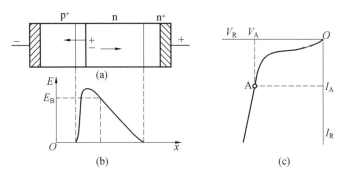

图 1-79 雪崩渡越二极管的结构、电场强度沿着结构的分布和伏安特性上的工作点（直流偏置）的位置

定的交流电压的频率,在整个振荡周期内,微分负阻条件被满足。

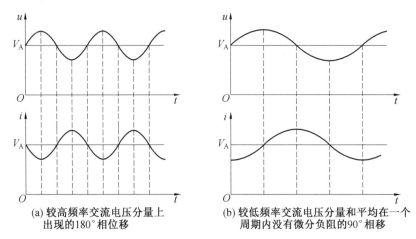

(a) 较高频率交流电压分量上出现的180°相位移

(b) 较低频率交流电压分量和平均在一个周期内没有微分负阻的90°相移

图 1-80 雪崩渡越二极管出现微分负阻的电压与电流关系

当交流电压频率减小时（振荡周期增大时），电流将落后于电压一个 180°的角，因为渡越时间和碰撞电离惯性仍然是相同的。随着交流电压频率的减小，电流与电压间相位移为四分之一周期时，微分负阻条件将在只有半个周期的距离上被满足，并与正微分电阻条件交替经过每个四分之一周期（图 1-80(b)）。在这种极限情况下，雪崩渡越二极管平均在一个周期内将不具有微分负阻。

类似地，随着交流电压频率的升高，电流与电压之间的相移达到 270°时，微分负阻消失。因此，雪崩渡越二极管只对于超高频振荡具有微分负阻。

任何具有微分负阻的器件都可用于电磁振荡的产生和放大。雪崩渡越二极管用于较大功率的超高频振荡的产生，这时不一定有所必需频率的交流电压施加在雪崩渡越二极管上。雪崩渡越二极管与通常将二极管装在其中的谐振腔一起能够从施加直流偏置时产生的脉冲中分离出并放大确定频率的振荡。

除了所讨论过的被称为 IMPATT 状态(Impact Ionization Avalanche Transit Time) 的雪崩渡越工作状态外，雪崩渡越二极管还可以工作在俘获等离子体状态或者 TRAPATT 状态(Trapped Plasma Avalanche Triggered Transit)。

这种工作状态下的工作原理与二极管结构中电场再分布的速度可以远远超过载流子的漂

移速度有关。如图 1-81 所示为在将二极管接在超过击穿电压的反向电压上以后,雪崩渡越二极管 p^+nn^+ 结构的轻掺杂 n 区中电场强度各个时刻的分布。

初始时刻(t_1),电场强度在冶金边界附近最大。正是在这里,由于碰撞电离开始形成电子-空穴等离子体,这将导致电场在 n 区中重新分布。

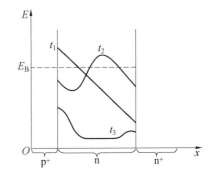

图 1-81 当雪崩渡越二极管工作在俘获等离子体状态时,pn 结轻掺杂 n^- 区中电场强度在各个时刻的分布

下一个时刻(t_2),碰撞电离将在 n 区的相邻层中进行。即使在强电场中,载流子的漂移速度也受饱和速度的限制。如果电场强度在具有等离子体的薄层中来得及减小,等离子体的电子漂移速度可能显得远远小于饱和速度。如果二极管的供电电源保证通过二极管的大的电流密度(考虑到偏置电流密度),以及轻掺杂区中杂质浓度足够小,则电场强度的重新分布能够进行得更快。

结果电离的波峰迅速穿过被高电导电子-空穴等离子体充满的整个 n 区。这时(图 1-81 中的 t_3)的电场强度和二极管上的电压变得很小,导致等离子体的载流子相当慢地从 pn 结中消散。从 pn 结抽取载流子的延滞决定了"俘获等离子体状态"的名称。

因为处于俘获等离子体状态的雪崩渡越二极管中,所以载流子定向运动的速度远远小于饱和速度,则所产生振荡的频率通常不超过 10 THz(10^{13} Hz)。雪崩渡越状态下,这个频率可以为几百吉赫兹。不同工作状态引起性质和参数上的另一些差别是,在雪崩渡越状态下,低于饱和速度的漂移速度减小,而在俘获等离子体状态是相反的。因此,在俘获等离子体状态可以得到更大的振荡幅度——在脉冲工作时达几百千瓦(连续工作时为几瓦)。而由于二极管上的电压在大电流时仍然很小,相反,在小电流时则很大,因此对于砷化镓和硅二极管,效率可达 40%。

雪崩渡越二极管具有碰撞电离固有的较高的噪声电平,因为经过电学结电流的不太大的无规则起伏(散粒噪声)在碰撞电离时被放大了等于雪崩倍增因子 M 的倍数,所以雪崩渡越二极管只能用于超高频振荡的产生,而不能用于微弱信号的放大。因此,雪崩击穿也用于制造噪声二极管。

1.7.6 隧道二极管

隧道二极管是一种以简并半导体为基础的半导体二极管,其中的隧道效应导致在正向电压时的伏安特性上出现负微分电导段。

区别于所有其他半导体二极管的是用具有非常高的杂质浓度($10^{18} \sim 10^{20}$ cm^{-3})的半导体材料制造隧道二极管。pn 结相邻区域中,高杂质浓度的结果首先是结的宽度较小(约 10^{-2} μm),即比其他半导体二极管中的小两个数量级。载流子可以隧穿过这样窄的势垒。

伴随着与 n 区导带和 p 区价带相连的杂质能带的形成,杂质能级的分裂是高杂质浓度的另一个结果,这时费米能级是分布在允带中的。

在没有外电压的二极管中存在着电子由 n 区向 p 区以及反向的隧穿。相向的电子流相等,因此经过二极管的总电流等于零(图1-82(a))。

当隧道二极管上有不大的正向电压时,pn 结势垒高度减小,n 区的能带相对于 p 区能带位移。位于费米能级正上方的 p 区自由能级(被空穴占据的)与被电子占据的 n 区能级处于能量图同一个高度,或者有同样的数值(图1-82(b))。因此,占优势的将是由 n 区向 p 区的电子隧穿。

当二极管上为正向电压时,p 区的价带和杂质带的自由能级与被电子占据的 n 区导带和杂质带能级在同一个高度时,通过二极管的隧道电流将是最大的(图1-82(c))。

当二极管上的正向电压进一步增大时,经过二极管的隧道电流将减小,因为能够由 n 区隧穿到 p 区的电子数量将由于能带的位移而减少(图1-82(d))。

当由于 p 区和 n 区能带相对位移,p 区中没有对于 n 区自由电子的自由能级时,在某个更高的正向电压下,经过二极管的隧道电流等于零(图1-82(e))。但这是以载流子穿过被降低的 pn 结势垒为条件的正向电流,也就是与注入有关的电流将通过二极管。

随着正向电压的进一步提高,由于势垒高度降低,经过隧道二极管的正向电流将像在通常的整流二极管中一样地增加(图1-82(f))。

当隧道二极管上为反向电压时,又出现了电子隧穿的条件(图1-82(g))。现在只有电子由 p 区价带隧穿到 n 区导带,这时出现的反向电流将随着反向电压绝对值的增加而增大。隧道二极管在反向电压下具有相当高的电导。可以认为,在小得可以忽略的反向电压下,隧道二极管中进行着隧道击穿。

因此,隧道二极管在某个正向电压范围内具有微分负阻。这也是隧道二极管的一个最有用的性质,因为任何一个具有微分负阻的器件都可用于电磁振荡的产生和放大,也可用于开关电路中。

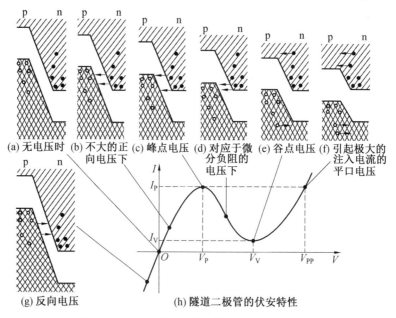

图1-82 隧道二极管的伏安特性和能带图

1.7.7 反向二极管

以具有临界的杂质浓度的半导体为基础,其电导在反向电压下由于隧道效应远远大于正向电压下的电导,这样的二极管称为反向二极管。

当二极管的 p 区和 n 区的杂质浓度比隧道二极管的小,但比普通的整流二极管中的大时,可以得到这种二极管,其能带如图 1－83(a)所示。在这种中等杂质浓度下,费米能级可以位于二极管 p 区价带顶和 n 区导带底,也就是当二极管上为零偏置时,p 区价带顶和 n 区导带底在能带图上处于同一高度。

反向二极管伏安特性的反向分支类似于隧道二极管伏安特性的反向分支,因为在反向电压下存在着电子由 p 区价带向 n 区导带的隧穿,所以反向二极管的反向电流在微乎其微的反向电压下(几十毫伏)也是很大的。

反向二极管的伏安特性正向分支类似于普通整流二极管伏安特性的正向分支,因为当反向二极管上为正向电压时,只有经过 pn 结势垒的少子注入才能形成正向电流。但只有在十分之几伏特的正向电压下才能观察到明显的注入。在较小的电压下,反向二极管中的正向电流是小于反向电流的(图 1－83(b))。

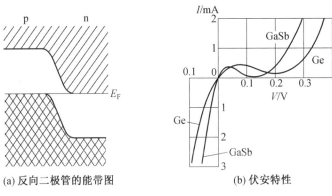

图 1－83　反向二极管的能带图和伏安特性

因此,反向二极管具有整流效应,但它们接通(导通)的方向对应反向连接,而关断(不导通)的方向对应正向连接。

由反向二极管的工作原理可以清楚看到:首先,它们能够工作在非常小的信号上;其次,应该具有很好的频率性质,因为隧穿效应是一个小惯性的过程,而在正向小电压下,实际上没有少子的积累效应,因此反向二极管可以使用在超高频上;最后,由于在 pn 结邻近区域中有相当大的杂质浓度,反向二极管对贯穿辐射的作用是低灵敏度的。

思考与练习

1. 今有硅、锗 pn 结各一,其掺杂浓度均为 $N_D = 5 \times 10^{15}\,\text{cm}^{-3}$,$N_A = 10^{17}\,\text{cm}^{-3}$,求 300 K 下的 V_D 各为多少,并说明为什么会有这种差别。

2. 如果 pn 结两边的宽度和杂质浓度相等,并且两边都很窄,试证明正向空穴和电子电流之比为 $I_p/I_n = D_p/D_n$。如果两边都很宽,在结处 I_p/I_n 有什么变化?

3. 证明:通过 pn 结的空穴电流与总电流之比为 $I_p/I = [1 + (\sigma_n/L_n)(L_p/\sigma_p)]^{-1}$,其中 σ_n、σ_p 分别为 n 区、p 区的电导率。

4. 证明:反向饱和电流公式 $J_S = \dfrac{qD_n n_p^0}{L_n} + \dfrac{qD_p p_n^0}{L_p}$ 可改写为 $J_S = \dfrac{b\sigma_i^2}{(1+b)^2}$

$\dfrac{kT}{q}\left(\dfrac{1}{\sigma_n L_p}+\dfrac{1}{\sigma_p L_n}\right)$。式中,$b=\mu_n/\mu_p$;$\sigma_n$、$\sigma_p$ 分别为 n 型、p 型半导体的电导率;σ_i 为本征半导体电导率。

5. 今有一硅突变结,n 区的 $\rho_n=5\ \Omega\cdot\text{cm}$,$\tau_p=1\ \mu\text{s}$;p 区的 $\rho_p=0.1\ \Omega\cdot\text{cm}$,$\tau_n=5\ \mu\text{s}$。计算 300 K 下饱和电流密度、空穴电流与电子电流之比,以及在正向 0.3 V 及 0.7 V 时流过 pn 结的电流密度。

6. 一般规定二极管正向电流达到 0.1 mA 时所对应的电压为阈值电压或导通电压。今有一硅 p^+n 结,n 区掺杂浓度 $N_D=10^{16}\ \text{cm}^{-3}$,$D_p=13\ \text{cm}^2/\text{s}$,$L_p=2\times10^{-3}\ \text{cm}$,$A=10^{-5}\ \text{cm}^2$,求该 pn 结的阈值电压 V_f。如果参数相同,Ge pn 结的 V_f 又该是多少?

7. 现有 Si、Ge p^+n 结各一个,其掺杂浓度均为 $N_A=10^{18}\ \text{cm}^{-3}$、$N_D=10^{15}\ \text{cm}^{-3}$。在 n 区 $\tau_p=10^{-5}\ \text{s}$,且 $W_n\gg L_p$,300 K 下 n—Ge 中 $D_p=45\ \text{cm}^2/\text{s}$,n—Si 中 $D_p=13\ \text{cm}^2/\text{s}$。则当外加偏压为 -5 V 时反向饱和电流和势垒产生电流各为多少?从中可得出什么结论?

8. ① 某硅 p^+n 结在 300 K 下有参数 $\tau_p=\tau_n=10^{-6}\ \text{s}$,$N_D=10^{15}\ \text{cm}^{-3}$,请以双对数($\lg\sim\lg$)坐标作图,画出扩散电流密度 J_D、产生电流密度 J_G 及总电流密度 J 与外加反向偏压的关系;② 设 $N_D=10^{17}\ \text{cm}^{-3}$,重画上述各图。

9. ① 计算当温度从 300 K 增加到 400 K 时,硅 pn 结反向电流的增大倍数;② 如果 25 ℃ 时某 Ge 反偏 pn 结漏电流为 10 μA,温度增加到 45 ℃ 时漏电流有多大?

10. 在室温下测量 $V=-5$ V 时锗和硅 pn 结的反向电流:锗为 1 μA,主要是扩散分量;硅为 1 nA,主要是产生电流。假定表面漏电流忽略不计,求在 100 ℃ 和 $V=-5$ V 下两个 pn 结的反向电阻。

11. 某理想 p^+n 结,$N_D=10^{16}\ \text{cm}^{-3}$。在 1 V 正偏下求 n 型中性区内存储的少数载流子总量,设该 p^+n 结面积为 $10^{-4}\ \text{cm}^2$,n 型中性区长度为 1 μm,空穴扩散长度为 5 μm。

12. 一扩散 pn 结,p 区侧为线性缓变结。$a=10^{19}\ \text{cm}^{-4}$,n 区侧为均匀掺杂,掺杂浓度为 $3\times10^{14}\ \text{cm}^{-3}$。① 在零偏压下 p 型一侧的耗尽层宽度为 0.8 μm,求零偏下总耗尽层宽度、内建电势和最大电场强度;② 画出电势分布。

13. 利用图 1-38 给出的曲线数据求 pn 结处杂质浓度分别按余误差分布、高斯分布和指数分布时的杂质浓度梯度。已知 pn 结 $N_0=10^{15}\ \text{cm}^{-3}$,$N_S=10^{19}\ \text{cm}^{-3}$,$x_j=1\ \mu\text{m}$。

14. 今有一硅扩散 pn 结,结面积为 $10^{-5}\ \text{cm}^2$,结深为 3 μm,衬底浓度 $N_0=10^{15}\ \text{cm}^{-3}$,表面浓度 $N_S-10^{18}\ \text{cm}^{-3}$,外加电压 $V=-10$ V。通过计算比较,在求该 pn 结势垒电容时取哪种近似更为合理?若结深为 10 μm,其余参数不变,做哪种近似合理?

15. 有一扩散硅 pn 结,结面积为 $10^{-4}\ \text{cm}^2$,衬底浓度为 $10^{15}\ \text{cm}^{-3}$,表面浓度为 $10^{19}\ \text{cm}^{-3}$,若结深 $x_j=5\ \mu\text{m}$,求外加反向偏压 10 V 时的 C_T、x_m 及 x_1。

16. 有硅突变结,在轻掺杂 n 区一侧杂质浓度为 $10^{15}\ \text{cm}^{-3}$、$10^{16}\ \text{cm}^{-3}$ 或 $10^{17}\ \text{cm}^{-3}$,重掺杂一侧 p 区杂质浓度为 $10^{19}\ \text{cm}^{-3}$。作 $1/C^2$ 对 V 的曲线族,电压范围从 -4 V 到 0 V,步长 0.5 V。求这些曲线的斜率和它们在电压轴上的截距,并加以分析。

17. 试计算硅 pn 结在 5 GHz 下的小信号导纳。有关参数如下:$V_A=0.6$ V,$A=10^{-5}\ \text{cm}^2$。
在 n 型边:$N_D=10^{16}\ \text{cm}^{-3}$,$W_n=200\ \mu\text{m}$,$D_n=30\ \text{cm}^2/\text{s}$,$D_p=10\ \text{cm}^2/\text{s}$,$\tau_p=10^{-6}\ \text{s}$。
在 p 型边:$N_A=10^{18}\ \text{cm}^{-3}$,$W_p=3\ \mu\text{m}$,$D_n=20\ \text{cm}^2/\text{s}$,$D_p=7\ \text{cm}^2/\text{s}$,$\tau_n=10^{-7}\ \text{s}$。

18. 有硅单边突变结和线性缓变结,前者低掺杂侧杂质浓度为 $10^{16}\ \text{cm}^{-3}$,后者杂质浓度梯

度为 5×10^{20} cm^{-4}。当外加反向电压 10 V 时,求二者的空间电荷区宽度及最大场强。比较两组数据,从而进一步理解线性缓变结较突变结能承受更高的电压(计算中按 $V_D+V\approx V$ 近似处理)。

19. 已知硅扩散结,衬底 $N_0=2\times10^{16}$ cm^{-3},表面 $N_S=4\times10^{18}$ cm^{-3},结深 $x_j=10$ μm。试问用不用线性缓变结近似所求出的击穿电压值相差多少? 试分析产生偏差的根源何在?

20. 把一个 p$^+$n 结硅二极管作变容二极管用,结两侧掺杂浓度分别为 $N_A=10^{19}$ cm^{-3},$N_D=10^{15}$ cm^{-3},二极管面积为 0.01 cm^2。① 求在 $V_R=1$ V 及 5 V 时的二极管电容;② 计算用此变容二极管及 $L=2$ mH 的储能电路的共振频率。

21. 参照图 1-67,证明式(1-165)成立。

第 2 章 双极型晶体管的直流特性

现今名目繁多、用途各异的晶体管基本上可归属于两大类：一类为结型晶体管，又称为双极型晶体管(Bipolar Junction Transistor, BJT)，因其由两种极性的载流子——电子和空穴参与器件工作而得名；另一类为场效应晶体管(Field Effect Transistor, FET)，又称为单极型晶体管，只有单一极性的载流子，或者空穴、或者电子参与器件工作。此外还有一种将二者结合起来的器件——绝缘栅双极晶体管(Insulated Gate Bipolar Transistor, IGBT)。双极型晶体管习惯上被称为晶体三极管或简称晶体管。

当两个 pn 结背靠背靠得很近时，由于它们之间的互相联系及互相影响，便产生了与单个 pn 结截然不同的特性——电流放大功能，于是构成了晶体管。它是 1947 年 12 月 23 日由美国物理学家肖克利(W. B. Shockley)和他的同事巴丁(J. Bardeen)及布拉坦(W. H. Brattain)一同发明的。这项影响深远的发明，让他们共同获得了 1956 年度诺贝尔物理学奖。

本章首先讨论双极型晶体管的直流特性，内容包括双极型晶体管的基本结构及放大机理、直流特性曲线、直流电流放大系数与晶体管工艺参数、结构参数的关系以及晶体管的使用限制，还要介绍小信号等效电路及适用于计算机辅助设计的 Ebers—Moll 模型。在第 3 章至第 5 章将分别讨论在不同频率、不同偏压和电流条件下晶体管内部载流子产生、运动、存储及消散的规律，从而解释晶体管的各种工作特性和各类参数间的关系。

2.1 晶体管的基本结构和杂质分布

2.1.1 晶体管的基本结构

就基本结构而言，双极型晶体管都是相同的。它们都是由两个靠得很近的背靠背的 pn 结所构成。两个 pn 结将晶体管划分为三个区：发射区、基区和集电区。由三个区引出的三个电极则相应地称为发射极、基极和集电极，分别用 e、b、c 来表示。两个 pn 结分别称为发射结与集电结。发射结从发射区向基区注入少子，集电结把少子从基区收集到集电区。根据各区的导电类型，晶体管有两种可能的形式：pnp 型与 npn 型。双极型晶体管的基本结构与符号如图 2-1 所示。

2.1.2 杂质分布

晶体管中各区的杂质分布因 pn 结制作工艺不同而异。但是杂质分布特征直接影响晶体管的特性。

1. 合金管

合金管的两个 pn 结都是用合金法烧结而成。其杂质分布的特点是三个区内杂质各自均匀分布，而在 pn 结交界面处杂质浓度突变，即发射结和集电结都是突变结。因其基区杂质分布均匀而又称为均匀基区晶体管。如图 2-2 所示为典型合金管的结构及杂质分布图。

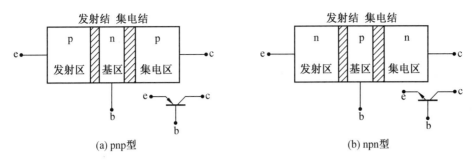

(a) pnp型   (b) npn型

图 2-1　双极型晶体管的基本结构与符号

由于在烧结过程中很难精确地控制其结深,当基区较薄时很容易发生穿通现象,因此合金法很难获得基区宽度 $W_b < 10\ \mu m$ 的晶体管,这就限制了它在高频领域内的应用。

2. 合金扩散管

合金扩散管的发射结为合金结,集电结为扩散结,因而形成了如图 2-3 所示的杂质分布规律。这种晶体管的发射结是突变结,集电结是缓变结,基区内杂质浓度分布也是缓变的,故又可称其为缓变基区晶体管。

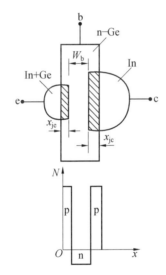

图 2-2　典型合金管的结构及杂质分布图

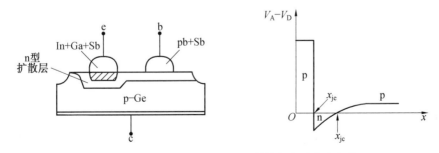

图 2-3　典型合金扩散管的结构与杂质分布规律

由于这种晶体管的基区中存在着一个加速少数载流子输运的漂移电场,同时扩散方法可以获得较薄的扩散层,基区宽度可以小到 $2 \sim 3~\mu m$,因此晶体管的工作频率提高到数百 MHz 以上,它曾广泛用于高速开关、高频放大、电视调谐等方面。合金扩散管一般也是以锗为基片材料制成的。

3. 平面管

平面管是目前大量生产的最主要的一种晶体管。其中绝大部分的两个 pn 结都是由扩散方法制得的,即双扩散管,因此两个结都是缓变结,基区杂质分布也是缓变的。近年来随着离子注入技术的发展,在双扩散平面管的基础上又出现了注入(基区)扩散(发散区)晶体管以及两个结都用离子注入方法制备的所谓双注入晶体管。显然,这些晶体管都属于缓变基区晶体管,其结构及杂质分布图如图 2-4 所示。

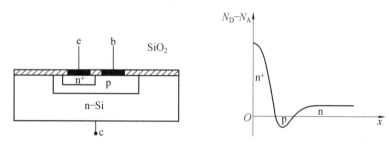

图 2-4　硅平面管结构与杂质分布图

平面管区别于其他类型晶体管的最大优点是 pn 结不是裸露在外面,而是被 SiO_2 膜以及近年来发展起来的 Si_3N_4、Al_2O_3 等介质膜很好地包封起来,使其获得了其他类型晶体管不可比拟的优良特性,从而使其在高频开关、大功率等方面得到了广泛的应用,并成为集成电路的基本元件。

实际上,为了减小集电区体电阻并保证耐压,这种晶体管采用外延结构制作,并称为外延平面管。

4. 台面管

这种晶体管的集电结用扩散法制得,发射结可用扩散法也可用合金法制得。用化学腐蚀的方法制出台面,以去除集电结柱面和球面部分,提高其耐压,是大功率晶体管经常采用的结构。其杂质分布类似于平面管。如图 2-5 所示是用蒸发合金法获得发射结的锗台面管结构示意图。蒸发层的厚度可以小于 $1~\mu m$,所以可以控制蒸发合金结(发射结)的结深在 $1~\mu m$ 以下。

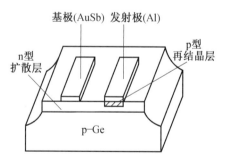

图 2-5　锗台面管结构示意图

硅、锗都可以制成台面管,因为其薄基区可用于高频,更因为其消除了集电结边缘电场集中现象而可以用作高反压管。

综上所述,无论是 pnp 管还是 npn 管,无论是平面管还是台面管,它们都是由两个 pn 结、三个区组成的。两个 pn 结背靠背且靠得很近,其间距离(基区宽度)W_b 远远小于基区的少子扩散长度 L_b。晶体管的基区杂质分布有两种形式:一是均匀分布(如合金管),称为均匀基区晶体管,均匀基区晶体管中,载流子在基区内的传输主要靠扩散进行,故又称为扩散型晶体管;

另一种基区杂质分布是缓变的(如合金扩散管、台面管、平面管),称为缓变基区晶体管,这类晶体管的基区存在自建电场,载流子在基区内除了扩散运动外,还存在漂移运动,而且往往以漂移运动为主,所以又称为漂移型晶体管。

2.2 晶体管的放大机理

众所周知,晶体管具有放大电流和电压的重要功能。下面以均匀基区npn型晶体管为例,通过对晶体管内部载流子运动的分析,定性地阐明晶体管的放大机理。

2.2.1 晶体管的能带图及少子分布

根据pn结的定义,结的位置应指净杂质浓度为零的p型区与n型区的交界面处。晶体管中两个pn结交界面之间的距离定义为基区宽度。但由于pn结存在着空间电荷区,因此基区的实际宽度应该是两个pn结空间电荷区之间的中性基区部分。这个宽度通常称为有效基区宽度,记为W_b,而将相应的两个冶金结之间的距离称为几何基区宽度,记为W_b',如图2-6所示。

以均匀基区npn管为例。如图2-7(a)所示为晶体管未加任何偏压时的平衡能带图。由于pn结势垒的存在,两个结的扩散和漂移作用各自达到了动态平衡,pn结中每一个区到邻区的电势变化正好平衡了由于两个区的浓度梯度而引起的多子扩散电流,使相邻两区(从而使晶体管的三个区)有统一的费米能级,没有宏观电流。

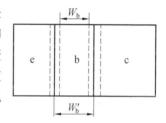

图2-6 晶体管的基区宽度

当有外加偏压时,平衡被破坏,能带图和少子分布均发生变化。如令发射结处于正偏状态,则此时发射结势垒变低变窄,引起正向注入。发射结势垒两边界处的少子浓度可根据式(1-31)和式(1-32)写出,即

$$\begin{cases} p_e(x_1) = p_e^0 e^{qV/kT} \\ n_b(x_2) = n_b^0 e^{qV/kT} \end{cases} \quad (2-1)$$

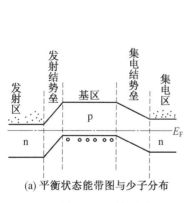

(a) 平衡状态能带图与少子分布

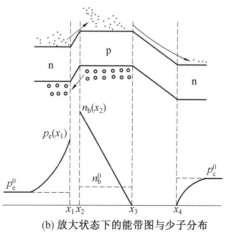

(b) 放大状态下的能带图与少子分布

图2-7 晶体管平衡状态与放大状态下的能带图与少子分布

与此同时,令集电结处于反偏状态,集电结势垒变高变宽,势垒区中电场的抽取作用使基区边界电子浓度 $n_b(x_3) \to 0$ 及集电区边界处的空穴浓度 $p_c(x_4) \to 0$,如图 2-7(b)所示。于是,在发射结正偏、集电结反偏的条件下,发射结向基区注入(发射)的少子经过基区到达集电结势垒区边界,被集电结势垒区电场抽取(收集)到集电区,形成集电极电流。

下面对载流子在晶体管中传输过程的详细分析将说明在上述偏压状态下晶体管具有电流放大作用。

2.2.2 晶体管中的电流传输过程及放大作用

1. 载流子传输过程

如图 2-7(b) 所示的 npn 晶体管,正偏下的 eb 结有电子从发射区注入基区,积累在边界 x_2 处并在浓度梯度作用下通过基区向集电结方向扩散。其中一部分在扩散过程中在基区内与空穴复合而消失,其余部分到达集电结边界 x_3 处,并在反向 cb 结势垒区电场作用下漂移穿过 cb 结势垒而到达集电区,最后由集电极流出形成集电极电流 I_c。这就是双极型晶体管中载流子的传输过程。可以想见,此时输出电流 I_c 的大小将受到发射结注入电流 I_e——输入电流的影响,即由此而实现输入电流对输出电流的控制 —— 电流放大。电流放大的程度将取决于载流子传输过程中复合损失与对输出有贡献的分量的比例。因此,在分析中应着重注意哪些电流分量对输出电流有贡献。

这里应该注意到的是,反偏集电结的抽取已经不是在平衡少子的水平下,而是在发射结注入的非平衡少子水平下进行,所以其中将流过近似于 eb 结正偏时的大电流。这正是晶体管区别于单独的 pn 结的特性,反映了两个靠得很近的 pn 结的相互作用 —— 电流控制和放大作用。

下面按载流子从注入到输出的传输过程分三个阶段逐一分析、考查载流子在晶体管中不同部位流动及电流成分转换的情况。

(1) 发射结的注入。

式(2-1)给出的 eb 结势垒两边界处积累的少子浓度实际上就是正偏下注入的空穴电流分量 I_{pe} 和电子电流分量 I_{ne} 分别建立起来的。如果忽略发射结势垒区中的复合,则通过发射结的总电流为

$$I_e = I_{pe} + I_{ne} \qquad (2-2)$$

如果发射区杂质浓度 N_E 远远大于基区杂质浓度 N_B,即类似于单边突变结,则 $I_{ne} \gg I_{pe}$。这正是双极型晶体管中的一般情况。

(2) 基区中的输运与复合。

由发射区注入基区的电子在从发射结势垒边界输运到集电结势垒边界的过程中,一部分与基区多子空穴复合,形成了复合电流 I_r;未被复合的部分到达集电结边界,形成电流 I_{nc}。则有

$$I_{nc} = I_{ne} - I_r \qquad (2-3)$$

由此可见,注入基区的非平衡载流子的输运与复合构成了晶体管中的特殊矛盾,晶体管的放大能力取决于二者的相对关系。复合损失的部分较大时,输出电流减小;复合损失部分较小时,晶体管可有较大的输出电流,即可能有较大的电流放大能力。因此,强调两个 pn 结靠得很近,就意味着基区宽度很窄,要远远小于其中少子的扩散长度,才能使复合损失部分很小,从而

保证较大的输出电流。

(3) 集电结的收集。

处于反偏的 cb 结,势垒区中有很强的电场,它可使到达边界 x_3 处的电子全部扫入集电区,最后形成集电极电流 I_c。此外,处于反偏的 cb 结还会产生反向电流 I_{cbo},它也是输出电流的一个组成部分,即

$$I_c = I_{nc} + I_{cbo} \quad (2-4)$$

通常 I_{cbo} 很小,故往往可取近似为 $I_c \approx I_{nc}$。

正偏 eb 结由基区向发射区注入的空穴和基区内与电子复合的空穴均由基极电流提供,此外,I_{cbo} 也作为一部分空穴的来源。因此,有

$$I_b + I_{cbo} = I_{pe} + I_r \quad (2-5)$$

综合考虑式(2-2)~(2-5),则有

$$I_c = I_{nc} + I_{cbo} = I_{ne} - I_r + I_{cbo} = I_e - I_{pe} - I_r + I_{cbo} = I_e - I_b \quad (2-6)$$

式(2-6)反映了晶体管端电流之间的关系,即发射极电流等于集电极电流与基极电流之和。这个关系不因晶体管结构、导电类型和杂质浓度的不同而改变,也不受晶体管运用时不同接法的限制。

如图 2-8 所示为放大状态下晶体管中各电流分量之间关系,其中计入了发射结势垒复合电流 I_{re}。

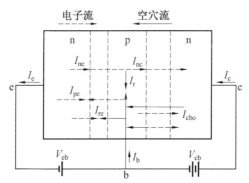

图 2-8 放大状态下晶体管中各电流分量之间关系

2. 晶体管的三种连接方式及其电流放大系数

实际运用时,晶体管的任一个电极均可用作输入输出的公用端,可有三种连接方式,如图 2-9 所示。

晶体管放大电流的能力通常用电流放大系数来表示。放大电路的接法不同,其电流放大系数也不同,需按照不同连接方式对应的输入输出电流定义不同的电流放大系数来描述其电流放大能力。

(1) 共基极短路电流放大系数。

晶体管处在如图 2-9(a) 所示的共基状态时,直流电流放大系数用 α 表示,定义为集电极输出电流与发射极输入电流之比,即 $\alpha_0 = \dfrac{I_c}{I_e}$ 及 $\alpha = \dfrac{\Delta I_c}{\Delta I_e}$。$\alpha_0$ 称为共基极直流短路电流放大系数;α 称为共基极短路电流放大系数。

由上述晶体管中载流子传输及电流成分的分析可知,I_c 只是 I_e 中的一部分,但尽量使之

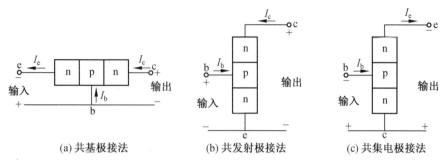

图 2-9 晶体管的连接方式

成为主要部分。因此，α_0 和 α 永远小于 1，但又很接近于 1（因为 I_b 很小）。

$\alpha < 1$，说明晶体管在共基极接法时没有电流放大作用。但若在输出端接一大的负载，可以获得电压放大和功率放大。

(2) 共发射极短路电流放大系数。

晶体管处在如图 2-9(b) 所示的共发射极状态时，直流电流放大系数用 β 表示，定义为集电极输出电流与基极输入电流之比，即 $\beta_0 = \dfrac{I_c}{I_b}$ 及 $\beta = \dfrac{\Delta I_c}{\Delta I_b}$。$\beta_0$ 称为共发射极直流短路电流放大系数；β 称为共发射极短路电流放大系数。由于 $I_b \ll I_c$，因此 β_0 及 β 远大于 1，此时晶体管具有电流放大作用，自然也具有电压和功率放大作用。

上述定义中的短路电流放大系数意指输出端短路，因为只有这时晶体管的输出电流才仅仅决定于晶体管本身的内部结构和参数，晶体管的放大能力才具有可比性。

(3) 电流放大系数之间的关系。

虽然 α 和 β 在数值上相差很大，但它们只是从不同角度描述晶体管的电流放大能力，反映的都是晶体管内部载流子输运及电流之间的关系，所以它们之间必然存在着内在的联系。可以证明

$$\beta_0 = \frac{\alpha_0}{1-\alpha_0}, \alpha_0 = \frac{\beta_0}{1+\beta_0}; \beta = \frac{\alpha}{1-\alpha}, \alpha = \frac{\beta}{1+\beta} \tag{2-7}$$

此外，还可以根据电流放大系数的定义很方便地导出由 α 或 β 表示的射极跟随器（共集电极接法）的电流放大系数 $\alpha_{eb} = \dfrac{1}{1-\alpha} = 1 + \beta$。

3. 描述电流放大系数的中间参量

如上所述，晶体管之所以具有放大作用，是因为发射区向基区注入了大量的非平衡少子，并以极小的损失输运到集电区的结果。eb 结正偏和 cb 结反偏是保证注入和输运必不可少的外界条件。从制管的角度更关心的是如何使晶体管有合理的注入及损失最小的输运。为此，定义如下中间参量，并通过中间参量分析电流放大系数的影响因素。

(1) 注入效率（或发射效率）γ。

在忽略势垒复合的前提下，发射极电流 $I_e = I_{pe} + I_{ne}$ 中只有 I_{ne} 才可能对输出电流 I_c 有贡献，所以希望 I_e 中 I_{ne} 分量越大越好。为此，定义注入效率（或发射效率）

$$\gamma = \frac{I_{ne}}{I_e} = \frac{I_{ne}}{I_{ne} + I_{pe}} \tag{2-8}$$

来衡量 I_e 中 I_{ne} 所占的百分比。它表示从发射区注入基区的少子电流与通过发射结的总电流

之比,反映了在发射极电流中有多少成分可能对电流放大作用是有效的。显然,γ 越接近 1 越好。

(2) 基区输运系数 β^*。

这是用来描述少子在基区输运的过程中复合损失程度的参量。定义基区输运系数

$$\beta^* = \frac{I_{nc}}{I_{ne}} = \frac{I_{ne} - I_r}{I_{ne}} = 1 - \frac{I_r}{I_{ne}} \qquad (2-9)$$

表示到达集电结的电子电流与由发射结注入基区的电子电流之比。它反映了由发射结注入基区中的电子中有多少成分幸免于复合而被输运到达集电结。显然,β^* 也是小于 1 而接近于 1 的量。

(3) 集电区倍增因子 α^* 和雪崩倍增因子 M。

当电子到达集电结后可能产生倍增效应,使集电极电流有可能大于到达集电结的电子电流(即使在不考虑 I_{cbo} 的情况下)。产生倍增的可能原因有两个:集电区倍增效应及集电结雪崩倍增效应。

集电区倍增效应主要发生在集电区电阻率较高的晶体管中。当电子电流穿过集电区时,在集电区体电阻上产生的欧姆压降不再可以忽略。这个欧姆压降在集电区产生的电场将使集电区内的少数载流子——空穴流向集电结。集电区电阻率越大,欧姆压降产生的电场越强,附加的空穴漂移电流也越大,使得集电极电流 I_c 大为增加。集电区倍增因子

$$\alpha^* = \frac{I_c}{I_{nc}} \qquad (2-10)$$

可反映此电流倍增的程度。

此外,当集电结反向偏压升至接近该结雪崩击穿电压时,在集电结势垒区产生的雪崩倍增效应引起的集电极电流剧增,用雪崩倍增因子 M 来描述。

由电流放大系数的定义并综合考虑式(2-8)~(2-10),有

$$\alpha_0 = \frac{I_c}{I_e} = \frac{I_{ne}}{I_e} \cdot \frac{I_{nc}}{I_{ne}} \cdot \frac{I_{c0}}{I_{nc}} \cdot \frac{I_c}{I_{c0}} = \gamma \cdot \beta^* \cdot \alpha^* \cdot M \qquad (2-11)$$

式中,I_{c0}、I_c 分别表示倍增前后的集电极电流。对绝大多数正常工作的晶体管,$\alpha^* M \approx 1$,故有

$$\alpha_0 \approx \gamma \cdot \beta^* \qquad (2-12)$$

即通常在讨论晶体管电流放大系数与晶体管内部结构参数的关系时可以主要考虑发射结的注入和基区的输运。

2.3 晶体管的直流伏安特性及电流增益

为了求得晶体管发射极电流 I_e、集电极电流 I_c 与直流偏压的关系,即直流伏安特性,应分别求出组成 I_e 及 I_c 的各电流分量随电压的变化关系,为此需首先求得晶体管各个区中载流子随电压变化的分布函数。

2.3.1 均匀基区晶体管(以 npn 管为例)

为了简化分析,首先做如下几点基本假设:
① 发射区、基区和集电区中杂质均匀分布,发射结与集电结都是突变结;

② 发射结与集电结为平行平面结，其面积相同，电流垂直于结平面流动；
③ 外加电压全部降落在 pn 结空间电荷区，势垒区以外没有电场，故没有漂移电流；
④ 发射区和集电区的长度远大于少子扩散长度，少子浓度随距离按指数规律衰减；
⑤ 势垒区宽度远远小于少子扩散长度，势垒复合及势垒产生均可以忽略；
⑥ 满足小注入条件；
⑦ 不考虑基区表面复合的影响。

下面利用上述假设及图 2-7 给出的坐标，依次解决上述问题。

1. 晶体管内少数载流子浓度分布函数

由假设②，可借助直流稳态下一维连续性方程——一维扩散方程来求解各区少子浓度分布函数。

(1) 基区电子浓度分布函数。

对于基区电子，一维扩散方程为

$$\frac{d^2 n_b(x)}{dx^2} - \frac{n_b(x) - n_b^0}{L_{nb}^2} = 0 \qquad (2-13)$$

其普遍解为

$$n_b(x) - n_b^0 = A e^{-x/L_{nb}} + B e^{x/L_{nb}} \qquad (2-14)$$

发射结正偏 V_{eb}，则有

$$n_b(x_2) = n_b(0) = n_b^0 e^{qV_{eb}/kT} \qquad (2-15)$$

集电结偏压为 V_c，则有

$$n_b(x_3) = n_b(W_b) = n_b^0 e^{qV_c/kT} \qquad (2-16)$$

以式(2-15)和式(2-16)作为边界条件可求出式(2-14)中的常数 A 和 B，代入式(2-14)，整理得

$$n_b(x) - n_b^0 = \frac{1}{e^{W_b/L_{nb}} - e^{-W_b/L_{nb}}} [n_b^0 (e^{qV_{eb}/kT} - 1)(e^{(W_b-x)/L_{nb}} - e^{-(W_b-x)/L_{nb}}) +$$

$$n_b^0 (e^{qV_c/kT} - 1)(e^{x/L_{nb}} - e^{-x/L_{nb}})]$$

$$= \frac{n_b^0 (e^{qV_{eb}/kT} - 1) \operatorname{sh}\left(\frac{W_b - x}{L_{nb}}\right) + n_b^0 (e^{qV_c/kT} - 1) \operatorname{sh}\left(\frac{x}{L_{nb}}\right)}{\operatorname{sh}(W_b/L_{nb})} \qquad (2-17)$$

这就是基区中电子浓度分布函数的普遍形式。

当 $W_b \ll L_{nb}$ 时，式(2-17)中双曲函数可用泰勒级数展开，并取前两项近似，即 $\operatorname{sh} y \approx y$。当 $V_c < 0$ 且 $|V_c| \gg kT/q$ 时，式(2-17)可简化为

$$n_b(x) = n_b^0 e^{qV_{eb}/kT} \cdot \left(1 - \frac{x}{W_b}\right) \qquad (2-18)$$

式(2-18)表明，当满足基区宽度很小和集电结反偏足够大的条件时，基区电子浓度线性分布。

如图 2-10 所示为不同 W_b/L_{nb} 值下基区电子浓度分布的曲线。可见，W_b/L_{nb} 值越小，曲线越接近于直线。

(2) 发射区和集电区内空穴分布函数。

与以上过程相似，先写出发射区内空穴的连续性方程，即

$$\frac{\mathrm{d}^2 p_\mathrm{e}(x)}{\mathrm{d}x^2} - \frac{p_\mathrm{e}(x) - p_\mathrm{e}^0}{L_\mathrm{pe}^2} = 0 \tag{2-19}$$

其边界条件为 $x = -x_1$ 处,有

$$p_\mathrm{e}(x) = p_\mathrm{e}^0 \mathrm{e}^{qV_\mathrm{eb}/kT}$$

在发射极电极接触处(因为 $W_\mathrm{e} \gg L_\mathrm{pe}$,可视为 $-\infty$),空穴浓度为平衡值,即 $x = -\infty$ 处,有

$$p_\mathrm{e}(-\infty) = p_\mathrm{e}^0$$

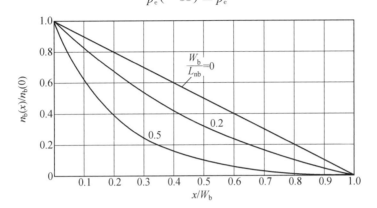

图 2-10　均匀基区晶体管基区少子分布曲线

利用上述边界条件,可解得发射区空穴浓度的分布函数为

$$p_\mathrm{e}(x) - p_\mathrm{e}^0 = p_\mathrm{e}^0 (\mathrm{e}^{qV_\mathrm{eb}/kT} - 1) \mathrm{e}^{(x+x_1)/L_\mathrm{pe}}, \quad x \leqslant -x_1 \tag{2-20}$$

可见,发射区空穴浓度沿 $(-x)$ 方向按指数衰减。

同理,可利用边界条件 $x = x_4$ 处,$p_\mathrm{c}(x_4) = p_\mathrm{c}^0 \mathrm{e}^{qV_\mathrm{c}/kT}$ 和 $x = \infty$ 处,$p_\mathrm{c}(\infty) = p_\mathrm{c}^0$ 求解集电区空穴的连续性方程,即

$$\frac{\mathrm{d}^2 p_\mathrm{c}(x)}{\mathrm{d}x^2} - \frac{p_\mathrm{c}(x) - p_\mathrm{c}^0}{L_\mathrm{pc}^2} = 0 \tag{2-21}$$

得到

$$p_\mathrm{c}(x) = p_\mathrm{c}^0 [1 + (\mathrm{e}^{qV_\mathrm{c}/kT} - 1) \mathrm{e}^{-(x-x_4)/L_\mathrm{pc}}] \tag{2-22}$$

图 2-7(b) 中给出的正是式 (2-18)、式 (2-20) 和式 (2-22) 所表示的各区少子浓度分布的示意图。

2. 电流密度分布函数

根据假设③,只需考虑各部分中的扩散电流。

(1) 基区电子扩散电流。

基区电子扩散电流密度为

$$J_\mathrm{nb}(x) = qD_\mathrm{nb} \frac{\mathrm{d}n_\mathrm{b}(x)}{\mathrm{d}x}$$

将式 (2-17) 代入,整理后可得

$$J_\mathrm{nb}(x) = -\frac{qD_\mathrm{nb} n_\mathrm{b}^0}{L_\mathrm{nb}} \left[\frac{(\mathrm{e}^{qV_\mathrm{eb}/kT} - 1) \mathrm{ch}\left(\frac{W_\mathrm{b} - x}{L_\mathrm{nb}}\right) - (\mathrm{e}^{qV_\mathrm{c}/kT} - 1) \mathrm{ch}\left(\frac{x}{L_\mathrm{nb}}\right)}{\mathrm{sh}(W_\mathrm{b}/L_\mathrm{nb})} \right] \tag{2-23}$$

这就是晶体管基区电子扩散电流密度分布函数的表达式。

由式 (2-23) 可知,令 $x = 0$ 就可以得到通过发射结的电子电流密度为

$$J_{\mathrm{nb}}(0) = -\frac{qD_{\mathrm{nb}}n_{\mathrm{b}}^0}{L_{\mathrm{nb}}}\left[(\mathrm{e}^{qV_{\mathrm{eb}}/kT}-1)\mathrm{cth}\left(\frac{W_{\mathrm{b}}}{L_{\mathrm{nb}}}\right)-(\mathrm{e}^{qV_{\mathrm{c}}/kT}-1)\mathrm{csch}\left(\frac{W_{\mathrm{b}}}{L_{\mathrm{nb}}}\right)\right] \quad (2-24)$$

当忽略发射结势垒复合时，这也就是发射区向基区注入的电子电流密度。

若令 $x=W_{\mathrm{b}}$，则由式(2-23)得到到达集电结处的电子电流密度为

$$J_{\mathrm{nb}}(W_{\mathrm{b}}) = -\frac{qD_{\mathrm{nb}}n_{\mathrm{b}}^0}{L_{\mathrm{nb}}}\left[(\mathrm{e}^{qV_{\mathrm{eb}}/kT}-1)\mathrm{csch}\left(\frac{W_{\mathrm{b}}}{L_{\mathrm{nb}}}\right)-(\mathrm{e}^{qV_{\mathrm{c}}/kT}-1)\mathrm{cth}\left(\frac{W_{\mathrm{b}}}{L_{\mathrm{nb}}}\right)\right] \quad (2-25)$$

这也就是经过基区输运后到达集电结势垒边界的电子电流密度 J_{nc}。

当 $W_{\mathrm{b}} \ll L_{\mathrm{nb}}$ 时，展开双曲函数并近似取 $\mathrm{sh}\, y \approx y, \mathrm{chy} \approx 1$，则由式(2-23)可得

$$J_{\mathrm{nb}}(x) \approx -\frac{qD_{\mathrm{nb}}n_{\mathrm{b}}^0}{W_{\mathrm{b}}}\mathrm{e}^{qV_{\mathrm{eb}}/kT} \quad (2-26)$$

在这种情况下，基区中电子电流密度与 x 无关，即 J_{nb} 在基区中为常数，恒等于基区靠发射结势垒边界处的电子电流密度。实质上，在取上述近似的同时忽略了电子在基区输运过程中的复合损失，这时基区少子浓度在很窄的 W_{b} 之内线性分布。

(2) 发射区空穴电流密度分布。

由式(2-20)可方便地求得发射区空穴电流密度分布，即

$$\begin{aligned}J_{\mathrm{pe}}(x) &= -qD_{\mathrm{pe}}\frac{\mathrm{d}p_{\mathrm{e}}(x)}{\mathrm{d}x}\\ &= -\frac{qD_{\mathrm{pe}}p_{\mathrm{e}}^0}{L_{\mathrm{pe}}}(\mathrm{e}^{qV_{\mathrm{eb}}/kT}-1)\cdot \mathrm{e}^{(x+x_1)/L_{\mathrm{pe}}}, \quad x \leqslant -x_1\end{aligned} \quad (2-27)$$

发射结势垒边界($x=-x_1$)处的空穴电流密度为

$$J_{\mathrm{pe}}(x_1) = -\frac{qD_{\mathrm{pe}}p_{\mathrm{e}}^0}{L_{\mathrm{pe}}}(\mathrm{e}^{qV_{\mathrm{eb}}/kT}-1) \quad (2-28)$$

在忽略发射结势垒复合的前提下，这也就是基区向发射区注入的空穴电流密度。

(3) 集电区少子空穴电流密度分布。

同样地，可由式(2-22)求出集电区内以及势垒边界 x_4 处的空穴电流密度，即

$$J_{\mathrm{pc}}(x) = \frac{qD_{\mathrm{pc}}p_{\mathrm{c}}^0}{L_{\mathrm{pc}}}\mathrm{e}^{-(x+x_4)/L_{\mathrm{pc}}}\cdot(\mathrm{e}^{qV_{\mathrm{c}}/kT}-1), \quad x \geqslant x_4 \quad (2-29)$$

$$J_{\mathrm{pc}}(x_4) = \frac{qD_{\mathrm{pc}}p_{\mathrm{c}}^0}{L_{\mathrm{pc}}}(\mathrm{e}^{qV_{\mathrm{c}}/kT}-1) \quad (2-30)$$

在得到发射区、基区及集电区的少子电流密度分布函数之后，可以很方便地绘出晶体管中电流密度的分布图，如图2-11所示。

在确定了晶体管内的电流分布之后，很容易将晶体管内部电流与端电流联系起来，从而得到晶体管的电流-电压基本方程。

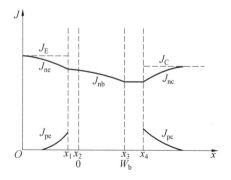

图2-11 晶体管中的电流分布

3. 晶体管直流电流-电压基本方程

发射极总电流应等于通过发射结的电子电流与空穴电流之和，在忽略发射结势垒复合的前提下可由式(2-24)与式(2-28)分别乘以结面积后直接相加而得，即

第 2 章 双极型晶体管的直流特性

$$I_{\mathrm{E}} = -A\left[\frac{qD_{\mathrm{nb}}n_{\mathrm{b}}^0}{L_{\mathrm{nb}}}\mathrm{cth}\left(\frac{W_{\mathrm{b}}}{L_{\mathrm{nb}}}\right) + \frac{qD_{\mathrm{pe}}p_{\mathrm{e}}^0}{L_{\mathrm{pe}}}\right](\mathrm{e}^{qV_{\mathrm{eb}}/kT}-1) + A\left[\frac{qD_{\mathrm{nb}}n_{\mathrm{b}}^0}{L_{\mathrm{nb}}}\mathrm{csch}\left(\frac{W_{\mathrm{b}}}{L_{\mathrm{nb}}}\right)\right](\mathrm{e}^{qV_{\mathrm{c}}/kT}-1)$$

(2−31)

同理，集电极总电流应等于通过集电结电子电流与空穴电流之和，在忽略集电结势垒产生电流的前提下可由式(2−25)与式(2−30)乘以结面积后相加得到，即

$$I_{\mathrm{C}} = -A\left[\frac{qD_{\mathrm{nb}}n_{\mathrm{b}}^0}{L_{\mathrm{nb}}}\mathrm{csch}\left(\frac{W_{\mathrm{b}}}{L_{\mathrm{nb}}}\right)\right](\mathrm{e}^{qV_{\mathrm{eb}}/kT}-1) + A\left[\frac{qD_{\mathrm{nb}}n_{\mathrm{b}}^0}{L_{\mathrm{nb}}}\mathrm{cth}\left(\frac{W_{\mathrm{b}}}{L_{\mathrm{nb}}}\right) + \frac{qD_{\mathrm{pc}}p_{\mathrm{c}}^0}{L_{\mathrm{pc}}}\right](\mathrm{e}^{qV_{\mathrm{c}}/kT}-1)$$

(2−32)

式(2−31)和式(2−32)即为均匀基区晶体管直流电流−电压基本方程。

式(2−31)中，右边第一项表示发射结本身的结电流，第二项表示集电结的结电流通过基区传输到发射极的电流成分。同样，式(2−32)右边第一项表示注入电流传输至集电极的电流分量，第二项则为集电结本身的结电流。由此可见，由于两个结靠得很近，自身的结电流与另一个结通过基区传输过来的电流共同构成相应电极的电流。

4. 均匀基区晶体管的直流电流增益

在获得晶体管中各区少子电流密度分布函数的基础上，可以根据定义求得描述电流传输过程的中间参量 γ 和 β^*，进而得到晶体管直流电流增益的表达式。

(1) 发射效率。

根据定义有

$$\gamma = \frac{J_{\mathrm{ne}}}{J_{\mathrm{e}}} = \frac{J_{\mathrm{ne}}}{J_{\mathrm{ne}}+J_{\mathrm{pe}}} = \frac{1}{1+J_{\mathrm{pe}}/J_{\mathrm{ne}}}$$

由式(2−24)可知，当输出端短路时，$V_{\mathrm{c}}=0$，有

$$J_{\mathrm{ne}} = -\frac{qD_{\mathrm{nb}}n_{\mathrm{b}}^0}{L_{\mathrm{nb}}}\mathrm{cth}\left(\frac{W_{\mathrm{b}}}{L_{\mathrm{nb}}}\right)(\mathrm{e}^{qV_{\mathrm{eb}}/kT})$$

(2−33)

与式(2−28)一同代入式(2−33)，得

$$\frac{J_{\mathrm{pe}}}{J_{\mathrm{ne}}} = \frac{D_{\mathrm{pe}}}{D_{\mathrm{nb}}} \cdot \frac{p_{\mathrm{e}}^0}{n_{\mathrm{b}}^0} \cdot \frac{L_{\mathrm{nb}}}{L_{\mathrm{pe}}} \cdot \mathrm{th}\left(\frac{W_{\mathrm{b}}}{L_{\mathrm{nb}}}\right)$$

于是，均匀基区晶体管的发射效率为

$$\gamma = \left[1 + \frac{D_{\mathrm{pe}}p_{\mathrm{e}}^0 L_{\mathrm{nb}}}{D_{\mathrm{nb}}n_{\mathrm{b}}^0 L_{\mathrm{pe}}}\mathrm{th}\left(\frac{W_{\mathrm{b}}}{L_{\mathrm{nb}}}\right)\right]^{-1}$$

(2−34)

当 $W_{\mathrm{b}} \ll L_{\mathrm{nb}}$ 时，$\mathrm{th}\left(\frac{W_{\mathrm{b}}}{L_{\mathrm{nb}}}\right) \approx \frac{W_{\mathrm{b}}}{L_{\mathrm{nb}}}$，式(2−34)变成

$$\gamma \approx \left[1 + \frac{D_{\mathrm{pe}}p_{\mathrm{e}}^0 W_{\mathrm{b}}}{D_{\mathrm{nb}}n_{\mathrm{b}}^0 L_{\mathrm{pe}}}\right]^{-1}$$

若以 ρ_{b} 和 ρ_{e} 分别代表基区和发射区的电阻率，利用爱因斯坦关系和载流子浓度积关系，并近似认为发射区空穴迁移率与基区空穴迁移率相等，基区电子迁移率与发射区电子迁移率相等，即

$$\frac{D_{\mathrm{pe}}}{D_{\mathrm{nb}}} = \frac{\mu_{\mathrm{pe}}}{\mu_{\mathrm{nb}}}, \quad p_{\mathrm{e}}^0 = \frac{n_{\mathrm{i}}^2}{N_{\mathrm{E}}}, \quad n_{\mathrm{b}}^0 = \frac{n_{\mathrm{i}}^2}{N_{\mathrm{B}}}, \quad \mu_{\mathrm{pe}} \approx \mu_{\mathrm{pb}}, \quad \mu_{\mathrm{nb}} \approx \mu_{\mathrm{ne}}$$

$$q\mu_{\mathrm{pb}}N_{\mathrm{B}} = \rho_{\mathrm{b}}^{-1}, \quad q\mu_{\mathrm{ne}}N_{\mathrm{E}} = \rho_{\mathrm{e}}^{-1}$$

式(2−34)可变成

$$\gamma \approx \left[1 + \frac{\rho_e W_b}{\rho_b L_{pe}}\right]^{-1} = \left[1 + \frac{R_{\square e}}{R_{\square b}}\right]^{-1} \tag{2-35}$$

式中，$R_{\square b} = \rho_b/W_b$ 和 $R_{\square e} = \rho_e/L_{pe}$ 分别是基区和发射区的方块电阻，当发射区宽度 $W_e \ll L_{pe}$ 时，$R_{\square e} = \rho_e/W_e$。

由此可见，为了提高晶体管的发射效率，主要措施是提高发射区对基区的杂质浓度之比，以减小两区方块电阻之比 $R_{\square e}/R_{\square b}$。一般发射区杂质浓度较基区杂质浓度高出两个数量级即可满足要求。例如，可以选用 $N_B = 10^{18}\ \text{cm}^{-3}$，$N_E = 10^{20}\ \text{cm}^{-3}$ 的方案。

(2) 基区输运系数。

根据定义有

$$\beta^* = \frac{J_{nc}}{J_{ne}} = \frac{J_{nb}(W_b)}{J_{nb}(0)} = \frac{I_{ne} - I_r}{I_{ne}} = 1 - \frac{I_r}{I_{ne}} \tag{2-36}$$

将式 (2-24)、式 (2-25) 表示的 $J_{nb}(0)$ 和 $J_{nb}(W_b)$ 代入上式，同样注意到输出端短路时，$V_c = 0$，有

$$\beta^* = \frac{\operatorname{csch}\left(\dfrac{W_b}{L_{nb}}\right)}{\operatorname{cth}\left(\dfrac{W_b}{L_{nb}}\right)} = \frac{1}{\operatorname{ch}\left(\dfrac{W_b}{L_{nb}}\right)} = \operatorname{sech}\left(\dfrac{W_b}{L_{nb}}\right) \tag{2-37}$$

将式 (2-37) 中双曲函数展开并取二次幂，可得到基区输运系数的简化表达式为

$$\beta^* = 1 - \frac{W_b^2}{2L_{nb}^2} \tag{2-38}$$

与式 (2-36) 比较可得

$$\frac{W_b^2}{2L_{nb}^2} \approx \frac{I_r}{I_{ne}}$$

称作体内复合损失项。由此可见，W_b/L_{nb} 越小，少子通过基区的输运过程中复合损失越少，基区输运系数 β^* 就越大。因此，在晶体管设计中，在满足其他参数要求的前提下，要尽可能地减小基区宽度 W_b，即两个 pn 结"靠得很近"。

(3) 直流电流增益。

对于正常工作的普通晶体管，$\alpha^* \cdot M \approx 1$，$\alpha_0 \approx \gamma \cdot \beta^*$。由式 (2-35) 和式 (2-38) 有

$$\alpha_0 = \frac{1}{1 + \dfrac{\rho_e W_b}{\rho_b L_{pe}}} \cdot \left(1 - \frac{W_b^2}{2L_{nb}^2}\right) \tag{2-39}$$

由于 $\rho_e W_b/\rho_b L_{pe}$ 和 $W_b^2/2L_{nb}^2$ 都远远小于 1，可将上式的两个因子利用级数进行变换，在略去二次项的条件下，有

$$\alpha_0 \approx 1 - \frac{\rho_e W_b}{\rho_b L_{pe}} - \frac{W_b^2}{2L_{nb}^2} \tag{2-40}$$

或者

$$\alpha_0 \approx \frac{1}{1 + \dfrac{\rho_e W_b}{\rho_b L_{pe}} + \dfrac{W_b^2}{2L_{nb}^2}} \tag{2-41}$$

利用 $\alpha_0 = \dfrac{\beta_0}{1 + \beta_0} = \dfrac{1}{1 + 1/\beta_0}$，与式 (2-41) 比较可得

$$\frac{1}{\beta_0} = \frac{\rho_e W_b}{\rho_b L_{pe}} + \frac{W_b^2}{2L_{nb}^2} \qquad (2-42)$$

式中，$\dfrac{\rho_e W_b}{\rho_b L_{pe}}$ 项代表了发射结空穴电流与电子电流之比，称为发射效率项；而 $\dfrac{W_b^2}{2L_{nb}^2}$ 表示基区复合电流与发射区注入的电子电流之比，称为基区体复合项。式(2—39)～(2—42)将晶体管宏观的电流增益与内部结构、材料和工艺等参数联系在一起，具有很大的实际意义。

2.3.2 缓变基区晶体管(以 npn 管为例)

1. 缓变基区中的自建电场

在缓变基区晶体管中，由于基区杂质分布有一定的浓度梯度，杂质电离后产生的多数载流子的浓度分布也会具有相同的梯度。这个浓度梯度势必引起多数载流子自浓度高处(发射结侧)向低处(集电结侧)扩散，但又被集电结空间电荷区阻挡在基区边界处。其结果是基区中靠近集电结一侧多数载流子过剩，而基区中靠近发射结一侧空间电荷过剩，于是，正负电荷中心分离而形成电场。这个电场反过来又对多数载流子产生漂移作用以抵消其扩散。当二者达到动态平衡时基区多子维持一个稳定的分布，所形成的电场也不再变化。这个电场由于基区杂质浓度缓变而自动建立，称其为缓变基区自建电场。伴随这个电场的形成，基区内各点电位不再相等，基区能带发生弯曲。

合金扩散管的缓变基区自建电场如图 2—12(a)所示。如图 2—12(b)所示则为更普遍的平面管情形：由于扩散结形成过程中杂质的补偿作用使基区中杂质浓度的最高点并不在发射结处，而是在基区中某一点 x_{mb} 处，由 x_{mb} 处向两侧，基区杂质浓度梯度方向相反，因此由多子扩散形成的电场方向也是相反的。如图所示，在 x_{je} 与 x_{mb} 间的自建电场 E_b' 阻止少子电子流向集电区，称为阻滞电场，这个区间称为阻滞区；而在 x_{mb} 与 x_{jc} 之间的电场 E_b 则加速少子流向集电结，故称其为加速场，这个区间称为加速区。在正常的晶体管中，阻滞区在基区中所占的比例很小，往往被包含在发射结势垒区内，对于基区而言，仍可认为杂质浓度最高点是在发射结处，仅加速场 E_b 起作用。

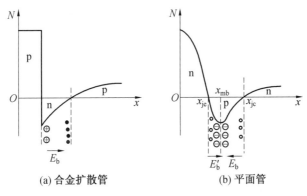

图 2—12 缓变基区晶体管中的基区自建电场

考虑到多子的扩散与漂移平衡时净多子电流等于零，与式(1—3)的导出过程相似，并认为多子－空穴浓度即为基区掺杂浓度，则可得到

$$E_b(x) = \frac{kT}{q} \cdot \frac{1}{p_b(x)} \cdot \frac{\mathrm{d}p_b(x)}{\mathrm{d}x} = \frac{kT}{q} \cdot \frac{1}{N_b(x)} \cdot \frac{\mathrm{d}N_b(x)}{\mathrm{d}x} \qquad (2-43)$$

此电场使基区中少数载流子在扩散运动的基础上又叠加了漂移运动。

计入缓变基区自建电场的漂移作用,求解缓变基区晶体管的载流子连续性方程,分析载流子浓度和电流密度分布,从而导出缓变基区晶体管的直流基本方程。解决问题的思路与过程可以和均匀基区晶体管完全相同,但是运算过程将十分繁杂。这里将利用一种近似方法求得少子浓度分布函数的简单表达式,进而求得缓变基区晶体管的电流增益表达式。

2. 缓变基区晶体管中的少子分布规律

(1) 基区中的电子分布。

在自建加速电场的作用下,电子在基区中的运动由扩散和漂移两部分合成,即基区中电子电流密度可表示为

$$J_{nb} = q\mu_{nb}n_b(x)E_b(x) + qD_{nb}\frac{dn_b(x)}{dx} \tag{2-44}$$

将式(2-43)代入并整理后得

$$J_{nb} = qD_{nb}\left[\frac{n_b(x)}{N_b(x)} \cdot \frac{dN_b(x)}{dx} + \frac{dn_b(x)}{dx}\right] \tag{2-45}$$

两端分别乘以 $N_b(x)$ 后积分,有

$$\int_x^{W_b} J_{nb} \cdot N_b(x)dx = qD_{nb}\int_x^{W_b}\left[n_b(x)\frac{dN_b(x)}{dx} + N_b(x)\frac{dn_b(x)}{dx}\right]dx$$

由于基区很薄,基区复合很小,可近似地认为流过基区的电子电流密度不减小($J_{ne} \approx J_{nc}$),即认为基区电子电流密度与位置 x 无关;同时注意到 $x=W_b$ 处 $n_b(W_b) \to 0$,则上式又可写为

$$\frac{J_{nb}}{qD_{nb}}\int_x^{W_b} N_b(x)dx = -n_b(x) \cdot N_b(x)$$

于是得到

$$n_b(x) = \frac{-J_{nb}}{qD_{nb}N_b(x)} \cdot \int_x^{W_b} N_b(x)dx \tag{2-46}$$

式(2-46)即为基区杂质浓度任意分布时基区少子浓度分布的普遍解。它表明在一定注入电流密度下,基区中任一 x 处的电子浓度与该处至 W_b 处间单位截面内的杂质总量成正比,而与该处的杂质浓度成反比。

在靠近发射结边界 $x=0$ 处,有

$$n_b(0) = n_b^0 e^{qV_{eb}/kT} = -\frac{-J_{nb}}{qD_{nb}N_b(0)} \cdot \int_0^{W_b} N_b(x)dx \tag{2-47}$$

式中,$N_b(0)$ 即为基区表面最高杂质浓度。实际上,为简化计算常常假设基区杂质按指数分布,有

$$N_b(x) = N_b(0)e^{-\frac{\eta}{W_b}x} \tag{2-48}$$

式中,$\eta = \ln\frac{N_b(0)}{N_b(W_b)}$ 称为电场因子,它的大小反映了基区自建电场的强弱。将式(2-48)代入式(2-46),并对不同的电场因子 η 作基区电子归一化浓度曲线,如图 2-13 所示。图中 $\eta=0$ 相当于均匀基区的情况。η 越大,基区中电子浓度梯度小而依靠漂移的范围越大,只有在靠近集电结处电子浓度梯度才增大,以扩散为主。这与均匀基区的情形截然不同。

(2) 发射区与集电区中的空穴分布。

一般平面管中,在发射区中也存在着杂质浓度梯度,所以在发射区中也存在着一个发射区自建电场 $E_e(x)$,即

$$E_e(x) = -\frac{kT}{q} \cdot \frac{1}{N_e(x)} \cdot \frac{dN_e(x)}{dx} \quad (2-49)$$

用与处理基区情况完全类似的方法可求得发射区内某 x 处的空穴浓度为

$$p_e(x) = \frac{J_{pe}}{qD_{pe}N_e(x)}\int_{-W_e}^{x} N_e(x)dx \quad (2-50)$$

式中,坐标的选取如图2-14所示,这里显然也采用了忽略发射区内空穴电流密度变化的近似。在 $x=0$ 处,有

$$p_e(0) = p_e^0 e^{qV_{eb}/kT} = \frac{J_{pe}}{qD_{pe}N_e(0)}\int_{-W_e}^{0} N_e(x)dx$$

$$(2-51)$$

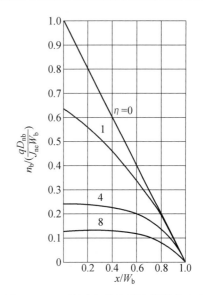

图 2-13 基区杂质浓度为指数分布的 npn 管基区中少子密度分布曲线

式(2-50)、式(2-51)给出了发射区杂质非均匀分布时的空穴浓度分布及势垒边界处的空穴浓度。若发射区杂质均匀分布,则同于均匀基区晶体管的情况。

集电区杂质是均匀分布的,也与均匀基区晶体管的情况一样。

如图 2-15 所示为一个实际外延平面晶体管在不同工作条件下载流子浓度及电场分布的计算结果。图 2-15(b) 表明了随着 V_{eb} 的升高,发射结空间电荷区内电场逐渐减弱,这正对应着逐渐增大的正向注入。图 2-15(c)、(d) 分别给出了 $V_{cb}=-1$ V 及 $V_{cb}=-10$ V 时,V_{eb} 从 0.5 V 至 0.9 V 时三个区中载流子浓度的分布情况,可见在较低(前者 0.74 V 以下,后者 0.84 V 以下)的发射极电压下基区电子浓度随距离增加而衰减,至 $x_{jc}=15$ μm 时降至最低。与此同时,空穴浓度近似等于受主杂质浓度,且远超过电子浓度。所有这些正是小注入的典型特征。

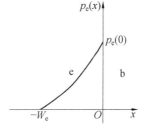

图 2-14 发射区空穴浓度分布示意图

图 2-15(e)、(f) 分别给出了 $V_{cb}=-1$ V 及 $V_{cb}=-10$ V 时基区和集电区内的电场分布。小注入下的基区电场正是由于基区杂质缓变所致。由图 2-15(e) 可知,$V_{eb}=0.6$ V 时,$x=7.25$ μm 处的电场等于 -88.8 V/cm,经计算该处电子总电流(-0.32 A/cm^2)中 65% 是漂移电流分量,其余 35% 是扩散电流分量。可见,虽然基区内电场很小,但对电子漂移的贡献却很大。

图 2-15 中各图给出的信息均可用前面的分析得到解释。关于大注入的情况将在功率特性(第 4 章)中讨论。

3. 缓变基区晶体管电流放大系数与材料、结构参数的关系

为了解电流放大系数与材料、结构参数的关系,首先讨论中间参量与有关参数的关系。

(1) 发射效率。

由式(2-47)可知,利用 $n_b^0 \cdot N_b(0) = n_i^2$ 可得

$$-qD_{nb}n_i^2 e^{qV_{eb}/kT} = J_{nb}\int_0^{W_b} N_b(x)\,\mathrm{d}x \tag{2-52}$$

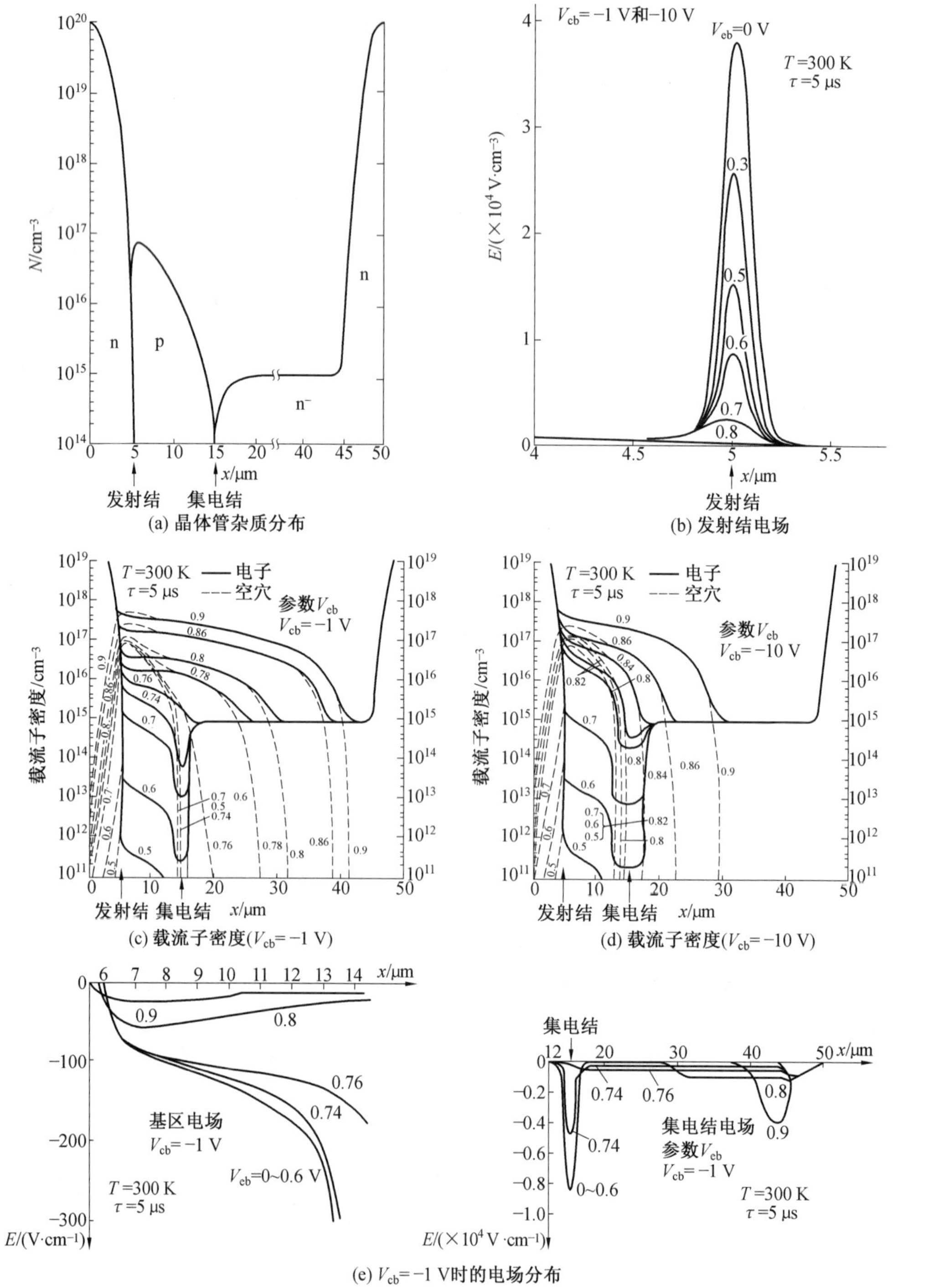

图 2-15 外延平面晶体管中的载流子分布和电场分布

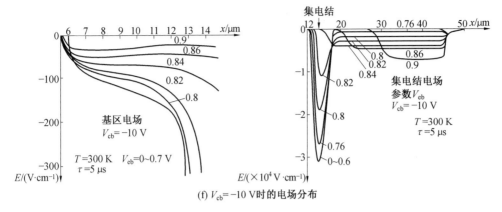

(f) $V_{cb}=-10$ V 时的电场分布

续图 2-15

同样,由式(2-51),利用 $p_e^0 \cdot N_e(0) = n_i^2$ 得

$$-qD_{pe}n_i^2 e^{qV_{eb}/kT} = J_{pe}\int_{-W_e}^{0} N_e(x)dx \quad (2-53)$$

比较式(2-52)和式(2-53)可得

$$\frac{J_{pe}}{J_{nb}} = \frac{D_{pe}\int_0^{W_b} N_b(x)dx}{D_{nb}\int_{-W_e}^{0} N_e(x)dx} \quad (2-54)$$

此即穿过发射结的空穴电流密度与电子电流密度之比。尽管式(2-47)和式(2-51)中分别假设了基区中电子电流和发射区中空穴电流与位置无关,但注意到发射效率仅需考虑势垒边界处的电流密度,所以并不影响此处的计算结果。

将式(2-54)代入式(2-33),得到缓变基区晶体管的发射效率为

$$\gamma = \left[1 + \frac{D_{pe}\int_0^{W_b} N_b(x)dx}{D_{nb}\int_{-W_e}^{0} N_e(x)dx}\right]^{-1} \quad (2-55)$$

对比均匀基区晶体管发射效率 γ 的表达式(2-35),式(2-55)中 $\dfrac{D_{pe}\int_0^{W_b} N_b(x)dx}{D_{nb}\int_{-W_e}^{0} N_e(x)dx}$ 也应具有方块电阻之比的含义。对于缓变基区晶体管,由于基区内沿垂直结平面方向杂质浓度不均匀,因此不能笼统地用 $R_{\Box b} = \rho/W_b$ 来计算基区的方块电阻。要解决这个问题,可在基区内平行结平面取一极薄层 dx(图2-16),可以近似认为 dx 层内杂质是均匀分布的,具有相同的电阻率 $\rho_b(x)$,则有

$$\rho_b(x) = \frac{1}{\sigma_b(x)} = \frac{1}{q\mu_{pb}N_b(x)}$$

该 dx 薄层的方块电阻为

$$dR_{\Box b} = \frac{\rho_b(x)}{dx} = \frac{1}{q\mu_{pb}N_b(x)dx}$$

厚度为 W_b 的基区的方块电阻 $R_{\Box b}$ 应由无数个 dx 薄层电阻相并联而成,即

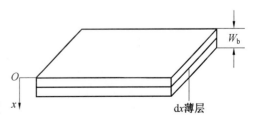

图 2-16 计算缓变基区方块电阻的示意图

$$\frac{1}{R_{\square b}} = \int_0^{W_b} \frac{1}{dR_{\square b}(x)} = \int_0^{W_b} q\mu_{pb} N_b(x) dx$$

所以

$$R_{\square b} = \frac{1}{q\mu_{pb} \int_0^{W_b} N_b(x) dx} \qquad (2-56)$$

式中，$\int_0^{W_b} N_b(x) dx$ 表示基区中所包含的净杂质总量。

$R_{\square b}$ 也可以用基区平均电阻率 $\bar{\rho}_b$ 表示为 $R_{\square b} = \bar{\rho}_b / W_b$。

同理，对于杂质不均匀分布的发射区，有

$$R_{\square e} = \frac{1}{q\mu_{ne} \int_{-W_e}^0 N_e(x) dx} \qquad (2-57)$$

近似认为基区和发射区中同种载流子迁移率各自相同，即 $\mu_{pb} = \mu_{pe}, \mu_{ne} = \mu_{nb}$，并将式(2-56)和式(2-57)代入式(2-55)，得

$$\gamma = \left[1 + \frac{R_{\square e}}{R_{\square b}}\right]^{-1} \qquad (2-58)$$

可见，当用方块电阻表示时，缓变基区晶体管的发射效率与均匀基区晶体管有完全相同的形式。

通常 W_e（即 x_{je}）$< L_{pe}$，所以式(2-57)表示的即为发射区扩散层的方块电阻，并且是可以直接测量的。式(2-56)表示的是基区 W_b 的方块电阻，它反映的是由发射结 x_{je} 至集电结 x_{jc} 之间的基区内所含的杂质总量的作用。在实际生产中，在基区扩散之后测量的方块电阻反映的是基区扩散层表面至集电结 x_{jc} 之间区域内所含杂质的总量的贡献，这个电阻称为基区扩散层方块电阻，用 $R'_{\square b}$ 表示，如图 2-17 所示。显然

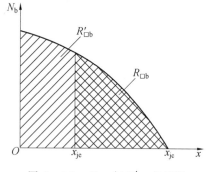

图 2-17 $R_{\square b}$ 与 $R'_{\square b}$ 的区别

$$\frac{1}{R'_{\square b}} = q\mu_{pb} \int_0^{x_{jc}} N_b(x) dx \qquad (2-59)$$

是可以直接测量的，而

$$\frac{1}{R_{\square b}} = q\mu_{pb} \int_0^{W_b} N_b(x) dx = q\mu_{pb} \int_{x_{je}}^{x_{jc}} N_b(x) dx \qquad (2-60)$$

是不可以直接测量的，只能通过其他方式间接求取。

扩散管的基区杂质浓度服从高斯分布，即

$$N_b(x) = N_{BS} e^{-x^2/4Dt} - N_{BC} \qquad (2-61)$$

式中，N_{BS} 为基区扩散的表面浓度；N_{BC} 为集电区杂质浓度；D、t 分别是基区杂质在扩散温度下的扩散系数和扩散所进行的时间。

根据工艺过程中测得的 $R'_{\square b}$、x_{je} 及 x_{jc}，可通过式(2-59)~(2-61)计算求得 $R_{\square b}$，步骤如下。

将式(2-61)代入式(2-59)中，可求出基区扩散表面浓度 N_{BS}，将 N_{BS} 代入式(2-61)即

可得到基区杂质分布函数 $N_b(x)$，将 $N_b(x)$ 代入式（2 – 60）后即可求出基区的方块电阻 $R_{\square b}$。

上述过程实际运算起来很烦琐，前人通过计算机将几种可能的情况计算出来并绘制成曲线图表以供查找，图表包括 n 型余误差、n 型高斯、p 型余误差、p 型高斯分布四种情况下硅扩散层表面浓度与扩散层平均电导率的关系。利用这些曲线即可根据 N_{BC}、$R'_{\square b}$、x_{je} 及 x_{jc} 来求取 $R_{\square b}$，也可根据要求来确定扩散所需的表面浓度等。该图表的典型形式如图 2 – 18 所示。

现以图 2 – 18 为例说明这种曲线图表的用法。

例如，欲制作一 npn 型硅平面管，衬底材料掺杂浓度为 10^{16} cm^{-3}，基区扩散后测得扩散层方块电阻为 200 Ω/□，集电结结深 $x_{jc} = 3$ μm，若发射结深 $x_{je} = 2.1$ μm，则该晶体管的基区方块电阻 $R_{\square b}$ 是多少？

根据给出的条件，基区为 p 型区，则应首先确定查 p 型高斯分布曲线。因为 $N_{BC} = 10^{16}$ cm^{-3}，确定由图 2 – 18 来求解（同系列不同参数图表列于附录供参考）。与基区扩散层薄层电阻 $R'_{\square b}$ 相对应的厚度是集电结结深 x_{jc}，所以该层平均电导为

$$\bar{\sigma} = \frac{1}{R'_{\square b} x_{jc}} = \frac{1}{200 \times 3 \times 10^{-4}} = 16.7 \text{ (Ω·cm)}^{-1}$$

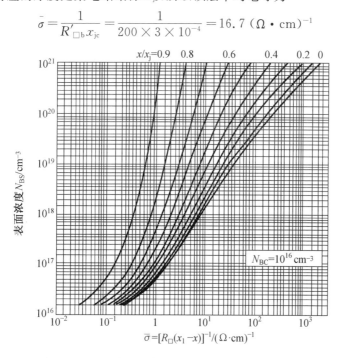

图 2 – 18　硅中 p 型高斯函数分布扩散层中平均电导

在图 2 – 18 的横坐标上找到 16.7 (Ω·cm)$^{-1}$ 点，向上与 $(x/x_j) = 0$ 曲线相交，通过交点向左作水平线，与纵轴交点即表示基区扩散层的表面浓度 N_{BS}（3×10^{18} cm^{-3}）；水平线与 $(x/x_j) = (x_{je}/x_{jc}) = 0.7$ 曲线也有一交点，通过此交点再向下作垂线，与横轴的交点 2(Ω·cm)$^{-1}$ 即为基区的平均电导值，垂线与 $(x/x_j) = 0$ 线交点在纵坐标上的读数即为基区的表面浓度 N_B。根据查得的基区平均电导 $\bar{\sigma}$ 可以很方便地计算出

$$R_{\square b} = \frac{1}{\bar{\sigma} \cdot (x_{jc} - x_{je})} = \frac{1}{2 \times (3 - 2.1) \times 10^{-4}} = 5.5 \text{ (kΩ/□)}$$

如果测得该晶体管发射区扩散层的方块电阻 $R_{\square e} = 2.8$ Ω/□，则很容易求出其发射效率 γ

为 0.999 5。

由此例可见，$R_{\square b}$ 的数值远大于 $R'_{\square b}$，说明 $x_{je} \sim x_{jc}$ 区间所包含的杂质总量只是基区扩散层中的一小部分。

(2) 基区输运系数。

在缓变基区的情况下，由于自建电场对注入的少数载流子的加速作用，电子将比在均匀基区中更快地到达集电结势垒边界处并被收集。因此，基区复合损失减小而基区输运系数增大。

为避免繁杂的数学公式推导，将根据输运系数的定义直接导出其近似表达式。

分析基区输运系数的定义式(2-9)，其第二项代表复合损失项，I_r 为基区复合电流。当基区积累的少子电荷为 Q_b 时，有

$$I_r = \frac{Q_b}{\tau_b} \quad (2-62)$$

对于 npn 型晶体管，有

$$Q_b = A_b \int_0^{W_b} q n_b(x) \mathrm{d}x \quad (2-63)$$

当注入基区的电子电流密度为 J_{nb}，基区任意杂质浓度分布时，其中少子浓度分布由式(2-46)给出。将式(2-46)代入式(2-63)，并注意到注入基区的电流 $A_b \cdot J_{nb}$ 即穿过发射结的电子电流 I_{ne}，则有

$$|Q_b| = \int_0^{W_b} \frac{I_{ne}}{D_{nb} N(x)} \left[\int_x^{W_b} N_b(x) \mathrm{d}x \right] \mathrm{d}x \quad (2-64)$$

将式(2-64)代入式(2-62)，再代入式(2-9)，即可得到基区杂质任意分布时基区输运系数的表达式，即

$$\beta^* = 1 - \frac{Q_b}{\tau_{nb} I_{ne}} = 1 - \frac{1}{L_{nb}^2} \int_0^{W_b} \frac{1}{N_b(x)} \left[\int_x^{W_b} N_b(x) \mathrm{d}x \right] \mathrm{d}x \quad (2-65)$$

若已知基区杂质分布函数 $N_b(x)$，即可由此求出 β^*。

均匀基区晶体管中 $N_b(x) = N_B$ 为常数，有

$$\int_0^{W_b} \frac{1}{N_b(x)} \left[\int_x^{W_b} N_b(x) \mathrm{d}x \right] \mathrm{d}x = \frac{W_b^2}{2}$$

代入式(2-65)，得

$$\beta^* = 1 - \frac{W_b^2}{2 L_{nb}^2}$$

与式(2-38)一致。

对于线性基区晶体管，$N_b(x) = N_b(0) \dfrac{W_b - x}{W_b}$，代入式(2-65)，可得

$$\beta^* = 1 - \frac{W_b^2}{4 L_{nb}^2} \quad (2-66)$$

对于 $N_b(x) = N_b(0) \mathrm{e}^{-\eta x/W_b}$ 的指数分布情况，则有

$$\beta^* = 1 - \frac{W_b^2}{\eta L_{nb}^2} \quad (2-67)$$

式中,$\frac{1}{\lambda}=\frac{1}{\eta^2}(e^{-\eta}+\eta-1)$,强烈地依赖于电场因子。表 2-1 列出部分 λ 与 η 对应的数值,可见,随着电场因子 η 的增加,λ 的数值也增加,由式(2-67)可知,其结果是基区输运系数 β^* 有所增加。

表 2-1 部分 λ 与 η 对应的数值

η 值	1	2	3	4	6	8
λ 值	2.718 3	3.523 2	4.390 7	5.301 0	7.196 4	9.142 4

综合式(2-38)、式(2-66)和式(2-67),基区输运系数可统一表示为 $\beta^*=1-\frac{W_b^2}{\lambda L_{nb}^2}$,只不过不同杂质分布时,$\lambda$ 的具体内容不同罢了。

(3) 电流放大系数。

在求得缓变基区晶体管中的发射效率及基区输运系数后,可以写出如下形式的电流放大系数的表达式,即

$$\begin{cases} \alpha_0 = \gamma \cdot \beta^* = \left(1+\frac{R_{\Box e}}{R_{\Box b}}\right)^{-1} \cdot \left(1-\frac{W_b^2}{\lambda L_{nb}^2}\right) \\ \alpha_0 = \left(1+\frac{R_{\Box e}}{R_{\Box b}}+\frac{W_b^2}{\lambda L_{nb}^2}\right)^{-1} \\ \alpha_0 = 1-\frac{R_{\Box e}}{R_{\Box b}}-\frac{W_b^2}{\lambda L_{nb}^2} \end{cases} \quad (2-68)$$

$$\frac{1}{\beta_0} = \frac{R_{\Box e}}{R_{\Box b}}+\frac{W_b^2}{\lambda L_{nb}^2} \quad (2-69)$$

式中,对于均匀基区晶体管,$\lambda=2$;对于线性基区晶体管,$\lambda=4$;对于基区杂质浓度指数分布的晶体管,有 $\frac{1}{\lambda}=\frac{1}{\eta^2}(e^{-\eta}+\eta-1)$。

2.3.3 影响电流放大系数的其他因素

在前面关于电流放大系数的讨论中,为了简化,曾忽略了一些因素,但在实际中有些因素是不能忽略的,还有一些因素前面没有进行深入的讨论。下面将就一些较为重要的因素做进一步的分析,进而找出提高电流放大系数所应采取的措施。

1. 发射结空间电荷区复合使发射效率下降

由于发射结正偏,在发射结空间电荷区 x_{me} 内,载流子浓度高于平衡值,因而存在净复合。当发射极电子流通过发射结势垒区时,将复合损失一部分,这部分复合电流转换为空穴电流 I_{re},从而使发射效率下降。考虑势垒复合作用对晶体管电流的损耗,计入势垒复合电流,发射极电流 I_e 应为 I_{ne}、I_{pe} 和 I_{re} 三项之和,故发射效率为

$$\gamma = \frac{I_{ne}}{I_e} = \frac{I_{ne}}{I_{ne}+I_{pe}+I_{re}} = \left[1+\frac{I_{pe}}{I_{ne}}+\frac{I_{re}}{I_{ne}}\right]^{-1}$$

由式(1-47)可得发射结势垒区复合电流为

$$I_{re} = Aqx_{me}\frac{n_i}{2\tau}e^{qV_{eb}/2kT}$$

由式(2-47)并利用 $n_b^0 \cdot N_b(0) = n_i^2$ 可得

$$I_{ne} = A \cdot J_{nb} = \frac{AqD_{nb}n_i^2 e^{qV_{eb}/kT}}{\int_0^{W_b} N_b(x)dx} = \frac{AqD_{nb}n_i^2}{W_b \overline{N}_b} e^{qV_{eb}/kT}$$

于是可得

$$\gamma = \left[1 + \frac{\rho_e W_b}{\rho_b L_{pe}} + \frac{x_{me}W_b \overline{N}_b}{2L_{nb}^2 n_i} \cdot e^{-qV_{eb}/kT}\right]^{-1} \quad (2-70)$$

式中,$\overline{N}_b$ 为基区杂质平均浓度。

由式(2-70)可见,如果作用在发射结上的电压比较小,即发射结小注入时,第三项 I_{re}/I_{ne} 的数值就相当可观了,因而 γ 将明显减小。若欲减少小注入下 I_{re}/I_{ne} 的影响,只有适当减小基区杂质浓度 $\overline{N}_b$ 和基区宽度 W_b。增加 L_{nb} 也有助于减小势垒复合。

2. 基区表面复合使基区输运系数下降

在前面一维模型中讨论基区输运系数时,只考虑了基区体内的复合损失。实际上注入基区的少数载流子中一部分将流到基区表面,并在基区表面复合消失,形成表面复合电流 I_{rS},如图 2-19 所示,从而引起基区输运系数下降。

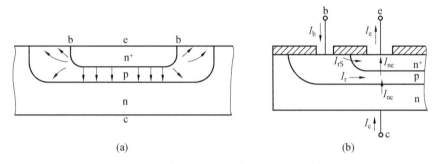

图 2-19 基区表面复合及考虑表面复合后的电流传输

考虑表面复合的基区输运系数应为

$$\beta^* = \frac{I_{nc}}{I_{ne}} = \frac{I_{ne} - I_r - I_{rS}}{I_{ne}} = 1 - \frac{I_r}{I_{ne}} - \frac{I_{rS}}{I_{ne}}$$

根据半导体物理关于表面复合的理论,单位时间在单位表面积上复合掉的电子空穴对数(表面复合率)等于表面复合速度 S 乘以非平衡载流子浓度。由于绝大部分表面复合都发生在发射结边缘附近,因此可以用基区靠发射结势垒边界 x_2 处的非平衡载流子浓度 $\Delta n_b(x_2) = n_b^0(e^{qV_{eb}/kT} - 1)$ 来计算。则基区表面复合电流为

$$I_{rS} = A_S \cdot q \cdot S\Delta n_b^0 (e^{-qV_{eb}/kT} - 1) \quad (2-71)$$

式中,A_S 为基区表面有效复合面积。计入基区表面复合的影响后,有

$$\beta^* = 1 - \frac{I_r}{I_{ne}} - \frac{I_{rS}}{I_{ne}} = 1 - \frac{W_b^2}{\lambda L_{nb}^2} - \frac{SA_S W_b}{A_e D_{nb}} \quad (2-72)$$

计入发射结势垒复合作用和基区表面复合作用后,电流放大系数的表达式应进行修正。

对均匀基区晶体管,有

$$\alpha_0 = 1 - \frac{\rho_e W_b}{\rho_b L_{pe}} - \frac{x_{me}W_b p_b^0}{2L_{nb}^2 n_i} e^{-qV_{eb}/kT} - \frac{W_b^2}{2L_{nb}^2} - \frac{SA_S W_b}{A_e D_{nb}} \quad (2-73)$$

$$\frac{1}{\beta_0} = \frac{\rho_e W_b}{\rho_b L_{pe}} + \frac{x_{me}W_b p_b^0}{2L_{nb}^2 n_i} e^{-qV_{eb}/kT} + \frac{W_b^2}{2L_{nb}^2} + \frac{SA_S W_b}{A_e D_{nb}} \quad (2-74)$$

对于缓变基区晶体管,有

$$\alpha_0 = 1 - \frac{R_{\Box e}}{R_{\Box b}} - \frac{x_{\text{me}} W_b \overline{N}_b}{2L_{\text{nb}}^2 n_i} e^{-qV_{\text{eb}}/kT} - \frac{W_b^2}{\lambda L_{\text{nb}}^2} - \frac{SA_S W_b}{A_e D_{\text{nb}}} \quad (2-75)$$

$$\frac{1}{\beta_0} = \frac{R_{\Box e}}{R_{\Box b}} + \frac{x_{\text{me}} W_b \overline{N}_b}{2L_{\text{nb}}^2 n_i} e^{-qV_{\text{eb}}/kT} + \frac{W_b^2}{\lambda L_{\text{nb}}^2} + \frac{SA_S W_b}{A_e D_{\text{nb}}} \quad (2-76)$$

3. 发射区重掺杂使发射效率下降

当半导体中杂质浓度很高时,分立的杂质能级形成杂质能带,大量的杂质原子也破坏了晶格的周期性,结果形成所谓的"带尾"。它与杂质能带相交叠使实际禁带宽度变窄,从而使本征载流子浓度增加。在平面管中,发射区杂质浓度是位置的函数。当发射区重掺杂时,其中禁带宽度以及本征载流子浓度均是位置的函数。因此,在发射区内不仅存在着杂质浓度随位置变化产生的自建电场,也存在着由于本征载流子浓度随位置变化产生的附加电场。这个附加电场加速发射区内少子(空穴)流向发射极,使发射极电流中少子电流成分增加。另一方面,重掺杂的发射区中杂质浓度提高,多数载流子(电子)浓度也相应增加,从而使带间复合迅速增加。其结果是使发射区少子(空穴)寿命缩短,扩散长度减小,从而使注入发射区中的少子浓度梯度增大,注入少子电流密度增加,发射极电流中 I_{pe} 成分增加。

综上所述,发射区的重掺杂使发射区中的少子(空穴)扩散加快,复合加剧,致使 J_{pe} 增大,发射效率下降。

由此看出,提高发射区掺杂浓度并不总是能提高电流放大系数。为避免发生这种重掺杂效应,发射区表面杂质浓度一般控制在 10^{20} cm^{-3} 以内。

4. 基区宽变效应对电流放大系数的影响

当晶体管的集电结反向偏压发生变化时,集电结空间电荷区宽度 x_{mc} 发生变化,因此有效基区宽度也随之发生变化,如图 2-20 所示。这种由于外加电压变化引起有效基区宽度变化的现象称为基区宽变效应。

基区宽变效应对电流放大系数的影响在晶体管输出特性曲线族上表现为曲线随外加电压上升而倾斜上升,因为集电结反偏电压增加时,耗尽层展宽,并有一部分向基区侧扩展,使有效基区宽度减小,从而引起电流放大系数增大,特性曲线倾斜上升,如图 2-21 所示。若将特性曲线反向延长,其延长线将交于横坐标轴上一点 V_{EA},V_{EA} 称为厄尔利(Early)电压,这种现象也称厄尔利效应。

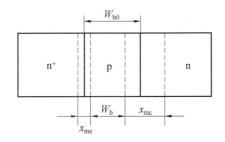

图 2-20 基区宽变效应示意图

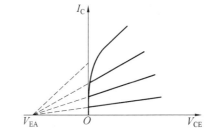

图 2-21 基区宽变效应对输出特性曲线影响

5. 温度对电流放大系数的影响

温度对电流放大系数的影响是比较显著的。当温度升高时 β 增大,其主要原因如下。

① 发射区总是重掺杂的,在重掺杂下禁带变窄。考虑到其中本征载流子浓度随温度的变化和有效本征载流子浓度随位置变化所产生的附加电场的作用,发射效率表达式为

$$\gamma = \left[1 + \frac{\overline{D}_{pe}\int N_b(x)\mathrm{d}x}{\overline{D}_{nb}\int N_e(x)\mathrm{e}^{-\Delta E_{g0}/kT}\mathrm{d}x}\right]^{-1}$$

可见,$\mathrm{e}^{-\Delta E_{g0}/kT}$ 项使发射效率随温度升高而增大。

② 发射区掺杂浓度在 10^{19} cm^{-3} 以上时,少子空穴的迁移率几乎不随温度变化,而根据爱因斯坦关系,扩散系数却随温度上升而增大,发射区少子寿命也随温度上升而增加,所以发射区扩散长度 L_{pe} 随温度上升而增长使发射效率增大。

③ 基区的掺杂浓度总是远低于 10^{19} cm^{-3},在这样的浓度下,少子电子的扩散系数与温度成反比。但是少子寿命随温度的增大超过扩散系数的减小,所以基区扩散长度 L_{nb} 随温度上升而增加,基区输运系数也就随温度上升而增大。

基于上述原因,温度升高时,发射效率和基区输运系数都增大,所以电流放大系数随温度的升高而增大,如图 2-22 所示。

此外,电流放大系数也与晶体管工作电流的大小有关,如图 2-22 所示。在小电流和大电流下,β 都会下降。小电流时,由于发射结空间电荷区复合对发射效率的影响和基区表面复合对输运系数的影响都导致 β 下降;大电流时,β 下降则是大注入效应影响的结果,这个问题将在第 4 章中讨论。

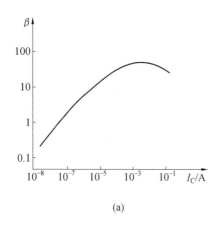
(a)

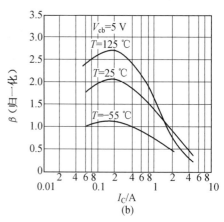
(b)

图 2-22 β 随 I_C 和 T 的变化

综上所述,从制管的角度可从以下几个方面设法提高电流放大系数。

① 减小基区宽度,以增加基区少子的浓度梯度,增大扩散电流,并减小基区内的复合。但要注意厄尔利效应的影响。

② 增加 L_{nb}、L_{pe},即提高材料的少子寿命以减小复合损失。

③ 增加发射区杂质浓度,使 $R_{\square e}/R_{\square b}$ 下降。但发射区最高掺杂浓度受到禁带变窄效应和带间复合(俄歇复合)的限制。

④ 改善器件的表面状况以减小表面复合。

2.4 晶体管的反向电流及击穿电压

2.4.1 晶体管的反向电流

晶体管的反向电流也是晶体管的重要参数之一,它包括 I_{ebo}、I_{cbo} 和 I_{ceo}。在晶体管的制造过程中,往往由于反向电流过大而不合格,严重地影响成品率。反向电流不受输入端电流控制,对放大作用无贡献,而且消耗电源功率使晶体管发热,影响工作的稳定性甚至烧毁。因此,总是希望反向电流越小越好。

1. 反向电流的定义

I_{ebo} 表示集电极开路、eb 结的反向漏电流;I_{cbo} 表示发射极开路、cb 结的反向漏电流;I_{ceo} 表示基极开路,c、e 间加一定的反向偏压(对集电结而言)时的集电极电流,称为穿透电流。

如图 2-23 所示为测量这三个电流的示意图。

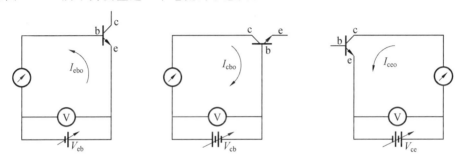

图 2-23 晶体管反向(截止)电流测量示意图

I_{ebo} 和 I_{cbo} 都是单个 pn 结的反向漏电流。对于硅管主要是产生电流,可按式(1-73)来计算;对于锗管主要是反向扩散电流,但是晶体管中的反向扩散电流与单独 pn 结的反向扩散电流有所不同,因为晶体管中的两个 pn 结靠得很近,相互影响。下面以锗 pnp 合金管为例说明这种情况。

对于 pnp 型合金管,当 $W_b \ll L_{nb}$ 时,由均匀基区晶体管电流-电压基本方程式(2-31)和式(2-32)可得

$$I_E = A\left(\frac{qD_{pb}p_b^0}{W_b} + \frac{qD_{ne}n_e^0}{L_{ne}}\right)(e^{qV_{eb}/kT} - 1) - A\frac{qD_{pb}p_b^0}{W_b}(e^{qV_c/kT} - 1) \quad (2-77)$$

$$I_C = A\frac{qD_{pb}p_b^0}{W_b}(e^{qV_{eb}/kT} - 1) - A\left(\frac{qD_{pb}p_b^0}{W_b} + \frac{qD_{nc}n_c^0}{L_{nc}}\right)(e^{qV_c/kT} - 1) \quad (2-78)$$

根据 I_{cbo} 的定义,当发射极开路 $I_E = 0$,集电结反偏电压 $|V_c| \gg \dfrac{kT}{q}$ 时,由式(2-77)可得

$$e^{qV_{eb}/kT} - 1 = -\left[1 + \frac{D_{ne}n_e^0 W_b}{D_{pb}p_b^0 L_{ne}}\right]^{-1} = -\gamma$$

代入式(2-78),整理得

$$I_C\big|_{I_E=0} = I_{\text{cbo}} = A\left[\frac{qD_{pb}p_b^0}{W_b}(1-\gamma) + \frac{qD_{nc}n_c^0}{L_{nc}}\right]$$

与式(1-71)相比较可见,反映集电结基区一侧反向电流成分的第一项分母由少子扩散

长度变成基区宽度,且与发射效率有关。这是因为,发射极开路,基区宽度远小于少子扩散长度,反偏集电结对于基区少子的抽取将使基区少子浓度低于平衡浓度,并且少子浓度的降低将延伸到发射结边界,使发射结失去平衡状态。而发射结建立新的动态平衡与发射区空穴向基区扩散的能力,即发射效率有关。I_{ebo} 也有类似的情况,这里不再赘述。

2. I_{cbo} 与 I_{ceo} 之间的关系

由于 pn 结的单向导电性,基极开路时,c、e 之间所加的 V_{ce} 大部分以反偏的形式作用在 cb 结上,只有一小部分以正偏的形式作用在 eb 结上,如图 2-24 所示。反偏 cb 结产生反向电流 I_{cbo},正偏 eb 结正向注入 I_{ne},经基区输运后形成集电极电流 I_{nc},而正常情况下主要由基极电流提供的注入发射区的 I_{pe} 和基区内复合的 I_r 所需空穴,在基极开路时仅由 I_{cbo} 提供,见式(2-5)。于是,有

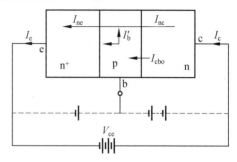

图 2-24 I_{cbo} 与 I_{ceo} 关系示意图

$$I_{nc} = \beta \cdot I_{cbo} \text{ 和 } I_c = I_{nc} + I_{cbo}$$

这时通过发射结的电流与集电极电流相等,即为穿透电流 I_{ceo},所以

$$I_{ceo} = (1+\beta) I_{cbo} \tag{2-79}$$

即 I_{ceo} 比 I_{cbo} 大 β 倍。由此可见,要减小 I_{ceo},必须减小 I_{cbo},同时不要过高追求电流放大系数 β,因为 I_{ceo} 太大会影响晶体管工作的稳定性。

值得注意的是,这里的 β 是集电极电流为 I_{ceo} 时的小电流放大系数,它比正常放大时的电流放大系数小得多。

显然,计入漏电流之后晶体管端电流之间的关系如下。

共基极运用为

$$I_c = \alpha_0 I_e + I_{cbo}$$

共发射极运用为

$$I_c = \beta_0 I_b + I_{ceo}$$

2.4.2 晶体管的击穿电压

晶体管的击穿电压也是晶体管的重要参数之一,它是晶体管能够承受电压的上限,属于极限参数。为了考核晶体管各极间所能承受的最大反向电压,从而确定晶体管在不同条件下运用时所应选用的工作电压范围,分别规定了 BV_{ebo}、BV_{cbo} 和 BV_{ceo} 等参数。由于晶体管是由两个 pn 结组成的,因此限制晶体管最高工作电压的主要机构依然是 pn 结的击穿。

1. 击穿电压的定义

BV_{ebo}:集电极开路时的发射极-基极间反向击穿电压;

BV_{cbo}:发射极开路时的集电极-基极间反向击穿电压;

BV_{ceo}:基极开路时发射极-集电极间所能承受的最高反向(对集电结而言)电压。

这三个击穿电压的测试原理如图 2-23 所示。

在生产实际中,种种原因导致在测量击穿电压时观察不到明显的击穿点,因此常以某规定电流(如 100 μA)所对应的电压为击穿电压值。显然,这样规定的击穿电压值可能很接近雪崩

击穿电压 V_B,也可能比 V_B 小得多,特别是在软击穿特性情况下更是如此(图2-25)。

2. 各击穿电压的影响因素及它们之间的关系

(1) BV_{ebo} 的影响因素。

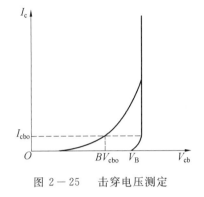

图2-25 击穿电压测定

BV_{ebo} 有时称为发射结反向击穿电压。无论是合金管还是扩散管,发射区均重掺杂。由 pn 结理论可知,击穿电压主要由高阻区一侧的掺杂浓度决定,因此 BV_{ebo} 主要取决于基区杂质浓度。合金管 BV_{ebo} 较高,与 BV_{cbo} 相近;扩散晶体管,由于基区表面杂质浓度高,因此 BV_{ebo} 基本上由基区表面杂质浓度决定,且往往取决于 eb 结的侧向击穿,BV_{ebo} 较小。一般情况下 eb 结总是处于正偏工作状态,所以只要求 $BV_{ebo} > 4\text{ V}$,甚至更低,在正常的掺杂及工艺下很容易满足,所以在设计中对 BV_{ebo} 一般不做特殊考虑。

(2) BV_{cbo} 的影响因素。

在 cb 结为硬击穿的情况下,BV_{cbo} 由其雪崩击穿电压决定。对于合金管,BV_{cbo} 由基区电阻率决定;对于平面管,集电区的掺杂浓度 N_C 要比基区平均杂质浓度 $\overline{N}_B$ 小得多,且集电结附近杂质浓度梯度要比发射结附近杂质浓度梯度小得多,所以其 BV_{cbo} 要比 BV_{ebo} 大得多。

对于外延平面管来说,外延层的厚度有时也是限制 BV_{cbo} 的一个极为重要的因素。如果外延层的厚度 W_0 小于集电区掺杂浓度所决定的雪崩击穿电压 V_B 下对应的集电结空间电荷区向集电区扩展的厚度 x_{mB},则 BV_{cbo} 会大大降低,如式(1-165)所示。击穿电压的下降值由比值 W_0/x_{mB} 决定,其值越小,BV_{cbo} 比雪崩击穿电压降低得越多。因此,在设计晶体管确定外延层的厚度 W_0 时,应保证除去集电结的结深 x_{jc}、生长 SiO_2 层所消耗的 Si 厚度 x_0、高温工艺过程中高掺杂衬底向外延层反扩厚度 x_R 以及考虑衬底不平坦而留有的余地 Δx 之后的剩余部分,至少应等于集电区杂质浓度所决定的击穿电压下的集电结空间电荷区向衬底方向延伸的宽度 x_{mB},即

$$W_0 \geqslant x_{jc} + x_{mB} + x_R + x_0 + \Delta x \tag{2-80}$$

(3) BV_{ceo} 与 BV_{cbo} 的关系。

BV_{ceo} 表示晶体管共发射极运用时 c、e 极之间所能承受的最大反向电压。BV_{ceo} 越大,晶体管所能输出的最大功率也越大。

当基极开路时,作用在 c、e 之间的电压 V_{ce} 大部分以反偏形式作用于 cb 结上,所以 BV_{ceo} 的问题归根结底还是 cb 结的击穿问题。

在晶体管集电结尚未发生雪崩倍增时,反向电流间关系已由式(2-79)给出。发生雪崩倍增效应(倍增因子为 M)时流入基区的集电结反向电流由原来的 I_{cbo} 倍增为 MI_{cbo},而由发射结注入并经基区输运到集电结的电流 αI_e 在经过集电结倍增后变为 $M \cdot \alpha \cdot I_e = M \cdot \alpha \cdot I_{ceo}$,此时的集电极电流即穿透电流,即

$$I_c = I_{ceo} = M \cdot \alpha \cdot I_{ceo} + M \cdot I_{cbo}$$

由此可得

$$I_{ceo} = \frac{M \cdot I_{cbo}}{1 - \alpha \cdot M} \tag{2-81}$$

当 $\alpha \cdot M \to 1$ 时,$I_c = I_{ceo} \to \infty$,发生击穿现象。也就是说,当 $\alpha \cdot M = 1$ 时,在集电极与发射

极之间所加的电压即为 BV_{ceo}。

由于 α 略小于 1 而很接近 1，因此 M 只要略大于 1 就能满足 $\alpha \cdot M = 1$，也就是说集电结只要发生小量倍增，就会引起 I_{ceo} 剧增而发生击穿现象。这显然是由于晶体管的电流放大作用所造成的。以 npn 管为例来说明，倍增后的集电结反向电流使得流向基区的空穴数目有所增加，这将使向发射区注入的空穴倍增，结果导致发射区向基区加倍地注入电子，这些电子在通过集电结时又大大增加了参加雪崩的载流子数。这种连锁反应导致集电极电流的急剧增加以致击穿。由于 BV_{cbo} 是集电结雪崩倍增因子 $M \to \infty$ 时的反偏结电压，而 BV_{ceo} 是 M 略大于 1 时的反偏结电压，显然 BV_{ceo} 要比 BV_{cbo} 低得多。

描述倍增因子与结电压和雪崩击穿电压关系的经验公式(1-136)可用来分析 BV_{ceo} 和 BV_{cbo} 的关系。此时，其中的 V_B 为集电结雪崩击穿电压 BV_{cbo}，V 近似为 c、e 间外加反偏电压 V_{ce}，当集电结雪崩击穿时，即为 BV_{ceo}。于是，由式(1-153)可知，晶体管击穿时有

$$\alpha M = \frac{\alpha}{1 - \left(\dfrac{BV_{ceo}}{BV_{cbo}}\right)^n} = 1$$

经变换整理，可得

$$BV_{ceo} = BV_{cbo} \sqrt[n]{1-\alpha} = \frac{BV_{cbo}}{\sqrt[n]{1+\beta}} \approx \frac{BV_{cbo}}{\sqrt[n]{\beta}} \qquad (2-82)$$

式中，n 的数值仍如表 1-2，表中的 p 型、n 型则指该晶体管衬底材料(集电区)的导电类型。

式(2-82)是一个很重要的公式。通过它可以根据已求出的 BV_{cbo} 来估算出 BV_{ceo} 是否满足要求；或者根据用户提出的对于 BV_{ceo} 的要求来换算成对 BV_{cbo} 的要求，从而作为确定集电区电阻率(以及外延平面管的外延层厚度)的依据。但要注意 BV_{ceo} 与 BV_{cbo} 的上述关系只是在集电结为雪崩击穿且 $BV_{cbo} = V_B$ 时才成立。式中，β 值是在测量 BV_{ceo} 时的工作电流下的 β 值。

虽然式(2-82)只可用来做近似的估算，但它说明三个问题：一是 BV_{ceo} 小于 BV_{cbo}；二是为提高 BV_{ceo}，就必须设法提高 BV_{cbo}；三是在 BV_{cbo} 确定后还可通过改变 β 值来调节 BV_{ceo}，β 值越大，BV_{ceo} 比 BV_{cbo} 降低得越厉害。可见，为保证有较高的 BV_{ceo}，也不可片面地追求大的 β 值。

3. 基区穿通(势垒穿通)

所谓基区穿通，就是在集电结发生雪崩击穿之前，其空间电荷区已扩展到整个基区，使两个结的空间电荷区连通，是和雪崩击穿截然不同的另一种集电极电流突然增大的机制，一般发生在基区偏薄或者基区杂质浓度偏低的晶体管中，如 Ge 合金管。

使集电结势垒穿通整个基区所需要的电压称为穿通电压，记作 V_{pT}。

对于合金管，集电区掺杂浓度 N_C 远高于基区掺杂浓度 N_B，因而可认为集电结势垒全部扩展在基区侧，当空间电荷区的宽度等于基区宽度时，作用在 cb 结上的反向电压即为穿通电压 V_{pT}。由单边突变结空间电荷区宽度式(1-99)可以导出

$$V_{pT} = \frac{qN_B}{2\varepsilon\varepsilon_0} W_b^2 \qquad (2-83)$$

式(2-83)不仅可以根据已确定杂质浓度的基区宽度来推断发生基区穿通的电压，反之，也可以决定在某种掺杂浓度的基区中，在规定电压值下不发生基区穿通所需要的最小基区

宽度。

对于平面晶体管,集电区的杂质浓度低于基区的浓度,所以 cb 结势垒区主要是向集电区方向扩展,但也有一定的比例向基区方向扩展。当基区杂质浓度太低或基区宽度做得太小时也可能发生如图 2-26 所示的势垒穿通情况。当 $V_{cb}=V_{pT}$ 时,eb 结和 cb 结势垒穿通。当 $V_{cb}>V_{pT}$ 时,发射区电位将随集电区电位升高而上升,从而使发射区相对于基区呈正电位,eb 结处于反偏状态,其反偏电压值为 $(V_{cb}-V_{pT})$。当此值超过了 eb 结的雪崩击穿电压 BV_{ebo} 时,会在 eb 结的侧面发生雪崩击穿,此时晶体管内部穿通和雪崩击穿是同时存在的。击穿产生的大量电子流入发射区,再在与发射区势垒相连接的集电结势垒电场作用下被扫入集电区,从而使集电极电流迅速增大。因此,当晶体管的穿通电压低于 cb 结的雪崩击穿电压时,集电极-基极间最高工作电压是由穿通电压与 eb 结击穿电压共同来决定的,即

$$BV_{cbo}=V_{pT}+BV_{ebo} \tag{2-84}$$

如图 2-26(b) 所示。

如果平面管有着近似线性缓变结的集电结,则空间电荷区在基区、集电区各半。据此,并由式(1-104),可得其穿通电压为

$$V_{pT}=\frac{8qa}{12\varepsilon\varepsilon_0}W_b^2 \tag{2-85}$$

在集电结不能做线性缓变结近似的一般情况下,cb 结势垒区向基区扩展的宽度 x_1(图 1-40)可根据杂质浓度和结深查曲线求得,进而可计算穿通电压 V_{pT}。

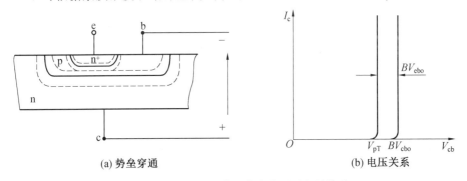

图 2-26 平面管的势垒穿通及电压关系

除上述整个势垒穿通外,还有另一种穿通——势垒局部穿通。发生这种穿通的主要原因是材料缺陷以及合金斑点等造成发射结不平坦而出现"尖峰"。在"尖峰"处形成局部的薄基区,在该处首先发生两个势垒的穿通(图 2-27)。随着反向电压的升高,继而发生 eb 结的侧向击穿。击穿产生的空穴可以很容易地从基极流走,但电子必须经过狭窄的局部穿通区才能流到集电区。因为穿通区具有电阻的性质,所以外加反向偏压增大时,电流呈线性增加,直至集电结雪崩击穿,电流才突然急剧增大,因此具有如图 2-28 所示的击穿特性曲线。

弯曲的 pn 结造成电场集中对击穿电压的影响在第 1 章中已有详细讨论。平面管中同样存在着结弯曲处的电场集中效应,将使集电结的击穿电压大大低于由集电区电阻率所决定的平面结的雪崩击穿电压。为了减小或消除电场集中对 BV_{cbo} 的限制,在平面晶体管中可以考虑采取类似于 1.5.3 节中的各种措施。

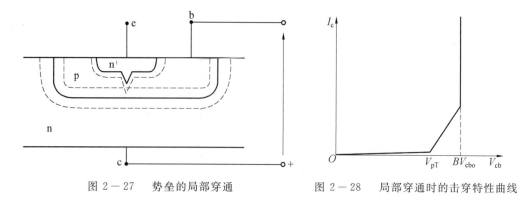

图 2-27　势垒的局部穿通　　　　图 2-28　局部穿通时的击穿特性曲线

2.5　双极型晶体管的直流特性曲线

晶体管的直流特性曲线可以直观地反映端电流随电压的变化关系。从设计与制造的角度来说,通过特性曲线能够发现设计与制造中存在的问题;从使用的角度来看,根据直流特性曲线选定直流工作点是应用电路设计与分析的基础。因此,正确理解和分析特性曲线很有实际意义。

2.5.1　共基极直流特性曲线

1. 共基极输入特性曲线

测试原理图如图 2-29(a) 所示。共基极输入特性曲线是共基极接法时,输入电压 V_{eb} 与输入电流 I_e 之间以输出电压 V_{cb} 为参变量的关系曲线如图 2-29(b) 所示。

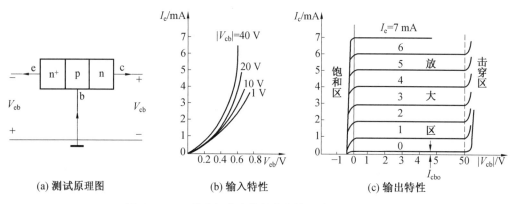

(a) 测试原理图　　　　(b) 输入特性　　　　(c) 输出特性

图 2-29　共基极直流特性曲线族及其测试原理图

由图可见:

① 输入特性为一族 I_e 随 V_{eb} 按指数规律上升的曲线,反映了正向 pn 结(eb 结)的伏安特性;

② 随着 $|V_{cb}|$ 增大,曲线变陡,这是因为随着 cb 结反向偏压升高,势垒展宽,有效基区宽度 W_b 减小,基区电子浓度梯度增大,扩散电流增大,对应相同的 V_{eb}、I_e 增大。

2. 共基极输出特性曲线

共基极输出特性表示输出电流 I_c 随输出电压 V_{cb} 的变化,以输入电流 I_e 为参变量,如

图 2-29(c) 所示。其中,对应 $I_e=0$ 的 I_c 即为 I_{cbo}。

共基极输出特性曲线的突出特点是当 $V_{cb}=0$ 时,$I_c \neq 0$,即曲线不经过坐标原点,可借助图 2-30 来解释。

当 $V_{eb}>0,V_{cb}<0$ 时,基区少子按曲线 ① 分布;当 $V_{cb}=0$ 时,集电结势垒边界少子保持平衡浓度,基区少子浓度按曲线 ② 分布,二者浓度梯度相差无几,所以对应的 I_c 也相差不大。只有当 cb 结上也施以正偏压,且使基区中少子浓度梯度接近零时(如图中曲线 ④ 所示),I_c 才会降为零,所以曲线与电压轴交于正电压端。

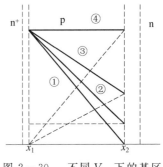

图 2-30　不同 V_{cb} 下的基区少子分布图

2.5.2　共发射极直流特性曲线

1. 共发射极输入特性曲线

共发射极输入特性表示共发射极接法时,输入电流 I_b 与输入电压 V_{eb} 之间,以输出端电压 V_{ce} 为参变量的变化关系,如图 2-31(a) 所示。

共发射极输入特性曲线有以下特点。

① I_b 随 V_{eb} 指数上升,具有 pn 结正向特性曲线的特点。$V_{ce}=0$ 表示输出端短路,即相当于 eb 结与 cb 结在正偏下并联,与 pn 结正向伏安特性相似,曲线过原点。

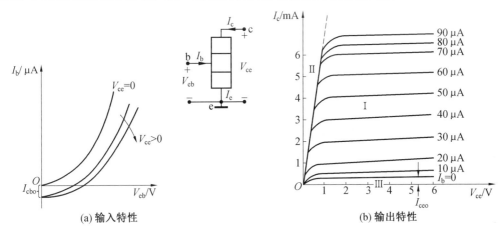

图 2-31　晶体管的共发射极特性曲线

② $V_{ce}>0$ 时,集电结处于反偏,存在反向漏电流,曲线不过原点。因为 $I_b=I_{pe}+I_r-I_{cbo}$,若 $V_{eb}=0$,则有 $I_{pe}=0$ 和 $I_r=0$,于是 $I_b=-I_{cbo}$。

③ 随着 V_{ce} 幅值的增加,曲线趋于平缓。这是因为 V_{eb} 不变,V_{ce} 增大,意味着作用在 cb 结上的反向偏压增加,其结果是有效基区宽度 W_b 减小,基区内复合减少,用于补充复合损失的基极电流自然随之减小。

2. 共发射极输出特性曲线

共发射极输出特性反映输出电流 I_c 与输出端电压 V_{ce} 之间,以基极电流 I_b 为参变量的关系,如图 2-31(b) 所示。由 $I_c=\beta_0 I_b+I_{ceo}$ 关系,当 $I_b=0$ 时,$I_c=I_{ceo}$,即输出特性曲线族最下面的一条对应于穿透电流 I_{ceo}。

① 曲线族上部和下部比中间部分密集。这是因为小注入时(下部)，发射结势垒复合作用显著，引起 β 下降，对于同样的 ΔI_b 有较小的 $\Delta I_c = \beta \Delta I_b$，因此曲线族下部较密集，存在较多的复合中心时尤为显著。大电流下(上部)，由于大注入效应使 β 下降(这个问题将在第 4 章详细讨论)，因此曲线族上部也较密集。

② 输出特性曲线随着 V_{ce} 的增加而向上倾斜散开。因为 V_{ce} 增大时，V_{cb} 增加，W_b 减小，基区内复合损失减小，故 β^* 增加导致 β 增大(基区宽变效应)。

共基极接法和共发射极接法的差别仅在于前者的电压是相对于基极，而后者的电压是相对于发射极而言的，电流流动方向和电流间的关系并未改变，因此只要知道了一种特性就可求出另一种。实际中晶体管共发射极接法运用较多，故通常都是给出或观察共发射极直流特性曲线或曲线族。

正常工作的晶体管，其输出特性曲线族可以划分为三个区域，即放大区、饱和区和截止区，分别对应图 2-31(b) 中的 Ⅰ、Ⅱ、Ⅲ 区。本章讨论的内容就是关于放大区的特性，其工作条件是发射结正偏、集电结反偏。饱和区的特点是发射结、集电结均为正偏。截止区的特点是发射结、集电结均为反偏。关于饱和区和截止区的特性将在第 5 章讨论。

2.6 基极电阻

2.6.1 概述

前述晶体管特性理论均建立在一维模型的基础上，没有考虑横向电流。实际上，迄今为止的任何双极晶体管的基极电极都制作在发射极边缘附近，因而基极电流是平行于结平面流动的，即基极电流为横向电流，如图 2-32 所示。由于基区有一定的电阻率，且基区很薄，因此这个电阻是不能忽视的，加之在共发射极应用时它是输入端电阻，对晶体管的许多参数和特性都有直接的影响。

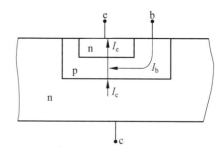

图 2-32 基区的横向电流示意图

晶体管的基极电阻有时又称为基极扩展电阻，实际上应包括基区的体电阻和基极电极引出线处的接触电阻两部分。基区电阻主要决定于晶体管的结构尺寸及基区电阻率。晶体管的结构可以有多种形式，但可以分解成若干简单几何体的组合。梳状电极是最普遍的单管图形，其分析结果对于由若干矩形图形组成的集成电路也是适用的。掌握了它的分析方法，对其他图形的基区也可依此类推。

2.6.2 梳状结构晶体管的基极电阻

如图 2-33 所示的单发射极条、双基极条的梳状结构是多条梳状结构的基础，它又可分为左右对称的两个单元，所以实际上只需计算一个单元的基极电阻。这个电阻由四部分组成：发射区下面工作基区的电阻 r_{b1}、发射极和基极金属电极之间的扩散基区的电阻 r_{b2}、基极电极下面的扩散基区电阻 r_{b3}，以及基极金属电极与半导体表面的接触电阻 $R_{con}(R_c)$。

下面以 npn 管为例分别进行计算。

1. r_{b1}

基极空穴电流由基极电极流入基区后,边流动边与发射区注入进来的电子相复合,同时边向发射区注入空穴,如图 2-33 所示。到发射区中央处基极电流减小至零,在此做如下两点假设:

① 向发射区注入的空穴电流在整个发射结面($S_e \cdot L_e$)上均匀分布,这在小注入下是成立的;

② 基区中各处单位时间、单位体积中复合掉的空穴数相等。

据此可以认为,空穴电流沿流动方向线性减小,至 $S_e/2$ 处为零,如图 2-34 所示,方程式为

$$I_b(x) = \frac{I_B}{2}\left(1 - \frac{x}{S_e/2}\right) \tag{2-86}$$

式中,I_B 为基极电流,$I_B/2$ 是因为左右两个基极条各流入基极电流的一半(对该单元而言);S_e 是发射极条的宽度,而 $S_e/2$ 是因为基极电流对于发射区是双侧注入的,每一个基极条流入的电流到发射区中央处减小至零。

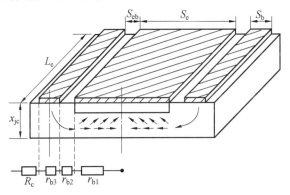
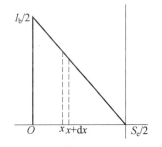

图 2-33　梳状晶体管示意图　　图 2-34　基极电流分布示意图

由于基极电流在流动过程中是个变量,不能采用通常的方法来计算电阻,只能通过等效功率法来求取。为此,首先在 $0 \sim S_e/2$ 取一 dx 薄层。此薄层取得如此小,以至可以认为通过此薄层时基极电流不变,由此可写出此薄层的电阻为

$$dr_{b1} = \bar{\rho}_b \cdot \frac{dx}{L_e \cdot W_b} = R_{\square b} \cdot \frac{dx}{L_e}$$

式中,$\bar{\rho}_b$ 表示这一薄层内基区的平均电阻率;$R_{\square b}$ 表示基区的薄层电阻。

基极电流在此薄层内消耗的功率为

$$dP = I_b^2(x) dr_{b1}$$

将式(2-86)及 dr_{b1} 代入,并在 $0 \sim S_e/2$ 内积分,则可得该范围内消耗的总功率为

$$P = \frac{I_B^2 \cdot R_{\square b}}{4 L_e} \cdot \frac{S_e}{6}$$

该范围内消耗总功率的另外一种等效的表达形式为

$$P = \left(\frac{I_B}{2}\right)^2 \cdot r_{b1}$$

对比二式,可得

$$r_{b1} = \frac{R_{\square b} \cdot S_e}{6L_e} \quad (2-87)$$

2. r_{b2}

如图2-33所示，可近似认为通过这一部分基区的基极电流不变，且在垂直电流流动方向的截面上电流均匀分布，可直接写出其电阻值。这一部分为基区扩散层，其薄层电阻 $R'_{\square b} = \frac{\bar{\rho}'_b}{x_{jc}}$，其中 $\bar{\rho}'_b$ 为基区扩散层的平均电阻率。于是，可写出

$$r_{b2} = \bar{\rho}'_b \cdot \frac{S_{eb}}{L_e \cdot x_{jc}} = \frac{R'_{\square b} \cdot S_{eb}}{L_e} \quad (2-88)$$

3. r_{b3}

在 r_{b3} 对应的这个区域中，基极电流从水平的金属—半导体欧姆接触处流入，从垂直的侧面流出，因而在垂直的截面上基极电流也是变化的，故也用等效功率法来计算，有

$$r_{b3} = \frac{R'_{\square b} \cdot S_b}{6L_e} \quad (2-89)$$

这里需注意到，与式(2-87)不同的是采用了基区扩散层方块电阻 $R'_{\square b}$ 代替基区方块电阻 $R_{\square b}$；相似的是考虑到多发射极条结构中，一侧的基极条为其两侧发射极条注入基极电流，所以也只计入了基极条的半宽度 $S_b/2$。

4. R_c

R_c 是基极金属电极与半导体的接触电阻，其计算公式是

$$R_c = \frac{R'_c}{(S_b/2) \cdot L_e} = \frac{2R'_c}{S_b \cdot L_e} \quad (2-90)$$

式中，R'_c 为电极金属与半导体表面的欧姆接触系数，表示单位接触面积的电阻值。显然，式(2-90)中也只计入基极条的半宽度。Si和几种金属的欧姆接触系数 R'_c 的数值列于表2-2中。

表2-2 硅与几种金属的欧姆接触系数 $R'_c (\times 10^{-4} \, \Omega \cdot cm^2)$

	n—Si		p—Si		
	0.001 $\Omega \cdot$ cm	0.01 $\Omega \cdot$ cm	0.002 $\Omega \cdot$ cm	0.04 $\Omega \cdot$ cm	0.5 $\Omega \cdot$ cm
Al	0.09	6#	0.03	1	20
Al+PtSi	0.02	0.1	0.02	0.7	10
Pt	0.08	5#	0.06	3#	80#
Ni	0.02	2	0.02	4#	100#
Ni+PtSi	0.02	0.3	0.02	2	20
Cr	0.03	3#	0.04	8#	200#
Cr+PtSi	0.03	0.2	0.04	1	15
Ti	0.01	4	0.04		
Ti+PtSi	0.01	0.2	0.01	0.01	15

注：有"#"者为已显示单向导电性的整流接触。

综合式(2-87)~(2-90)，可以写出梳状电极晶体管每个基础单元的基极电阻为

$$r'_b = \frac{1}{2}(r_{b1} + r_{b2} + r_{b3} + R_c) = \frac{R_{\square b}S_e}{12L_e} + \frac{R'_{\square b}S_{eb}}{2L_e} + \frac{R'_{\square b}S_b}{12L_e} + \frac{R'_c}{S_bL_e} \quad (2-91)$$

对于具有 n 个发射极条、$(n+1)$ 个基极条的晶体管,其基极电阻为 n 个上述基础单元电阻的并联,有

$$r'_b = \frac{1}{n}\left(\frac{R_{\square b}S_e}{12L_e} + \frac{R'_{\square b}S_{eb}}{2L_e} + \frac{R'_{\square b}S_b}{12L_e} + \frac{R'_c}{S_bL_e}\right) \quad (2-92)$$

2.7 埃伯尔斯－莫尔(Ebers－Moll)模型

Ebers－Moll 模型(E－M 模型)是用来概括双极型晶体管电学特性的一种模型(或者等效电路)。理想晶体管的 E－M 模型是一种非线性直流模型(记为 EM1 模型),对直流分析很有用处。如果再计入非线性电荷存储效应和串联电阻,则记为 EM2 模型,因为该模型模拟精度高、建模简易、快速和结果易理解而在集成电路分析设计等许多场合经常使用。进一步,若再计入晶体管的各种二级效应,如基区宽度调制效应、基区扩展效应以及温度的影响等,则得到 EM3 模型。EM3 模型与所谓 G－P 模型(Gummel－Poon Model,葛谋－潘模型)是等价的,模拟精度很高,但较为复杂,故这种模型只有在要求较高精度时才使用。

理想晶体管的 EM1 模型实际上是基于正向和反向工作的两个晶体管的叠加,并分别用两个 pn 结二极管来代表发射结和集电结这样一种概念而建立起来的,即采用两个二极管(正偏二极管的电流为 I_F,反偏二极管的电流为 I_R)和两个电流源($\alpha_F I_F$ 和 $\alpha_R I_R$)来表示一个理想的双极型晶体管,其中 α_F 和 α_R 分别是正向和反向电流增益。这就给出基本 E－M 模型的直流大信号等效电路。

E－M 方程是根据器件的基本物理特性而建立起来的,其中含有四个模型参量,但实际上只有三个是独立的参量,并且这些参量都可以与器件的材料、工艺和结构参数联系起来。然而,E－M 方程也可以看成是经验的关系式,其中的参量可以通过与实验数据相比较来求得。E－M 方程适用于双极型晶体管的各种工作状态。

对于实际的晶体管,在本征晶体管模型的基础上,还需要考虑其他一些因素的影响。例如,实际晶体管的直流大信号 E－M 模型需要加上与各个电极相应的串联电阻。而实际晶体管的交流大信号 E－M 模型还进一步增添了两个结的势垒电容和表征 Early 效应的电流源。

E－M 模型具有以下一些优点:
① 模型参数能够很好地反映晶体管的物理本质;
② 能够把器件的电学特性与工艺参数联系起来;
③ 模型中的参数容易测量;
④ 该模型虽然属于直流大信号模型,但若在电路分析程序(SPICE 或 PSPICE)中,再加入各种电容之后,不仅可用于直流分析,而且也可用于瞬态分析。

由于薄基区而导致晶体管的两个结之间的相互作用,流过每个结的电流都应由两个结上的电压决定。E－M 模型关于晶体管的基本方程为

$$I_E = I_{ES}(e^{qV_E/kT} - 1) - \alpha_R I_{CS}(e^{qV_C/kT} - 1) \quad (2-93)$$

$$I_C = \alpha_F I_{ES}(e^{qV_E/kT} - 1) - I_{CS}(e^{qV_C/kT} - 1) \quad (2-94)$$

将式(2－93)、式(2－94)与式(2－31)、式(2－32)相比,并注意到在推导该二式时的边界

条件($V_C < 0$，且$|V_C| \gg kT/q$），则可直接写出 E－M 模型基本方程中的有关系数，即

$$I_{ES} = A\left[\frac{qD_{nb}n_b^0}{L_{nb}}\text{cth}\left(\frac{W_b}{L_{nb}}\right) + \frac{qD_{pe}p_e^0}{L_{pe}}\right] \quad (2-95)$$

$$I_{CS} = A\left[\frac{qD_{nb}n_b^0}{L_{nb}}\text{cth}\left(\frac{W_b}{L_{nb}}\right) + \frac{qD_{pc}p_c^0}{L_{pc}}\right] \quad (2-96)$$

$$\alpha_R I_{CS} = \alpha_F I_{ES} = A\frac{qD_{nb}n_b^0}{L_{nb}}\text{csch}\left(\frac{W_b}{L_{nb}}\right) \quad (2-97)$$

考虑到 npn 晶体管电流的实际方向，将式(2－93)、式(2－94)两边各项均乘以－1得到上述结果。

式(2－97)表示的关系称为 E－M 方程的互易定理，其本质是：晶体管 eb 结与 cb 结有共同部分——基区，无论哪一个结短路，另一个反偏结的反向饱和电流都含有共同的部分——基区少子扩散电流。

对比式(2－93)、式(2－94)可见，α_F 即为前面定义的在正常偏压下的共基极（输出端）短路电流放大系数，而 α_R 为反向运用晶体管（原晶体管的 e、c 对调）的输出端短路电流放大系数。

由式(2－94)可知，当 $I_C = 0$（集电极开路）时，有

$$\alpha_F I_{ES}(e^{qV_E/kT} - 1) = I_{CS}(e^{qV_C/kT} - 1)$$

代入式(2－93)可得

$$I_E = I_{ES}(e^{qV_E/kT} - 1) - \alpha_R\alpha_F(e^{qV_E/kT} - 1) = (1 - \alpha_R\alpha_F)I_{ES}(e^{qV_E/kT} - 1)\big|_{I_C=0} \quad (2-98)$$

根据 pn 结正向电流与反向电流之间的关系，式(2－98)又可改写为

$$I_E = I_{ebo}(e^{qV_E/kT} - 1) \quad (2-99)$$

此处，有

$$I_{ebo} = (1 - \alpha_R\alpha_F)I_{ES}$$

$$I_{ES} = \frac{I_{ebo}}{1 - \alpha_R\alpha_F} \quad (2-100)$$

同理，由 $I_E = 0$ 的条件可导出

$$I_{CS} = \frac{I_{cbo}}{1 - \alpha_R\alpha_F} \quad (2-101)$$

由式(2－93)可知，当 $V_C = 0$ 时，有

$$I_E = I_{ES}(e^{qV_E/kT} - 1) \quad (2-102)$$

由式(2－94)可知，当 $V_E = 0$ 时，有

$$I_C = I_{CS}(e^{qV_C/kT} - 1) \quad (2-103)$$

则 I_{ES} 和 I_{CS} 分别为集电极短路时的发射极饱和电流与发射极短路时的集电极饱和电流。由此可见，集电极（发射极）短路时的发射极（集电极）饱和电流等于集电极（发射极）开路时的发射极（集电极）饱和电流除以$(1-\alpha_R\alpha_F)$。一般 α_F 和 α_R 均小于1，所以 I_{ebo} 和 I_{cbo} 都分别小于 I_{ES} 和 I_{CS}。

若以 α_R 乘式(2－94)两端后再与式(2－93)相减，得

$$I_E = \alpha_R I_C + (1 - \alpha_R\alpha_F)I_{ES}(e^{qV_E/kT} - 1) \quad (2-104)$$

同理，以式(2－94)减去乘以 α_F 的式(2－93)得

$$I_C = \alpha_F I_E - (1 - \alpha_R\alpha_F)I_{CS}(e^{qV_C/kT} - 1) \quad (2-105)$$

分别将式(2-100)、式(2-101)代入式(2-104)和式(2-105),可得

$$I_E = \alpha_R I_C + I_{ebo}(e^{qV_E/kT} - 1) \quad (2-106)$$

$$I_C = \alpha_F I_E - I_{cbo}(e^{qV_C/kT} - 1) \quad (2-107)$$

由此可见,I_E 和 I_C 都可以用一个电流源和一个二极管的并联电路来表示,如图 2-35 所示,这就是著名的 E-M 模型。

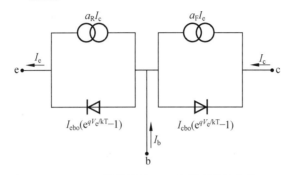

图 2-35 npn 晶体管的 E-M 模型等效电路

基极电流 I_B 可由式(2-93)、式(2-94)求出,即

$$I_B = I_E - I_C = (1-\alpha_F)I_{ES}(e^{qV_E/kT} - 1) + (1-\alpha_R)I_{CS}(e^{qV_C/kT} - 1) \quad (2-108)$$

上述结论同样适用于缓变基区晶体管,只不过 α_F、α_R、I_{ES}、I_{CS} 的具体表达式不同罢了。

这就是理想晶体管的 EM1 模型,它只是一种非线性直流模型,未考虑器件中的电荷存储效应。

思考与练习

1. 把两个二极管(pn 结)像图 2-36 那样连接起来当作晶体管使用行不行?为什么?

2. 有一对称的 p^+np^+ Ge 合金管,基区宽度为 5 μm,基区杂质浓度为 $5×10^{15}$ cm^{-3},基区空穴寿命为 10 μs,$A_e = A_c = 10^{-3}$ cm^2。① 证明饱和电流 $I_{ES} = I_{CS}$;② 计算在 $V_{eb} = 0.26$ V,$V_{cb} = -50$ V 时的 I_b;③ 计算上述条件下的 α 及 β($\gamma = 1$)。

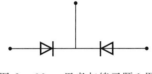

图 2-36 思考与练习题 1 图

3. 试证明电流放大系数之间的关系为 $\beta_0 = \dfrac{\alpha_0}{1-\alpha_0}$,$\alpha_0 = \dfrac{\beta_0}{1+\beta_0}$。

4. 试证明射极跟随器的电流放大系数 $\alpha_{eb} = \dfrac{1}{1-\alpha} = 1 + \beta$。

5. 缓变基区晶体管(npn 型)基区杂质为指数分布,从发射结处的浓度 $2×10^{18}$ cm^{-3} 下降到集电结处的 $5×10^{15}$ cm^{-3},基区宽度为 1.4 μm,其他参数为:$A_c = 3×10^{-3}$ cm^2,$W_e = 2.4$ μm,$W_c = 12$ μm,$N_E = 5×10^{19}$ cm^{-3},$N_c = 5×10^{15}$ cm^{-3},$\mu_{pE} = 100$ cm^2/(V·s),$\mu_{nb} = 1\,000$ cm^2/

$(V \cdot s)$, $\tau_{pe} = 5 \times 10^{-8}$ s, $\tau_{nb} = 5 \times 10^{-7}$ s。试估算在集电结电压为 6 V 时的 β 值。

6. 分析基区自建电场的来源、产生电场的电荷种类、电场方向和大小、作用范围及作用,并在上述诸方面与空间电荷区自建电场做比较。

7. 一均匀基区 npn 晶体管,基区厚度 $W_b = 1$ μm, $L_{nb} = 10$ μm, $L_{pe} = 5$ μm, $\rho_b = 0.05$ $\Omega \cdot$ cm, $\rho_e = 0.0005$ $\Omega \cdot$ cm,试计算该晶体管的 γ、β^*、α、β。

8. 试计算:① 基区杂质浓度线性分布 $N_b(x) = N_b(0)\left(1 - \dfrac{x}{W}\right)$ 的基区薄层电阻 $R_{\square b}$,已知 $N_b(0) = 5 \times 10^{17}$ cm^{-3}, $W = 1$ μm, $\mu_{pb} = 300$ cm$^2/(V \cdot s)$;② 基区杂质浓度指数分布 $N_b(x) = N_b(0)e^{-x/L} - N_c$,而且 $N_b(W) = 0$ 条件下的基区薄层电阻 $R_{\square b}$,已知 $N_b(0) = 4 \times 10^{17}$ cm^{-3}, $N_c = 2 \times 10^{16}$ cm^{-3}, $W = 1$ μm, $\mu_{pb} = 300$ cm$^2/(V \cdot s)$。

9. 有一扩散晶体管,测得 $R_{\square e} = 5$ $\Omega/\square$,基区扩散层薄层电阻 200 $\Omega/\square$, $x_{je} = 0.9$ μm, $x_{jc} = 1.5$ μm。试计算其发射效率(设衬底浓度为 $N_c = 10^{16}$ cm^{-3})。

10. 用所学理论分析图 2-15 中各曲线及其相互间的关系。

11. 今有一 npn 硅平面管,基区宽度 $W = 1$ μm,基区杂质浓度呈线性分布。试问若要求 β^* 不小于 0.975,基区电子扩散长度 L_{nb} 应不小于多少微米?如果 $D_{nb} = 14$ cm$^2/$s,则基区电子寿命应不少于多少微秒?

12. 有一锗 p$^+$np$^+$ 合金管,基区杂质浓度 $N_b = 10^{16}$ cm^{-3},若基区宽度 $W = 2$ μm,试求该晶体管的穿通电压 V_{pT}(先导出晶体管基区穿通电压公式)。

13. 试证明双基极条结构平面管的基区电阻为 $r_b = \dfrac{R'_{\square b} S_b}{2 L_e} + \dfrac{R_{\square b} S_e}{12 L_e}$。式中,$R'_{\square b}$ 是基区扩散层薄层电阻,$R_{\square b}$ 是基区薄层电阻,其余符号如图 2-33 所示。

14. 有一单基极条 npn 硅平面管,$R'_{\square b} = 300$ $\Omega/\square$, $x_{je} = 1$ μm, $x_{jc} = 1.7$ μm。$L_e = 100$ μm, $S_e = S_{eb} = S_b = 10$ μm,试计算该基区电阻(衬底浓度 $N_c = 10^{16}$ cm^{-3})。

15. 试证明圆形发射极(直径为 r_1)、环形基极(内径为 r_2)结构晶体管的基极电阻 $r_b = \dfrac{R_{\square b}}{8\pi} + \dfrac{R'_{\square b}}{2\pi} \ln \dfrac{r_2}{r_1} + \dfrac{R_c}{A_b}$。此处 A_b 为金属电极环的面积。

16. 证明共射极状态下的 E-M 方程可表示为 $I_E = -\beta_R I_B + (1 + \beta_R) I_{ebo}(e^{qV_{eb}/kT} - 1)$, $I_C = \beta_F I_B - (1 + \beta_F) I_{cbo}(e^{qV_{bc}/kT} - 1)$,并画出此时的等效电路图。

第 3 章 双极型晶体管的频率特性

在实际运用中,晶体管大多数都是在直流偏压下放大交流信号。随着信号频率的增加,晶体管内部各个部位的电容效应将起着越来越重要的作用,致使晶体管的特性发生明显的变化。本章讨论在高频信号作用下晶体管的哪些特性参数发生了一些什么样的变化、为什么发生变化以及这些变化与信号频率的关系等,以便能更好地认识高频下晶体管特性的变化规律,更重要的是了解应设计制造什么样的晶体管以满足高频工作条件的要求。为此,首先介绍晶体管高频工作下的特殊参数,然后再讨论这些参数与结构、工作条件的关系等。

3.1 晶体管交流电流放大系数与频率参数

在正常工作状态下,晶体管的发射结向基区注入少数载流子,通过基区输运,集电结收集,再经集电区输运至集电极形成输出电流。在交流情况下,交变信号作用于 pn 结上,pn 结空间电荷区的宽度和基区少数载流子的分布都将随着信号电压的改变而变化。如在信号正半周时,注入电子中,将有一部分流入正空间电荷区,中和部分正空间电荷,与此同时,必须有等量空穴从基极流入负空间电荷区,中和掉相同数量的负空间电荷,从而使一部分注入电子通过对势垒电容的充放电转换成基极电流。另外,在信号正半周时基区积累电荷将随信号电压的上升而增加。注入电子中,将有一部分用于增加基区电荷积累,对扩散电容充电。为了保持电中性,基极也必须提供等量的多子用于基区电荷积累,即对扩散电容的充放电电流也转换成为基极电流。由此可见,由于结电容的分流作用,基极电流增大,输运到集电极的电流减小。信号频率越高,单位时间用于充放电的电子越多,到达集电极的载流子越少,信号频率越高,结电容的分流作用越大,基极电流也越大,因此,交流电流放大系数是频率的函数,并随着频率的升高而下降。同时,对结电容的充放电需要一定的时间,从而产生信号延迟,使输出和输入信号间产生相位差。因此,交流电流放大系数是复数。

图 3-1 给出晶体管电流放大系数随频率的变化关系。可以看出,频率较低时,电流放大系数变化很小,但当频率超过某一值后,电流放大系数很快下降。不同晶体管出现电流放大系数显著下降的频率不同,即具有不同的频率限制。下面分别定义晶体管交流电流放大系数和描述晶体管频率特性的几个频率参数。

3.1.1 交流短路电流放大系数

与直流情况相似,晶体管交流短路电流放大系数定义为:输出端交流短路时,输出端与输入端的交流电流之比。因此,可以方便地写出如下公式:

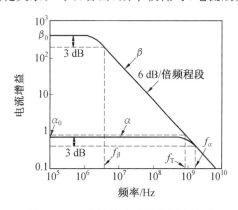

图 3-1 电流放大系数的频率关系

共基极交流短路电流放大系数为

$$\alpha \equiv \frac{i_c}{i_e} \qquad (3-1)$$

共发射极交流短路电流放大系数为

$$\beta \equiv \frac{i_c}{i_b} \qquad (3-2)$$

与直流情况相似,同样存在如下关系式,即

$$\beta = \frac{\alpha}{1-\alpha}, \quad \alpha = \frac{\beta}{1+\beta} \qquad (3-3)$$

3.1.2 晶体管的频率参数

为了表征晶体管在高频下的电流放大能力,引入如下频率参数(图3-1)。

(1) α 截止频率 f_α。f_α 定义为共基极交流短路电流放大系数 α 的幅值由低频值 α_0 下降到 $\alpha_0/\sqrt{2}$ 时所对应的频率。

(2) β 截止频率 f_β。f_β 定义为共发射极交流短路电流放大系数 β 由低频值 β_0 下降到 $\beta_0/\sqrt{2}$ 时所对应的频率。

(3) 特征频率 f_T。f_T 定义为共发射极交流短路电流放大系数 β 的幅值下降为1时所对应的频率。由于 $\beta_0 \gg 1$,因此 $\beta_0/\sqrt{2} > 1$,说明尽管 f_β 反映了电流放大系数的幅值随频率上升而下降的快慢,但并不是晶体管可用作电流放大的最高频率。因此,定义 f_T 作为电流放大的最高工作频率。

电流放大系数通常用分贝(dB)表示,$\alpha = 20\lg \alpha$ dB,$\beta = 20\lg \beta$ dB,也可以用分贝来表示截止频率及特征频率。

当 $f = f_\alpha$ 时,α 由 α_0 降至 $\alpha_0/\sqrt{2}$;当 $f = f_\beta$ 时,β 由 β_0 降为 $\beta_0/\sqrt{2}$。$20\lg(1/\sqrt{2}) = -3$ dB,即当工作频率为截止频率时,电流放大系数下降了3 dB。

当 $f = f_T$ 时,$\beta = 1$,$20\lg 1 = 0$ dB,即在特征频率下电流放大系数为零分贝。

由图3-1可见,当频率高于一定值时,频率 f 增高一倍,电流放大系数幅值减至一半。用分贝表示,若电流放大系数增大一倍,$20\lg 2 = 6$ dB;若电流放大系数减小一半,$20\lg(1/2) = -6$ dB。即电流放大系数每增减一倍,变化为6 dB,所以这一区段称为6 dB/倍频程段,如图3-1所示。在此区间内显然存在着频率与电流放大系数幅值之积等于常数的关系,而这个常数就是 f_T,即在此区间有 $f \cdot |\beta| = f_T$。

采用特征频率 f_T 来描述晶体管的高频特性有如下好处:

① f_T 明确地反映了晶体管作为电流放大用时的最高频率限度。

② 降低了对测试设备的要求,只要选择恰当的测试频率,测得该频率下的 β,即可由 $f \cdot |\beta| = f_T$ 关系式计算出 f_T。

(4) 最高振荡频率 f_M。f_M 定义为当最佳功率增益 $G_{pm} = 1$ 时所对应的频率。f_T 仅反映了晶体管作电流放大时的频率极限,但作为功率放大器件应用时还受输入、输出端阻抗关系的制约。正常工作状态下,一般晶体管的输出阻抗大于输入阻抗,因此,当工作频率 $f > f_T$ 时,虽然晶体管失去电流放大作用,但还可能具有电压放大和功率放大作用。因此,f_T 并不是晶体管工作频率的最高限制。当 $f = f_M$ 时,$G_{pm} = 1$,此时可将晶体管输出功率全部反馈到输入端以维持振荡工作状态；当 $f > f_M$ 时，$G_{pm} < 1$，此时输出功率小于输入功率，即使将输出功率全部反馈到输入端也不能维持晶体管振荡。因此，称 f_M 为最高振荡频率，表示晶体管具有功率增益的频率极限。

3.2 晶体管交流特性的理论分析

分析晶体管的交流特性可以采用电荷控制法和连续性方程求解法。本节从连续性方程出发，分析均匀基区和缓变基区晶体管的一维模型，导出交流小信号的电流-电压方程。

晶体管在实际应用时大多是在直流偏压上叠加交流小信号，即作用在结上的总电压应为交、直流两部分电压之和。如果所加交流信号为正弦波，则发射结上的总电压应为

$$V_e = V_E + u_e(t) = V_E + u_e e^{j\omega t} \tag{3-4}$$

而作用在集电结上的总电压应为

$$V_c = V_C + u_c(t) = V_C + u_c e^{j\omega t} \tag{3-5}$$

式中，V_E 和 V_C 分别表示作用在发射结与集电结上的直流偏压值；u_e 和 u_c 分别表示作用在发射结与集电结上交流信号的幅值；ω 则为正弦信号的角频率，如图 3-2(a) 所示。

在交变的信号电压作用下，晶体管中 pn 结空间电荷区宽度、基区少数载流子的浓度分布等都随着信号电压的变化而改变，不再仅仅是位置的函数，同时也是时间的函数。采用如图 3-2(b) 所示 npn 晶体管的一维模型，通过连续性方程求出直流偏置电压和交流信号电压共同作用下的少数载流子浓度分布和电流密度分布，进而得出交流小信号电流-电压方程。

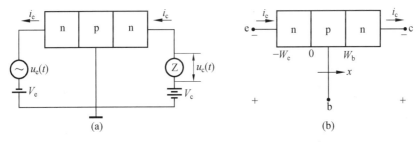

图 3-2 晶体管的交流作用电压与一维模型

3.2.1 均匀基区晶体管交流特性分析

以 npn 管为例，交流条件下，基区少数载流子电子的一维连续性方程为

$$\frac{\partial^2 n_b(x,t)}{\partial x^2} - \frac{n_b(x,t) - n_b^0}{L_{nb}^2} = \frac{1}{D_{nb}} \cdot \frac{\partial n_b(x,t)}{\partial t} \tag{3-6}$$

此时，有

$$n_b(x,t) = n_0(x) + n_1(x,t) = n_0(x) + n_1(x) e^{j\omega t} \tag{3-7}$$

式中，$n_0(x)$ 为电子浓度的直流分量，它仅与位置有关，而 $n_1(x)$ 为电子浓度交流分量的幅值，分别对应着外加电压中的直、交流两个分量。

将式(3-7)代入式(3-6)，利用连续性方程两端直流分量和交流分量各自相等，得基区少子直流分量和交流分量各自满足的连续性方程，即

$$\frac{\partial^2 n_0(x)}{\partial x^2} - \frac{n_0(x) - n_b^0}{L_{nb}^2} = 0$$

$$\frac{\partial^2 n_1(x)\mathrm{e}^{\mathrm{j}\omega t}}{\partial x^2} - \frac{n_1(x)\mathrm{e}^{\mathrm{j}\omega t}}{L_{\mathrm{nb}}^2} = \mathrm{j}\frac{\omega}{D_{\mathrm{nb}}} \cdot n_1(x)\mathrm{e}^{\mathrm{j}\omega t} \qquad (3-8)$$

直流分量连续性方程的解在第 2 章已经求得，此处不再赘述。交流分量连续性方程式 (3-8) 与式 (1-119) 有完全相同的形式。消去式中的公因子 $\mathrm{e}^{\mathrm{j}\omega t}$ 后稍加变换，可得

$$\frac{\mathrm{d}^2 n_1(x)}{\mathrm{d}x^2} - n_1(x)\left(\frac{1+\mathrm{j}\omega\tau_{\mathrm{nb}}}{L_{\mathrm{nb}}^2}\right) = 0 \qquad (3-9)$$

令

$$C_{\mathrm{n}} = \sqrt{\frac{1+\mathrm{j}\omega\tau_{\mathrm{nb}}}{L_{\mathrm{nb}}^2}} \qquad (3-10)$$

则式 (3-9) 变成为

$$\frac{\mathrm{d}^2 n_1(x)}{\mathrm{d}x^2} - C_{\mathrm{n}}^2 \cdot n_1(x) = 0 \qquad (3-11)$$

其解为

$$n_1(x) = A\mathrm{e}^{C_{\mathrm{n}}x} + B\mathrm{e}^{-C_{\mathrm{n}}x} \qquad (3-12)$$

根据 pn 结边界少子浓度与结上电压关系，由式 (1-31) 可得基区靠发射结边界 ($x=0$) 处

$$\begin{aligned} n_{\mathrm{b}}(0) &= n_{\mathrm{b}}^0 \mathrm{e}^{q[V_{\mathrm{E}}+u_{\mathrm{e}}(t)]/kT} = n_{\mathrm{b}}^0 \mathrm{e}^{qV_{\mathrm{E}}/kT} \cdot \mathrm{e}^{qu_{\mathrm{e}}(t)/kT} \\ &= n_{\mathrm{b}}^0 \mathrm{e}^{qV_{\mathrm{E}}/kT} + n_{\mathrm{b}}^0 \mathrm{e}^{qV_{\mathrm{E}}/kT} \cdot \frac{q}{kT}u_{\mathrm{e}}\mathrm{e}^{\mathrm{j}\omega t} \\ &= n_{\mathrm{E}} + n_{\mathrm{e}}\mathrm{e}^{\mathrm{j}\omega t} \end{aligned} \qquad (3-13)$$

此处采用了与式 (1-129) 相同的级数展开和近似处理。

对比式 (3-7) 和式 (3-13)，可得基区靠发射结势垒边界 $x=0$ 处的电子浓度直流分量

$$n_0(0) = n_{\mathrm{E}} = n_{\mathrm{b}}^0 \mathrm{e}^{qV_{\mathrm{E}}/kT}$$

和交流分量的幅值

$$n_1(0) = n_{\mathrm{e}} = n_{\mathrm{E}}\frac{qu_{\mathrm{e}}}{kT}$$

与式 (1-130) 所描述的是一致的。

用同样的方法可得出靠集电结势垒边界 $x=W_{\mathrm{b}}$ 处的电子浓度为

$$n_{\mathrm{b}}(W_{\mathrm{b}}) = n_{\mathrm{C}} + n_{\mathrm{c}}\mathrm{e}^{\mathrm{j}\omega t} \qquad (3-14)$$

式中，$n_{\mathrm{C}} = n_{\mathrm{b}}^0 \mathrm{e}^{qV_{\mathrm{C}}/kT}$；$n_{\mathrm{c}} = n_{\mathrm{C}}\dfrac{qu_{\mathrm{c}}}{kT}$。

将式 (3-13)、式 (3-14) 中所表示的边界条件中的交流分量项代入式 (3-12) 中可求出常数 A、B，进而可得到基区电子浓度的交流分量为

$$n_1(x,t) = \left[\frac{n_{\mathrm{c}} - n_{\mathrm{e}}\mathrm{e}^{-C_{\mathrm{n}}W_{\mathrm{b}}}}{2\mathrm{sh}(C_{\mathrm{n}}W_{\mathrm{b}})}\mathrm{e}^{C_{\mathrm{n}}x} - \frac{n_{\mathrm{c}} - n_{\mathrm{e}}\mathrm{e}^{C_{\mathrm{n}}W_{\mathrm{b}}}}{2\mathrm{sh}(C_{\mathrm{n}}W_{\mathrm{b}})}\mathrm{e}^{-C_{\mathrm{n}}x}\right] \cdot \mathrm{e}^{\mathrm{j}\omega t} \qquad (3-15)$$

在一般应用条件下，集电结处于反向偏置，且 $|V_{\mathrm{c}}| \gg kT/q$，所以 $n_{\mathrm{c}} = 0$，则上式变为

$$\begin{aligned} n_1(x,t) &= \frac{n_{\mathrm{e}}}{2\mathrm{sh}(C_{\mathrm{n}}W_{\mathrm{b}})}\left[\mathrm{e}^{C_{\mathrm{n}}(W_{\mathrm{b}}-x)} - \mathrm{e}^{-C_{\mathrm{n}}(W_{\mathrm{b}}-x)}\right] \cdot \mathrm{e}^{\mathrm{j}\omega t} \\ &= \frac{\mathrm{sh}[C_{\mathrm{n}}(W_{\mathrm{b}}-x)]n_{\mathrm{e}}}{\mathrm{sh}(C_{\mathrm{n}}W_{\mathrm{b}})} \cdot \mathrm{e}^{\mathrm{j}\omega t} \end{aligned} \qquad (3-16)$$

将式 (3-16) 与式 (2-18) 所表示的直流分量相加，即可得在 $V_{\mathrm{E}} + u_{\mathrm{e}}\mathrm{e}^{\mathrm{j}\omega t}$ 电压作用下基区电子浓度的分布函数为

$$n_b(x,t) = n_b^0 e^{qV_E/kT}\left(1-\frac{x}{W_b}\right) + \frac{\text{sh}[C_n(W_b-x)]n_e}{\text{sh}(C_nW_b)} \cdot e^{j\omega t}$$

$$= n_E\left(1-\frac{x}{W_b}\right) + \frac{\text{sh}[C_n(W_b-x)]}{\text{sh}(C_nW_b)}n_E\frac{qu_e}{kT} \cdot e^{j\omega t} \quad (3-17)$$

式(3-17)所表示的电子浓度分布如图 3-3 所示。

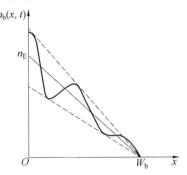

图 3-3 均匀基区电子浓度分布

由式(3-15)可进一步求得通过基区的电子电流密度的交流分量为

$$j_{nb}(x,t) = qD_{nb}\frac{\partial n_1(x,t)}{\partial x}$$

$$= qD_{nb}C_n\left[\frac{n_c - n_e e^{-C_nW_b}}{2\text{sh}(C_nW_b)}e^{C_nx} + \frac{n_c - n_e e^{C_nW_b}}{2\text{sh}(C_nW_b)}e^{-C_nx}\right] \cdot e^{j\omega t} \quad (3-18)$$

令 $x=0$，则有

$$j_{nb}(0,t) = qD_{nb}C_n\left[\frac{-n_e(e^{-C_nW_b}+e^{C_nW_b})}{2\text{sh}(C_nW_b)} + \frac{n_c}{\text{sh}(C_nW_b)}\right] \cdot e^{j\omega t}$$

$$= qD_{nb}C_n\left[-n_E\frac{qu_e}{kT}\cdot\text{cth}(C_nW_b) + n_C\frac{qu_c}{kT}\text{csch}(C_nW_b)\right] \cdot e^{j\omega t} \quad (3-19)$$

在忽略势垒复合的条件下，式(3-19)即为通过发射结电子电流密度的交流分量 j_{ne}。再令式(3-18)中 $x=W_b$，经过同样的变换，可得

$$j_{nb}(W_b,t) = qD_{nb}C_n\left[-n_E\frac{qu_e}{kT}\cdot\text{csch}(C_nW_b) + n_C\frac{qu_c}{kT}\text{cth}(C_nW_b)\right] \cdot e^{j\omega t} \quad (3-20)$$

即为到达集电结的电子电流密度的交流分量 j_{nc}。

采用完全相似的过程求解发射区空穴的一维连续性方程，可得发射区空穴密度的交流分量为

$$p_1(x,t) = \left[\frac{qu_e}{kT}\cdot\frac{p_E\cdot e^{C_pW_e}}{2\text{sh}(C_pW_e)}\cdot e^{C_px} - \frac{qu_e}{kT}\cdot\frac{p_E\cdot e^{-C_pW_e}}{2\text{sh}(C_pW_e)}\cdot e^{-C_px}\right]\cdot e^{j\omega t}$$

$$= \frac{qu_e}{kT}\cdot\frac{p_E\cdot\text{sh}[C_p(W_e+x)]}{\text{sh}(C_pW_e)}\cdot e^{j\omega t} \quad (3-21)$$

将式(3-21)代入空穴扩散电流公式，并令 $x=0$，即可得到通过发射结的空穴电流密度交流分量为

$$j_{pe} = j_p(0,t) = -qD_{pe}\frac{\partial p_1(x,t)}{\partial x}\bigg|_{x=0}$$

$$= -qD_{pe}C_p p_E\frac{qu_e}{kT}\text{cth}(C_pW_e)\cdot e^{j\omega t} \quad (3-22)$$

在忽略势垒复合的条件下,式(3－20)与式(3－22)之和即为通过发射结的交流电流,即

$$i_e = i_{ne} + i_{pe} = Aq\left\{D_{nb}C_n\left[\left(-\frac{n_E q}{kT}\text{cth}(C_n W_b)\right)u_e + \left(\left(\frac{n_C q}{kT}\text{csch}(C_n W_b)\right)u_c\right)\right]\right.$$
$$\left. - D_{pe}C_p\left(\left(\frac{p_E q}{kT}\text{cth}(C_p W_e)\right)u_e\right)\right\}e^{j\omega t} \tag{3－23}$$

如果发射区宽度 $W_e \gg L_{pe}$,则有 $\text{cth}(C_p W_e) \approx 1$,式(3－23)可简化为

$$i_e = Aq\left\{D_{nb}C_n\left[\left(-\frac{n_E q}{kT}\text{cth}(C_n W_b)\right)u_e + \left(\left(\frac{n_C q}{kT}\text{csch}(C_n W_b)\right)u_c\right)\right] - D_{pe}C_p\left(\frac{p_E q}{kT}u_e\right)\right\}e^{j\omega t} \tag{3－24}$$

总集电极电流应为到达集电结的电子电流乘以集电区倍增因子 α^*,可由式(3－20)得到

$$i_c = \alpha^* \cdot i_{nc} = A\alpha^* qD_{nb}C_n\left[\left(-\frac{n_E q}{kT}\text{csch}(C_n W_b)\right)u_e + \left(\frac{n_C q}{kT}\text{cth}(C_n W_b)\right)u_c\right]e^{j\omega t} \tag{3－25}$$

式(3－24)、式(3－25)即为均匀基区晶体管交流电流－电压方程,在推导过程中没有考虑基区宽变效应的影响。但在交变运用时,发射结与集电结的空间电荷区宽度都要随交变电压而变化,基区宽度也要随交变电压变化,结果使晶体管的有关参数也随之变化。因为 eb 结处于正偏而 cb 结处于反偏,且 eb 结上信号幅值要比输出端负载上的信号幅值变化小得多,所以可以近似认为发射结势垒边界不变而仅仅因集电结势垒边界改变引起基区宽度的变化,如图 3－4 所示。

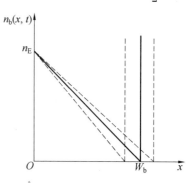

图 3－4 基区宽变效应示意图

在要求精确计算的场合下,这一基区宽变效应是要予以考虑的。显然,基区宽度的变化必然会引起基区中少子浓度及电流密度的变化。在考虑到基区宽变效应之后,基区内少子浓度应由直流分量、不考虑基区宽变效应的交流分量和由基区宽变效应引起的附加分量三个部分组成。下面给出了包括基区宽变效应影响的 npn 晶体管交流电流－电压基本方程。显然,适当改变符号后它也可以用于 pnp 型晶体管。

计入基区宽变效应的发射极总电流为

$$i_e = \left[\left(\frac{qI_{nE}}{kT}\sqrt{1+j\omega\tau_{nb}}\frac{\text{th}(W_b/L_{nb})}{\text{th}(C_n W_b)} + \frac{qI_{pE}}{kT}\sqrt{1+j\omega\tau_{nb}}\right)\cdot u_e - \left(\frac{I_{nC}C_n}{\text{sh}(C_n W_b)}\cdot\frac{\partial W_b}{\partial V_c}\right)\cdot u_c\right]\cdot e^{j\omega t} \tag{3－26}$$

总集电极电流为

$$i_c = \left[\left(\frac{qI_{nE}}{kT}\alpha^*\sqrt{1+j\omega\tau_{nb}}\frac{\text{th}(W_b/L_{nb})}{\text{sh}(C_n W_b)}\right)\cdot u_e - \left(\frac{I_{nC}\alpha^* C_n}{\text{th}(C_n W_b)}\cdot\frac{\partial W_b}{\partial V_c}\right)\cdot u_c\right]\cdot e^{j\omega t} \tag{3－27}$$

式中,I_{nE} 和 I_{nC} 分别代表通过发射结及到达集电结的电子电流直流分量;$\frac{\partial W_b}{\partial V_c}$ 表示基区宽度随集电结电压的变化率,称为基区宽变因子,它所反映的物理现象的实质与第 2 章所讨论的基区宽变(厄尔利)效应是一致的。

对于均匀基区晶体管,其集电结是单边突变结,空间电荷区全部延展在基区侧,由

式(1-97)有

$$x_m \approx x_p = \left(\frac{2\varepsilon\varepsilon_0 V_c}{qN_A}\right)^{1/2}$$

所以有效基区宽度为

$$W_b = W_{b0} - \left(\frac{2\varepsilon\varepsilon_0 V_c}{qN_A}\right)^{1/2} \quad (3-28)$$

式中,W_{b0} 为 $x_p = 0$ 时的基区宽度。由式(3-28)可得基区宽变因子为

$$\frac{\partial W_b}{\partial V_c} = -\frac{1}{2}\left(\frac{2\varepsilon\varepsilon_0}{qN_A V_c}\right)^{1/2} = -\frac{\varepsilon\varepsilon_0}{qN_A x_p} \quad (3-29)$$

3.2.2 缓变基区晶体管交流特性分析

由于缓变基区晶体管的基区中存在着缓变基区自建电场,因此基区中少子的运动既有扩散又有漂移。基区电子的一维连续性方程应为

$$D_{nb}\frac{\partial^2 n(x,t)}{\partial x^2} + \mu_{nb}E_b\frac{\partial n(x,t)}{\partial x} - \frac{n(x,t) - n_b^0(x)}{\tau_{nb}} = \frac{\partial n(x,t)}{\partial t} \quad (3-30)$$

基区电子浓度同样可以写成直流分量与交流分量两部分:$n(x,t) = n_0(x) + n_1(x)e^{j\omega t}$。代入式(3-30),可分别得到电子浓度直流分量连续性方程与电子浓度交流分量连续性方程。用与均匀基区晶体管完全相同的思路和程序对上述方程求解,可以得出此时基区电子和发射区空穴的浓度分布,进而导出缓变基区晶体管发射极电流与集电极电流随电压变化的基本方程。具体推导过程及结果可见有关文献,此处不再赘述。

缓变基区中电子浓度分布如图3-5所示。如图3-6所示为缓变基区晶体管中基区宽变效应对基区少子分布的影响。

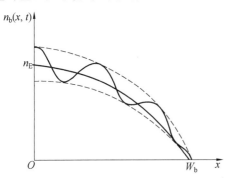
图3-5 缓变基区中电子浓度分布

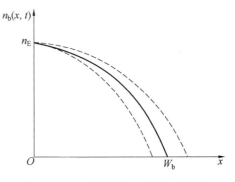
图3-6 缓变基区的基区宽变效应

如果集电结为线性缓变结,扩展在基区侧的空间电荷区宽度 $x_p = x_m/2$。由式(1-104)得

$$x_m = \left(\frac{12\varepsilon\varepsilon_0 V}{qa}\right)^{1/3}$$

所以基区宽度为

$$W_b = W_{b0} - \frac{1}{2}\left(\frac{12\varepsilon\varepsilon_0 V_c}{qa}\right)^{1/3} \quad (3-31)$$

由此可得缓变基区宽变因子为

$$\frac{\partial W_b}{\partial V_c} = -\frac{1}{6}\left(\frac{12\varepsilon\varepsilon_0}{qa V_c^2}\right)^{1/3} = -\frac{\varepsilon\varepsilon_0}{2qa x_p^2} \quad (3-32)$$

3.3 晶体管的高频参数及等效电路

为了数学上的简便,仍以均匀基区晶体管为例讨论其高频参数及等效电路,所得结论的物理概念对于缓变基区晶体管同样适用。

3.3.1 晶体管高频 Y 参数及其等效电路

Y 参数是晶体管最基本的参数,它可以由电流-电压基本方程直接得出。根据均匀基区晶体管基本方程式(3-26)、式(3-27),可以写出发射极电流幅值 I_e 与集电极电流幅值 I_c,即

$$\begin{cases} I_e = \left[\dfrac{qI_{nE}}{kT}\sqrt{1+j\omega\tau_{nb}} \cdot \dfrac{\text{th}(W_b/L_{nb})}{\text{th}(C_nW_b)} + \dfrac{qI_{pE}}{kT}\sqrt{1+j\omega\tau_{nb}}\right] \cdot u_e^{(-)} - \\ \qquad \left[\dfrac{I_{nC}^{(-)}C_n}{\text{sh}(C_nW_b)} \cdot \left(\dfrac{\partial W_b}{\partial V_c}\right)\right] \cdot u_c^{(-)} \\ I_c^{(-)} = \left[\dfrac{qI_{nE}}{kT}\alpha^* \sqrt{1+j\omega\tau_{nb}}\dfrac{\text{th}(W_b/L_{nb})}{\text{sh}(C_nW_b)}\right] \cdot u_e^{(-)} - \left[\dfrac{I_{nC}\alpha^*C_n}{\text{th}(C_nW_b)} \cdot \left(\dfrac{\partial W_b}{\partial V_c}\right)\right] \cdot u_c^{(-)} \end{cases}$$

$$(3-33)$$

推导这组方程时采用了如图 3-2(b) 所示的电流、电压方向,而在电路理论中采用图 3-7 所示的电压、电流方向分析四端网络。对比图 3-2 与图 3-7,为使上述电流-电压基本方程与通用电路理论的参考方向一致,需将式(3-33) 中的 u_e 和 u_c 分别乘以 -1,如式中所标出的那样。整理后得到用电路理论定义的电流-电压基本方程为

图 3-7 双极型晶体管等效的四端双口网络

$$\begin{cases} I_e = -\left[\dfrac{qI_{nE}}{kT}\sqrt{1+j\omega\tau_{nb}} \cdot \dfrac{\text{th}(W_b/L_{nb})}{\text{th}(C_nW_b)} + \dfrac{qI_{pE}}{kT}\sqrt{1+j\omega\tau_{nb}}\right] \cdot u_e - \\ \qquad \left[\dfrac{I_{nC}C_n}{\text{sh}(C_nW_b)} \cdot \left(\dfrac{\partial W_b}{\partial V_c}\right)\right] \cdot u_c \\ I_c = \left[\dfrac{qI_{nE}}{kT}\alpha^* \sqrt{1+j\omega\tau_{nb}}\dfrac{\text{th}(W_b/L_{nb})}{\text{sh}(C_nW_b)}\right] \cdot u_e - \left[\dfrac{I_{nC}\alpha^*C_n}{\text{th}(C_nW_b)} \cdot \left(\dfrac{\partial W_b}{\partial V_c}\right)\right] \cdot u_c \end{cases}$$

$$(3-34)$$

对比电路理论中常用的晶体管共基极 Y 参数方程组,即

$$\begin{cases} I_e = Y_{ee}u_e + Y_{ec}u_c \\ I_c = Y_{ce}u_e + Y_{cc}u_c \end{cases} \qquad (3-35)$$

可以得到均匀基区晶体管共基极本征 Y 参数为

$$Y_{ee}^i = -\left[\dfrac{qI_{nE}}{kT}\sqrt{1+j\omega\tau_{nb}} \cdot \dfrac{\text{th}(W_b/L_{nb})}{\text{th}(C_nW_b)} + \dfrac{qI_{pE}}{kT}\sqrt{1+j\omega\tau_{nb}}\right] \qquad (3-36)$$

$$Y_{ec}^i = -\left[\dfrac{I_{nC}C_n}{\text{sh}(C_nW_b)} \cdot \left(\dfrac{\partial W_b}{\partial V_c}\right)\right] \qquad (3-37)$$

$$Y_{ce}^i = \dfrac{qI_{nE}}{kT}\alpha^* \sqrt{1+j\omega\tau_{nb}}\dfrac{\text{th}(W_b/L_{nb})}{\text{sh}(C_nW_b)} \qquad (3-38)$$

$$Y_{cc}^{i} = \frac{I_{nC}\alpha^{*} C_{n}}{\text{th}(C_{n}W_{b})} \cdot \left(\frac{\partial W_{b}}{\partial V_{c}}\right) \tag{3-39}$$

此处 Y 参数是由连续性方程求解而来的，故称为本征 Y 参数，并用上标"i"表示。

在前面推导晶体管交流电流－电压基本方程过程中，没有限制频率范围，所以式(3-36)～(3-39)所表示的 Y 参数及其等效电路在很宽的频率范围内都是适用的，称其为宽带等效电路。但由于公式中各项均包含双曲函数，数学处理上比较繁杂，其物理模型也不够清楚，为此在讨论时将双曲函数按泰勒级数展开并略去高次项，这样做虽然使所得等效电路的适用频率范围受到限制，但能够得到物理意义比较清晰的等效电路。下面就在此思路下分别讨论上述四个共基极本征 Y 参数及其物理意义。

1. 共基极本征输入导纳 Y_{ee}^{i}

由式(3-35)可得

$$Y_{ee}^{i} = \left.\frac{I_{e}}{u_{e}}\right|_{u_{c}=0}$$

定义为共基极本征输入导纳，表示输出端交流短路时，输入端交流电流幅值随输入端电压的变化。

如果设 $\gamma=1$，即忽略通过发射结的空穴电流分量，再利用双曲函数展开式 $\text{th}\,x = x - \frac{x^{2}}{3} - \frac{x^{3}}{12} - \cdots$ 及 $\text{cth}\,x = \frac{1}{x} + \frac{x}{3} + \frac{x^{3}}{12} + \cdots$ 变换式(3-36)，再根据式(3-10)还原 C_{n} 并忽略 (W_{b}/L_{nb}) 的高次项后可得

$$\begin{aligned}
Y_{ee}^{i} &= -\frac{qI_{nE}}{kT}\sqrt{1+j\omega\tau_{nb}} \cdot \frac{W_{b}}{L_{nb}} \cdot \left(\frac{1}{C_{n}W_{b}} + \frac{C_{n}W_{b}}{3}\right) \\
&= -\frac{qI_{nE}}{kT}\left[1 + \frac{(1+j\omega\tau_{nb})W_{b}^{2}}{3L_{nb}^{2}}\right] \approx -\frac{qI_{nE}}{kT}\left(1 + j\omega\frac{W_{b}^{2}}{3D_{nb}}\right)
\end{aligned} \tag{3-40}$$

令 $g_{e} = -\frac{qI_{nE}}{kT}$，并进而令 $C_{De} = \frac{g_{e}W_{b}^{2}}{3D_{nb}}$，则有

$$Y_{ee}^{i} = g_{e} + j\omega C_{De} \tag{3-41}$$

显然，若计入空穴分量 I_{pE}，应有

$$g_{e} = -\frac{qI_{E}}{kT} \tag{3-42}$$

对照式(1-136)，发现式(3-41)与之完全类似，即共基极本征输入导纳可看作一个电导和一个电容的并联，如图 3-8 所示。电导为发射结电导，电容为发射结扩散电容，反映了基区靠发射结边界少子浓度及基区积累电荷随发射结上电压的变化，如图 3-9 所示。在相同的正向电流下，晶体管基区积累电荷决定于基区宽度及基区内少子扩散系数，而在 pn 结中则决定于少子扩散区内的少子寿命，其物理本质都是少子在扩散区中的平均停留(存活)时间。

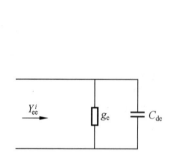
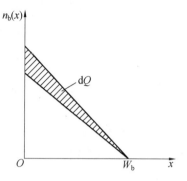

图 3-8 Y_{ee}^i 等效电路 图 3-9 均匀基区晶体管的发射结扩散电容

对于缓变基区晶体管,共基极输入导纳 Y_{ee}^i 同样可看作电导 g_e 与 C_{De} 并联电路的导纳,只不过此时有

$$C_{De} = g_e \frac{W_b^2}{\lambda D_{nb}}, \quad \lambda = \frac{\eta^2}{\eta - 1 + e^{-\eta}}$$

2. 共基极本征输出导纳 Y_{cc}^i

由式(3-35)可得

$$Y_{cc}^i = \left. \frac{I_c}{u_c} \right|_{u_e=0}$$

定义为共基极本征输出导纳,表示发射极交流短路时,输出端交流电流幅值随输出端电压的变化。

由式(3-39)有

$$Y_{cc}^i = \frac{I_{nC} \alpha^* C_n}{\text{th}(C_n W_b)} \cdot \left(\frac{\partial W_b}{\partial V_c} \right)$$

设集电区倍增因子 $\alpha^* = 1$,将式(3-10)定义的 C_n 代入,分子、分母同乘以 $\text{th}(W_b/L_{nb})$,可得

$$Y_{cc}^i = \frac{I_{nC}}{L_{nb} \text{th}(W_b/L_{nb})} \cdot \left(\frac{\partial W_b}{\partial V_c} \right) \sqrt{1 + j\omega \tau_{nb}} \cdot \left[\frac{\text{th}(W_b/L_{nb})}{\text{th}(C_n W_b)} \right]$$

令

$$g_c = \frac{I_{nC}}{L_{nb} \text{th}(W_b/L_{nb})} \cdot \left(\frac{\partial W_b}{\partial V_c} \right)$$

经过与式(3-40)相同的变换之后,有

$$Y_{cc}^i = g_c \left(1 + j\omega \frac{W_b^2}{3 D_{nb}} \right) = g_c + j\omega C_{Dc} \tag{3-43}$$

即共基极本征输出导纳也可以用一电导 g_c 和一电容 C_{Dc} 的并联来表示,如图 3-10 所示。$C_{Dc} = \frac{g_c W_b^2}{3 D_{nb}}$ 反映了由于基区宽变效应所引起的基区存储电荷量的变化,如图 3-11 所示。

对缓变基区晶体管进行类似的分析后也可得如式(3-43)的结果,但此时电导 $g_c' = g_c \cdot \eta e^{-\eta}$,电容 $C_{Dc} = g_c \frac{W_b^2}{2 D_{nb}} \left(\frac{2}{\eta} - 4 e^{-\eta} \right)$。

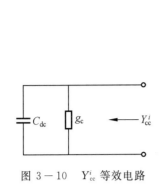

图 3-10 Y_{cc}^i 等效电路

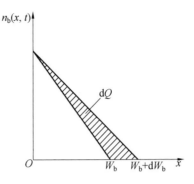

图 3-11 C_{Dc} 的实质

3. 共基极本征正向转移导纳 Y_{ce}^i

由式(3-35)可得

$$Y_{ce}^i = \frac{I_c}{u_e}\bigg|_{u_c=0}$$

定义为共基极本征正向转移导纳,表示输出端交流短路时,输入端交流电压对输出端交流电流的影响。

由式(3-38),设集电区倍增因子 $\alpha^* = 1$,并利用式(3-42),可得

$$Y_{ce}^i = -\gamma g_e \sqrt{1+j\omega\tau_{nb}} \cdot \left[\frac{\text{th}(W_b/L_{nb})}{\text{sh}(C_n W_b)}\right] = -\gamma g_e C_n W_b \text{csch}(C_n W_b) \qquad (3-44)$$

此处利用了 $\text{th}\dfrac{W_b}{L_{nb}} \approx \dfrac{W_b}{L_{nb}}$,并利用了式(3-10)。进一步利用 $\text{csch}\, x = \dfrac{1}{x}\left(1-\dfrac{x^2}{6}\right)$,变换整理后,略去 $\dfrac{1}{6}\left(\dfrac{W_b}{L_{nb}}\right)^2$ 项,得到

$$Y_{ce}^i = -\gamma g_e\left(1 - j\omega\frac{W_b^2}{6D_{nb}}\right) \qquad (3-45)$$

式(3-45)可以改写成

$$Y_{ce}^i = -\gamma g_e\left(1+j\omega\frac{W_b^2}{3D_{nb}}\right)\frac{1}{1+j\omega(W_b^2/2D_{nb})} \qquad (3-46)$$

另一方面,根据定义有

$$Y_{ce}^i = \frac{I_c}{u_e}\bigg|_{u_c=0} = \left(\frac{I_c}{I_e}\right)\left(\frac{I_e}{u_e}\right)\bigg|_{u_c=0} \qquad (3-47)$$

可见,式中第一个因子为共基极短路电流放大系数 α,第二个因子为本征输入导纳 Y_{ee}^i。对比式(3-46)和式(3-47),得

$$Y_{ee}^i = \frac{I_e}{u_e}\bigg|_{u_c=0} = g_e\left(1+j\omega\frac{W_b^2}{3D_{nb}}\right)$$

$$\alpha = \frac{I_c}{I_e}\bigg|_{u_c=0} = -\gamma\frac{1}{1+j\omega\dfrac{W_b^2}{2D_{nb}}} = -\gamma\beta^* \qquad (3-48)$$

于是,有

$$Y_{ce}^i = Y_{ee}^i \alpha \qquad (3-49)$$

表明正向转移导纳可视为由输出端输出的,被放大了的输入导纳。

4. 共基极本征反向转移导纳 Y_{ec}^i

由式(3-35)可得

$$Y_{ec}^i = \left.\frac{I_e}{u_c}\right|_{u_e=0}$$

定义为共基极本征反向转移导纳，表示输入端交流短路时，输出端交流电压对输入端交流电流的影响。

将式(3-37)分子、分母同乘以 $L_{nb}\text{th}\frac{W_b}{L_{nb}}$，再取 $\text{th}\frac{W_b}{L_{nb}} \approx \frac{W_b}{L_{nb}}$，则可变换为与 Y_{ce}^i 同样的形式，即

$$Y_{ec}^i = -g_c C_n W_b \,\text{csch}(C_n W_b)$$

经过同样的变换，可得

$$Y_{ec}^i = -g_c\left(1 - j\omega\frac{W_b^2}{6D_{nb}}\right) \tag{3-50}$$

其中，有

$$g_c = \frac{I_{nC}}{L_{nb}\text{th}\left(\frac{W_b}{L_{nb}}\right)} \cdot \left(\frac{\partial W_b}{\partial V_c}\right) \approx \frac{I_{nC}}{W_b}\left(\frac{\partial W_b}{\partial V_c}\right) = \frac{\alpha_0 I_E q}{W_b kT} \cdot \frac{kT}{q}\left(\frac{\partial W_b}{\partial V_c}\right) = -\alpha_0 \frac{g_e}{W_b} \cdot \frac{kT}{q}\left(\frac{\partial W_b}{\partial V_c}\right)$$

$$\tag{3-51}$$

代入式(3-50)，有

$$Y_{ec}^i = \alpha_0 g_e\left(1 - j\omega\frac{W_b^2}{6D_{nb}}\right) \cdot \frac{1}{W_b} \cdot \frac{kT}{q}\left(\frac{\partial W_b}{\partial V_c}\right) \tag{3-52}$$

对比式(3-45)、式(3-52)，注意到 γ 和 α_0 都是略小于1而接近于1的量，故可近似地将式(3-52)改写为

$$Y_{ec}^i = Y_{ce}^i \cdot \mu_{ec} \tag{3-53}$$

式中，有

$$\mu_{ec} = -\frac{1}{W_b} \cdot \frac{kT}{q}\left(\frac{\partial W_b}{\partial V_c}\right) \tag{3-54}$$

称为电压反馈系数，表示发射极电流不变时，集电极电压的变化对发射极电压的影响，其定义为

$$\mu_{ec} = \left.\frac{\Delta V_e}{\Delta V_c}\right|_{I_e=0} \tag{3-55}$$

由式(3-53)可见，均匀基区晶体管的反向转移导纳可以看作电压反馈系数与正向转移导纳之积。

综上分析，可将均匀基区晶体管共基极 Y 参数及其等效电路表述为

$$Y_{ee}^i = g_e + j\omega C_{De}$$

$$Y_{ec}^i = -g_c\left(1 - j\omega\frac{W_b^2}{6D_{nb}}\right)$$

$$Y_{ce}^i = -\gamma g_e\left(1 - j\omega\frac{W_b^2}{6D_{nb}}\right)$$

$$Y_{cc}^i = g_c + j\omega C_{Dc}$$

图3-12给出了晶体管的 Y 参数等效电路，虚线框所包围部分为本征 Y 参数等效电路，虚

线框外部的参数为非本征参数。

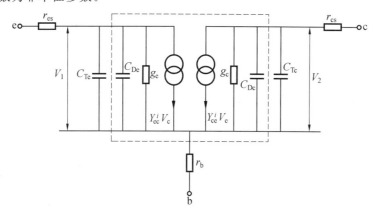

图 3－12 共基极 Y 参数等效电路

3.3.2 晶体管高频 h 参数及等效电路

前面从晶体管电流－电压基本方程出发导出了共基极 Y 参数等效电路,其特点是物理概念比较清晰,但直接测量较为困难。在实际中更常采用 h 参数作为双极型晶体管的小信号参数,其参数方程为

$$u_e = h_{11} I_e + h_{12} u_c$$
$$I_c = h_{21} I_e + h_{22} u_c$$

由参数方程可见,h_{12}、h_{21} 无量纲,h_{11} 与 h_{22} 分别具有阻抗和导纳的量纲,故 h 参数为混合小信号参数。从实际测量的角度来看,h 参数与晶体管的特性配合得非常好,因为只要使低阻抗的输入端(发射极)开路或使高阻抗的输出端(集电极)短路就可以得到相应的参数。下面分别以共基极与共发射极接法两种情况讨论 h 参数。

1. 共基极 h 参数及等效电路

共基极接法时,h 参数方程可写为

$$\begin{cases} u_e = h_{ib} I_e + h_{rb} u_c \\ I_c = h_{fb} I_e + h_{ob} u_c \end{cases} \quad (3-56)$$

上式分别表示输入端电压为二电压串联,其一为输入电流在输入阻抗上的压降,其二为输出电压对输入回路的反作用,以一电压源表示。输出端电流为二电流并联,其一为放大了 h_{fb} 倍的输入电流,以电流源示之,其二为输出电压在输出阻抗上产生的电流。四个 h 参数分别表示如下意义。

$h_{ib} = \dfrac{u_e}{I_e}\bigg|_{u_c=0}$:输出端交流短路时的输入阻抗,单位为 Ω。

$h_{rb} = \dfrac{u_e}{u_c}\bigg|_{I_e=0}$:输入端交流开路时的电压反馈比,或称作反向电压传输系数,无量纲。

$h_{fb} = \dfrac{I_c}{I_e}\bigg|_{u_c=0}$:输出端交流短路时的电流放大系数,或称作正向电流传输系数,无量纲。

$h_{ob} = \dfrac{I_c}{u_c}\bigg|_{I_e=0}$:输入端开路时的输出导纳,单位为 S(即 Ω^{-1})。

上述四个参数的定义中实际已规定了各自的测试条件,据此,可以画出如图3-13所示的等效电路。

h参数与Y参数只是从不同角度反映了晶体管内部电流、电压之间的关系,所以它们之间是可以相互转换的。在此可以借助于h参数与Y参数间的关系式直接由Y参数求得h参数。共基极h参数与Y参数的关系为

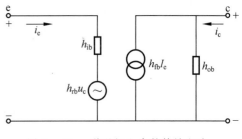

图3-13 共基极h参数等效电路

$$\begin{cases} h_{ib} = \dfrac{1}{Y_{ee}} \\ h_{rb} = -\dfrac{Y_{ec}}{Y_{ee}} \\ h_{fb} = \dfrac{Y_{ce}}{Y_{ee}} \\ h_{ob} = Y_{cc} - \dfrac{Y_{ec}Y_{ce}}{Y_{ee}} \end{cases} \quad (3-57)$$

为简化起见,在转换时仅将C_{Te}、C_{Tc}两个非本征参数计入本征Y参数中,而忽略其他非本征参数r_{es}、r_{cs}、r_b等,如图3-12所示,于是有

$$\begin{cases} Y_{ee} = g_e + j\omega(C_{De} + C_{Te}) \\ Y_{ec} = -g_c\left(1 - j\omega\dfrac{W_b^2}{6D_{nb}}\right) \\ Y_{ce} = -\gamma g_e\left(1 - j\omega\dfrac{W_b^2}{6D_{nb}}\right) \\ Y_{cc} = g_c + j\omega(C_{Dc} + C_{Tc}) \end{cases} \quad (3-58)$$

将式(3-58)中各项代入式(3-57)中,即可得各共基极h参数。下面以低频和特高频两种情况为例分别讨论。

(1) 低频共基极h参数及等效电路。

低频下可以忽略电容效应,故由式(3-57)和式(3-58)可得

$$\begin{cases} h_{ib} = \dfrac{1}{g_e} = r_e \\ h_{rb} = \dfrac{g_c}{g_e} = \alpha_0\mu_{ec} \quad (\text{利用式}(3-51)\text{和式}(3-54)) \\ h_{fb} = -\alpha_0 \quad (\text{利用式}(3-49)) \\ h_{ob} = g_c - \dfrac{g_c\alpha_0 Y_{ce}}{Y_{ee}} = (1-\alpha_0^2)g_c \end{cases}$$

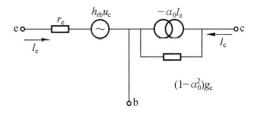

图3-14 共基极低频h参数等效电路

等效电路如图3-14所示。

(2) 高频共基极h参数及等效电路。

高频下晶体管的电容效应起主要作用,基区宽变效应的影响可以忽略,此时式(3-58)可简化为

$$\begin{cases} Y_{ee} = g_e + j\omega(C_{De} + C_{Te}) \\ Y_{ec} = -g_c\left(1 - j\omega\dfrac{W_b^2}{6D_{nb}}\right) \to 0 \\ Y_{ce} = -\gamma g_e\left(1 - j\omega\dfrac{W_b^2}{6D_{nb}}\right) \\ Y_{cc} = g_c + j\omega(C_{Dc} + C_{Tc}) \approx j\omega C_{Tc} \end{cases} \quad (3-59)$$

代入式(3-57)中,得

$$\begin{cases} h_{ib} = [g_e + j\omega(C_{De} + C_{Te})]^{-1} \\ h_{rb} = 0 \\ h_{fb} = \alpha \\ h_{ob} = j\omega C_{Tc} \end{cases} \quad (3-60)$$

由此可得到如图 3-15 所示高频共基极 h 参数等效电路,图中还画出了非本征参数 r_{cs}、r_b 等。因为高频下信号有相位的变化,所以图中用 i_e、i_c 表示交流小信号电流值。

2. 共发射极 h 参数及等效电路

晶体管共发射极运用时的 h 参数方程为

$$u_b = h_{ie} i_b + h_{re} u_c$$
$$i_c = h_{fe} i_b + h_{oe} u_c$$

式中,各 h 参数的含义与共基极接法时相同。高频下共发射极 h 参数也可借助共基极 Y 参数式(3-58)直接导出。

由本征 Y 参数等效电路(图 3-12)可见,当共射输出端交流短路时,$V_1 = V_2$,输入电流为

$$i_b = (Y_{ee} + Y_{ec} + Y_{ce} + Y_{cc})V_1 = Y_\Sigma V_1$$

输入电压为

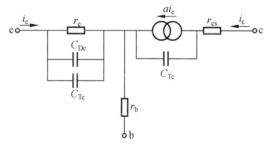

图 3-15 共基极高频 h 参数等效电路

$$u_b = i_b r_b + V_1 = i_b\left(r_b + \dfrac{1}{Y_\Sigma}\right)$$

式中,$Y_\Sigma = Y_{ee} + Y_{ec} + Y_{ce} + Y_{cc}$ 表示 Y 参数之总和。当认为 $\gamma \approx 1$,$\alpha_0 \approx \beta^*$ 时,忽略基区宽变效应的影响,可由式(3-59)得

$$Y_\Sigma = g_e + j\omega(C_{De} + C_{Te}) - \gamma g_e\left(1 - j\omega\dfrac{W_b^2}{6D_{nb}}\right) + j\omega C_{Tc}$$

$$= g_e + j\omega(C_{De} + C_{Te}) - \gamma g_e\left(1 - \dfrac{1}{2}j\omega C_{De}\right) + j\omega C_{Tc}$$

$$= g_e(1 - \alpha_0) + j\omega C_t$$

式中,有

$$C_t = \left(1 + \dfrac{1}{2}\alpha_0\right)C_{De} + C_{Te} + C_{Tc}$$

根据 h 参数的定义,可得

$$\begin{cases} h_{ie} = \dfrac{1}{Y_\Sigma} = [(1-\alpha_0)g_e + j\omega C_t]^{-1} \approx \left(\dfrac{1}{\beta_0 r_e} + j\omega C_t\right)^{-1} \\[2mm] h_{re} = \dfrac{Y_{ec} + Y_{cc}}{Y_\Sigma} = \dfrac{j\omega C_{Tc}}{(1-\alpha_0)g_e + j\omega C_t} \approx \dfrac{C_{Tc}}{C_t} \\[2mm] h_{fe} = -\dfrac{Y_{ce} + Y_{cc}}{Y_\Sigma} = \dfrac{\gamma g_e\left(1 - j\omega \dfrac{W_b^2}{6 D_{nb}}\right) - j\omega C_{Tc}}{(1-\alpha_0)g_e + j\omega C_t} \\[2mm] \qquad \approx \dfrac{\beta_0 e^{-j\omega \frac{m W_b^2}{2 D_{nb}}}}{1 + j\omega \beta_0 r_e C_t} = \beta \\[2mm] h_{oe} = \dfrac{Y_{ee} Y_{cc} - Y_{ce} Y_{ec}}{Y_\Sigma} = \dfrac{[g_e + j\omega(C_{De} + C_{Te})] \cdot j\omega C_{Tc}}{(1-\alpha_0)g_e + j\omega C_t} \\[2mm] \qquad \approx g_e \dfrac{C_{Tc}}{C_t} + j\omega C_{Tc} = \dfrac{1}{r_e} \cdot \dfrac{C_{Tc}}{C_t} + j\omega C_{Tc} \end{cases} \qquad (3-61)$$

由此可以得到如图 3-16 所示的共发射极高频 h 参数等效电路。

因为 $C_t = (1 + \dfrac{1}{2}\alpha_0)C_{De} + C_{Te} + C_{Tc} \gg C_{Tc}$，即 $\dfrac{C_t}{C_{Tc}} \gg 1$，所以可略去输出端电阻；因为 $\dfrac{C_{Tc}}{C_t} \ll 1$，可略去输入端电压源。则图 3-16 进一步简化为图 3-17 所示"T"形等效电路。

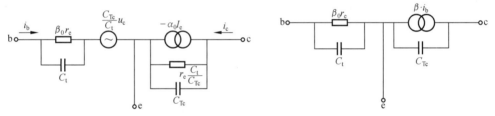

图 3-16　共发射极高频 h 参数等效电路　　图 3-17　共发射极高频 h 参数"T"形等效电路

如果计入各部位体电阻及引线电感、引线间分布电容及引线与管壳间分布电容等参数，可得到如图 3-18 所示较完整的等效电路。

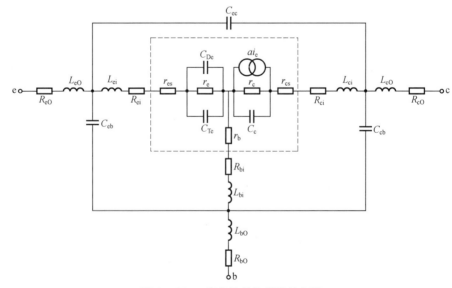

图 3-18　完整的晶体管等效电路

3.4 高频下晶体管中载流子的输运及中间参数

本节将运用上节得到的等效电路,按照载流子在晶体管中的运动过程——发射结注入、基区输运、集电结收集以及集电极输出 4 个环节来逐一分析高频下晶体管各个部位发生了哪些区别于低频条件下的物理过程,从而找出高频下晶体管电流放大系数随工作频率变化的规律。

3.4.1 发射效率及发射结延迟时间

已知晶体管发射结可以用电阻 r_e 和电容 C_{Te} 的并联来等效(图 3-19)。当发射极输入一交变信号时,发射结空间电荷区宽度将随着交变信号变化,因此需要用一部分电子电流对发射结势垒电容进行充放电。从等效电路来看,就是有一部分电子流被势垒电容分流,形成电流 $i_{C_{Te}}$。当信号频率很低时,C_{Te} 的容抗很大,几近于开路,电流基本上全部流过 r_e。随着频率的升高,容抗减小,有越来越多的电流被势垒电容分流。这个电流仅仅是对 C_{Te} 的充放电电流,相应的载流子没有注入基区,也不参与电流放大。因此,当信号频率升高时,因为通过 C_{Te} 的电流成分增大会引起发射极总电流增大,发射效率下降。如图 3-20 所示为 C_{Te} 的分流作用。

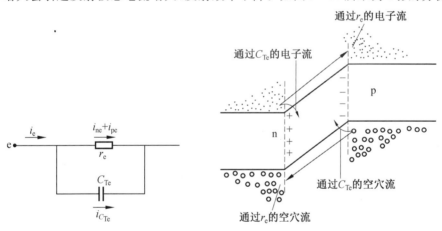

图 3-19 发射结等效电路　　图 3-20 高频下 C_{Te} 的分流作用

由图 3-19 可知发射极电流 $i_e = i_{ne} + i_{pe} + i_{C_{Te}}$,根据发射效率的定义有

$$\gamma = \frac{i_{ne}}{i_e} = \frac{i_{ne}}{i_{ne} + i_{pe} + i_{C_{Te}}} = \frac{i_{ne}}{i_{ne} + i_{pe}} \cdot \frac{1}{1 + \dfrac{i_{C_{Te}}}{i_{ne} + i_{pe}}} = \frac{\gamma_0}{1 + \dfrac{i_{C_{Te}}}{i_{ne} + i_{pe}}}$$

式中,$\gamma_0 = \dfrac{i_{ne}}{i_{ne} + i_{pe}}$ 为低频下(不考虑电容效应)的发射效率。

由等效电路可知,r_e 与 C_{Te} 并联,其上的压降相等,则有

$$(i_{ne} + i_{pe}) r_e = i_{C_{Te}} \frac{1}{j\omega C_{Te}}$$

$$\frac{i_{C_{Te}}}{i_{ne} + i_{pe}} = j\omega r_e C_{Te}$$

于是,有

$$\gamma = \frac{\gamma_0}{1 + j\omega r_e C_{Te}} = \frac{\gamma_0}{1 + j\dfrac{\omega}{\omega_e}} \qquad (3-62)$$

式中，$\omega_e = \dfrac{1}{r_e C_{Te}} = \dfrac{1}{\tau_e}$，称为发射极截止角频率；$\tau_e$ 称为发射结延迟时间，即 r_e、C_{Te} 并联回路充放电时间常数。

式(3-62)还可改写为

$$\gamma = \frac{\gamma_0}{1 + (\omega/\omega_e)^2} - j\frac{\gamma_0(\omega/\omega_e)}{1 + (\omega/\omega_e)^2} \qquad (3-63)$$

显然，交流发射效率是复数，其幅值随频率升高而下降。高频下发射效率的幅值为

$$|\gamma| = \frac{\gamma_0}{\sqrt{1 + (\omega/\omega_e)^2}} \qquad (3-64)$$

相位差为

$$\varphi = -\arctan\left(\frac{\omega}{\omega_e}\right) \qquad (3-65)$$

当 $\omega = \omega_e$ 时，$\gamma = \dfrac{\gamma_0}{2} - j\dfrac{\gamma_0}{2}$，$|\gamma| = \dfrac{\gamma_0}{\sqrt{2}}$，$\varphi = -45°$，如图 3-21 所示。

综上所述，由于对 C_{Te} 的充放电电流未注入基区而仅仅引起基区多子电流，因此发射效率下降，对 C_{Te} 的充放电电流使注入基区的电流比发射极的输入电流滞后一个相位差。

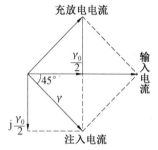

图 3-21　C_{Te} 引起的相位滞后

3.4.2　基区输运系数及基区渡越时间

在交流状态下，注入基区少子的浓度和基区积累电荷将随着结压降的变化而变化，因此，注入基区的少数载流子除了一部分消耗于基区复合，形成复合电流 i_{VR} 外，还有一部分将消耗于对扩散电容充放电，以维持基区积累电荷跟随结压降改变，从而形成扩散电容分流电流 $i_{C_{De}}$。真正到达基区集电结边界的电子电流只有 $i_{nc}(0)$。因此，注入基区的电子电流为

$$i_{ne} = i_{C_{De}} + i_{VR} + i_{nc}(0)$$

交流基区输运系数为

$$\beta^* = \frac{i_{nc}(0)}{i_{ne}} = 1 - \frac{i_{VR} + i_{C_{De}}}{i_{ne}}$$

可见，随着频率的提高，分流电流 $i_{C_{De}}$ 增大，到达集电结的有用电子电流 $i_{nc}(0)$ 减小，因此基区输运系数也随着频率的升高而下降。

由式(3-19)、式(3-20)可分别得到集电极交流短路($u_c = 0$)时进入基区的电子电流密度

$$j_{nb}(0,t) = -qD_{nb}C_n n_E \frac{q u_e}{kT} \cdot \operatorname{cth}(C_n W_b) \cdot e^{j\omega t}$$

和集电极收集到的电子电流密度

$$j_{nb}(W_b,t) = -qD_{nb}C_n n_E \frac{q u_e}{kT} \cdot \operatorname{csch}(C_n W_b) \cdot e^{j\omega t}$$

按照基区输运系数的定义有

$$\beta^* = \frac{j_{nb}(W_b)}{j_{nb}(0)} = \frac{1}{\text{ch}(C_n W_b)} = \text{sech}(C_n W_b) \tag{3-66}$$

与式(2-37)的低频下基区输运系数 $\beta_0^* = \text{sech}(W_b/L_{nb})$ 相比,有

$$\frac{\beta^*}{\beta_0^*} = \frac{\text{sech}(C_n W_b)}{\text{sech}(W_b/L_{nb})} = \frac{\text{sech}\left(\frac{W_b}{L_{nb}}\sqrt{1+j\omega\tau_{nb}}\right)}{\text{sech}(W_b/L_{nb})} = \frac{\text{sech}\left[\left(\frac{W_b}{L_{nb}}\right)^2 + j\omega\frac{W_b^2}{D_{nb}}\right]^{\frac{1}{2}}}{1 - \frac{1}{2}\left(\frac{W_b}{L_{nb}}\right)^2}$$

$$\approx \text{sech}\left(j\omega\frac{W_b^2}{D_{nb}}\right)^{\frac{1}{2}} = \frac{1}{\text{ch}\left(j\omega\frac{W_b^2}{D_{nb}}\right)^{\frac{1}{2}}} \tag{3-67}$$

利用级数展开双曲余弦函数,并整理得

$$\beta^* = \frac{\beta_0^*}{\left(1 - \frac{1}{24}\omega^2 \frac{W_b^4}{D_{nb}^2}\right) + j\frac{1}{2}\omega\frac{W_b^2}{D_{nb}}} \tag{3-68}$$

于是,高频下基区输运系数的幅值为

$$|\beta^*| = \frac{\beta_0^*}{\sqrt{\left(1 - \frac{\omega^2}{24} \cdot \frac{W_b^4}{D_{nb}^2}\right)^2 + \frac{\omega^2 W_b^4}{4D_{nb}^2}}} \tag{3-69}$$

令 $\omega = \omega_b$ 时,$|\beta^*| = \frac{\beta_0^*}{\sqrt{2}}$,并与式(3-69)相比较,可得

$$\left(1 - \frac{\omega_b^2}{24} \cdot \frac{W_b^4}{D_{nb}^2}\right)^2 + \frac{\omega_b^2 W_b^4}{4 D_{nb}^2} = 2$$

展开括号并略去 $\left(\frac{\omega_b^2}{24} \cdot \frac{W_b^4}{D_{nb}^2}\right)^2$ 项,有

$$1 - \frac{\omega_b^2}{12} \cdot \frac{W_b^4}{D_{nb}^2} + \frac{\omega_b^2 W_b^4}{4 D_{nb}^2} \approx 2$$

解得

$$\frac{\omega_b W_b^2}{2 D_{nb}} = \sqrt{1.5} \approx 1.22$$

于是,有

$$\frac{W_b^2}{D_{nb}} = \frac{2.44}{\omega_b} \tag{3-70}$$

将式(3-70)代入式(3-68),可得

$$\beta^* = \frac{\beta_0^*}{\left(1 + j\frac{\omega}{\omega_b}\right)\left(1 + j0.22\frac{\omega}{\omega_b}\right)} \approx \frac{\beta_0^*}{1 + j\frac{\omega}{\omega_b}}\left(1 - j0.22\frac{\omega}{\omega_b}\right)$$

$$\approx \frac{\beta_0^* e^{-j0.22\frac{\omega}{\omega_b}}}{1 + j\frac{\omega}{\omega_b}} = \frac{\beta_0^* e^{-jm\frac{\omega}{\omega_b}}}{1 + j\frac{\omega}{\omega_b}} \tag{3-71}$$

式中,$m = 0.22$ 称为超相移因子,单位为弧度,其物理意义是基区少子建立准稳态分布弛豫时间与对扩散电容充放电延迟时间之比,表明实际基区传输延迟时间大于对扩散电容充放电的

延迟时间。

实际上,当少子注入基区后,需要经过一个很短的弛豫时间 τ'_d,才能建立起准稳态分布,然后通过基区输运,被集电极抽取形成传输电流。因此,载流子通过基区的总延迟时间由对扩散电容的充放电延迟时间和建立准稳态分布弛豫时间 τ'_d 组成。理论计算表明,对于均匀基区晶体管,弛豫时间 τ'_d 约等于基区总延迟时间的 0.19 倍,由此可算得

$$\tau'_d \approx 0.23\tau_b \approx m\tau_b$$

由式(3-70),得

$$\omega_b = \frac{2.44 D_{nb}}{W_b^2} = (1+m) \cdot \frac{2 D_{nb}}{W_b^2} \tag{3-72}$$

称为基区输运系数截止角频率,也称基区渡越截止角频率。

$$\tau_b = \frac{1}{\omega_b} = \frac{W_b^2}{(1+m) \cdot 2 D_{nb}} \tag{3-73}$$

称为基区渡越时间。

对于缓变基区晶体管,少数载流子在基区自建电场作用下做定向漂移运动的同时,还存在扩散运动,如图 3-22 所示。当注入少子向集电结定向漂移时,峰处载流子向谷处扩散,少子浓度变为图中的虚线分布,使信号幅值减小,并出现渡越时间的分散,使基区平均渡越时间增大,基区总延迟时间超过 τ_b,从而出现超相移。电场因子 η 越大,τ_b 越小,渡越时间分散影响越大,超相移因子也越大。

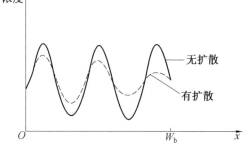

图 3-22 少子扩散对渡越时间的影响示意图

对于基区杂质按指数分布的缓变基区晶体管,经分析可得 $m = 0.22 + 0.098\eta$,并且有

$$\omega_b = (1+m) \frac{\lambda D_{nb}}{W_b^2}, \quad \tau_b = \frac{W_b^2}{(1+m) \cdot \lambda D_{nb}}$$

平面管的基区杂质服从高斯分布,接近于指数分布,可按指数分布考虑。

由于超相移因子直接由电场因子 η 决定,而 η 又随基区杂质分布不同而变化,因此不同的杂质分布必然使超相移因子产生差异。当采用管芯并联以提高输出功率的图形结构时,应尽量使各管芯基区杂质分布一致;否则,应该考虑超相移因子的影响,输出功率应是各管芯输出功率的矢量和,而不是代数和。

图 3-23 给出基区输运系数的复平面图,从中可以方便地查出具有不同电场因子的晶体管在截止频率下的超相移及总相移。只要将已知 η 值的曲线与 -3 dB 线相交即可得出截止频率下的相移角度。复平面图上各曲线与 -3 dB 线相交各点所对应的值即为不同 η 值下的 $\frac{\omega_b W_b^2}{D_{nb}}$ 值,从而可以方便地计算出截止频率值。

由图 3-23 可见,由于基区电场加快了载流子的输运,η 值增加,因此 -3 dB 下 $\frac{\omega_b W_b^2}{D_{nb}}$ 值大大增加,即截止频率 ω_b 升高,某一频率下 β^* 的模及相位与基区电场有关。

基区输运系数复平面图不仅可以确定已知晶体管的截止频率及相移,还可以确定在任意工作频率下已知晶体管的基区输运系数的模及相位;反之,也可根据所希望达到的基区输运系

数确定工作频率。

例如,有一平面晶体管,其基区杂质按指数分布,发射结处浓度为 $2\times10^{18}\ \text{cm}^{-3}$,至集电结处杂质浓度降为 $5\times10^{15}\ \text{cm}^{-3}$,基区宽度 $1.4\ \mu\text{m}$,基区少子扩散系数 $D_{nb}=26\ \text{cm}^2/\text{s}$。求其截止频率及该频率下的相移。

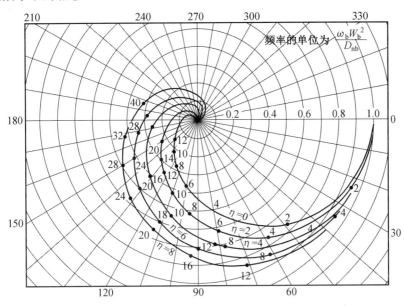

图 3-23 基区输运系数的复平面图

由给定条件可求出 $\eta=\ln\dfrac{N_B(0)}{N_B(W_b)}=5.99\approx6$,在复平面图上找到 $\eta=6$ 曲线与 $-3\ \text{dB}$ (0.707)线相交点的读数约为13,相移 $\varphi=-94°$,即 $\dfrac{\omega_b W_b^2}{D_{nb}}=13$,代入给定条件,可求出 $\omega_b=172\times10^8\ \text{Hz}$。如果要计算 β^* 降至 $0.9\beta_0^*$ 时的工作频率及相移,则需读取 $\eta=6$ 与 0.9 圆弧线交点的值 $\dfrac{\omega_1 W_b^2}{D_{nb}}\approx6$,计算得 $\omega_1=79.6\times10^8\ \text{Hz}$,而 $\varphi_1=-50°$。如欲求 β^* 降至 $0.5\beta_0^*$ 时的值,则需读取 $\eta=6$ 与 0.5 圆弧线交点的值 $\dfrac{\omega_2 W_b^2}{D_{nb}}\approx20$,$\omega_2=265\times10^8\ \text{Hz}$,而 $\varphi_2=-130°$,依此类推。

值得指出的是,基区输运过程产生的基区渡越时间或基区渡越延迟时间本质上是由对发射结扩散电容的充、放电,即基区积累电荷的变化引起的,故在推导过程中进行不同情况的近似得到形式相同而系数略有差别的结果。

如果不计超相移因子,即令 $m=0$,则对于均匀基区晶体管,由式(3-71)得

$$\beta^*=\frac{\beta_0^*}{1+j\dfrac{\omega}{\omega_b}}=\frac{\beta_0^*}{1+\left(\dfrac{\omega}{\omega_b}\right)^2}-j\frac{\beta_0^*\left(\dfrac{\omega}{\omega_b}\right)}{1+\left(\dfrac{\omega}{\omega_b}\right)^2} \tag{3-74}$$

当 $\omega=\omega_b$ 时,$|\beta^*|=\dfrac{\beta_0^*}{\sqrt{2}}$,$\varphi=-45°$。

如果式(3-67)中双曲函数展开后只取一级近似,则有

$$\beta^* = \frac{\beta_0^*}{1 + j\omega \frac{W_b^2}{2D_{nb}}} \qquad (3-75)$$

由前面分析可知,作用在发射结势垒上电压的交变,引起基区积累电荷的增减,表现为扩散电容的充、放电,其充电电流为 $i_{C_{De}}$,为保持电中性,在基极有同样的多子电流。因此,通过 C_{De} 的电流不是被集电极收集,而是转变为基极电流。频率越高,充电电流越大,β^* 下降越多。由等效电路分析,C_{De} 是并联在 r_e 上的,所以有如图 3－24 所示的等效电路。

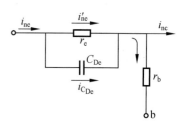

图 3－24 C_{De} 的分流作用示意图

由定义可知,基区输运系数为

$$\beta^* = \frac{i_{nc}}{i_{ne}} = \frac{i_{nc}}{i'_{ne} + i_{C_{De}}} = \frac{i_{nc}}{i'_{ne}} \cdot \frac{i'_{ne}}{i'_{ne} + i_{C_{De}}} = \frac{\beta_0^*}{1 + \dfrac{i_{C_{De}}}{i'_{ne}}}$$

式中,$\beta_0^* = \dfrac{i_{nc}}{i'_{ne}}$ 为不计入电容影响的低频基区输运系数。

由图 3－24 可知,C_{De} 与 r_e 端电压相等,则有

$$\frac{i_{C_{De}}}{i_{nc}} = j\omega r_e C_{De}$$

所以

$$\beta^* = \frac{\beta_0^*}{1 + j\omega r_e C_{De}} \qquad (3-76)$$

与式(3－74)相比,有 $\dfrac{1}{\omega_b} = r_e C_{De} = \tau_b$。

将式(3－76)与式(3－75)相比较,有 $\tau_b = r_e C_{De} = \dfrac{W_b^2}{2D_{nb}}$。而由式(3－41)可得 $\tau_b = r_e C_{De} = \dfrac{W_b^2}{3D_{nb}}$,由式(3－72)却得到 $\tau_b = \dfrac{W_b^2}{2.44 D_{nb}}$。可见,不同的近似得到了形式相同而系数略有差别的结果。

综上所述,发射结上的交变电压既引起 C_{Te} 的充放电,又同时引起 C_{De} 的充放电,这两部分电容的充放电电流最后均转变成基极电流。因此,应有如图 3－25 所示的等效电路,只不过应注意到,虽然在等效电路上 C_{Te} 和 C_{De} 是并联的,但实际上 C_{Te} 反映的电荷变化发生在 eb 结势垒区,而 C_{De} 反映的电荷变化发生在基区内部,它们分别对应于发射结的注入和基区输运过程。

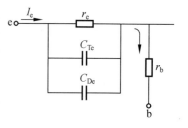

图 3－25 发射结等效电路

3.4.3 集电结势垒输运系数及渡越时间

到达集电结边界的电子电流 $i_{nc}(0)$ 在通过集电结空间电荷区时需要一定的传输时间。这是因为大量电子通过空间电荷区,使空间电荷区有效电荷密度发生变化,因此空间电荷区边界也将随着 i_{nc} 的变化而移动,或者说叠加在集电结上的交变电压,在耗尽层中产生位移电流,使

流过耗尽层的总电流产生相移,而出现时间延迟。由于有一部分电子流用于维持空间电荷区边界的变化,而到达集电区边界的电子电流减少到 $i_{nc}(x_m)$,因此集电结空间电荷区输运系数为

$$\beta_d = \frac{i_{nc}(x_m)}{i_{nc}(0)}$$

频率越高,位移电流越大,相移增加使 β_d 随着频率增高而下降。

对于 npn 晶体管,通过集电结空间电荷区的漂移电流主要是电子电流。可以认为,在反偏集电结空间电荷区强电场的作用下,电子以极限漂移速度通过空间电荷区。如果漂移电子浓度为 n,漂移速度为 v_{sl},则电子漂移电流密度为 qnv_{sl}。载流子以极限漂移速度穿越集电结空间电荷区所需时间为

$$\tau_s = \frac{x_{mc}}{v_{sl}}$$

式中,x_{mc} 为集电结空间电荷区宽度。

集电结空间电荷区是载流子耗尽的高阻区,相当于一平板电容器,如图 3-26 所示。集电结空间电荷区的边界相当于平板电容器的极板 a 和 b,空间电荷区宽度 x_{mc} 相当于极板间距离,板间所加电压为集电结电压。当输出交流短路时,板间电压只有集电结反向偏置电压。此时,若有一面密度为 Q_s 的电荷层在板间电场作用下,以速度 v 由 a 向 b 运动,则该运动电荷与两极板间形成附加电场 E_a 和 E_b,并产生徙动电流(运流电流)$Q \cdot v$。在交流短路状态下,附加电场产生的附加电势差应为零,即

$$E_a x_1 - E_b(x_{mc} - x_1) = 0 \qquad (3-77)$$

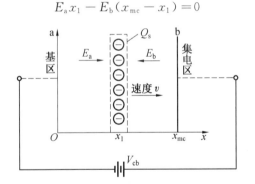

图 3-26 空间电荷区内运动电荷感生电流示意图

围绕薄层电荷 Q_s 选择一封闭曲面如图 3-26 中虚框所示,根据高斯定理,有

$$E_a + E_b = \frac{Q_s}{\varepsilon\varepsilon_0} \qquad (3-78)$$

由式(3-77)和式(3-78)可解出

$$\begin{cases} E_a = \left(1 - \dfrac{x_1}{x_{mc}}\right) \cdot \dfrac{Q_s}{\varepsilon\varepsilon_0} \\ E_b = \dfrac{x_1}{x_{mc}} \cdot \dfrac{Q_s}{\varepsilon\varepsilon_0} \end{cases} \qquad (3-79)$$

电荷 Q_s 在空间电荷区内运动时,附加场强 E_a、E_b 随时间变化而产生位移电流,位移电流密度为

$$\varepsilon\varepsilon_0 \frac{\partial E_a}{\partial t} = -\varepsilon\varepsilon_0 \frac{\partial E_b}{\partial t} = \frac{Q_s}{x_{mc}} v \qquad (3-80)$$

附加电场的电力线终止在极板上,使极板 b 上感应出相应的正电荷,即附加电场使极板上有相应的电子流出,形成传导电流。根据电流连续性原理,当传输载流子以极限速度 v_{sl} 通过空间电荷区,但尚未到达集电极时,集电极(b 板)上的传导电流 $i_{nc}(x_m)$ 应等于 b 极板边界以内的位移电流。由式(3-80)可得

$$i_{nc}(x_m) = A_c \frac{Q_s}{x_{mc}} v$$

若载流子以极限速度 v_{sl} 通过空间电荷区,则在集电极上感生的交流电流为

$$i_{nc}(x_m) = A_c \frac{Q_s}{x_{mc}} v_{sl} = \frac{Q}{\tau_s} \qquad (3-81)$$

式中,$Q = A_c Q_s$ 表示空间电荷区内的运动电荷总量。若由基区输运至集电结空间电荷区边界 $x=0$ 处交变的载流子密度为

$$n(0,t) = n(0)e^{j\omega t}$$

则这些载流子经过 x/v_{sl} 时间后即可到达空间电荷区内 x 位置。因此,x 处的载流子浓度应等于 $x=0$ 处,$(t-x/v_{sl})$ 时刻的载流子浓度。因此,t 时刻空间电荷区内 x 处的载流子浓度 $n(x,t)$ 可以表示为

$$n(x,t) = n\left(0, t - \frac{x}{v_{sl}}\right) = n(0)e^{j\omega(t-\frac{x}{v_{sl}})} = n(0,t)e^{-j\omega \frac{x}{v_{sl}}}$$

将上式在整个空间电荷区内进行积分并乘以 q,即得空间电荷区内运动电荷总量为

$$Q = A_c q \int_0^{x_{mc}} n(0,t) e^{-j\omega \frac{x}{v_{sl}}} dx = A_c q n(0,t) \frac{v_{sl}}{j\omega}(1 - e^{-j\omega \tau_s})$$

将上式代入式(3-81)可得,在 t 时刻,集电极上因感生而产生的传导电流为

$$i_{nc}(x_{mc},t) = A_c q n(0,t) \frac{v_{sl}}{j\omega \tau_s}(1 - e^{-j\omega \tau_s}) = i_{nc}(0,t) \frac{1 - e^{-j\omega \tau_s}}{j\omega \tau_s}$$

于是,集电结空间电荷区输运系数为

$$\beta_d = \frac{i_{nc}(x_{mc},t)}{i_{nc}(0,t)} = \frac{1 - e^{-j\omega \tau_s}}{j\omega \tau_s}$$

将式中指数展开,并取一级近似,则上式可有与其他传输过程相同的形式,即

$$\beta_d = \frac{1}{1 + j\omega \tau_s/2} = \frac{1}{1 + j\omega \tau_d} = \frac{1}{1 + j\omega/\omega_d} \qquad (3-82)$$

式中,ω_d 称为集电结势垒渡越时间截止角频率;$\tau_d = \tau_s/2$ 被称为集电结空间电荷区延迟时间,它等于载流子穿越空间电荷区所需渡越时间的一半。这是因为集电极电流并不是渡越空间电荷区的载流子到达集电极极板才产生的。当载流子还在穿越空间电荷区的过程中时,就在集电极产生了感应电流。因此,集电极电流是空间电荷区内运动载流子在集电极所产生感生电流的平均表现,其延迟时间 τ_d 只是 τ_s 的一半。例如,对于一般的高频功率晶体管,当 $x_{mc} = 3~\mu m$ 时,$\tau_s = 3.52 \times 10^{-11}$ s,而 $\tau_d = 1.761 \times 10^{-11}$ s。

综上所述,电子带着负电荷穿过空间电荷区时将改变其中电荷密度分布。在直流情况下,空间电荷分布的这种改变是恒定的,且在小注入条件下是可以忽略不计的。因此,前面讨论晶体管直流稳态下的特性时未涉及此问题。在交变电压作用下,穿过集电结空间电荷区的电子也是进入空间电荷区内的负电荷的密度是交变的,将导致空间电荷区内电荷密度交变。因此,

随着交变的电流流过集电结空间电荷区,其边界不断地左右平移。而这又相当于电容的充、放电效应。用于充、放电的电子由穿过集电结的电子流分流,而空穴则由基极电流提供。

集电极电流是由基区漂移经过集电结空间电荷区到达集电区的多子形成的,但由于信号一旦到达 $x=0$ 边界处,在 x_{mc} 边界处即有感应电流产生,因此信号在时间上只延迟了 $x_{mc}/2v_{sl}$,而不是载流子漂移穿过整个集电结空间电荷区所需要的时间 x_{mc}/v_{sl}。

3.4.4 集电区倍增因子与集电极延迟时间

到达集电区的交变电子电流,在通过集电区时,将在体电阻 r_{cs} 上产生一交变的电压降。这一交变信号电压叠加在集电极直流偏置电压上,使集电结空间电荷区宽度随着交变信号电压的变化而变化。因此,还需要用一部分电子电流对集电结势垒电容充放电,形成势垒电容的分流电流 $i_{C_{Tc}}$,使输出电流进一步减小,真正到达集电极的电子电流只有 i_c。

当输出端交流短路时,如图 3-27 所示,i_c 在 r_{cs} 上产生的压降在数值上等于 C_{Tc} 两端的压降,即

$$i_c r_{cs} = i_{C_{Tc}} \frac{1}{j\omega C_{Tc}}$$

于是,有

$$\frac{i_{C_{Tc}}}{i_c} = j\omega r_{cs} C_{Tc}$$

用集电区衰减因子 α_c 来描述这一传输过程,定义集电区衰减因子为

$$\alpha_c = \frac{i_c}{i'_{nc}} = \frac{i_c}{i_c + i_{C_{Tc}}} = \frac{1}{1 + \dfrac{i_{C_{Tc}}}{i_c}} = \frac{1}{1 + j\omega r_{cs} C_{Tc}}$$

(3-83)

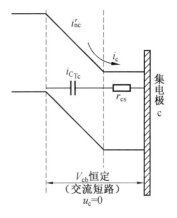

图 3-27 集电区的等效电路

令 $\dfrac{1}{\omega_c} = r_{cs} C_{Tc}$,则有

$$\alpha_c = \frac{1}{1 + j\dfrac{\omega}{\omega_c}} \tag{3-84}$$

当 $\omega = \omega_c$ 时,$\alpha_c = \dfrac{1}{\sqrt{2}}$。$\omega_c$ 称为集电极截止角频率,而 $\tau_c = \dfrac{1}{\omega_c} = r_{cs} C_{Tc}$ 称为集电极延迟时间。

由此可见,交变电流流过集电结空间电荷区,因载流子所带电荷改变了空间电荷区电荷密度分布而引起空间电荷区边界的变化,同时,交变电流流过集电区体电阻产生压降改变了空间电荷区电压,引起空间电荷区宽度的变化。这两种变化是同时发生的,为了便于讨论而将其分成了两个过程。

综上所述,在交流工作状态下,由于晶体管中各个部位不同形式电容的充放电效应,使得载流子的运动产生时间上的延迟,同时由于充放电电流的分流作用,输出电流幅值下降,引起电流放大系数下降。

如图 3-28 所示为交流工作状态下,晶体管中载流子的运动情况的示意图。

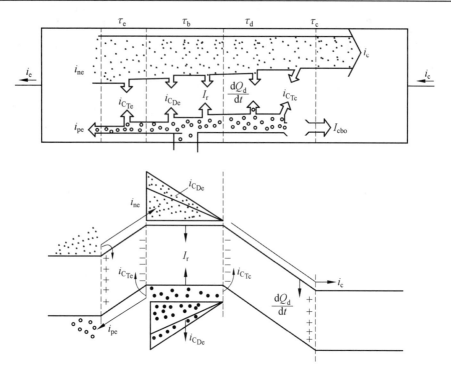

图 3-28 高频下晶体管中载流子运动示意图

3.5 晶体管电流放大系数的频率关系

本节将在电流－电压方程和高频参数的基础上进一步分析讨论电流放大系数与频率的关系及其截止频率。

3.5.1 共基极电流放大系数及其截止频率

根据共基极电流放大系数的定义进行适当变换,有

$$\alpha = \frac{i_c}{i_e} = \frac{i_{ne}}{i_e} \cdot \frac{i_{nc}}{i_{ne}} \cdot \frac{i'_{nc}}{i_{nc}} \cdot \frac{i_c}{i'_{nc}} = \gamma \cdot \beta^* \cdot \beta_d \alpha_c$$

将式(3-62)、式(3-71)、式(3-82)和式(3-84)代入上式,得

$$\alpha = \frac{\gamma_0}{1+j\frac{\omega}{\omega_e}} \cdot \frac{\beta_0^* \, e^{-jm\frac{\omega}{\omega_b}}}{1+j\frac{\omega}{\omega_b}} \cdot \frac{1}{1+j\frac{\omega}{\omega_d}} \cdot \frac{1}{1+j\frac{\omega}{\omega_c}}$$

低频时,即 $\omega < \omega_e, \omega_b, \omega_d, \omega_c$ 时,略去分母乘积的二次幂,有

$$\alpha \approx \frac{\gamma_0 \beta_0^* \, e^{-jm\frac{\omega}{\omega_b}}}{1+j\omega\left(\frac{1}{\omega_e}+\frac{1}{\omega_b}+\frac{1}{\omega_d}+\frac{1}{\omega_c}\right)} = \frac{\alpha_0 \, e^{-jm\frac{\omega}{\omega_b}}}{1+j\frac{\omega}{\omega_\alpha}} \qquad (3-85)$$

式中,有

$$\frac{1}{\omega_\alpha} = \frac{1}{\omega_e} + \frac{1}{\omega_b} + \frac{1}{\omega_d} + \frac{1}{\omega_c}$$

或者

$$\frac{1}{\omega_\alpha} = \tau = \tau_e + \tau_b + \tau_d + \tau_c$$

将前面所求得的各截止频率关系式代入式(3-85)中,可得

$$\alpha \approx \frac{\alpha_0 e^{-jm\frac{\omega}{\omega_b}}}{1+j\omega\left[r_e C_{Te} + \frac{W_b^2}{(1+m)\lambda D_{nb}} + \frac{x_{mc}}{2v_{sl}} + r_{cs} C_{Tc}\right]} \quad (3-86)$$

$$\frac{1}{\omega_\alpha} = r_e C_{Te} + \frac{W_b^2}{(1+m)\lambda D_{nb}} + \frac{x_{mc}}{2v_{sl}} + r_{cs} C_{Tc} \quad (3-87)$$

或者写成频率的形式,即

$$f_\alpha = \frac{\omega_\alpha}{2\pi} = \frac{1}{2\pi}\left[r_e C_{Te} + \frac{W_b^2}{(1+m)\lambda D_{nb}} + \frac{x_{mc}}{2v_{sl}} + r_{cs} C_{Tc}\right]^{-1} \quad (3-88)$$

由式(3-85)可求得共基极电流放大系数的幅值和相位与频率的关系为

$$|\alpha| = \frac{\alpha_0}{\sqrt{1+(\omega/\omega_\alpha)^2}} = \frac{\alpha_0}{\sqrt{1+(f/f_\alpha)^2}} \quad (3-89)$$

$$\varphi = -\arctan\left(m\frac{\omega}{\omega_b} + \frac{\omega}{\omega_\alpha}\right) = -\arctan\left(m\frac{f}{f_b} + \frac{f}{f_\alpha}\right) \quad (3-90)$$

可见,共基极交流电流放大系数 α 是复数,其幅值随频率升高而减小,相位滞后则随频率升高而增大。当频率上升到 $\omega = \omega_\alpha$ 时,α 下降到低频值的 $1/\sqrt{2}$,因此,$\omega_\alpha(f_\alpha)$ 称为共基极截止频率或 α 截止频率。

式(3-84)~(3-88)为共基极短路电流放大系数和共基极截止频率较常用的表达式,直至 $5\left(\frac{2D_{nb}}{W_b^2}\right)$ 的频率范围内都是比较精确的。这些公式既适用于均匀基区晶体管,也适用于缓变基区晶体管,只需采用各自的 m、λ 值。

3.5.2 共发射极电流放大系数及其截止频率

1. β 与频率的关系

共发射极短路电流放大系数 β 是指工作在共发射极状态下的晶体管在输出端交流短路时,集电极交流电流 i_c 与基极输入电流 i_b 之比。

在小信号工作条件下,晶体管的端电流满足 $i_e - i_b = i_c$,因此,共发射极电流放大系数为

$$\beta = \frac{i_c}{i_e - i_c} = \frac{\alpha_e}{1 - \alpha_e}$$

式中, $\alpha_e = \left.\frac{i_c}{i_e}\right|_{u_{ce}=0}$ 表示共射状态下,晶体管的输出端 c 和 e 间交流短路时,集电极电流 i_c 与发射极电流 i_e 之比。与共基极交流输出短路状态相比,其差别在于前者为 c、e 间交流短路,后者为 c、b 间交流短路。共射状态下 c、e 间交流短路将使集电结和发射结交流参数相并联,因此发射极信号电压变化时,也要引起集电结空间电荷区宽度变化,发射结电压变化既要引起发射结势垒电容 C_{Te} 充放电,也要引起对集电结势垒电容 C_{Tc} 充放电。因此,发射极充电延迟时间增长到 $\tau_e' = r_e(C_{Te} + C_{Tc})$,正如式(3-61)中 h_{fe} 的表示式所示。而载流子在晶体管内的其他传输过程与共基极相似。

c、e 间交流短路的等效电路如图 3-29 所示。

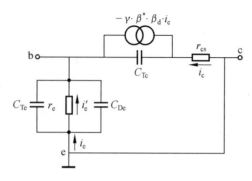

图 3−29　c、e 间交流短路的等效电路

由图 3−29 可知，在 c、e 交流短路条件下，回路中关系为

$$i_c r_{cs} + (i_c + \gamma \beta^* \beta_d i_e) \frac{1}{j\omega C_{Tc}} - \frac{i_e r_e}{1 + j\omega r_e (C_{Te} + C_{De})} = 0 \tag{3-91}$$

将式(3−62)、式(3−75)、式(3−82)表示的 γ、β^* 及 β_d 代入，整理并略去二次幂，可得

$$\alpha_e = \alpha \big|_{u_{ce}=0} = \frac{i_c}{i_e} \approx \frac{-\alpha_0 e^{-jm\frac{\omega}{\omega_b}}}{1 + j\omega \left[r_e (C_{Te} + C_{Tc}) + r_e C_{De} + \frac{x_{mc}}{2 v_{sl}} + r_{cs} C_{Tc} \right]} \tag{3-92}$$

或者

$$\alpha \big|_{u_{ce}=0} = \frac{-\alpha_0 e^{-jm\frac{\omega}{\omega_b}}}{1 + j\omega (\tau'_e + \tau_b + \tau_d + \tau_c)} = \frac{-\alpha_0 e^{-jm\frac{\omega}{\omega_b}}}{1 + j\frac{\omega}{\omega'_\alpha}} \tag{3-93}$$

出现负号是因为图 3−29 中 i_e 与 i_c 的参考方向相反。

比较式(3−92)和式(3−86)可见，在不同的短路条件下，i_c/i_e 的差别仅限于发射极延迟时间常数，即 $\tau_e = r_e C_{Te}$ 与 $\tau'_e = r_e (C_{Te} + C_{Tc})$ 的差别。

将式(3−93)代入 $\beta = \frac{i_c}{i_e - i_c} = \frac{\alpha_e}{1 - \alpha_e}$，忽略二次幂项，并利用 $\alpha_0 \approx 1$ 和 $\beta_0 \approx \frac{1}{1-\alpha_0}$ 等近似整理化简，可得

$$\beta = \frac{\frac{1}{\beta_0} - j\omega \left(\frac{1}{\omega'_\alpha} + m \frac{1}{\omega_b} \right)}{\left(\frac{1}{\beta_0} \right)^2 + \omega^2 \left(\frac{1}{\omega'_\alpha} + m \frac{1}{\omega_b} \right)^2} \tag{3-94}$$

于是，有

$$|\beta| = \frac{1}{\sqrt{\left(\frac{1}{\beta_0} \right)^2 + \left(\frac{\omega}{\omega'_\alpha} + m \frac{\omega}{\omega_b} \right)^2}} \tag{3-95}$$

当 $\omega = \omega_\beta$ 时，$|\beta| = \frac{\beta_0}{\sqrt{2}}$，代入式(3−95)，整理得

$$\omega_\beta = \frac{1}{\beta_0 \left(\frac{1}{\omega'_\alpha} + m \frac{1}{\omega_b} \right)} \tag{3-96}$$

令 $\omega = \omega_T$ 时，$|\beta| = 1$，略去 $\left(\frac{1}{\beta_0} \right)^2$ 项，可得

$$\omega_T = \frac{1}{\frac{1}{\omega'_\alpha} + m\frac{1}{\omega_b}} \tag{3-97}$$

比较式(3-96)、式(3-97)，可得

$$\omega_T = \omega_\beta \cdot \beta_0 \tag{3-98}$$

将式(3-97)代入式(3-95)，并当 $\omega > (2\sim 3)\omega_\beta$ 时略去 $\left(\frac{1}{\beta_0}\right)^2$ 项，可得

$$|\beta| = \omega_T/\omega$$

即有

$$\omega_T = \omega \cdot |\beta| \text{ 或 } f_T = f \cdot |\beta| \tag{3-99}$$

正好反映了 6 dB/倍频程关系。

将式(3-93)中 ω'_α 所表示的内容代入式(3-96)，合并 $\left(\frac{1}{\omega_b}\right)$ 项，得

$$\omega_\beta = \frac{1}{\beta_0}\left[r_e(C_{Te}+C_{Tc}) + \frac{W_b^2}{\lambda D_{nb}} + \frac{x_{mc}}{2v_{sl}} + r_{cs}C_{Tc}\right]^{-1} \tag{3-100}$$

类似地，由式(3-97)可得

$$f_T = \frac{1}{2\pi}\left[r_e(C_{Te}+C_{Tc}) + \frac{W_b^2}{\lambda D_{nb}} + \frac{x_{mc}}{2v_{sl}} + r_{cs}C_{Tc}\right]^{-1} \tag{3-101}$$

若考虑到延伸电极电容 C_{pad} 和管壳分布电容 C_x，则需将式(3-100)和式(3-101)中 C_{Tc} 代之以 $C_c = C_{Tc} + C_{pad} + C_x$。

在晶体管四个中间参数截止频率中，通常以 ω_b 为最小，如近似取 $\omega'_\alpha \approx \omega_b$，则以上诸式可简化为

$$\beta = \frac{\frac{1}{\beta_0} - j(1+m)\frac{\omega}{\omega'_\alpha}}{\left(\frac{1}{\beta_0}\right)^2 + (1+m)^2\left(\frac{\omega}{\omega'_\alpha}\right)^2} \tag{3-102}$$

$$|\beta| = \frac{1}{\sqrt{\left(\frac{1}{\beta_0}\right)^2 + (1+m)^2\left(\frac{\omega}{\omega'_\alpha}\right)^2}} \tag{3-103}$$

$$\omega_\beta = \frac{\omega'_\alpha}{\beta_0(1+m)} \tag{3-104}$$

$$\omega_T = \frac{\omega'_\alpha}{1+m} \tag{3-105}$$

式(3-98)、式(3-99)关系仍然成立。

2. 关于频率参数的讨论

(1) 由上述分析可见，共发射极截止频率远低于共基极截止频率，而特征频率略小于共基极截止频率，即随着工作频率的升高，共发射极电流增益要比共基极电流增益下降得更早。这是因为在交流工作条件下，交流电流之间按照矢量关系随相移的变化而变化。如图 3-30 所示，$i_e = i_c + i_b$。随着输出电流 i_c 相移增大，$|i_b|$ 迅速增大，且 $|i_b|$ 增大的幅度比 $|i_c|$ 减小的幅度更大。$|\beta| = \left|\frac{i_c}{i_b}\right|$ 中 $|i_c|$ 略有下降，$|i_b|$ 急剧增大，而 $|\alpha| = \left|\frac{i_c}{i_e}\right|$ 值仅与 $|i_c|$ 的下降有关，故随着频率的升高，β 比 α 下降得更快。在实际应用中，这表明共基极接法更适合于宽带放大电

路,而共发射极接法适用于选频放大器。

(2) 在低频下,基极电流主要是复合电流,当 $\omega > \omega_\beta$ 时,基极电流的主要成分是充、放电电流,一般情况下是二者的矢量和。由于充放电电流的大小与频率成正比,故 β 随频率成反比变化。i_b 对电容的充放电使其相位超前于 i_c。

图 3-31 给出高频下各电流的向量关系。可见,随着频率升高,i_c 与 i_e 的相移增大。考虑到在实际晶体管中,i_c 与 i_e 是很接近的,所以可近似认为当 $\omega > \omega_\beta$ 时,$\theta = 90°$,如图 3-31(b) 所示。则有

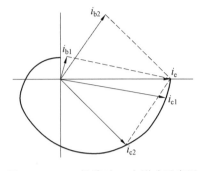

图 3-30 i_c 相移对 i_b 之影响示意图

$$|i_b| = |i_c| \cdot \tan\varphi$$

由 $\alpha = \dfrac{\alpha_0}{1 + j\dfrac{\omega}{\omega_\alpha}}$,有 $\varphi \approx -\arctan\dfrac{\omega}{\omega_\alpha}$,所以

$$|i_b| = |i_c| \cdot \dfrac{\omega}{\omega_\alpha}$$

在 $\omega_\alpha > \omega > \omega_\beta$ 范围内,α 变化很小,对于确定的 i_e,i_c 几乎不随频率改变,则 i_b 随频率升高而成正比地增大。因此,在此频率范围内,$|\beta|$ 随频率升高成反比地减小,从而满足 6 dB/倍频程关系。

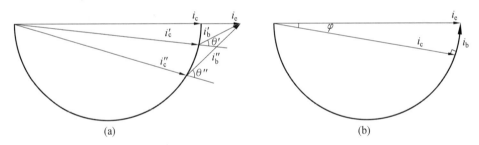

图 3-31 高频下电流向量图

3.5.3 影响 f_T 的因素和提高 f_T 的途径

特征频率 f_T 是晶体管最重要的也是最实用的高频参数之一,因为它不仅仅是晶体管用于电流放大的最高频率极限,也直接影响着晶体管高频下的功率放大能力和开关特性。因此,在设计与制造中总是设法提高其数值。要提高特征频率 f_T,必须减小传输延迟时间。为此,首先分析影响 f_T 的四个延迟时间。

(1) 基区渡越时间。在 f_T 不太高时,基区渡越时间 τ_b 是决定 f_T 的主要矛盾。因此,减小 τ_b 是提高 f_T 的有效途径。由 $\tau_b = \dfrac{W_b^2}{(1+m)\lambda D_{nb}}$ 可见,W_b 增大一倍,τ_b 加长到 4 倍,在一定范围内增大电场因子 η 有利于减小 τ_b。因此,可以采用浅结工艺制作薄基区以减小基区宽度 W_b 和制作缓变基区晶体管以增大电场因子。但在集电区杂质浓度 N_C 一定的情况下,增加 η 意味着必须提高发射结边界杂质浓度 $N_E(0)$。当发射区杂质浓度过高时,重掺杂效应将使发射效率降低。同时,基区杂质浓度过高,将引起基区少数载流子扩散系数 D_{nb} 下降。当 D_{nb} 下降的速

度大于电场因子增加的速度时,τ_b反而增大。因此,一般将η控制在$2\sim6$。图3-32中给出了基区杂质按不同规律分布时其归一化基区渡越时间随电场因子的变化关系。其中,$\tau_{b0}=\dfrac{W_b^2}{2D_W}$,$D_W$表示杂质浓度等于集电结处杂质浓度时的少子扩散系数。

当晶体管的特征频率较高时,基区宽度已比较小,其他三个时间常数的作用已不可忽视,甚至可能上升为影响f_T的主要因素。因此,提高f_T,还必须尽量减小τ_e、τ_c和τ_d。

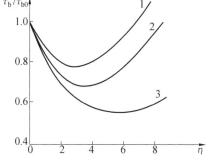

图3-32 基区电场因子对基区渡越时间的影响

1—高斯分布;2—余误差分布;3—指数分布

(2) 发射结延迟时间τ_e。$\tau_e=r_eC_{Te}$。减小τ_e,除了选用较大的工作电流以减小r_e外,在进行图形结构设计时,应尽量减小结面积,以减小发射结势垒电容C_{Te}。发射结正向工作,电容较大,一般$C_T\approx 4C_T(0)$。

(3) τ_c和τ_d。在一般情况下,τ_c和τ_d远较前两项小,但在超高频小功率晶体管或微波晶体管中,基区宽度和结面积都已被大大缩小,集电结空间电荷区延迟时间τ_d的作用越来越显著,所以必须尽量减小τ_d。减小τ_d的办法是降低集电区电阻率,以减小集电结空间电荷区的宽度x_{mc},但这往往与提高击穿电压相矛盾。因此,必须兼顾频率特性和击穿电压两者的要求。

其次,为了减小集电区延迟时间τ_c,必须降低集电区电阻率ρ_c,减小集电区厚度W_c,以减小集电区串联电阻,但这也与功率要求相矛盾,必须两者同时兼顾。对于微波晶体管,可以使集电区穿通使用,从而将τ_c减到最小值。此外,为了减小集电极电容,必须尽量减小延伸电极面积。

综上所述,从制管角度可提出如下措施以提高f_T:

① 减小基区宽度W_b,可采用浅结扩散或离子注入技术;

② 降低基区掺杂浓度N_B以提高D_{nb},适当提高基区杂质浓度梯度以建立一定的自建电场;

③ 减小结面积A_e、A_c以减小结电容;

④ 减小集电区电阻及厚度,采用外延结构,以减小x_{mc}及r_{cs},但需兼顾击穿电压的要求;

⑤ 做好铝电极欧姆接触;

⑥ 注意管壳的设计及选择以减小杂散电容;

⑦ 在结构参数均相同时,npn管较pnp管有较高的f_T,因为$D_n>D_p$。

3.6 晶体管的高频功率增益和最高振荡频率

功率增益是晶体管的主要参数之一。本节从等效电路入手,用简化方法求出功率增益表达式,然后用h参数等效电路导出功率增益的一般表示式和最佳功率增益表示式,进而讨论提高功率增益和最高振荡频率的途径。

3.6.1 最佳高频功率增益

功率增益K_p表示晶体管输出功率P_o与输入功率P_i之比,即

$$K_p = \frac{P_o}{P_i} \text{ 或 } K_p = 10\lg\frac{P_o}{P_i} \text{ dB}$$

最佳高频功率增益 K_{pm} 是指晶体管向负载输出的最大功率与信号源所供给的最大功率之比,即输入输出阻抗各自匹配时的功率增益。

为了便于讨论,在如图 3—16 所示的共发射极高频 h 参数等效电路的基础上再做一些近似。

① 因为 $C_t = C_{De} + C_{Te} + C_{Tc} \gg C_{Tc}$,所以 $\frac{C_{Tc}}{C_t} \ll 1$,可略去对输入端的电压反馈作用。

② 输入端基极电阻 r_b 占主要地位,$\beta_0 r_e$ 与 C_t 并联回路阻抗与之相比可以略去。

③ 输出端

$$r_e \cdot \frac{C_t}{C_{Tc}} = \frac{r_e(C_{De} + C_{Te} + C_{Tc})}{C_{Tc}} \approx \frac{1}{\omega_T} \cdot \frac{1}{C_{Tc}}$$

据此,可得到图 3—16 的进一步简化图,如图 3—33 所示。

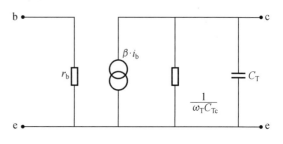

图 3—33 简化的高频共发射极等效电路

由图 3—33 可知,晶体管的输入交流功率 $P_i = |i_b|^2 r_b$,而输出交流功率 $P_o = |i_c|^2 R_L$。此处 R_L 为输出端负载电阻。按照定义,则有

$$K_p = \left|\frac{i_c}{i_b}\right|^2 \cdot \frac{R_L}{r_b} \qquad (3-106)$$

注意到此处 i_c 是通过负载 R_L 的电流,故 $\left|\frac{i_c}{i_b}\right| \neq \beta$。

为了得到晶体管最大有用功率增益,必须满足输入端及输出端的共轭匹配条件。对于如图 3—33 所示电路,其输入端只要求电阻性匹配,输出端的匹配负载要求含有与晶体管输出电容相当的电感,以实现二者电抗的相共轭。晶体管的输出阻抗为

$$\frac{1}{Z_o} = \omega_T C_c + j\omega C_c \qquad (3-107)$$

这里用集电极输出总电容 C_c 代替集电结电容 C_{Tc}(图 3—33)。

共轭匹配条件要求负载满足关系式

$$\frac{1}{Z} = \frac{1}{R_L} - j\omega C_c = \frac{1}{R_L} + \frac{1}{j\omega L} \qquad (3-108)$$

比较式(3—102)和式(3—103),可得如下关系:

实部相等,有

$$\frac{1}{R_L} = \omega_T C_c$$

虚部比较,有

$$L = \frac{1}{\omega^2 C_c}$$

由此可以画出如图 3—34 所示的带共轭匹配负载的输出端等效电路。可见,在 LC 回路内发生谐振($\omega C = \frac{1}{\omega L}$),产生很大的阻抗,相当于开路。结果是两个 $\frac{1}{\omega_T C_c}$ 的电阻分流,各自流过

$\dfrac{\beta i_b}{2}$，即流过负载电阻的电流 $i_c = \dfrac{\beta i_b}{2}$。将上述关系代入式(3-106)，则可得最佳功率增益为

$$K_{pm} = \dfrac{|\beta|^2}{4 r_b \omega_T C_c}$$

又因为

$$|\beta| = \dfrac{f_T}{f} = \dfrac{\omega_T}{\omega}$$

所以

$$K_{pm} = \dfrac{\omega_T}{4 r_b \omega^2 C_c} = \dfrac{f_T}{8\pi r_b f^2 C_c} \tag{3-109}$$

式(3-109)表明，晶体管最佳功率增益与特征频率成正比，与基极电阻和输出端电容之积成反比，且与工作频率的平方成反比。在 $f > f_\beta$ 条件下，当频率增高一倍时，K_{pm} 减小为原来的 $1/4$，$10\lg \dfrac{1}{4} = -6 \text{ dB}$，也满足 6 dB/倍频程关系，如图 3-35 所示。导致 K_p 下降的原因，一方面是由于电流放大系数的下降，另一方面也是由于输出、输入阻抗比随频率的升高而下降。

分析式(3-109)，当 $f = f_T$ 时，若 r_b、C_c 较小，使得 $\dfrac{1}{8\pi r_b C_c} > f_T$，则 $K_{pm} > 1$，此时 $f_M > f_T$；反之，若 $\dfrac{1}{8\pi r_b C_c} < f_T$，$K_{pm} < 1$，此时 $f_M < f_T$。可见，f_T 并不能作为晶体管是否还具有功率放大能力的判据。

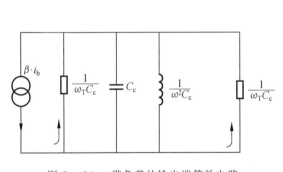

图 3-34 带负载的输出端等效电路

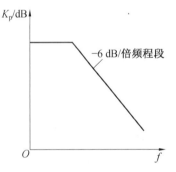

图 3-35 K_p 随频率的变化

3.6.2 高频优值和最高振荡频率

当 $K_{pm} = 1$ 时，晶体管的工作频率才是功率放大的最高频率——最高振荡频率 f_M。

由式(3-109)可知，令 $K_{pm} = 1$，可得

$$f_M = \sqrt{\dfrac{f_T}{8\pi r_b C_c}} \tag{3-110}$$

显然，当 $f > f_M$ 时，$K_{pm} < 1$。

式(3-109)明确地给出了晶体管最佳功率增益与晶体管参数之间的关系，其不足之处在于 K_{pm} 随工作频率而变化。因此，它也难以作为评价晶体管高频性能的指标。

比较式(3-109)、式(3-110)可得

$$f_M^2 = \frac{f_T}{8\pi r_b C_c} = K_p \cdot f^2 \tag{3-111}$$

由式(3—111)可见，对于结定的晶体管，$K_p f^2$ 是个常数，它仅仅决定于晶体管本身的参数，反映了晶体管在高频运用时的功率放大能力，其值越大，就越能在高频率下进行足够大的功率放大，故称为晶体管的高频优值，这是一个很有实用价值的参数。对于已知高频优值的晶体管，可以求得在某指定频率下的 K_p 值，也可以求出为满足所要求的 K_p 值，晶体管能够工作的频率。

例如，要求某晶体管在 400 MHz 下 $K_p > 5$ dB，则其最高振荡频率应为多少？

首先需将用分贝表示的 K_p 还原成数目：$10 \lg K_p > 5$ dB，即 $K_p > 10^{0.5} \approx 3.162$。于是，有

$$f_M \geq \sqrt{K_p} \cdot f = \sqrt{3.162} \times 400 \text{ MHz} \approx 700 \text{ MHz}$$

即只有 $f_M \geq 700$ MHz 的晶体管才能满足 400 MHz 下 $K_p > 5$ dB 的要求。

如果计入发射极引线电感 L_e 的影响，则上述各式中的 r_b 均代之以 $\left(r_b + \frac{1}{2}\omega_T L_e\right)$ 即可。此时，有

$$K_{pm} = \frac{\omega_T}{4\left(r_b + \frac{1}{2}\omega_T L_e\right)\omega^2 C_c} = \frac{f_T}{8\pi(r_b + \pi f_T L_e)f^2 C_c} \tag{3-112}$$

$$f_M = \sqrt{\frac{f_T}{8\pi(r_b + \pi f_T L_e)C_c}} \tag{3-113}$$

$$f_M^2 = \frac{f_T}{8\pi(r_b + \pi f_T L_e)C_c} = K_p \cdot f^2 \tag{3-114}$$

3.6.3 提高功率增益或最高振荡频率的途径

根据以上分析，提高晶体管的功率增益或最高振荡频率以及高频优值，三者是一致的，不外乎是提高 f_T、减小基极电阻 r_b、输出电容 C_c 及发射极引线电感 L_e 等。

关于提高 f_T 的措施已在上节分析过，此处讨论减小其余几个参数的措施。

① 采用浅结扩散减小基极电阻。影响基极电阻 r_b 的主要因素是基区宽度和杂质浓度。增大基区宽度 W_b 与提高 f_T 相矛盾。采用浅结扩散既可容易得到薄的基区宽度，也有利于降低基极电阻。如图 3—36 所示，在扩散表面浓度和衬底浓度均相同且基区宽度一致的情况下，浅结扩散对减小 $R_{\square b}$ 从而降低 r_b 的作用是显而易见的。

② 采用浓硼扩散减小基极电阻。在工作基区以外的部位采用浓硼扩散，一方面降低了 r_b，另一方面可减小基极金属电极接触电阻，这也有利于减小 r_b。在高频大功率管中常采用这种方案。

③ 减小输出电容 C_c。这也是减小 f_T 所希望的。除了减小集电结面积以减小电容 C_{Tc} 外，还要注意减小极间分布电容及延伸电极形成的 MOS 电容等。

此外，还应尽可能减小发射极引线电感，如选用合适的管壳和采用带状引线等。

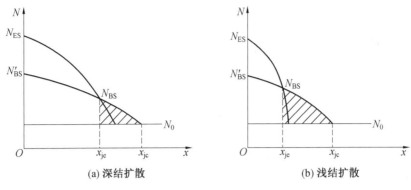

(a) 深结扩散 (b) 浅结扩散

图 3-36 扩散结深影响 $R_{\square b}$

3.7 工作条件对晶体管 f_T、K_{pm} 的影响

晶体管的 f_T、K_{pm} 等不仅受前述结构参数的影响,还受工作电流及工作电压的影响。

3.7.1 工作点对 f_T 的影响

图 3-37 给出了 f_T 随 V_{ce}、I_c 的变化曲线,下面分别予以分析。

1. 工作电压对 f_T 的影响

由图 3-37(a) 可见,当 V_{ce} 较小时,f_T 也较低;当 V_{ce} 增大时,f_T 有上升的趋势。这是因为随着 V_{ce} 增大,cb 结上的反向偏压值加大,导致:① 集电结空间电荷区 x_{mc} 增大,有效基区宽度减小,τ_b 下降;② 集电结势垒电容 C_{Tc} 减小,τ_c 下降;③ cb 结空间电荷区中电场增强,使其中载流子漂移速度增大,有利于 τ_d 的降低,但在更高的电压时,载流子已达到极限漂移速度,x_{mc} 随电压增大,反而使 τ_d 有所增加,这又使得 f_T 有略微下降的趋势。

2. 工作电流对 f_T 的影响

如图 3-37(b) 所示,I_c 增大即意味着 I_e 增大。小电流下,I_e 增大,使发射结电阻 r_e 减小,τ_e 下降,使 f_T 上升。大电流下,有效基区扩展效应(见第 4 章)使 τ_b 增大,f_T 下降。

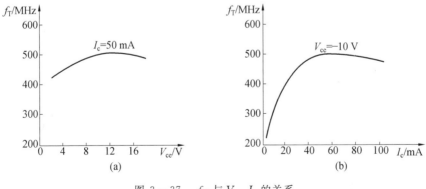

图 3-37 f_T 与 V_{ce}、I_c 的关系

3.7.2 工作点对 K_{pm} 的影响

K_p 与 V_{ce}、I_c 的关系如图 3-38 所示。

1. 工作电压对 K_p 的影响

如图 3-38(a) 所示，在较低电压下，V_{ce} 增大将导致：① x_{mc} 增大，C_c 减小；② 有效基区宽度 W_b 减小，使 r_b 和 f_T 都增大。为考查二者对 K_{pm} 的影响，变换式(3-112)，可得

$$K_{pm} = \frac{1}{8\pi \left(\dfrac{r_b}{f_T} + \pi L_e\right) f^2 C_c}$$

基区电阻 r_b 可近似地看作与基区宽度 W_b 成反比，但 f_T 随 W_b 减小而呈平方关系上升，即随着基区宽度 W_b 的减小，f_T 上升比 r_b 增加要快，所以 r_b/f_T 是下降的。可见，C_c、r_b 随 V_{ce} 增大而变化的结果都是使 K_p 上升。当 V_{ce} 继续升高时，由于集电结基区侧的杂质浓度远高于集电区侧杂质浓度，因此 x_{mc} 向基区侧的扩展部分 x_1 的增大速度比 x_{mc} 增长速度要小，即 x_1/x_{mc} 随 V_{ce} 增大而下降。其结果使有效基区宽度的减小趋缓，f_T、r_b 变化幅度减小，C_{Tc} 随反向电压以立方关系略减，所以 K_p 随 V_{ce} 的上升变得不明显，如图 3-38(a) 所示。

2. 工作电流对 K_p 的影响

K_p 随工作电流 I_c 的变化如图 3-38(b) 所示。曲线的这种变化规律是由于 f_T 随电流增加先上升后下降的结果。

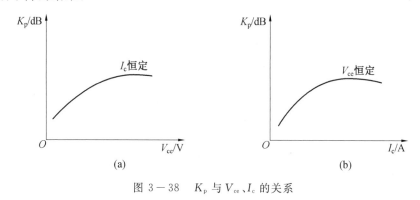

图 3-38　K_p 与 V_{ce}、I_c 的关系

思考与练习

1. 晶体管共基极 Y 参数各自表示的物理意义是什么？请逐步导出均匀基区晶体管共基极本征 Y 参数的表达式(3-40)、式(3-43)、式(3-45) 及式(3-50)。

2. 设基区杂质为指数分布 $N_B(x) = N_B(0)e^{-\frac{x}{\eta W_b}}$，试证明发射结扩散电容为 $C_{De} = g_e \dfrac{W_b^2}{D_{nb}} \left(\dfrac{\eta - 1 + e^{-\eta}}{\eta^2}\right)$。

3. 某硅 npn 高频晶体管的基区杂质近似指数分布。$N_B(0) = 2 \times 10^{17} \text{ cm}^{-3}$，$N_B(W_b) = 5 \times 10^{15} \text{ cm}^{-3}$，$x_{je} = 1.5 \text{ μm}$，$x_{jc} = 3 \text{ μm}$。若已知 $R_{\square e} = 5 \text{ Ω}/\square$，$C_{Te} = 20 \text{ pF}$，$C_{Tc} = 2 \text{ pF}$，$r_b = 2 \text{ Ω}$，$\tau_{nb} = 1 \times 10^{-6} \text{ s}$，试估算此管在 $V_c = -6 \text{ V}$，$I_c = 50 \text{ mA}$，$f = 10 \text{ MHz}$ 时的共发射极高频 h 参数，

并画出等效电路。

4. 有一缓变基区硅 npn 晶体管，$N_B(x) = 2 \times 10^{17} e^{-3 \times 10^4 x}$，$W_b = 1~\mu m$，求 t_b 及 ω_b（$D_{nb} = 26~cm^2/s$）。

5. 硅 npn 缓变基区晶体管，发射区杂质浓度近似为矩形分布，基区杂质浓度为指数分布，从发射结处杂质浓度 $10^{18}~cm^{-3}$ 降到集电结处的 $5 \times 10^{15}~cm^{-3}$，基区宽度为 $2~\mu m$，集电区宽度为 $10~\mu m$，$A_e = A_c = 5 \times 10^{-4}~cm^2$。工作点为 $I_E = 10~mA$，$V_{BE} = 0.7~V$，$V_{CB} = 6~V$。求此晶体管的四个延迟时间常数。

6. 求第 5 题中的晶体管在共发射极运用时的共轭匹配负载，其工作频率为 100 MHz。

7. 已知硅 npn 高频晶体管，$x_{jc} = 1.2~\mu m$，$W_b = 0.6~\mu m$，基区面积 $A_c = 10^{-4}~cm^2$，基区扩散层（硼）薄层电阻 $R_{\Box b} = 200~\Omega/\Box$，$\rho_c = 1~\Omega \cdot cm$，$W_c = 10~\mu m$，延伸电极面积 $A_{pad} = 6 \times 10^{-5}~cm^2$，电极下 SiO_2 厚 $t_{ox} = 1~\mu m$，$C_{Tc}(0) = 4~pF$。

(1) 计算该管在工作电压 $V_c = 10~V$，$I_c = 20~mA$ 时的 f_T；

(2) 已知 $r_b = 8~\Omega$，计算该管的高频优值（忽略寄生参数的影响）。

8. 已知一梳状结构硅 npn 外延平面管，外延层厚度为 $10~\mu m$，$\rho_c = 1.5~\Omega \cdot cm$，衬底厚度为 $100~\mu m$，基区扩散杂质浓度呈高斯分布，表面浓度为 $5 \times 10^{18}~cm^{-3}$，发射区杂质近似矩形分布，平均杂质浓度为 $10^{20}~cm^{-3}$，$x_{je} = 1.7~\mu m$，$x_{jc} = 2.8~\mu m$，$A_e = 3 \times 10^{-6}~cm^2$，$A_c = 10^{-4}~cm^2$，发射区条长为 $20~\mu m$，宽为 $5~\mu m$，共 3 条，基极电极条宽 $4~\mu m$，长 $20~\mu m$，发射极与基极电极之距离为 $3~\mu m$。试计算此晶体管在 $V_{BE} = 0.75~V$，$V_{CB} = 5~V$，$I_E = 10~mA$，工作频率 500 MHz 下的 f_T 与 K_{pm}。

9. 若晶体管的共基极交流电流放大系数 $\alpha = \dfrac{\alpha_0 e^{-jm\frac{\omega}{\omega_b}}}{1 + j\dfrac{\omega}{\omega_a}}$，证明：当忽略集电结势垒电容 C_{Tc} 时，特征频率 $f_T \approx \dfrac{f_\alpha}{1 + \alpha_0 m}$（提示：此时 $\omega_a = \omega_b$）。

10. 已知某在低频下共发射极电流放大系数 $\beta_0 = 100$ 的晶体管，在 20 MHz 下测得 $|\beta| = 60$。试问：

(1) 工作频率上升到 400 MHz 时 β 降到多少（用分贝表示）？

(2) 此晶体管的 f_β 和 f_T 各为多少？

11. 若要求某晶体管在 500 MHz 下最大功率增益大于 20，试问其最高振荡频率应不小于多少？

第 4 章　双极型晶体管的功率特性

在本章以前所讨论的晶体管特性，都是指电流较小、电压较低的情况，即小功率管的特性。在电路应用中，经常需要较大功率的晶体管，需要晶体管工作在高耐压和大电流的条件下。而在大电流区域，晶体管的直流和交流特性都会发生明显变化，电流增益和特征频率等参数都会随着电流增大而迅速下降。本章将分析晶体管的特性参数随电流变化的原因，围绕安全工作区的要求讨论影响功率特性的集电极最大允许工作电流 I_{CM}、最高耐压、最大耗散功率 P_{CM} 以及二次击穿等限制。

4.1　集电极最大允许工作电流 I_{CM}

集电极最大允许工作电流 I_{CM} 是表征晶体管功率特性的基本参数之一。晶体管电流放大系数与集电极电流的关系如图 4-1 所示。在大电流下，β_0 随 I_C 的增加而迅速减小，为了衡量晶体管电流放大系数在大电流下的下降程度，定义共发射极直流短路电流放大系数 β_0 下降到最大值 β_{0M} 的一半（即 $\beta_0/\beta_{0M}=0.5$）时所对应的集电极电流为集电极最大允许工作电流，记为 I_{CM}。

晶体管的电流放大系数主要决定于 γ 和 β^*。因此，要分析大电流下电流放大系数下降的原因，应从大电流下发生的影响 γ 和 β^* 的效应出发，分析这些效应使 γ 和 β^* 发生了怎样的变化。

前面分析晶体管的特性都是在小注入的假定下，即注入基区的少数载流子浓度远小于基区多数载流子浓度的情况下进行的。随着工作电流 I_C 的增加，注入基区的少数载流子浓度不断增大。当

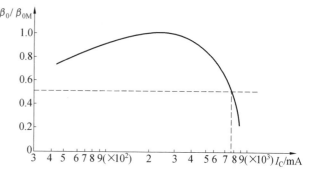

图 4-1　晶体管电流放大系数与集电极电流的关系

注入基区的少数载流子浓度接近或超过基区的多数载流子浓度时，将会引起所谓基区大注入效应，包括形成基区大注入自建电场、产生基区电导调制效应和发生有效基区扩展效应，使小注入的分析结果不再适用。下面将分析大注入在晶体管内所引起的各种变化。

4.2　基区大注入效应对电流放大系数的影响

基区大注入效应将在基区中形成大注入自建电场，使少数载流子在基区中的输运过程叠加上漂移作用，从而缩短基区渡越时间和减小基区复合损失，使基区输运系数提高；产生基区电导调制效应，使注入发射区电流分量增大，发射效率下降；发生有效基区扩展效应，使基区输运系数下降。这些效应共同作用的结果使电流放大系数随工作电流的增大先缓慢上升而后急

剧下降,如图 4-1 所示。

4.2.1 基区大注入下的电流(以 npn 管为例)

随着工作电流的增大,大量非平衡少子注入基区并和与其保持电中性的非平衡多子形成大注入自建电场。在大注入自建电场的作用下,通过 n^+p 结的电子电流密度已由式(1-56)给出,这个结果在讨论基区大注入效应时同样适用。

对于均匀基区晶体管,有

$$n_p(x_p) = n_p^0 + \Delta n_p(x_p) \approx \Delta n_p(x_p) = \Delta n_b(0)$$

$$p_p(x_p) = p_p^0 + \Delta p_p(x_p) \approx N_b + \Delta n_b(0)$$

因为 $W_b \ll L_{nb}$,可认为基区电子线性分布,即 $\dfrac{dn_b(x)}{dx} = \dfrac{n_b(0)}{W_b}$,$n_b(0)$ 为基区边界 $x=0$ 处电子浓度。因此,由式(1-52)可知,由发射区注入基区边界的电子电流密度为

$$J_{ne} = qD_{nb} \frac{n_b(0)}{W_b} \left(1 + \frac{\Delta n_b(0)}{N_b + \Delta n_b(0)}\right) \tag{4-1}$$

当 $\Delta n_b(0) \gg N_b$ 时,方括号中第二项趋近于 1,式(4-1)变成

$$J_{ne} = q(2D_{nb}) \frac{n_b(0)}{W_b} \tag{4-2}$$

与小注入下的式(2-26)相比,相当于扩散系数增大一倍,即特大注入时,基区电流中由大注入自建电场所产生的漂移分量与浓度梯度所产生的扩散分量相等。这与 1.3 节中的结论是一致的。

对于缓变基区晶体管,基区内已经存在着由于杂质浓度分布不均匀而产生的基区自建电场。在大注入情况下,注入的大量非平衡少子将改变这个电场,这个过程比较复杂,此处仅做简单分析。

由式(2-43)可知,大注入下的基区自建电场为

$$E_b(x) = \frac{kT}{q} \cdot \frac{1}{p_b(x)} \cdot \frac{dp_b(x)}{dx} = \frac{kT}{q} \cdot \frac{1}{N_b(x) + n_b(x)} \cdot \frac{d}{dx}(N_b(x) + n_b(x)) \tag{4-3}$$

将式(4-3)代入式(2-44)并稍加变换,可得基区少子浓度 $n_b(x)$ 的微分方程为

$$\frac{J_{nb}}{qD_{nb}} = \frac{n_b(x)}{N_b(x) + n_b(x)} \cdot \left(\frac{dN_b(x)}{dx} + \frac{dn_b(x)}{dx}\right) + \frac{dn_b(x)}{dx} \tag{4-4}$$

由于上式比较复杂,难以求得一般的分析解,只能得到某些特殊解,因此假设基区杂质浓度按指数分布 $N_b(x) = N_b(0) e^{-\frac{\eta}{W_b} x}$,代入式(4-4)可得

$$\frac{J_{nb}}{qD_{nb}} = -\frac{N_b(x) \cdot n_b(x)}{N_b(x) + n_b(x)} \cdot \frac{\eta}{W_b} + \left(\frac{N_b(x) + 2n_b(x)}{N_b(x) + n_b(x)}\right) \cdot \frac{dn_b(x)}{dx}$$

等式两端同乘以 $\dfrac{N_b(x) + n_b(x)}{N_b(x)}$ 并经整理后可得

$$\left(1 + \frac{2n_b(x)}{N_b(x)}\right) \cdot \frac{dn_b(x)}{dx} - \frac{\eta}{W_b} n_b(x) - \frac{J_{nb}}{qD_{nb}} \left(1 + \frac{n_b(x)}{N_b(x)}\right) = 0 \tag{4-5}$$

这是一个非线性微分方程,没有分析解,但可在特殊条件下求解。由于基区很薄,可忽略基区复合,即视 J_{nb} 为常数。

在小注入情况下,$n_b(x) \ll N_b(x)$,式(4-5)可简化为

$$\frac{\mathrm{d}n_b(x)}{\mathrm{d}x} - \frac{\eta}{W_b}n_b(x) - \frac{J_{nb}}{qD_{nb}} = 0 \tag{4-6}$$

另外,对于基区杂质按指数分布的情形,由表示小注入下基区电子电流密度的式(2-44)可得

$$J_{nb} = qD_{nb}\left[-\frac{\eta}{W_b}n_b(x) + \frac{\mathrm{d}n_b(x)}{\mathrm{d}x}\right] \tag{4-7}$$

对比式(4-6)、式(4-7)可见,它们是完全一致的,所以可直接利用式(2-46)求解。

在很大注入的情况下,$n_b(x) \gg N_b(x)$,式(4-5)又可简化为

$$\frac{2n_b(x)}{N_b(x)} \cdot \frac{\mathrm{d}n_b(x)}{\mathrm{d}x} - \frac{\eta}{W_b}n_b(x) - \frac{J_{nb}}{qD_{nb}} \cdot \frac{n_b(x)}{N_b(x)} = 0$$

$$\frac{\mathrm{d}n_b(x)}{\mathrm{d}x} = \frac{\eta}{2W_b}N_b(0)e^{-\frac{\eta}{W_b}x} + \frac{J_{nb}}{2qD_{nb}} \tag{4-8}$$

对上式由 $x \to W_b$ 积分,并利用 $x = W_b$ 处 $n_b(W_b) = 0 (V_{cb} < 0)$ 的边界条件,可解得

$$n_b(x) = -\frac{J_{nb}}{2qD_{nb}}(W_b - x) + \frac{N_b(0)}{2}(e^{-\eta} - e^{-\frac{\eta}{W_b}x}) \tag{4-9}$$

稍加变换有

$$\frac{qD_{nb}n_b(x)}{J_{nb}W_b} = -\frac{1}{2}\left(1 - \frac{x}{W_b}\right) + \frac{qD_{nb}N_b(0)}{2J_{nb}W_b}(e^{-\eta} - e^{-\frac{\eta}{W_b}x})$$

当发射区注入基区的电子电流密度很大时,在基区边界 $x = 0$ 处有

$$J_{ne} = J_{nb} \gg \frac{qD_{nb}N_b(0)}{W_b}$$

则有

$$\frac{qD_{nb}n_b(x)}{J_{nb}W_b} \approx -\frac{1}{2}\left(1 - \frac{x}{W_b}\right) \tag{4-10}$$

式(4-10)表明,特大注入时,基区电子浓度近似线性分布。也就是说,在发射极电流密度很大的情况下,基区电子浓度分布与杂质分布情况无关。

将小注入下的式(2-18)除以式(2-26)(后者略去括号中的1),经变换可得到

$$\frac{qD_{nb}n_b(x)}{J_{nb}W_b} = \left(1 - \frac{x}{W_b}\right) \tag{4-11}$$

比较式(4-10)和式(4-11)可见,在相同的电流密度下,二者的基区电子浓度相差一倍。这正说明由于大注入下扩散、漂移各半,电子浓度梯度只为小注入时的一半时即可维持与小注入下相当的电流值。

图4-2(a)给出不同电场因子 η 下小注入(实线)及大注入(虚线)时基区归一化电子浓度分布曲线。图4-2(b)则给出了在 $\eta = 8$ 时的归一化电子浓度分布随电流密度的变化。图中 $\delta = \frac{J_{ne}W_b}{qD_{nb}N_b(0)}$ 表示归一化注入电流密度。由图可见,随着注入电流密度的增大,电子浓度分布趋向于一条直线。

由式(4-10)可知,在 $x = 0$ 处电子电流密度为

$$J_{ne} = -2qD_{nb}\frac{n_b(0)}{W_b}$$

与均匀基区大注入时的电流表达式(4-2)是相同的。由此得出结论:大注入对缓变基区晶体

管的影响与对均匀基区晶体管的相似。这是因为在大注入条件下的缓变基区中,大注入自建电场对基区多子浓度梯度的要求与基区杂质电离以后形成的多子浓度梯度方向是一致的,这时杂质电离生成的多子不再像小注入时那样向集电结方向扩散并建立自建电场,而是按照基区大注入自建电场的要求重新分布。也可以说,在大注入时,大注入自建电场取代了杂质分布不均匀所形成的缓变基区自建电场。因此,在大注入时,不同电场因子的缓变基区趋于相同的电子浓度分布。

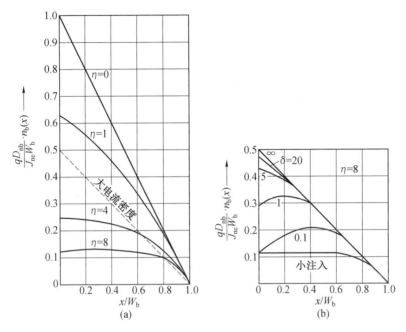

图 4-2 大注入下缓变基区晶体管基区电子浓度分布

4.2.2 基区电导调制效应

大注入时,注入基区的少子(电子)浓度已经接近甚至超过基区多子(空穴)平衡浓度,为了维持电中性,在基区将要有大量的非平衡多子积累并维持与非平衡少子相同的浓度梯度(图 2-15(d)、(e))。两种载流子浓度的大幅度增加使得基区电导率显著上升,并受注入水平的调制,这一现象称为基区电导调制效应。如果原来基区电导率为

$$\bar{\sigma}_b = q\mu_{pb} p_b + q\mu_{nb} n_b \approx q\mu_{pb} \overline{N}_b \tag{4-12}$$

式中,$\overline{N}_b$ 为基区平均杂质浓度。大注入下,$p_b = \overline{N}_b + \Delta p = \overline{N}_b + \Delta n, n_b \approx \Delta n$,此时基区电导率为

$$\bar{\sigma}'_b = q\mu_{pb}(\overline{N}_b + \Delta n) + q\mu_{nb}\Delta n = \bar{\sigma}_b + (q\mu_{pb} + q\mu_{nb})\Delta n \tag{4-13}$$

可见,当注入的电子浓度可以和基区杂质浓度相比拟时,基区电导率将大为提高,且注入水平越高,基区电导率越大。

基区电导率随注入水平的提高而增大,相当于基区掺杂浓度的提高,一方面使基区电阻下降,另一方面将使发射效率下降。

4.2.3 基区大注入对电流放大系数的影响

均匀基区晶体管的电流增益已由式(2-73)和式(2-74)给出。在大注入下,表示发射结势垒复合的第二项的变化可以忽略,因此只需讨论其余三项在大注入下如何变化。

式(2-74)中 $\dfrac{\rho_e W_b}{\rho_b L_{pe}}$ 为小注入时的发射效率项。大注入下,基区电阻率的变化使发射效率项变为

$$\frac{\rho_e W_b}{\rho_b' L_{pe}} = \frac{\rho_e W_b}{\rho_b L_{pe}}\left(1 + \frac{\Delta n}{N_b}\right) \qquad (4-14)$$

式(2-74)中 $\dfrac{W_b^2}{2L_{nb}^2}$ 为体复合项,它表示基区体复合电流 I_{vb} 与发射极注入的电子电流 I_{ne} 之比,如基区电子寿命为 τ_{nb},则

$$I_{vb} = \frac{A_e W_b \Delta n_b(0)}{2\tau_{nb}} \qquad (4-15)$$

将式(4-15)与式(4-1)相比,即可得到大注入下的体复合项。经整理后可得

$$\frac{I_{vb}}{I_{ne}} = \frac{W_b^2}{2L_{nb}^2}\left(\frac{N_b + \Delta n_b(0)}{N_b + 2\Delta n_b(0)}\right) \qquad (4-16)$$

式(2-74)中 $\dfrac{SA_sW_b}{A_e D_{nb}}$ 为基区表面复合项,它表示基区表面复合电流与发射极电子电流之比。将式(2-70)与式(4-1)相比,即可得到大注入下基区表面复合项为

$$\frac{I_{rS}}{I_{ne}} = \frac{SA_sW_b}{A_e D_{nb}}\left(\frac{N_b + \Delta n_b(0)}{N_b + 2\Delta n_b(0)}\right) \qquad (4-17)$$

上述公式变换中均采用了大注入下 $n_b(0) \approx \Delta n_b(0)$ 的近似关系。

用式(4-14)、式(4-16)和(4-17)分别取代式(2-74)中各对应项,则得大注入下电流增益表达式为

$$\frac{1}{\beta} = \frac{\rho_e W_b}{\rho_b L_{pe}}\left(1 + \frac{\Delta n_b(0)}{N_b}\right) + \frac{W_b^2}{2L_{nb}^2}\left(\frac{N_b + \Delta n_b(0)}{N_b + 2\Delta n_b(0)}\right) + \frac{SA_sW_b}{A_e D_{nb}}\left(\frac{N_b + \Delta n_b(0)}{N_b + 2\Delta n_b(0)}\right) \quad (4-18)$$

这里用基区边界的注入电子浓度近似代表整个基区内的注入电子浓度。

如果注入水平大到 $\Delta n_b(0) \gg N_b$,则式(4-18)中 $\dfrac{N_b + \Delta n_b(0)}{N_b + 2\Delta n_b(0)}$ 约为 1/2,又由式(4-2)有

$$n_b(0) = \Delta n_b(0) = \frac{I_{ne}W_b}{2A_e q D_{nb}}$$

代入式(4-18),可得

$$\frac{1}{\beta} = \frac{\rho_e W_b}{\rho_b L_{pe}}\left(1 + \frac{I_{ne}W_b}{2A_e q D_{nb} N_b}\right) + \frac{W_b^2}{4L_{nb}^2} + \frac{SA_sW_b}{2A_e D_{nb}} \qquad (4-19)$$

式中,第一项为发射效率项,由于基区电导调制效应,相当于基区掺杂浓度增大,因此穿过发射结的空穴电流分量增大,发射效率 γ 下降;第二、三项表明,由于大注入下基区电子扩散系数增大一倍,可视为电子穿越基区的时间缩短一半,复合概率下降,因此使体复合和表面复合均较小注入时减少一半。

发射效率为

$$\gamma = \left(1 + \frac{\rho_e W_b}{\rho'_b L_{pe}}\right)^{-1} = \left(1 + \frac{\rho_e W_b}{\rho_b L_{pe}} \cdot \frac{N_b + \Delta n}{N_b}\right)^{-1} = \left[1 + \frac{\rho_e W_b}{\rho_b L_{pe}}\left(1 + \frac{I_{ne} W_b}{2 A_e q D_{nb} N_b}\right)\right]^{-1}$$

(4-20)

图 4-3 给出了电流放大系数随发射极电流的变化关系。由图可见,在小电流时主要是大注入自建电场使基区输运系数增加,而在大电流时反映的则是基区电导调制效应引起发射效率下降。因此,出现了图 4-1 中给出的电流放大系数先上升后下降的变化规律。

缓变基区晶体管在大电流下也有类似的变化。

在大注入自建电场的作用下,基区少子的等效扩散系数随注入水平的提高而增大,这使得基区渡越时间以及频率特性等均受到影响。对于均匀基区晶体管,在极限情况下渡越时间由小注入下的 $\tau_{b0} = \frac{W_b^2}{2D_{nb}}$ 缩短为 $\tau_b = \frac{W_b^2}{4D_{nb}}$。对于缓变基区晶体管,如前所述,由于大注入自建电场的作用破坏了原来的基区自建电场,在特大注入时基区少子完全受大注入自建电场的作用而和均匀基区情况一样,扩散系数增大一倍,因此缓变基区晶体管的基区渡越时间也趋于 $\frac{W_b^2}{4D_{nb}}$,如图 4-4 所示。

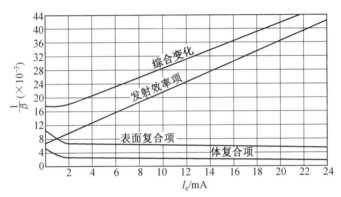

图 4-3 $1/\beta$ 随 I_e 的变化

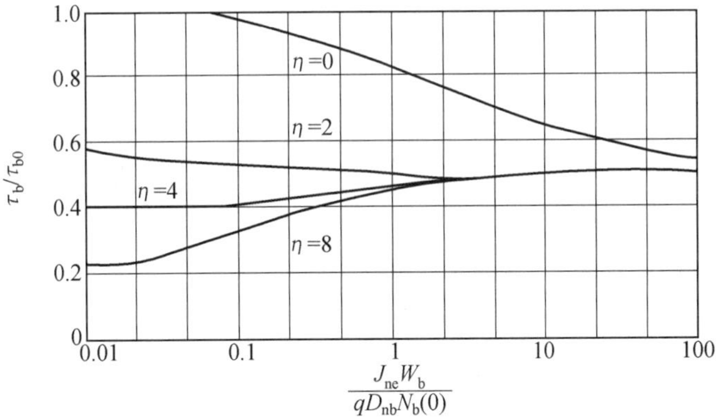

图 4-4 缓变基区渡越时间的变化

4.3 有效基区扩展效应

有效基区扩展效应是引起大电流下晶体管电流放大系数下降的另一重要原因。此前在假定基区宽度不变的条件下,讨论了晶体管电特性随工作电流的变化。实际上,在大电流下,晶体管,特别是缓变基区晶体管的有效基区宽度将因集电结空间电荷区电荷分布情况发生变化而发生有效基区扩展,造成 β 以及 f_T 的下降,称为 kirk 效应,也称集电结空间电荷区电荷限制效应,它所对应的最大电流称为空间电荷限制效应限制的最大集电极电流。

合金管与平面管集电结两侧掺杂情况不同,空间电荷区内的电荷分布及变化规律不同,受电流变化的影响自然也不同。下面按均匀基区晶体管与缓变基区晶体管分别讨论其有效基区扩展的规律。

4.3.1 均匀基区晶体管的有效基区扩展效应

对于均匀基区晶体管(以 p^+np^+ 管为例),由于其集电区的掺杂浓度远远高于基区杂质浓度,因此 cb 结空间电荷区以向基区侧扩展为主,如图 4-5 所示。小电流下可认为耗尽层近似成立,根据电中性条件有 $qN_D x_n = qN_A x_p$。在大电流情况下,大量空穴流经集电结空间电荷区,增加了其中的正电荷密度。若注入空穴浓度为 p,则在 $x_n \sim 0$ 区间,正电荷密度由 qN_D 增加到 $q(N_D+p)$;而在 $0 \sim x_p$ 区间,负电荷被部分中和,其密度由 qN_A 减小为 $q(N_A-p)$。

因为集电区重掺杂,$N_A \gg p$,可近似认为负空间电荷密度不变,空间电荷区边界也不变;正空间电荷区边界则因电荷密度发生变化而由结电压决定的总电荷不变,由 x_n 收缩至 x'_n,并满足 $q(N_D+p)x'_n = qN_A x_p$ 关系。若将 $x_n \sim x'_n$ 间距离记为 W_{cib},此时的有效基区宽度记为 W'_b,则有

$$W'_b = W_b + W_{cib} \quad (4-21)$$

式中,W_{cib} 称为感应基区宽度,其上限为小注入时集电结空间电荷区基区侧的宽度,按单边突变结近似则为 $x_m \approx x_n$。

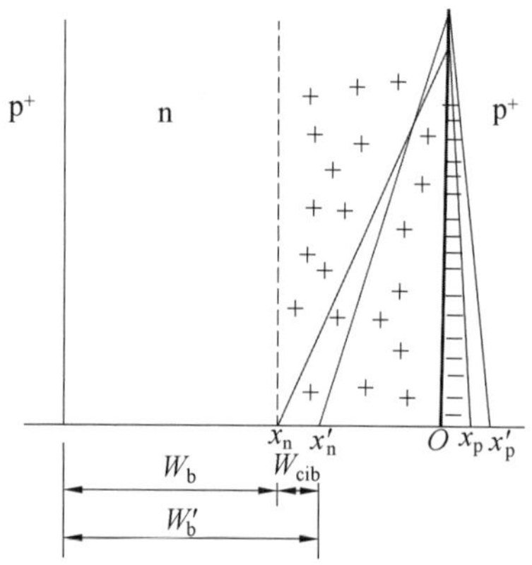

计入空穴电荷后,cb 结势垒区内一维泊松方程为

$$\frac{d^2\varphi}{dx^2} = -\frac{\rho(x)}{\varepsilon\varepsilon_0} = -\frac{q}{\varepsilon\varepsilon_0}(N_D+p), \quad x'_n < x < 0 \quad (4-22)$$

图 4-5 均匀基区晶体管的有效基区扩展

通过 cb 结空间电荷区的电流可认为全部是空穴漂移电流,且已达极限漂移速度 v_{sl},故有 $J_c = J_{pc} = qpv_{sl}$,所以

$$p = \frac{J_c}{qv_{sl}}$$

代入式(4-22),在等式两端乘以 x,并在势垒区内积分,可得

$$\int_{-x_n}^{0} x \frac{dE}{dx} dx = \frac{q}{\varepsilon\varepsilon_0} \int_{-x_n}^{0} x\left(N_D + \frac{J_c}{qv_{sl}}\right) dx \quad (4-23)$$

式(4-23)左边有

$$\int_{-x_m}^{0} x\, dE = xE\Big|_{-x_m}^{0} - \int_{-x_m}^{0} E\, dx = \int_{\varphi_n}^{\varphi_p} d\varphi = \varphi_p - \varphi_n = -(V_D - V_c) \quad (4-24)$$

式中,V_D 为 cb 结空间电荷区势垒接触电势差;V_c 为 cb 结上的外加电压。

式(4-23)右端积分后可得

$$\frac{q}{\varepsilon\varepsilon_0}\Big(N_D + \frac{J_c}{qv_{sl}}\Big) \cdot \Big(-\frac{x_m^2}{2}\Big) \qquad (4-25)$$

于是,有

$$V_D - V_c = \frac{qN_D}{2\varepsilon\varepsilon_0}\Big(1 + \frac{J_c}{qv_{sl}N_D}\Big)x_m^2 \qquad (4-26)$$

令

$$J_{cr} = qv_{sl}N_D \qquad (4-27)$$

代入式(4-26),可求得

$$x_m = \Big[\frac{2\varepsilon\varepsilon_0(V_D - V_c)}{qN_D}\Big]^{\frac{1}{2}} \cdot \Big(1 + \frac{J_c}{J_{cr}}\Big)^{-\frac{1}{2}} \qquad (4-28)$$

对比式(1-97)可见,式(4-28)中第一个因子恰为小注入下单边突变结空间电荷区宽度,此处可记为 x_{m0},则式(4-28)可改写为

$$x_m = x_{m0} \cdot \Big(1 + \frac{J_c}{J_{cr}}\Big)^{-\frac{1}{2}} = x_{m0} \cdot \Big(1 + \frac{p}{N_D}\Big)^{-\frac{1}{2}} \qquad (4-29)$$

当 $p \ll N_D$ 时,即小注入情况,$x_m \approx x_{m0}$,集电结空间电荷区边界不动。

当 $p \gg N_D$ 时,即特大注入情况,$x_m \to 0$,有效基区扩展到 cb 结冶金结处。

当 $p = N_D$ 时,$J_c = J_{cr}$,$x_m = x_{m0}/\sqrt{2}$,如图4-6所示。

由图4-5可知,感应基区宽度 $W_{cib} = x_{m0} - x_m$,将式(4-29)代入,可得

$$W_{cib} = x_{m0}\Big[1 - \Big(1 + \frac{J_c}{J_{cr}}\Big)^{-\frac{1}{2}}\Big] = x_{m0}\Big[1 - \Big(1 + \frac{p}{N_D}\Big)^{-\frac{1}{2}}\Big] \qquad (4-30)$$

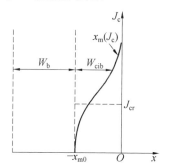

图 4-6 基区宽度随电流的变化

代入式(4-21),可得有效基区宽度为

$$W'_b = W_b + x_{m0}\Big[1 - \Big(1 + \frac{J_c}{J_{cr}}\Big)^{-\frac{1}{2}}\Big]$$

$$= W_b + x_{m0}\Big[1 - \Big(1 + \frac{p}{N_D}\Big)^{-\frac{1}{2}}\Big] \qquad (4-31)$$

由以上讨论可见,均匀基区晶体管中 cb 结空间电荷区随着工作电流的增大而向衬底方向收缩,有效基区扩展的极限是 cb 结的冶金结处。对于合金管来说,由于 $N_E \gg N_B \ll N_C$,大电流下 eb 结和 cb 结同时向两侧冶金结方向收缩,因此,严格来说感应基区应包括基区左右两侧的扩展量。

4.3.2 缓变基区晶体管的有效基区扩展效应

由于杂质浓度分布的不同,缓变基区晶体管的有效基区扩展具有自己的特点。以 n^+pnn^+ 外延平面管为例进行分析。为简单起见,假设 cb 结空间电荷区中电场是线性分布的。

采用与均匀基区晶体管同样的分析方法。由于大量电子流过 cb 结,负空间电荷区侧负电荷密度由 N_A 增加为 $(N_A + n)$,而在正空间电荷区侧,正电荷密度由 N_D 减小至 $(N_D - n)$。由结上电压决定的空间电荷总量不变,为保持电中性,负空间电荷区变窄,而正空间电荷区变宽,

如图4-7所示,电场分布曲线由①变为②,曲线下所包围的面积不变。因为$N_A \gg N_D$,cb结空间电荷区负电荷区侧收缩得少而正电荷区侧扩展得多,变化的结果是空间电荷区展宽而最大场强下降,如图4-7所示。

为简化问题的分析,忽略基区侧的空间电荷区,即认为cb结空间电荷区全部处于集电区侧。此时集电结势垒区集电区侧的一维泊松方程为

$$\frac{dE}{dx} = \frac{q}{\varepsilon \varepsilon_0}(N_D - n) \quad (4-32)$$

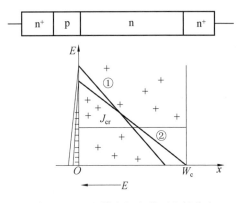

图4-7 cb结空间电荷区电场分布

由于$J = qvn$,当电场强度未能使载流子达到极限漂移速度时,电流密度的增大既可以通过增加载流子浓度,也可以通过提高载流子漂移速度,即提高电场强度实现;当电场强度很大时,载流子达到极限漂移速度,电流密度的增大只能依靠载流子浓度的增加。因此,随着通过集电结电流密度的增大,根据集电结空间电荷区中电场强度的不同,通过其中的载流子浓度以及对电荷密度的影响不同,势垒区宽度变化规律也有所不同,需要按强场和弱场两种情况分别讨论。

1. 强场情况

在强场情况下,势垒区中场强大于10^4 V/cm,认为载流子已达极限漂移速度v_{sl}。

设通过集电结的电流全部为电子漂移电流,则电子浓度为

$$n = \frac{J_c}{qv_{sl}} \quad (4-33)$$

代入式(4-32)并积分,可得

$$E(x) = \frac{q}{\varepsilon \varepsilon_0}\left(N_D - \frac{J_c}{qv_{sl}}\right)x + E(0) = \frac{qN_D}{\varepsilon \varepsilon_0}\left(1 - \frac{J_c}{J_{cr}}\right)x + E(0) \quad (4-34)$$

式中,$E(0)$为$x=0$处的电场强度;$J_{cr} = qv_{sl}N_D$。

如图4-8所示为不同工作电流下集电结空间电荷区电场和电荷分布的变化。

当集电极电流J_c很小(小注入)时,载流子对空间电荷区中电荷分布的影响可以忽略不计,即满足耗尽层近似的情况(图4-8(a));随着J_c增大,由式(4-34)可知,n⁻区中$E(x) \sim x$曲线的斜率$\frac{qN_D}{\varepsilon \varepsilon_0}\left(1 - \frac{J_c}{J_{cr}}\right)$下降,曲线变得平缓(图4-8(b));当$J_c = J_{cr} = qv_{sl}N_D$时,$E(x) = E(0)$,此时电子的负电荷正好中和正空间电荷,高阻的集电区中没有净电荷,形成电场的正、负电荷分布在高阻区两侧(图4-8(c));当$J_c > J_{cr}$时,曲线斜率变为负值(图4-8(d)),即随着电子浓度不断增大,n⁻区出现净的负电荷,$E(0)$下降,直至某一电流J'_{cr}时,$E(0) = 0$。当$J_c > J'_{cr}$时,$x=0$附近变成中性区,成为有效基区的一部分(感应基区),发生有效基区扩展。

当$J_c = J'_{cr}$时,$E(0) = 0$,此时有

$$E(x) = \frac{qN_D}{\varepsilon \varepsilon_0}\left(1 - \frac{J'_{cr}}{J_{cr}}\right)x \quad (4-35)$$

将式(4-35)在$0 \sim W_c$范围内积分,并注意到电场区两侧电势差$(\varphi_n - \varphi_p)$即为cb结上的电压降$(V_D - V_c)$,整理后可得n⁺pnn⁺型晶体管强场下有效基区扩展的临界电流密度为

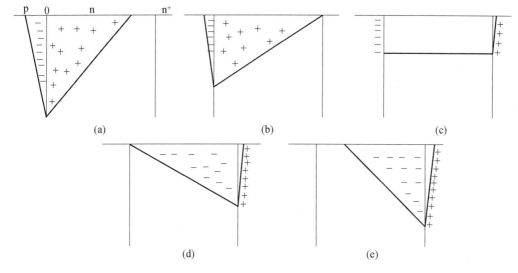

图 4-8 cb 结电场分布随电流的变化

$$J'_{cr} = J_{cr}\left[1 + \frac{2\varepsilon\varepsilon_0(V_D - V_c)}{qN_D W_c^2}\right] = J_{cr}\left(1 + \frac{2\varepsilon\varepsilon_0|V_{Tc}|}{qN_D W_c^2}\right)$$
$$= qv_{sl}\left(N_D + \frac{2\varepsilon\varepsilon_0|V_{Tc}|}{qW_c^2}\right) \quad (4-36)$$

可见，强场下基区扩展的临界电流密度由集电区掺杂浓度 N_D、厚度 W_c 以及偏置电压 V_c 共同决定。当集电区厚度 W_c 和掺杂浓度 N_D 较大，偏置电压 V_c 不太高时，临界电流密度主要由 N_D 决定。当 N_D 和 W_c 都较小，且 V_c 较高时，式(4-36)中第二项将起主要作用。在实际晶体管中，当 N_D 和 W_c 都较小时，V_c 也不会太高。因此，强场下发生基区扩展效应的临界电流密度往往由集电区掺杂浓度 N_D 决定。

当 $J_c > J'_{cr}$，发生有效基区扩展时，若相应的感应基区宽度记为 W_{cib}，则空间电荷区宽度为 $W_c - W_{cib}$，类似于式(4-36)，有

$$J_c = qv_{sl}\left[N_D + \frac{2\varepsilon\varepsilon_0|V_{Tc}|}{q(W_c - W_{cib})^2}\right] \quad (4-37)$$

比较式(4-36)和式(4-37)，整理后得到感应基区宽度为

$$W_{cib} = W_c\left[1 - \left(\frac{J'_{cr} - qv_{sl}N_D}{J_c - qv_{sl}N_D}\right)^{\frac{1}{2}}\right] = W_c\left[1 - \left(\frac{J'_{cr} - J_{cr}}{J_c - J_{cr}}\right)^{\frac{1}{2}}\right] \quad (4-38)$$

式中，J_{cr} 表示当集电结空间电荷区中注入电子浓度正好与电离施主杂质离子的电荷密度相抵消时所对应的集电极电流密度。

由式(4-38)可知，随着 J_c 的增大，$\left(\dfrac{J'_{cr} - J_{cr}}{J_c - J_{cr}}\right)$ 逐渐减小。到极限状态 $W_{cib} \approx W_c$，即感应基区可以一直扩展到 nn$^+$ 交界面处。总的有效基区宽度为

$$W'_b = W_b + W_c\left[1 - \left(\frac{J'_{cr} - qv_{sl}N_D}{J_c - qv_{sl}N_D}\right)^{\frac{1}{2}}\right] \quad (4-39)$$

2. 弱场情况

如果相应于 J_c 的载流子浓度等于 n 区空间电荷的密度 N_C 时，cb 结势垒区的场强小于

10^4 V/cm，载流子在势垒区中尚未达到极限漂移速度，则因载流子浓度随电流密度增大而变化的规律不同，势垒区的收缩规律也有所不同。

如图 4-9 所示，当势垒区场强 $\frac{V_D-V_c}{W_c}<E_c$ 时，载流子的漂移速度与场强成正比。因为此时载流子（电子）的漂移速度 $v_{nc}<v_{sl}$，所以电流密度 $J_c=qv_{nc}n$ 的增加不是靠提高电子浓度而是借助于提高其漂移速度（即增大 v_{nc}）来实现的，这就要求提高电场强度来保证。又因为 $n=N_c$ 保持不变，所以集电结空间电荷区内净电荷为零，电场保持均匀。随着 J_c 的增加，电场区保持均匀的电场强度向衬底方向收缩、变窄，发生缓变基区晶体管弱场下的有效基区扩展，如图 4-10 所示，$J_{c2}>J_{c1}>J_{c0}$。

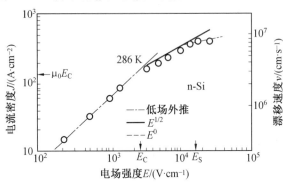 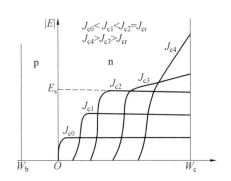

图 4-9 电流密度（漂移速度）与电场强度的关系　　图 4-10 弱场下空间电荷区电场分布随 J_c 变化示意图

当 $J_c=J_{c0}=J''_{cr}$ 时，$E_{c0}=\frac{|V_{Tc}|}{W_c}$，所以

$$J''_{cr}=qv_{nc}N_c=q\mu_{n0}\frac{|V_{Tc}|}{W_c}N_c=\frac{|V_{Tc}|}{\rho_c W_c}\approx\frac{|V_c|}{\rho_c W_c} \quad (4-40)$$

若 $J_c>J''_{cr}$，感应基区宽度为 W_{cib}，则由式（4-40）有

$$J_c=\frac{|V_{Tc}|}{\rho_c(W_c-W_{cib})} \quad (4-41)$$

并由此解得

$$W_{cib}=W_c-\frac{q\mu_{n0}N_c(V_D-V_c)}{J_c}=W_c\left(1-\frac{J''_{cr}}{J_c}\right) \quad (4-42)$$

从而可求得有效基区宽度为

$$W'_b=W_b+W_c-\frac{q\mu_{n0}N_c(V_D-V_c)}{J_c} \quad (4-43)$$

进而可求得有效基区扩展效应影响下的 β 值和 f_T 值。

比较式（4-36）和式（4-40）可以看出，弱场下发生基区扩展的临界电流密度小于强场基区扩展临界电流密度，即 $J'_{cr}>J''_{cr}$。因此，晶体管处在低压大电流工作状态时，更容易产生基区扩展效应。

回顾图 2-15 中高发射极偏压条件下的载流子分布可见，图 2-15(c) 中，当 $V_{eb}>0.74$ V 时，集电结耗尽层重新被过量电子和空穴填满，耗尽层消失而变为中性基区的一部分，这正是大注入状态引起的基区扩展效应。如果进一步增加 V_{eb}，过量电子和空穴便扩展进入高阻集电区，在 $V_{eb}=0.9$ V 时，载流子浓度分布曲线的后部几乎达到重掺杂的集电区。集电结区内的负电场峰也随之变得平坦,如图 2-15(e) 所示。而在图 2-15(d)、(f) 的工作条件下,这种变化则开始在 $V_{eb}=0.84$ V。

以上讨论均为一维情况。实际上由发射结注入基区的少子在沿垂直于 cb 结方向扩散的同时,在基区边缘处由于侧向梯度的作用还有横向扩散的趋势。两种作用的叠加使有效的基区面积沿少子运动的方向逐渐扩大,出现如图 4-11 所示的基区横向扩展。显然,此时部分少子(电子)通过基区的路程加长了,相当于有效基区宽度 W_b 增加,从而导致 β 和 f_T 的下降。一般认为,基区的纵向扩展和横向扩展可能同时起作用,共同导致 β 和 f_T 的下降。

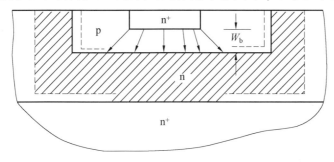

图 4-11　基区横向扩展模型

4.4　发射极电流集边效应

晶体管工作在大电流状态时,较大的基极电流流过基极电阻将在基区中产生较大的横向压降,使发射结的正向偏置电压从边缘到中心逐渐减小。由于 pn 结电流与电压的指数关系,发射极电流密度则由中心到边缘急剧增大,因此而产生发射极电流集边效应(也称为基极电阻自偏压效应)。

4.4.1　发射极电流密度的分布

晶体管的基极电流是平行于结平面横向流动的多子复合电流。这个电流在狭长的基区电阻 r_b 上将产生平行于结平面的横向压降。特别是在大电流情况下,这个横向压降将明显改变 eb 结势垒上的实际作用电压,从而导致 eb 结各部位正向注入电流的悬殊差别。由式(1-40)有 $I_e=I_0 e^{qV_{eb}/kT}$,若横向压降使结压降减小 kT/q,则注入电流降为

$$I'_e = I_0 e^{q(V_{eb}-\frac{kT}{q})/kT} = I_0 e^{qV_{eb}/kT} \cdot \frac{1}{e} = \frac{1}{e} I_e$$

即每当发射结上的实际作用电压减小 kT/q 时,注入电流即减小为原值的 $1/e$。

如图 4-12 所示为以发射极中心电流为基准的发射极电流分布情况,曲线上所标数字为发射结外加偏压值。由图可见,在高发射结偏压下,发射极边缘处的电流远远大于中间部位的电流,故称为发射极电流集边效应。又因为这种效应是由于基区存在着体电阻引起的横向压降所造成的,所以又称其为基极电阻自偏压效应。图 4-13 清晰地反映出这一效应的物理图像。

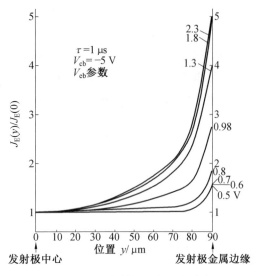

图 4－12　发射极上的电流分布　　图 4－13　计及集边效应的 eb 结等效电路

4.4.2 发射极有效宽度

发射极电流集边效应（或基极电阻自偏压效应）增大了发射结边缘处的电流密度，使之更容易产生大注入效应或有效基区扩展效应，同时使发射结面积不能充分利用，因此有必要对发射区宽度的上限做一个规定。

如图 4－14 所示，在工作基区垂直基极电流流动方向取一阻值为 dr_b 的薄层 dy，这一层薄到可认为基极电流 $I_B(y)$ 流过时没有变化。$I_B(y)$ 在 dr_b 上产生压降为

$$dV(y) = dr_b \cdot I_B(y) = \rho_b \cdot \frac{dy}{L_e W_b} \cdot I_B(y) = \rho_b J_B(y) dy \quad (4-44)$$

式中，ρ_b 为基区电阻率。

根据电流连续性原理，流过体积元 dy 电流的代数和应等于零，所以由图 4－14 所标出的各电流有

$$I_B(y) + J_E(y) \cdot L_e dy = I_B(y) + dI_B + J_C(y) \cdot L_e dy$$

整理后可得

$$\frac{dJ_B(y)}{dy} = \frac{J_E(y) - J_C(y)}{W_b} = \frac{(1-\alpha)J_E(y)}{W_b} \quad (4-45)$$

而

$$J_E(y) = J_{E0} e^{qV_E(y)/kT} = J_{E0} e^{q(V_E(0)+V(y))/kT} = J_E(0) e^{qV(y)/kT} \quad (4-46)$$

式中，$J_E(0) = J_{E0} e^{qV_E(0)/kT}$ 为发射极条中心处电流密度；$V_E(y)$ 为发射结上电压分布；$V(y)$ 为基区电阻上的电位分布。

由式（4－44）、式（4－45），并利用式（4－46），可得

$$\frac{d^2 V(y)}{dy^2} = \frac{\rho_b (1-\alpha)}{W_b} J_E(0) e^{qV(y)/kT} \quad (4-47)$$

将指数项展开并取一级近似，取基区中心 $y=0$ 处 $V(0)=0$ 及 $\left.\frac{dV(y)}{dy}\right|_{y=0}=0$ 作为边界条件，由式（4－47）解得

$$V(y) = \frac{kT}{q} \text{ch} \left[\left(\frac{\rho_b (1-\alpha) J_E(0)}{W_b (kT/q)} \right)^{\frac{1}{2}} \cdot y \right] - \frac{kT}{q}$$

$$= \frac{kT}{q} \text{ch} \left[\left(\frac{R_{\square b}(1-\alpha) J_E(0)}{kT/q} \right)^{\frac{1}{2}} \cdot y \right] - \frac{kT}{q} \quad (4-48)$$

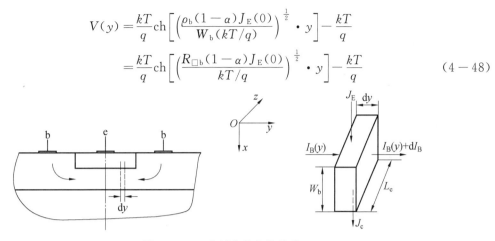

图 4 − 14　基区内的电流关系

将此式代入式(4 − 46),即可得到发射极电流沿 y 方向的分布函数。显然,基区横向压降 $V(y)$ 随着基区薄层电阻 $R_{\square b}$ 的增大而增加,随着 y 的增加而上升,y 越大,即距离发射极中心越远,或发射极条宽越宽,基极电流产生的横向压降越大,发射极电流集边效应越明显。此外,工作电流 $J_E(0)$ 越大,则基区横向压降 $V(y)$ 也越大。

为充分利用发射区面积,限制集边效应,特规定:发射极中心到边缘处的横向压降为 kT/q 时所对应的发射极条宽为发射极有效宽度,通常记为 $2S_{\text{eff}}$,S_{eff} 称为发射极有效半宽度。按此规定,若令 $y=0$ 处 $V(0)=0$,则 $y=S_{\text{eff}}$ 处应有 $V_E(S_{\text{eff}})=kT/q$,代入式(4 − 48)可求得发射区有效半宽度为

$$S_{\text{eff}} = 1.32 \left[\frac{W_b \cdot kT/q}{\rho_b (1-\alpha) J_E(0)} \right]^{\frac{1}{2}} \quad (4-49)$$

若设 $y=S_{\text{eff}}$ 处的发射极电流密度为发射极峰值电流密度 J_{EP},根据有效半宽度的定义及式(4 − 46),可有 $J_{\text{EP}}=2.718 J_E(0)$,而发射极电流密度平均值为

$$\bar{J}_E = \frac{1}{V(S_{\text{eff}}) - V(0)} \int_0^{\frac{kT}{q}} J_E(0) e^{qV/kT} dV = 1.718 J_E(0)$$

将以上关系代入式(4 − 49),可得用峰值电流密度和平均电流密度表示的发射极有效半宽度的表达式为

$$S_{\text{eff}} = 2.176 \left(\frac{kT}{q} \cdot \frac{W_b \beta}{\rho_b \cdot J_{\text{EP}}} \right)^{\frac{1}{2}}$$

$$S_{\text{eff}} = 1.730 \left(\frac{kT}{q} \cdot \frac{W_b \beta}{\rho_b \cdot \bar{J}_E} \right)^{\frac{1}{2}}$$

式中,J_{EP} 可由限制晶体管特性变化的最大限制电流密度决定。在 $f \gg f_\beta$ 的频率下,上式又可写为

$$S_{\text{eff}} = 2.176 \left(\frac{kT}{q} \cdot \frac{W_b f_T}{\rho_b \cdot J_{\text{EP}} \cdot f} \right)^{\frac{1}{2}}$$

$$S_{\text{eff}} = 1.730 \left(\frac{kT}{q} \cdot \frac{W_b f_T}{\rho_b \cdot \bar{J}_E \cdot f} \right)^{\frac{1}{2}}$$

上述各式中应用了 $\frac{1}{1-\alpha}=\beta$ 的近似。同时应注意在一般情况下,ρ_b 应表示基区平均电阻

率 $\bar{\rho}_b$。

在实际晶体管中,最小条宽的选择往往受光刻和制版工艺水平限制,因此在选择条宽时,既要防止电流集中使发射结面积得到充分利用而尽量选用较小的条宽,又不能选取过小的条宽,使工艺难度增大。对于圆形发射极,由于电流集边效应使电极中心注入电流很小,因此也不能单纯通过增加圆面积来提高电流容量,一般采用环状结构,增加周界长度,以提高电流容量。

4.4.3 发射极有效条长

发射极有效条长是一个在物理意义与数学定义上都与发射极有效半宽度 S_{eff} 十分类似的参数。与基极电阻自偏压效应机理相似,当发射极电流流过金属电极时,在金属电极的欧姆电阻 R_M 上产生电压降。这同样会引起 eb 结上实际作用电压的变化,使发射结偏压在条长方向分布不均匀,离开电极条根部越远,偏压越小,造成电极条根部电流集中。为了防止电流集中,同样将金属条长度方向上的压降限制在 kT/q 以内,对于 n 条发射极条的电极,要求 $\dfrac{I_E}{n} R_M \leqslant \dfrac{kT}{q}$。

由于晶体管的内金属电极很薄(大部分小于 2 μm),特别是条形发射区宽度又小,因此内电极具有一定的电阻值。发射极电流经过内电极流入发射区时,特别是当 I_e 较大时,在发射极金属电极条上产生的压降将不可忽略。

如图 4-15 所示,发射极根部 A 处 $V_{eb}(A)$ 高,注入电流密度大,端部 B 处 $V_{eb}(B)$ 低,电流密度小,甚至有可能趋于零,因此,发射极条做得太长没有意义。规定:电极端部至根部两处的电位差等于 kT/q 时所对应的发射极长度称为发射极有效长度,记为 L_{eff}。图 4-15 中以极条上竖线疏密表示电流密度变化。

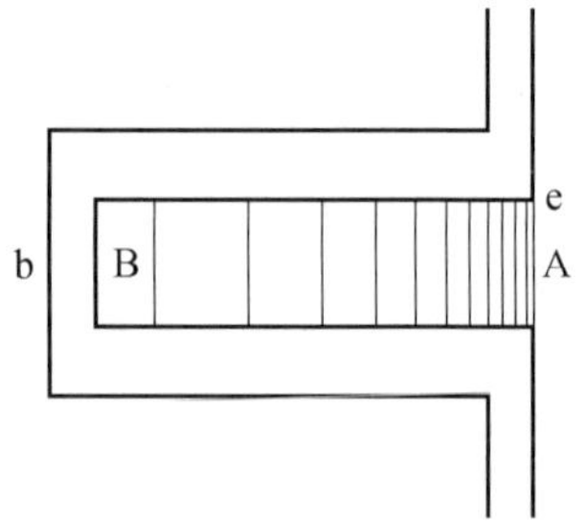

如果近似假设发射极电流沿条长方向线性分布,可用与求基极电阻相同的方法求得发射极金属电极条的等效电阻为

图 4-15 沿发射极条长方向的电流分布

$$R_M = \dfrac{R_{\square M} L_e}{3 S_M} \quad (4-50)$$

式中,S_M 为电极金属膜宽度;L_e 为发射极条长度;$R_{\square M}$ 为金属膜的薄层电阻。对于常用的金属铝,其电导率 $\sigma = 3.5 \times 10^5 \ (\Omega \cdot \text{cm})^{-1}$,若铝膜厚为 1 μm,则其薄层电阻 $R_{\square M} = 2.8 \times 10^2 \ \Omega/\square$。

若发射极由 n 条并联而成,则每一条上的电流为 (I_E/n),在发射极条长方向所产生的压降为

$$\Delta V = \dfrac{I_E R_{\square M} L_e}{3 n S_M} \quad (4-51)$$

根据定义,当 $\Delta V = kT/q$ 时所对应的条长为有效长度,则由式(4-51)求得

$$L_{\text{eff}} = \dfrac{3 n S_M kT}{I_E R_{\square M} q} \quad (4-52)$$

式(4-49)、式(4-52)是设计晶体管时确定几何尺寸的依据。

值得指出的是,在大电流下,基极电阻发生变化,前面计算基极电阻时假设的发射极电流均匀分布(基极电流线性减小)不再成立;由于发射极电流集边效应,与 I_e 复合的基极电流不再线性地减小;大注入效应所引起的基区电导调制效应使基区电阻大为减小,有效基区扩展效应使有效基区宽度增大,也引起基区电阻减小,结果使得在大电流下的基极电阻难于准确计算出来。一般是通过实验测得。

4.4.4 发射极单位周长电流容量

由于电流集边效应,发射极边缘的电流密度将大于发射结上的平均电流密度,由大注入而产生的基区扩展效应将首先在边界上发生。为了防止基区扩展效应,必须合理选取发射极条周界上的电流容量。

为了降低工艺难度,提高成品率,实际晶体管的发射极条宽大多远大于有效条宽。但是,加在发射极条上的偏置电压却是有限的。极条越宽基区横向压降越大,基极电阻自偏压效应越显著,发射结中心处的结压降越小,中心处的发射电流密度越小。因此,发射极上的总发射电流并不随条宽的增宽而增大。可以证明,当条宽远大于有效条宽时,发射电流变为由有效条宽($2S_{\text{eff}}$)和峰值电流密度 J_{EP} 共同决定的一个常数。因此,发射极单位周长上的电流容量也可由有效条宽和最大电流密度确定。为此,定义单位发射极周长上的电流为线电流密度为

$$J_{\text{CMl}} = \frac{I_{\text{CM}}}{L_{\text{E}}} = \frac{I_{\text{CM}}}{A_{\text{eff}}/S_{\text{eff}}} = J_{\text{CM}} \cdot S_{\text{eff}} \quad (4-53)$$

式中,L_{E}、A_{eff}、S_{eff} 分别表示发射极总周长、发射极有效面积及有效半宽度。此处,假设了 $L_{\text{E}} = 2L_{\text{e}}$,$L_{\text{e}}$ 为发射极条长度。

式(4-53)中的 J_{CM} 为保证不发生基区扩展效应或基区大注入效应的最大(面)电流密度。由于二者数值不等,在设计晶体管时应按较小的电流密度作为计算依据。一般来说,合金型晶体管基区杂质浓度远远低于集电区杂质浓度,容易发生基区电导调制效应,而外延平面(台面)管因基区杂质浓度远远高于集电区杂质浓度,易于发生向集电区延伸的有效基区扩展效应。

如果按基区电导调制效应来计算,一般定义注入基区靠 eb 结边界处的少子浓度达到基区杂质浓度时所对应的发射极电流密度为受基区电导调制效应限制的最大发射极电流密度。对于均匀基区晶体管,由式(4-1)有

$$|J_{\text{EM}}| = 1.5 \frac{qD_{\text{nb}} N_{\text{B}}}{W_{\text{b}}} \quad (4-54)$$

对于缓变基区晶体管,式(4-54)中的基区杂质浓度 N_{B} 可近似用 $\overline{N}_{\text{B}}$ 来取代。

如果按照有效基区扩展效应来决定集电极最大电流密度,一般规定基区开始扩展时的临界电流密度为最大集电极电流密度。对于均匀基区晶体管,可取

$$J_{\text{CM}} = J_{\text{cr}} = q v_{\text{sl}} N_{\text{B}}$$

对于缓变基区晶体管,在强电场情况下,可取

$$J_{\text{CM}} = J'_{\text{cr}} = q v_{\text{sl}} \left(N_{\text{C}} + \frac{2\varepsilon\varepsilon_0 |V_{\text{Tc}}|}{qW_{\text{c}}^2} \right)$$

一般情况下,括号中的第二项远小于第一项,所以又可近似取

$$J_{\text{CM}} = J'_{\text{cr}} \approx q v_{\text{sl}} N_{\text{C}}$$

在弱场情况下,取

$$J_{CM} = J''_{cr} = q\mu_{n0}\frac{|V_{Tc}|}{W_c}N_C \approx \frac{|V_c|}{\rho_c W_c}$$

在晶体管设计时,应按上述各式求出发生基区电导调制效应及有效基区扩展效应的最大电流密度,选其中较小者作为设计的上限,以保证在正常工作时晶体管中不会发生严重的基区电导调制效应及基区扩展效应。

在确定了 J_{CM} 之后,便可根据式(4-53)计算出 J_{CMl},从而可根据用户要求的 I_{CM} 来确定发射极总周长 L_E。

在实践中,有时也参考经验数据来选定线电流密度,然后再进行验算。

① 用于放大元件时,$J_{CMl} = 0.012 \sim 0.04$ mA/μm;

② 用于功率管时,$J_{CMl} = 0.04 \sim 0.16$ mA/μm;

③ 用于开关管时,$J_{CMl} = 0.12 \sim 0.5$ mA/μm。

在功率晶体管中,常常会遇到"改善大电流特性"的问题。所谓改善大电流特性,就是指设法将 β_0 或 f_T 开始下降的电流提高一些,或者说是如何提高集电极最大工作电流 I_{CM} 的问题。

从前面的讨论可知,对于图形确定的晶体管,改善大电流特性主要是提高发射极单位周长电流容量(即提高线电流密度),可以考虑的途径是:

① 外延层电阻率选得低一些,外延层厚度尽可能小些;

② 直流电流放大系数 β_0 或 f_T 尽量做得大些;

③ 在允许的范围内适当提高集电结的偏压及降低内基区方块电阻。

其中,①、② 两项可调整的范围大一些,但第 ① 项又受击穿电压指标的限制,第 ② 项受成品率等的限制,β_0 或 f_T 也不能做得太高。考虑到发射结扩散及发射结击穿电压,内基区方块电阻又不能做得太小,所以提高线电流密度的作用也是有限的。如果实在满足不了要求,则只能靠加长发射极总周长来改善大电流特性。

还须指出,工艺质量的好坏与晶体管大电流特性密切相关,如铝电极刻蚀宽窄不一、铝层太薄、$R_{\square b}$ 控制不好等,都会使大电流特性变坏,所以对工艺质量的控制必须给予充分的重视。

4.5 晶体管最大耗散功率 P_{CM}

欲提高晶体管的输出功率,除了受电学方面的限制外,还受到热学方面的限制。最大耗散功率是从热学角度限制晶体管最大输出功率的参数,是晶体管的主要热限制参数,因此也是设计、制造大功率晶体管必须考虑的重要参数之一。

4.5.1 耗散功率 P_C 和转换效率 η

晶体管具有功率放大作用,并不是说它本身产生能量,晶体管只是把电源的能量转换成输出信号的能量,使输出信号功率 P_o 比输入信号功率 P_i 大 K_p 倍($K_p = P_o/P_i$)。在转换过程中,晶体管本身还要消耗一定的功率 P_C。当晶体管工作时,电流流过发射结、集电结和体串联电阻 r_{cs} 都会产生功率耗散。但在正常工作状态下,发射结正向偏压远小于集电结的反向偏压,体电阻也很小,因此,晶体管的功率耗散主要在集电结上。耗散功率为

$$P_C \approx I_C V_{ce}$$

耗散功率转换成热量,使集电结成为晶体管的发热中心。

若电源所供给的功率是 P_D,则输出功率 $P_o = P_D - P_C$。用 η 表示晶体管的转换效率来描述晶体管将电源提供的功率转换成为有用的输出功率的比率,则 $\eta = P_o / P_D$。因此,输出功率为

$$P_o = \frac{\eta}{1-\eta} P_C \tag{4-55}$$

显然,电路的输出功率 P_o 受晶体管本身的耗散功率 P_C 限制。若希望得到较大的输出功率,就要选用耗散功率较大的晶体管。转换效率 η 除与晶体管的性能有关外,主要决定于晶体管在电路中的运用情况。例如,甲类运用时,η 的最大理论值可达 50%,电源提供的功率有一半消耗在晶体管内部。

4.5.2 最高结温 T_{jm}

晶体管耗散的这部分功率 P_C 将转换成热量使结温升高,同时由于与环境的温差,所产生的热量一部分通过管座、管壳散发到周围空间去。单位时间内散发的热量随着结温升高和温差增大而增加。当结温升高到单位时间散热量等于耗散功率时,结温不再升高,此时晶体管处于动态热平衡状态。显然,耗散功率 P_C 越大,平衡状态的结温越高。最高结温 T_{jm} 则是指晶体管能够正常地长期可靠工作的 pn 结温度,它与半导体材料的电阻率和器件的可靠性有关。

结温随着耗散功率的增加而上升,当温度升高到基区的本征载流子浓度接近其杂质浓度时,pn 结的单向导电性被破坏而使晶体管失去其作用。因此,最高结温 T_{jm} 由基区转变为本征导电的温度限定。当电阻率为 ρ 时,Ge 和 Si 结的最高结温可分别由以下公式计算,即

$$T_{jm} = \frac{4\,060}{10.67 + \ln \rho} K(\text{Ge})$$

$$T_{jm} = \frac{6\,400}{10.43 + \ln \rho} K(\text{Si})$$

例如,$\rho = 1\ \Omega \cdot \text{cm}$ 时,可算得 $T_{jm}(\text{Si}) = 339\ ℃$,$T_{jm}(\text{Ge}) = 107\ ℃$。实际规定的最高结温比上述理论值低,降低使用温度主要是器件可靠性的要求。

结温升高,本征激发使反向饱和电流 I_{cbo} 增大,集电极电流 I_c 增加,I_c 增加又引起耗散功率增大使结温进一步升高。若晶体管散热条件欠佳,这种热电循环将造成晶体管热击穿,并导致晶体管被烧毁。若工作温度过高,沾污离子的活动性加大使器件参数的稳定性变差,甚至可能出现焊料软化或合金熔化、管壳密封性变差、金属电迁移增大等,由此引起晶体管内部出现缓慢的不可逆变化,使器件性能劣化、失效率增大。因此,降低使用温度,可以提高器件的可靠性。

综上所述,为了保证器件正常工作和具有足够的寿命,必须限制其最高结温。由寿命实验结果确定的 Si 器件最高结温应限制在 150 ~ 200 ℃,而 Ge 晶体管则应限制在 85 ~ 125 ℃。

4.5.3 热阻 R_T

晶体管的结温随着耗散功率的增大而上升。在热稳定状态下,单位时间内由耗散功率转换出的热量与向外散发的热量相等。在限定结温下,晶体管所能承受的耗散功率由晶体管的散热能力决定,一般用热阻来衡量晶体管散热能力的大小。与电阻相似,任意两点间的温差与

其热流之比称为两点间的热阻。传热过程的物理本质决定,热阻有稳态热阻和瞬态热阻之分。

1. 稳态热阻

在稳态情况下,晶体管各部分的温度分布不随时间变化,此时若结温为 T_j,环境温度为 T_A,则有

$$P_C = Q = K(T_j - T_A)$$

式中,Q 为单位时间散发的热量;K 为热导。将 $K = 1/R_T$ 代入上式,又有

$$R_T = \frac{T_j - T_A}{P_C} \tag{4-56}$$

式中,R_T 称为(稳态)热阻。可见,热阻表示散发单位耗散功率的热量所需要的温度差,反映了晶体管散热本领的大小。式(4-56)与电学的欧姆定律有很好的可比性,称为热学欧姆定律。

对于材料厚度为 t,面积为 A 的片状导热材料,在一维导热的情况下,其热阻为

$$R_T = \frac{t}{kA}$$

式中,k 为材料的导热系数(热导率)。

如图 4-16 所示为硅平面功率晶体管的结构示意图。其中用 Au-Sb 焊料形成管芯的欧姆接触,Mo 是过渡层。由于钼的热膨胀系数与硅的比较接近,加入钼片可以减小因硅与铜管座热膨胀系数不同而产生的应力。如图 4-17 所示为功率晶体管热流分布的示意图。从晶体管管芯到管壳表面的热阻称为内热阻,包括半导体衬底材料、焊料、过渡层和管座材料的热阻。热量从管芯传导到管壳后,还要散发到周围介质中去,一般情况下周围介质是空气,这时的传热方式是辐射和对流。管壳到周围介质的热阻称为晶体管的外热阻。因为辐射和对流传递的热量与面积成正比,而管壳面积比较小,所以外热阻较大。为了降低外热阻以增大晶体管的耗散功率,需要采用散热器以增加散热面积。有时在晶体管和散热器之间还要加绝缘垫片。这样,计算外热阻时就应该考虑到管壳到空气的热阻、绝缘垫片和散热器的热阻以及管壳与垫片、垫片与散热器之间的接触热阻等。

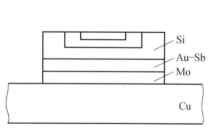

图 4-16 功率晶体管结构示意图

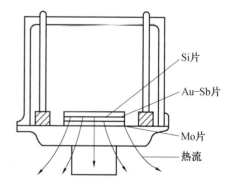

图 4-17 晶体管的热流分布

晶体管中的实际情况远比上述分析复杂得多,这是因为:① 各部位并非均为严格的片状材料;② 热流方向不可能是一维的;③ 电流在集电结非均匀分布;④ 强迫冷却条件的变化。这些因素都使得热阻的计算既复杂又粗略,故一般都通过实验来确定。

2. 瞬态热阻

在稳定状态下，晶体管的耗散功率恒定不变。但在开关和脉冲电路中，晶体管的耗散功率却是随着时间变化的，结温和管壳温度也随时间变化，热阻也变成随时间变化的瞬态热阻。

通过求解含时间的热传导方程可以得到瞬态热阻的表示式，但数学处理过程较繁，下面只做定性说明。

与电路中存在电位差才会有传导电流的情况相似，传热导体中存在温差是形成热流和热传导的主要条件，而温度是物体分子能量大小的量度，它直接与晶格振动的情况有关。因此，在热传导过程中，必须首先将一部分热量转换为晶格的振动能使分子能量增加，才能使温度升高，形成温差产生热传导。晶格吸收热量的过程可用热容 C_T 来描述，C_T 表示使一个质量为 G 的物体温度升高 1 ℃ 所需要的热量。考虑到热容作用后，可用传输线来模拟瞬态热路，其等效热路如图 4-18 所示。

与瞬态电路中惯性元件两端电压不能突变相似，在瞬态热路中，由于存在热容，温度也不可能突变；与电路中存在对电容的充电延迟时间相似，当对晶体管施加功率时，由于对热容"充热"，因此温差 ΔT 不会立即增大，而是随着时间增长指数上升，即

$$\Delta T = T_j - T_A = A(1 - e^{-t/C_T R_T})$$

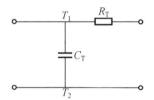

图 4-18　用传输线模拟的等效线路

式中，A 为比例系数。当 $t \to \infty$ 时，晶体管达到热稳定状态，因此 $A = P_C R_T$，由此得

$$T_j - T_A = P_C R_T (1 - e^{-t/C_T R_T})$$

按照定义，热阻等于温差与热流之比，于是瞬态热阻为

$$R_{Ts} = R_T (1 - e^{-t/C_T R_T})$$

显然，当施加功率的时间 $t \gg R_T C_T$ 时，瞬态热阻 $R_{Ts} \approx R_T$；若施加功率时间很短，则瞬态热阻小于稳态热阻。

4.5.4　最大耗散功率 P_{CM}

晶体管的最大耗散功率 P_{CM} 即当结温 T_j 达到最高允许结温 T_{jm} 时所对应的耗散功率。在确定了晶体管热阻之后，就可以根据最高允许结温和环境温度确定晶体管的最大耗散功率，即

$$P_{CM} = \frac{T_{jm} - T_A}{R_T} \text{ 或者 } P_{CM} = \frac{T_{jm} - T_A}{R_{Ts}} = \frac{T_{jm} - T_A}{R_T (1 - e^{-t/C_T R_T})}$$

一般器件制作厂家给出的 P_{CM} 是按照环境温度 $T_A = 25$ ℃ 时确定的数据。若在使用时环境温度 $T \neq T_A$，则最大耗散功率可按下式进行修正，即

$$P_{CM}(T) = P_{CM} \frac{T_{jm} - T}{T_{jm} - T_A}$$

式中，$P_{CM}(T)$ 为在使用温度 T 下的最大耗散功率。

若令式(4-55)中 $P_C = P_{CM}$，则得最大输出功率为

$$P_{oM} = \frac{\eta}{1 - \eta} P_{CM}$$

可见，最大耗散功率 P_{CM} 不仅限制了晶体管的工作点，而且通过转换效率限制了晶体管的最大输出功率。

综上所述,要想提高晶体管的耗散功率以提高输出功率,首先,可以降低晶体管热阻,这是主要措施,为此需减小各部位厚度、加大面积、选热导率高的焊料及管壳、加散热片等;其次,提高 T_{jm}。因此,Si 管比 Ge 管更有利。对同一种材料,降低电阻率可以适当提高其最高允许结温,这是因为同等程度的本征激发对高掺杂材料的影响要小于对低掺杂材料的影响。

4.6 二次击穿和安全工作区

二次击穿是功率晶体管早期失效或突然损坏的重要原因,它已成为影响功率晶体管安全可靠使用的重要因素。根据 4.5 节的讨论,如果晶体管工作在最大耗散功率的范围以内,就不会因为热效应而失效。但是,大量实践表明,许多晶体管即使工作在最大耗散功率范围以内,也有可能被烧毁,这种现象是由二次击穿引起的。二次击穿自从 1957 年作为"不可思议的现象"被提出以来,一直受到极大的重视并进行了大量研究,但是至今没有一种理论给予完整的说明。本节仅就二次击穿现象、产生原因及防止方法进行简单介绍,进而讨论晶体管的安全工作区。

4.6.1 二次击穿现象

实验发现,在功率晶体管和其他半导体器件中都存在二次击穿现象。图 4-19 是晶体管二次击穿的实验曲线,在此击穿曲线上可用 A、B、C、D 将其分为四个区域。当电压 V_{ce} 增加到集电结的雪崩击穿电压时,首先在 A 点发生雪崩击穿,为了与二次击穿相区别,将这种击穿称为一次雪崩击穿。雪崩击穿后,集电极电流 I_c 随电压增加而很快上升。当电流增加到 B 点,并在 B 点经过短暂的停留后,晶体管将由高电压状态跃变到低压大电流的 C 点,若电路无限流措施,电流将继续增加,进入低压大电流区域 CD 段,直至最后烧毁。因此,二次击穿是指一次击穿后,器件承受的电压突然降低而电流继续增大,器件由高压小电流状态突然跃入低压大电流状态的一种现象。

发生二次击穿时的电流、电压和功率分别称为二次击穿临界电流 I_{SB}、临界电压 V_{SB} 和临界功率 P_{SB},有

$$P_{SB} = I_{SB} V_{SB} \tag{4-57}$$

式中,P_{SB} 也称为二次击穿触发功率。在触发功率下经过的时间称为延迟时间 t_{sd}。存在延迟时间表明,由一次击穿进入二次击穿,在晶体管内部需要积聚和消耗一定的能量,即

$$E_{SB} = P_{SB} \cdot t_{sd} \tag{4-58}$$

这个能量称为二次击穿触发能量。显然,E_{SB} 或触发功率 P_{SB} 越大,发生二次击穿越困难,该晶体管抗二次击穿能力越强,因此,E_{SB} 也称为二次击穿耐量。

不同形式二次击穿所需能量不同,延迟时间差别很大。短的几乎是瞬时发生,长的可达毫微秒甚至微秒数量级。但发生二次击穿后,晶体管上承受的电压即维持电压 V_{sus} 都下降到 10~15 V 的范围内。

二次击穿在基极正偏($I_b > 0$)、反偏($I_b < 0$)和开路($I_b = 0$)状态下都存在。不同条件下二次击穿触发点的连线称为二次击穿临界线或二次击穿功耗线,如图 4-20 所示。实验发现,触发功率随电压升高而下降,如在 100 W 硅平面管中,低压触发功率 $P_{SB} = 2P_{CM}$,而高压下触

发功率 $P_{SB} = \frac{1}{2} P_{CM}$。

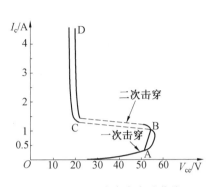

图 4-19 二次击穿实验曲线

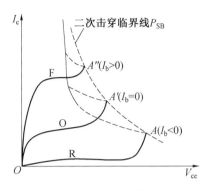

图 4-20 二次击穿临界线

二次击穿对晶体管具有一定的破坏作用,在二次击穿状态下停留一定时间后,会使器件特性劣化或失效。当然,若外加限流电阻并适当减小使用功率,对于二次击穿耐量高的晶体管,可以得到可逆的二次击穿特性,利用此特性可以制成二次击穿振荡器。二次击穿耐量低的晶体管经多次二次击穿后必然失效。对失效后的晶体管进行解剖分析发现,在发射区和集电区之间的局部地方往往存在 100 μm 左右的熔融孔,从而造成极间短路。

4.6.2 二次击穿的特点及实验结果

分析二次击穿现象,发现有如下显著特点:
① 从高压低电流区急剧地过渡到低压大电流区,呈现负阻特性;
② 发生二次击穿时,原先大体上均匀分布的电流会急剧地集中在发射区的某一部分。
总结大量实验结果,发现二次击穿具有以下规律。
① 在 $I_b > 0$、$I_b = 0$、$I_b < 0$ 条件下都可以发生二次击穿,且在不同基极偏置条件下,二次击穿触发功率 $P_{SB} = I_{SB} V_{SB}$ 间满足关系

$$P_{SBF} > P_{SBO} > P_{SBR}$$

式中,角标 F、O、R 分别表示基极正偏、开路和反偏(图4-20)。显然,$I_b < 0$ 时的 P_{SBR} 最小,意味着同等条件下,基极反偏时最容易发生二次击穿。

② 二次击穿临界(触发)电流 I_{SB} 与临界(触发)电压 V_{SB} 相关,满足 $I_{SB} \propto V_{SB}^{-m}$ 的关系。其中,m 与晶体管种类及制作方法有关。一般当集电结为缓变结时,$m = 1.5$;为突变结时,$m = 4$。

③ 二次击穿触发功率与晶体管特征频率之间存在着一定的关系,即

$$P_{SB} = K_f f_T^{-m_f}$$

式中,K_f 为与晶体管有关的常数;m_f 为相关指数,其数值介于 0.5~1。同时,P_{SB} 还与测量脉冲宽度有关,脉宽越窄,P_{SB} 越高,如图 4-21 所示。

④ 二次击穿触发能量与基极电阻及基区电阻率有关。基区电阻越大,P_{SB} 越低,如

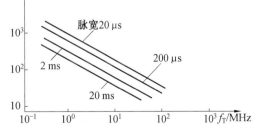

图 4-21 P_{SB} 与 f_T 测量脉宽的关系

图 4—22 所示。

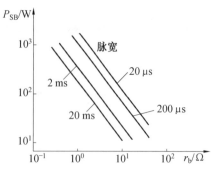
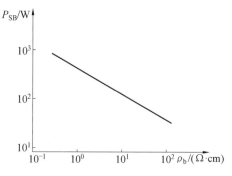

图 4—22 P_{SB} 与 r_b、ρ_b 的关系（Ge 功率晶体管）

⑤ 一般电流放大系数较大的晶体管，其 P_{SB} 较低。

⑥ 在 $I_b < 0$ 时，二次击穿触发能量还与外延层厚度有关。随着外延层厚度的增加，P_{SB} 也增大。同时发现，随着外延层厚度的减薄，环境温度对 P_{SB} 的影响越来越小，如图 4—23 所示。

⑦ 一般耗散功率 P_{CM} 大的晶体管，集电结面积都较大，这使得杂质分布的不均匀性及缺陷数目均有所增加，致使 P_{SB} 相对减小。

⑧ 发生二次击穿时，整个晶体管无明显的温升。

4.6.3 二次击穿机理分析及防止二次击穿的措施

二次击穿的机理较为复杂，虽经大量的理论分析和实验研究，但至今尚没有一个较为完整的理论对二次击穿做严格定量的分析解释。目前比较普遍认同的解释是热不稳定二次击穿和雪崩注

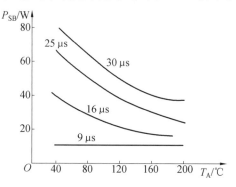

图 4—23 P_{SB} 与外延层厚度及环境温度的关系（脉冲宽度为 100 μs，占空比为 1%）

入二次击穿。热不稳定性理论用于正偏二次击穿取得了较好的效果，根据这个理论提出的防止产生"过热点"的一些措施也得到了相当大的成功。雪崩注入理论较好地说明了外延平面晶体管的反偏二次击穿，根据这个理论提出的防止反偏二次击穿的措施也取得了明显的效果。两种理论的共同点在于电流集中于一定的位置，产生过热点或者雪崩注入。

1. 热不稳定二次击穿

热不稳定二次击穿是由于晶体管内部出现电流局部集中，形成"过热点"，导致该处发生局部热击穿的结果。这一理论又称为热不稳定性理论，或简称热型理论。

（1）机理分析。

热不稳定性理论认为，二次击穿与"过热点"有关，发射极电流集中，局部热起伏是形成过热点、产生热斑的主要原因。

由温度对 pn 结正向电流影响的讨论知（式(1—81)），在发射结电压一定的情况下，发射极电流随温度急剧上升。如果由于热起伏，结上局部温度升高，则此处注入电流增大，电流密度增高，耗散功率增加。如果由此增加的热量来不及散失，必然进一步引起局部温升，电流更加

集中。这样往复循环就会在晶体管内部出现局部高温区,形成热斑。实验发现,热斑的直径只有 $10^{-3} \sim 10^{-2}$ cm,而电流密度却高达 10^4 A/cm^2。当热斑的温度升高到高阻区的本征温度时,高阻区呈现本征导电,pn 结耗尽区消失,大量热激发载流子使集电结短路,晶体管立即进入低压大电流的二次击穿状态。如果外电路有限流措施,则在中断二次击穿状态后,耗尽层还会恢复。若无限流措施,大电流通过的截面积很小、电阻很大的局部热斑将产生大量热量,而单位时间能散发出的热量是有限的。因此,热斑温度将随热量增加而急剧上升,直至达到半导体材料的熔点,使材料熔化产生熔融孔,造成晶体管永久失效。

可见,热不稳定性理论认为,二次击穿是局部温升与电流集中往复循环的结果,而循环和温升都需要一定的时间。因此,热不稳定二次击穿的触发延迟时间比较长。

(2) 电流局部集中的原因。

导致晶体管内电流分配不均匀而造成局部集中的原因大致有以下几种。

首先是发射极电流的高度集边或者"夹紧"效应。在大电流下横向基区电阻上所产生的压降使发射极电流集中在发射极条两边,这就是发射极电流集边效应。如果发射结反偏,则 n$^+$pnn$^+$ 晶体管的基极电流将流出基极,从而使发射极电流集中在发射极条的中心,这就是所谓的"夹紧"效应。在产生集边效应时,电流集中的程度相对来说还是比较小的。如果产生夹紧效应,全部电流都从发射极中心通过,这样大的电流密度就很容易产生过热点或引起雪崩注入,从而触发二次击穿。因此,夹紧效应是引起电流集中、导致二次击穿的一个主要原因。夹紧效应不仅是反偏二次击穿的一种诱发原因,也是正偏二次击穿的一种重要诱发原因。在正偏情况下,集电结势垒区中由于碰撞电离产生电子空穴对,其中电子流向集电极,空穴将从基极流出,从而产生夹紧效应。

其次是半导体内部的杂质和缺陷以及工艺过程造成的缺陷和不均匀性。在缺陷处杂质扩散快,造成结不平坦、基区宽度 W_b 不均匀等;发射极条、基极条间由于光刻、制版等原因造成各部位尺寸不均匀而引起的电位分配不均匀;烧结不良形成空洞而造成的局部热阻过大,该处结温升高,电流增大。

再次,晶体管结构设计不合理也是产生电流局部集中的原因。例如,管芯上图形布局不合理使中心部分温升比四周高,中心部分容易形成过热点;总的 I_E 在各小单元发射区上分配不均匀;在采用单元晶体管管芯并联的方式以获得大的功率输出的功率晶体管中,各单元晶体管管芯间由于缺陷,或由于工艺差别等原因造成某单元的注入电流较大时,电流集中和温升的循环将使该处电流更加集中,其他单元的结温和电流下降,同样由于电流集中和局部温升,形成过热点,最终导致二次击穿的发生。

最后,晶体管的结面积越大,存在不均匀性的危险也越大,越易发生二次击穿。

(3) 防止热不稳定二次击穿的措施。

为了提高晶体管的抗二次击穿性能,除了合理的结构设计以外,必须提高材料和工艺质量,减少缺陷,尽量减小基极电阻,以减弱发射极电流集中。对于大功率晶体管,在晶体管各单元的发射极上加装镇流电阻,如图 4—24 所示,利用发射极镇流电阻的直流负反馈作用将电流集中的

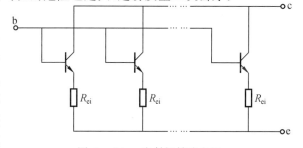

图 4—24 发射极镇流电阻

程度限制在一定的范围以内,是解决正偏二次击穿的一个有效方法。如果由于热不稳定,在某一点电流集中,该点所处单元电流的增加使得串联在该单元的 R_e 上压降也随之增加,从而使真正作用在该单元发射结上的压降随之减小,进而使通过该单元的电流自动减小,避免了电流进一步增加而诱发的二次击穿。

加入发射极镇流电阻固然可以有效地抑制电流集中,镇流电阻 R_e 越大,负反馈作用越强,稳流特性越好。但增加 R_e 将对晶体管的其他参数带来影响,如使功率损耗增加、晶体管的电流放大系数下降等。因此,必须两者兼顾,选择适当的电阻值。工程上一般要求,当温度变化 $\pm 5\text{ K}$ 时,发射极电流的变化应限制在 5% 以内。当加接镇流电阻 R_e 后,发射极偏置电压等于结压降和 R_e 上压降之和,即

$$V_{be} = V_{bei} + R_{ei} I_{ei} \tag{4-59}$$

式中,V_{bei} 表示晶体管第 i 个单元管芯的发射结压降;I_{ei} 为晶体管第 i 单元的发射极电流;R_{ei} 为第 i 单元的镇流电阻。将式(4-59)对温度 T 微分,得

$$\frac{dV_{be}}{dT} = \frac{dV_{bei}}{dT} + I_{ei}\frac{dR_{ei}}{dT} + R_{ei}\frac{dI_{ei}}{dT} \tag{4-60}$$

式中,$\frac{dR_{ei}}{dT}$ 为镇流电阻的温度系数,一般远小于结压降的温度系数。当忽略镇流电阻随温度的变化,并认为偏置电压不随温度变化时,有

$$R_{ei} = \left(-\frac{dV_{bei}}{dT}\right) \cdot \frac{dT}{dI_{ei}} \tag{4-61}$$

在室温附近,硅结压降的温度系数 $\frac{dV_{ei}}{dT} \approx -2\text{ mV/℃}$。按前述工程规定,应有 $\frac{dT}{dI_{ei}} \geqslant \frac{5}{5\times 10^{-2} I_{ei}}$。由此可得

$$R_{ei} \geqslant \frac{0.2}{I_{ei}} \approx 8\frac{kT}{qI_{ei}} \tag{4-62}$$

这就是常用的计算单元器件发射极镇流电阻的半经验公式。对于有 n 个单元器件并联的功率管,总发射极镇流电阻的阻值为

$$R_e = \frac{R_{ei}}{8} = 8\left(\frac{kT}{qI_e}\right)$$

根据上式选择镇流电阻 R_{ei},相当于用 R_{ei} 上压降随温度的变化去补偿结压降随温度的变化。在耗散功率和其他参数允许的情况下,镇流电阻可以适当选得大一些。此外,一般芯片中心散热比边缘差,因此镇流电阻应设计成中心大、边缘小的阶梯状。

常用的镇流电阻有金属膜电阻、扩散层电阻、多晶硅电阻和多层金属电极等结构形式,如图 4-25 所示。

金属膜电阻多用镍-铬蒸发形成,薄层电阻控制在 $4\sim 8\text{ Ω}/\square$ 范围内,再经镍铬反刻和铝反刻而成。其优点是温度系数小、性能稳定、老化失效率低。但反刻困难,均匀性和重复性较差。

利用发射区扩散层的一部分作为镇流电阻,只要将原来的发射极金属电极刻掉一段,就可利用断开部分的扩散层电阻作为镇流电阻。此法工艺简单,均匀性好,但电阻温度系数大,稳定性差,阻值不能精确控制。

多晶硅电阻的结构如图 4-25(c) 所示。镇流电阻的阻值可以通过调节多晶硅的电阻率来调控。其优点是不需改变发射区图形尺寸,并可防止铝穿过氧化层针孔引起发射极短路。

在如图 4-25(d) 所示的多层金属电极系统中,利用电阻率较高的 Ti(钛) 作为镇流电阻。Ti 两边的 Pt(铂) 膜是为了保证金属与金属间及金属与半导体间有良好的接触。这种结构工艺复杂,但可用作网格状发射极镇流电阻。

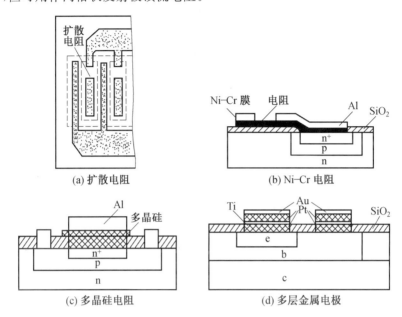

图 4-25 镇流电阻结构示意图

2. 雪崩注入二次击穿

对于延迟时间很短的二次击穿,不能用热不稳定性理论说明,必须用电学理论来说明,这就是雪崩注入理论。雪崩注入二次击穿是由 nn^+ 结处雪崩注入引起的,故称为雪崩注入二次击穿。由于这种二次击穿是由集电结内的电场分布及雪崩倍增区随 I_c 变化而引起的,因此是一种与外延层厚度密切相关的二次击穿。如图 4-23 所示即为 $I_b < 0$ 时二次击穿触发功率对外延层的依赖关系。

(1) 击穿机理。

以 n^+pnn^+ 晶体管来分析 $I_b = 0$(基极开路) 时的雪崩注入二次击穿。

当 cb 结反向偏压较小时,其空间电荷区宽度 x_{mc} 较小,电场分布如图 4-26(a) 中 A 所示,最大场强在 cb 结交界面 $x=0$ 处。随着 cb 结反向偏压的增大,x_{mc} 增大,$x=0$ 处电场也增强。如果外延层的厚度不够厚,随着 x_{mc} 的增大会发生外延层的穿通。当 $V_{ce} \to BV_{ceo}$ 时,在 $x=0$ 处将首先发生雪崩倍增效应。在 $x=0$ 处产生的电子逆电场穿过 n^- 区到达 n^+ 区,与此同时产生的空穴穿过基区进入发射区(因为基极开路),从而引起发射区向基区更大的注入。穿过基区的空穴中有一部分与发射区注入进来的电子相复合。

由式(2-81)可知,基极开路时,流过晶体管的电流 $I_c = I_{ceo} = \dfrac{MI_{cbo}}{1-\alpha M}$,只要 M 略大于 1,$I_c$ 即趋于 ∞。若以 E_{MB} 表示雪崩倍增临界场强,此时 $x=0$ 处最大场强不会比 E_{MB} 大很多,如图 4-26(a) 中 B 所示。如果集电结反偏继续上升,当倍增效应使 $n = N_C (J_c = J_{c0} = qv_{sl}N_C)$

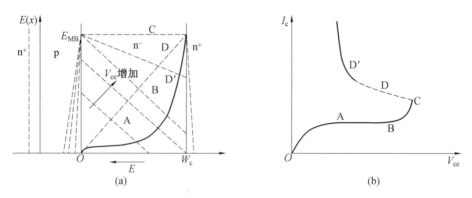

图 4-26 基极开路时,集电区电场分布变化及雪崩注入过程如图

时,即倍增产生的通过集电结空间电荷区的可动负电荷(电子)密度等于 n 型集电区固定正空间电荷密度,此时集电区内无净电荷,电场均匀分布,如图 4-26(a) 中 C 所示。当 $V_{ce} > BV_{ceo}$ 时,更加强烈的倍增效应使 $n > N_C$,集电区出现了负电荷,而正空间电荷全部由 n^+ 区边界处的电离杂质提供,此时最大场强移至 $x = W_c$ 处,雪崩区也移至 nn^+ 结处(如图 4-26(a) 中 D 所示)。在 $x = W_c$ 处,雪崩产生的载流子中电子沿 x 轴正方向运动,空穴沿电场(x 轴反方向)方向运动。空穴经过 n^- 区时会中和部分电子使 n^- 区电荷密度下降,电场强度减小,电场分布由 D 很快过渡到 D′,$E(x) \sim x$ 曲线下面积减小,V_{ce} 下降,此时电流仍在继续上升,故呈现负阻现象。在 $x = W_c$ 处,最大场强维持在 E_{MB} 以维持雪崩。上述过程类似于强场下的有效基区扩展效应,只不过这里电流密度的增大是由于雪崩倍增而已。其各阶段的 $I_c \sim V_{ce}$ 特性及特征点示于图 4-26(b) 中。

由上述分析可见,这种击穿的特点是 nn^+ 结的雪崩区向集电结的非雪崩区注入空穴而产生负阻特性,因此得名。

(2) 击穿条件。

由以上机理分析可知,发生雪崩注入二次击穿的必要条件是一次雪崩击穿后的电场分布转移。这时高阻集电区中的均匀电场强度为 E_{MB},而一次击穿产生的集电极电流密度 $J_c = J_{c0}(n = N_C)$。因此,发生雪崩注入二次击穿的临界电压为

$$V_{SB} = E_{MB} \cdot W_c$$

可见,这种击穿与外延层厚度 W_c 密切相关。因此,为避免发生此种击穿,外延层厚度要选择足够厚。在设计时,应使 $V_{SB} > BV_{ceo}$,为保险起见,最好选 $V_{SB} > BV_{cbo}$,由此得到

$$W_c \geqslant \frac{BV_{cbo}}{E_{MB}} \tag{4-63}$$

对于硅,$E_{MB} = 1 \times 10^5$ V/cm。

(3) 雪崩注入二次击穿临界线。

将不同 I_b 偏置条件下雪崩注入二次击穿触发点描在 $I_c \sim V_{ce}$ 图上,即可得雪崩注入二次击穿临界线,如图 4-27 所示。

临界电流 I_{SB} 在 $I_b < 0$ 时较 $I_b = 0$ 时的数值小,而 V_{SB} 在 $I_b < 0$ 时较 $I_b = 0$ 时大。可将 $I_b < 0$ 的情况视为在 e、b 之间并联一个电阻 R,此时 $I_c = I_e + I_b$。显然,$I_b < 0$ 时的 I_e 要比 $I_b = 0$ 时的 I_e 小。发生二次击穿之前先发生一次击穿,而一次击穿的条件是 $\alpha M \to 1$。小电流下,由于发射结势垒复合的作用使得 $I_b < 0$ 时的 α 要小于 $I_b = 0$ 时的 α 值,因为 α 值的减小,要满足

$\alpha M \to 1$ 就需增大 M 值，所以 $I_b < 0$ 时的 V_{SB} 应比 $I_b = 0$ 时的 V_{SB} 大。

在 $I_b < 0$ 时，基区电阻的自偏压效应表现为发射极电流夹紧效应，同样也减小了集电结通过电流的有效面积，所以 $I_{SB} = qv_{sl}N_C A_c$ 也将小于 $I_b = 0$ 时的数值。随着 $|I_b|$ 的增大（相当于 R 由 ∞ 减小），夹紧效应严重，A_c 进一步变小，I_{SB} 也随之减小。当 $R \approx r_b$ 时，相当于二等值电阻对 I_c 分流，I_{SB} 降至最小值。此后 R 进一步减小，I_b 进一步增大，达到临界电流密度时的 I_c 也增大，即在较大的 I_c 下才发生二次击穿。同时，由于 R 减小会引起 V_{eb} 下降，这又导致正向注入减少，只有增强集电结雪崩倍增，产生大量空穴流过 R 才能维持 R 上足够大的压降，即维持 eb 结上的正偏并从一次击穿向二次击穿过渡，所以 V_{SB} 继续升高。因此，$I_b < 0$ 的二次击穿临界线有如图 4-27 所示的形状。

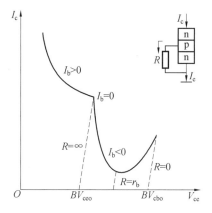

图 4-27 雪崩注入二次击穿临界线

对于 $I_b > 0$ 情况，V_{SB} 随 I_b 增大而减小是由于电流集边效应的影响使之在较低的偏压下即可发生二次击穿。

(4) 防止雪崩注入二次击穿的主要措施。

如上所述，雪崩注入二次击穿与外延层厚度 W_c 密切相关，因此，改善二次击穿特性首要的方法就是保证集电区外延层的厚度满足式 (4-63) 的要求。但是，简单增加外延层厚度将引起集电极串联电阻 r_{cs} 增加，饱和压降增大，输出功率减小。另外，可以增大外延层掺杂浓度以提高雪崩注入二次击穿临界电流密度 J_{c0}，但这又与提高 BV_{cbo} 相矛盾。为此，一般可以采用多层集电区结构，如图 4-28 所示。n_1^- 区的电阻率及厚度由 BV_{cbo} 决定，n_2 区的电阻率介于 n_1^-、n^+ 衬底之间，n_1^- 和 n_2 区的厚度之和满足式 (4-63)。加入缓冲层 n_2 可以减弱 n^- n^+ 结处最大电场强度，同时又不使串联电阻增加过多。

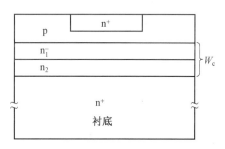

图 4-28 多层集电区示意图

采用钳位二极管也是防止二次击穿的重要措施之一，如图 4-29 所示。镇流电阻 R_E 可以防止正偏二次击穿，钳位二极管 D 可以防止反偏二次击穿。对钳位二极管的要求是：第一，其电流容量应近似等于 I_{CM}（即本征晶体管的最大电流）；第二，其雪崩击穿电压应低于本征晶体管的 BV_{cbo} 及 V_{SB}。

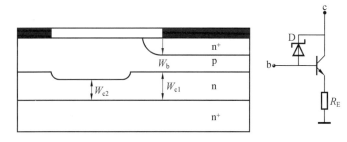

图 4-29 钳位二极管结构示意图

4.6.4 晶体管的安全工作区

晶体管的安全工作区是指晶体管能安全可靠地工作,并具有较长寿命和较高的稳定性的工作范围,一般用 SOAR 或者 SOA 表示。安全工作区是由最大集电极电流 I_{CM}、共发射极输出端最大耐压 BV_{ceo}、最大功耗线 P_{CM} 和二次击穿临界线 P_{SB} 所限定的区域,如图 4-30 所示。其中,图 4-30(a)用线性坐标,图 4-30(b)用对数坐标(只标有正偏二次击穿 P_{SBF})。

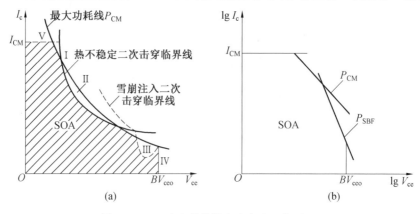

图 4-30　功率晶体管直流安全工作区

图 4-30(a)中,最大功耗线由最大耗散功率 P_{CM}、热阻、最高结温和环境温度决定。功耗线右边的 Ⅰ 区为功率耗散过荷区,在该区内工作时,晶体管主要是热破坏,因为过荷功率将产生大量热量,使结温上升,造成大面积破坏、引线烧断或 Ni-Cr 电阻烧毁等。区域 Ⅱ 是热不稳定二次击穿区,在该区内工作的晶体管因内部产生的"过热点"处熔化而造成 c、e 短路。区域 Ⅲ 为雪崩注入二次击穿区,二次击穿临界线由实验测定,它随改善二次击穿特性措施的有效实施而逐渐靠近最大功耗线。区域 Ⅳ 为雪崩击穿区。在 Ⅲ、Ⅳ 两区内,若在外电路串有保护限流电阻,晶体管可不致遭到永久性破坏。区域 Ⅴ 为电流过荷区,在该区内晶体管集电极电流超过了 I_{CM},β、f_T 严重下降,饱和压降超过允许值,晶体管性能恶化,不能正常工作。可见,晶体管真正的安全工作区应该是五者限定的区域。

晶体管的安全工作区与晶体管工作状态有关。高频运用的安全工作区比直流安全工作区大,这是因为晶体管处在脉冲工作状态时,集电极最大电流要比直流运用时大。一般其电流为直流时最大集电极电流 I_{CM} 的 1.5~3 倍。因此,从最大电流考虑,脉冲宽度越窄,安全工作区越大。测量结果表明,脉冲信号的占空比越大,P_{SB} 越小,特别是占空比大于 50% 时晶体管工作状态恶劣,极易损坏,而占空比小于 5% 时就不易损坏了。固定占空比时,脉冲宽度越窄,P_{SB} 越大,当脉宽小于 100 μs 后,安全工作区已不再受二次击穿功率 P_{SB} 的限制,当脉宽大于 1 s 时,其测量结果与直流情况无异。可见,安全工作区的大小与电路工作状态有关,但从设计和制造的角度考虑,尽量扩大晶体管的安全工作区仍是高频功率晶体管的重要任务。

要扩大安全工作区,首先必须努力做到使安全工作区由最大集电极电流 I_{CM}、最高集电极电压 BV_{ceo} 和最大功耗线所限定,即必须改善器件的二次击穿特性,将二次击穿临界线移到最大功耗线之外,至少也要移到最大功耗线上。其次,通过选择合适的材料和合理的设计,进一步提高器件的耐压,增大器件的最大电流,降低热阻,提高晶体管的耗散功率,才能使晶体管稳定可靠地工作在频率更高、功率更大的领域内。

思考与练习

1. 已知硅 npn 平面晶体管，$N_b(0)=2\times10^{17}$ cm^{-3}，$W_b=1.5$ μm，$D_{nb}=13.5$ cm^2/s，试估算其发生大注入效应时所对应的临界电流密度。

2. 有一硅 npn 平面管，其外延层厚度为 10 μm，掺杂浓度 $N_c=10^{15}$ cm^{-3}。试计算在 $|V_{cb}|=20$ V 时产生有效基区扩展效应的临界电流密度。

3. 有一锗 pnp 合金管，其基区杂质浓度为 5×10^{15} cm^{-3}。发射区与集电区的杂质浓度均为 5×10^{18} cm^{-3}，基区宽度为 5 μm，试判断限制集电极最大电流的机制并求其电流密度值。

4. 某硅 npn 平面管的基区杂质按高斯分布，其表面受主浓度为 10^{19} cm^{-3}，发射结深为 0.75 μm，集电结深为 1.5 μm，集电区外延层掺杂浓度为 10^{15} cm^{-3}，厚度为 10 μm，试判断在 $V_{cb}=10$ V 时限制集电极最大电流的机制。

5. 硅高耐压功率晶体管，集电区电阻率 $\rho_c=50$ Ω·cm，$W_c=120$ μm，硼扩散表面浓度 $N_{BS}=10^{18}$ cm^{-3}，基区表面浓度 $N_B(0)=5\times10^{16}$ cm^{-3}，基区宽度 $W_b=15$ μm，试计算当 $V_{cb}=300$ V 时的最大限制电流密度。

6. npn 硅外延平面管，集电区电阻率为 1.2 Ω·cm，集电区厚度为 10 μm，硼扩散表面浓度为 5×10^{18} cm^{-3}，结深 1.4 μm。求集电结电压分别为 25 V 和 2 V 时产生基区扩展效应的临界电流密度。若工作电流 $J_c=8\,000$ A/cm^2，试计算当 V_{cb} 分别为 25 V 和 2 V 时扩展的基区宽度 ΔW_b 各为多少，并对两个结果进行比较和分析。

7. 某双基极条硅 npn 平面管，基区平均杂质浓度为 5×10^{17} cm^{-3}（$\rho=0.1$ Ω·cm），基区宽度为 2 μm，发射极条宽为 12 μm，$\beta=50$。如果基区横向压降为 $2(kT/q)$，试求发射极最大电流密度。

8. 已知上题晶体管的 $f_T=800$ MHz，若欲使其在 500 MHz 下工作时发射极电流为 3 000 A/cm^2，则发射极有效条宽为多少？

9. 为防止二次击穿，拟在发射极上加 Ni−Cr 电阻。如果晶体管为梳状电极结构，10 条发射极，每条宽为 50 μm，$I_E=1$ A，Ni−Cr 膜的薄层电阻为 5 Ω/□，试决定镇流电阻的长宽尺寸。

10. 硅晶体管集电区总厚度为 100 μm，面积为 10^{-4} cm^2，当工作在 $V_c=10$ V，$I_c=100$ mA 条件下时，其管壳与结之间的温差是多少（忽略其他介质热阻，硅热导率取 1.5 W/cm·K）？

11. 硅功率管模型如图 4−17 所示。假如热流流过的面积均为 10^{-4} cm^2，Au−Sb 片的厚度 5 μm，其余部分厚度均为 50 μm，Au−Sb 热导率为 2.97 W/cm·K，Mo 热导率为 1.46 W/cm·K。若此功率管输出功率为 2 W（$\eta=70\%$），在管壳温度为 25 ℃ 时集电结结温为多少？

12. 试分析在大电流条件下工作的平面晶体管中共存着多少个自建电场？各自的作用如何？与小电流之下有何区别？

第5章 双极型晶体管的开关特性

在放大电路中,晶体管是一个优良的放大元件。在开关电路中,晶体管又可作为优良的开关元件而被广泛使用在计算机和自动控制等领域中。

前面几章中研究了晶体管的直流特性、交流特性及大电流特性,所涉及的均是稳态条件下的特性。对晶体管而言,则是工作在线性放大区时的稳态特性。晶体管的开关特性包括晶体管处于开态和关态时端电流电压间的静态特性,以及在开态和关态之间转换时,电流和电压随时间变化的瞬态特性。本章将介绍晶体管的瞬态特性,包括晶体管的开关作用、开关过程,并讨论晶体管开关特性与其基本电学参数之间的关系,从而为设计和应用开关管提供必要的理论根据。

5.1 开关晶体管的静态特性

1. 晶体管的开关作用

如图 5-1 所示为一共发射极连接的晶体管开关电路原理图,V_{CC}、V_{BB} 分别表示集电极和发射极的反向偏置电压,R_L 为负载电阻,其输出特性如图 5-2 所示。

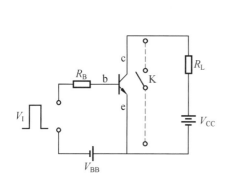

图 5-1 晶体管开关电路原理图   图 5-2 晶体管共射输出特性曲线

当基极回路中输入一幅值 $V_I \gg V_{BB}$ 的正脉冲信号时,基极电流立即上升到

$$I_b = \frac{V_I - V_{BB} - V_{BE}}{R_B} \tag{5-1}$$

在驱动电流 I_b 的作用下,发射结电压将逐渐由反偏变为正偏,晶体管由截止变为导通,集电极电流也将随着发射结正向压降的上升而增大。当集电极电流增加到负载电阻上的压降 $I_c R_L$ 达到或者超过 $V_{CC} - V_{BE}$ 时,集电结将变为零偏,甚至正偏。这时,晶体管的集电极和发射极之间的压降很小,c、e 之间近似短路,相当于图中 c、e 间的开关 K 闭合。因此,当晶体管导通后,在集电极回路中,晶体管相当于一闭合的开关。

当基极回路的输入脉冲为负或等于零时,晶体管的发射结和集电结都处于反向偏置状态,这时晶体管工作在截止区,集电极电流 $I_c = I_{ceo}$。对于性能良好的晶体管,I_{ceo} 一般很小,负载电阻上压降很小,集电极和发射极之间的压降 $V_{ce} \approx V_{CC}$。因此,当晶体管处于截止状态时,在集电极回路中,晶体管相当于一个断开的开关。

晶体管导通后工作在饱和区的开关电路,被称为饱和开关,饱和开关接近于理想开关。晶体管工作在放大区的开关电路,被称为非饱和开关,一般在高速开关电路中采用这种工作模式。

显然,如果在基极交替地施加正、负脉冲(或电平),使晶体管交替地处于饱和态和截止态,对于集电极回路而言,则是交替地处于导通(开)和断开(关)状态,因而可将其作为开关使用。

综上所述,晶体管的开关作用是通过基极的控制信号,使晶体管在饱和(或导通)态与截止态之间往复转换来实现的。与理想开关相比,开态时晶体管开关上的压降 $V_{ce} \neq 0$,关态时回路中还存在一定的电流 I_{ceo},回路电流 $I_c \neq 0$。另外,晶体管开关还存在着开关时间。

2. 开关晶体管的工作状态

晶体管的工作状态完全由直流偏置情况决定。根据电流、电压间关系不同,输出特性可分为三个区,分别对应着晶体管的三种状态(图 5-2)。

Ⅰ区中,晶体管电流间满足 $I_c = \beta I_b$ 关系。Ⅰ区称为线性区或放大区。

Ⅱ区称为饱和区,此时由于基极电流太大,而 R_L 限制着 I_c 不能随 I_b 线性增长($I_c < \beta I_b$),因此晶体管处于饱和态。

Ⅲ区处在 $I_b = 0$ 线以下,此时基极无输入,c、e 间仅有微小的漏电流,$V_{ce} \approx V_{CC}$,此时晶体管处于截止状态。Ⅲ区称为截止区。

此外,当晶体管的发射极和集电极相互交换,晶体管处于倒向运用状态时,也应该同样存在上述三个区域,出于分析开关特性的需要,将倒向(反向)放大区也一并提出进行分析。

放大区的工作情况在前几章中已有详细的分析,下面着重讨论开关晶体管处于饱和区和截止区时的特性。

处于饱和态的晶体管有如下特点。

(1) 过驱动。由于负载电阻 R_L 的限制,因此集电极电流只能达到一个称为集电极饱和电流的极限值 $I_{CS} = V_{CC}/R_L$。实际的 I_b 比 I_{CS}/β 大得越多,晶体管饱和得越深。为此,定义饱和度为

$$S = \frac{I_b}{I_{CS}/\beta} \tag{5-2}$$

来衡量晶体管的饱和深度。又因为晶体管所处的状态完全决定于基极电流的极性及大小,所以基极电流又称为驱动电流,而 S 又称为过驱动因子。深度饱和时,$S > 1$。

(2) 饱和压降小。晶体管处于饱和态时,c、e 间的压降——饱和压降 $V_{ces} = 0.2 \sim 0.3$ V,其值与饱和深度有关,此时电源电压绝大部分降落在负载上。

(3) 集电结正偏。晶体管处于饱和态时,$V_{ces} = 0.2 \sim 0.3$ V。而 e、b 间压降 V_{bes} 基本上是发射结的正向压降,约为 0.7 V(硅管)。因此,此时基极电位要比集电极电位高 0.5 V,集电结处于正偏状态,这是晶体管进入饱和态的重要标志。

截止区的特点是发射结和集电结都处于反向偏置状态,所以集电极电流很小。当在如图 5-1 所示开关电路的基极回路中没有脉冲信号输入,即 $V_I = 0$ 时,晶体管的发射结和集电结也就处于反向偏置状态。由于反偏发射结和集电结的抽取作用,基区少数载流子的分布低于平衡值,如图 5-3 所示。同时,通过两个结的电流分别为发射结和集电结的反向饱和电流 I_{ebo}

和 I_{cbo},基极电流 I_b 则由这两个电流成分组成,所以 $I_b \approx I_{ebo} + I_{cbo}$。由于基极电流很小,因此可以用输出特性曲线中 $I_b = 0$ 的一条线作为放大区和截止区的分界线。

由图 5-3 给出的不同工作状态下晶体管基区和集电区的少子分布图可见,晶体管的工作状态不同,其少子分布的差别也很大。因此,当晶体管从一种工作状态向另一种工作状态转换时,其少子分布必须随之变化。也就是说,晶体管工作状态的变化必须通过少数载流子分布的改变来完

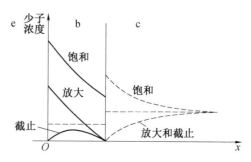

图 5-3　三种工作状态下基区和集电区的少子分布

成,而少数载流子的分布却不能在瞬间发生突变,因此晶体管从一个状态转换到另一个状态需要一个过渡过程,即开关过程。

3. 晶体管开关与二极管开关的比较

1.6 节中讨论了 pn 结二极管的开关特性,既然二极管和晶体管均有开关作用,就有必要将它们进行一番比较,从而在不同的应用场合做出合理的选择。

两者相似之处:

① 正向时(导通时)管子本身有压降;

② 反向时(截止时)存在漏电流。

两者不同之处:

① 晶体管开关的输出波形与输入波形相位差 180°,而二极管开关是同相位的,前者可在集成电路中做倒相器;

② 晶体管开关有电流及电压的放大作用,而二极管开关没有。

4. 开关运用对晶体管的基本要求

开关运用对晶体管的基本要求是其特性尽量接近于理想开关,即"开就是开,关就是关",这包括开态和关态特性好、开关时间短两方面。

(1) 开态和关态特性好。

处于开态时,晶体管导通良好,最好是短路状态。即要求晶体管输出阻抗小,饱和压降 V_{ces} 小,这样消耗功率小。此外还希望进入导通时启动功率要小,即要求晶体管正向压降 V_{bes} 小。处于关态时,最好是开路状态,即要求反向漏电流 I_{ceo} 小,输出阻抗高。只有这样,才能保证晶体管真正关闭。

(2) 开关时间短。

开关时间短即要求晶体管在"开"态与"关"态之间的转换速度快。以如图 5-1 所示电路为例,在某时刻前,发射结加有反向偏压($-V_{BB}$),晶体管处于截止状态,$V_o \approx V_{CC}$。在 t_0 时刻加正脉冲信号(V_1),使发射结正偏,晶体管导通。若晶体管处于饱和态,则输出端电压 $V_o \approx V_{ceo}$。正脉冲信号消失后,晶体管又恢复到截止态。理想的输入、输出波形应如图 5-4(a) 所示,但实际得到的波形如图 5-4(b) 所示。由图可见,无论是由"关"到"开"还是由"开"到"关",输出总是滞后于输入,这个滞后量的大小反映了晶体管内部状态间转换过程的快慢,用"开关时间"来衡量。

对应于开关过程的不同阶段,可以分别定义以下开关时间。

① 从基极有正信号输入开始到集电极电流开始上升(或上升到最大值 I_{CS} 的 10%),这段时间称为延迟时间,记为 t_d;

② 延迟时间后,集电极电流继续上升,由零(或 10% I_{CS})上升至最大值(或 90% I_{CS})时所需要的时间为上升时间,记为 t_r;

③ 从基极信号变负开始到集电极电流开始下降(或下降为 90% I_{CS})所需要的时间为存储时间,记为 t_s;

④ 然后,集电极电流继续下降,从 I_{CS}(或 90% I_{CS})下降到零(或 10% I_{CS})时所需要的时间为下降时间,记为 t_f。

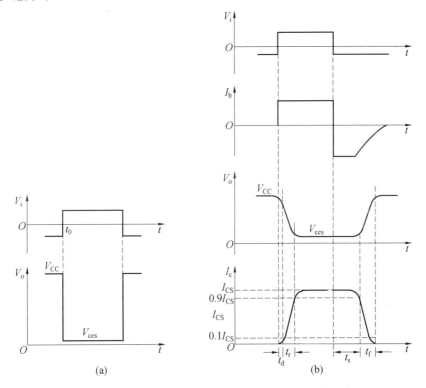

图 5-4 开关晶体管理想的(a)与实际的(b)输入、输出波形

由于在开关过程中集电极电流是交替变化的,电流开始上升或开始下降的时刻很难准确地确定,这就给本来就很短的时间测量带来很大的相对误差,所以工程上一般都以最大值 I_{CS} 的 10% 或 90% 来进行测量,因此又有上述括号中所给出的各时间定义。

$t_d + t_r = t_{on}$ 称为开启时间,$t_s + t_f = t_{off}$ 称为关闭时间。开启和关闭时间之和为晶体管开关时间。

5.2 晶体管的开关过程和开关时间

前面章节分析晶体管特性时是将晶体管看作"电流控制器件",即如果改变输入端电流,输出端电流就会随之而变。对于稳态及小信号运用情况来说,从这个概念出发对晶体管进行理论分析是很方便的,因为比较容易用线性微分方程来描述晶体管的特性。然而在作为开关运用时,晶体管的输入信号幅度变化很大,且它不是工作在线性区,而是在截止区与饱和区之间跳变,这时的晶体管表现出高度的非线性,若再采用前面的分析方法会使问题变得很复杂。另外,研究晶体管的开关特性时着重讨论的是晶体管在开 → 关及关 → 开的过程中结偏压及内部电荷的变化趋势及结果,至于变化过程的每一瞬间电荷(载流子)的具体分布情况并不需要知道,这又允许我们可以不用前面的分析方法而用"电荷控制理论"来讨论晶体管的开关特性。

1. 电荷控制理论

电荷控制理论将晶体管看作"电荷控制"器件,用电荷控制模型进行分析。电荷控制法因物理意义清楚、数学处理较简单而成为处理大信号问题的有效方法。

电荷控制法的基础仍然是基区少数载流子的连续性方程,即可以从少数载流子的连续性方程导出电荷控制分析的基本微分方程。

对于 npn 晶体管,当忽略基区内少数载流子的产生时,基区电子连续性方程为

$$\frac{\partial n}{\partial t} = \frac{1}{q}(\nabla \cdot J_n) - \frac{n - n_b^0}{\tau_n} \tag{5-3}$$

忽略平衡少子浓度,将式(5-3)在整个基区内积分,得到

$$\frac{\partial Q_b}{\partial t} = \iiint_V (\nabla \cdot J_n) dx dy dz - \frac{Q_b}{\tau_n} \tag{5-4}$$

式中,$Q_b = q\iiint_V n dx dy dz$ 表示积累在基区中的电子电荷总量。式(5-4)右边第一项可按高斯定理进行变换,将体积分变换为在整个基区体积表面 S 上电子电流密度垂直分量的面积分。这个表面积分等于进入基区的净电子电流 Δi_n 的负值,即

$$\iiint_V (\nabla \cdot J_n) dx dy dz = \oiint_S J_n \cdot dS = J_{ne}A_e - J_{nc}A_c = -\Delta i_n$$

于是得到

$$\frac{\partial Q_b}{\partial t} = -\Delta i_n - \frac{Q_b}{\tau_n} \tag{5-5}$$

假定基区是满足电中性要求的,则注入基区净的电子电流应该等于流入基区净的空穴电流,而后者就是流入基区的总的基极电流,即

$$i_b = \Delta i_p = -\Delta i_n \tag{5-6}$$

代入式(5-5)中,则有

$$\frac{\partial Q_b}{\partial t} = i_b - \frac{Q_b}{\tau_n} \tag{5-7}$$

由于基区电荷总量仅是时间的函数,因此式(5-7)又可表示为

$$\frac{dQ_b}{dt} = i_b - \frac{Q_b}{\tau_n} \tag{5-8}$$

式(5-8)的物理意义是明确的,它表示基区电荷随时间的变化率等于单位时间内基极电流提供的电荷减去基区内部的复合损失。

在稳态情况下,$dQ_b/dt = 0$,则由式(5-8)有

$$I_B = \frac{Q_B}{\tau_n} \tag{5-9}$$

式(5−9)表示在稳态情况下基极电流等于基区内的少子电荷复合电流,大写角标表示稳态值,以区别于小写角标的瞬态值。

为了将稳态下存储在基区内的少子电荷与基极电流联系起来,特根据式(5−9)定义一个基极时间常数,即

$$\tau_B = \frac{Q_B}{I_B} = \tau_n \tag{5−10}$$

同样,可以定义将稳态下基区电荷与相应的集电极电流相联系的集电极时间常数 τ_C 及基区电荷与发射极电流相联系的发射极时间常数 τ_E,即

$$\tau_C = \frac{Q_B}{I_C} \tag{5−11}$$

$$\tau_E = \frac{Q_B}{I_E} \tag{5−12}$$

所有这些时间常数总称为电荷控制参数。这些电荷控制参数可以用实验方法测定,也可以把它们与晶体管本身的特性参数联系起来。

由式(5−10)和式(5−11)可得

$$\tau_B = \frac{Q_B}{I_B} = \frac{Q_B}{I_C/\beta_{DC}} = \beta_{DC} \cdot \tau_C \tag{5−13}$$

由式(5−11)及式(5−12)可得

$$\tau_C = \frac{Q_B}{I_C} = \frac{Q_B}{\alpha I_E} = \frac{\tau_E}{\alpha} \tag{5−14}$$

因为 $W_b \ll L_{nb}$ 时,基区少子近似线性分布,所以对于均匀基区晶体管,发射极电流为

$$I_E \approx A_e q \frac{D_{nb}}{W_b} n_b^0 e^{qV_E/kT}$$

而基区中总电荷为

$$Q_B = \frac{q}{2} A_e W_b n_b^0 e^{qV_E/kT}$$

将这两式代入式(5−12),则得发射极时间常数为

$$\tau_E = \frac{Q_B}{I_E} = \frac{W_b^2}{2D_{nb}} \tag{5−15}$$

将此式与表示均匀基区晶体管基区渡越时间 τ_b 的式(3−73)相比,可得

$$\tau_E = (1+m)\tau_b = \frac{1+m}{\omega_b}$$

对于缓变基区晶体管,此参数与基区自建电场有关。

参照式(5−10),式(5−8)可改写为

$$i_b = \frac{Q_B}{\tau_B} + \frac{dQ_b}{dt} \tag{5−16}$$

即电荷控制分析中描写瞬态基极电流与基区积累电荷关系的基本方程。由于此方程是由稳态方程外推所得的,因此是一个近似方程,这个近似方程也只有在一定的条件下才是适用的。

由式(5−10)~(5−12)可见,I_E、I_B、I_C 决定于基区中的总电荷量。由第 2 章可知,这些电流除与基区中的电荷总量(载流子总数)有关外,更与载流子的分布形式密切相关。在稳态情况下,端电流与基区中少子电荷量成正比,故有上述结论。然而在非稳态条件下,在某一瞬

间由发射区注入基区的少子要建立一个稳态的分布需要一定的弛豫时间 τ_d。在这段时间内，端电流总是处于力求跟上而尚未跟上注入载流子总量变化的状态。显然，如果工作频率使晶体管总是处于弛豫过程，上述电荷控制分析是不适用的。计算表明，这段弛豫时间很短，约为基区渡越时间的 1/5。可见，由电荷控制分析所导出的式(5—16)仅在工作频率低于共基极截止频率 f_α 范围内才是适用的。

在瞬态情况下，当结压降随时间变化时，除了由于注入载流子浓度的变化引起基区电荷 Q_b 发生变化外，pn 结空间电荷区的宽度也将随着结压降的变化而变化。因此，空间电荷区电荷也随着结压降的变化而发生变化。例如，当发射结正向压降增大时，其空间电荷区宽度变窄，来自基极和发射极的多数载流子流入空间电荷区，形成对空间电荷区的充电电流。若发射结压降改变 dV_{eb} 时，发射结空间电荷区电荷改变 dQ_{Te}，则对发射结势垒电容的充电电流为

$$i_{C_{Te}} = \frac{dQ_{Te}}{dt} = \frac{dQ_{Te}}{dV_{be}} \cdot \frac{dV_{be}}{dt} = C_{Te} \frac{dV_{be}}{dt}$$

同样可得对集电结势垒电容的充电电流为

$$i_{C_{Tc}} = \frac{dQ_{Tc}}{dt} = C_{Tc} \frac{dV_{cb}}{dt}$$

考虑到对势垒电容的充放电效应后，基极电流中应包括对势垒电容的充放电电流，因此将式(5—16)扩展，可得到包含势垒电容时的电荷控制方程，即

$$\begin{aligned} i_b &= \frac{dQ_b}{dt} + \frac{Q_b}{\tau_B} + \frac{dQ_{Te}}{dt} + \frac{dQ_{Tc}}{dt} \\ &= \frac{dQ_b}{dt} + \frac{Q_b}{\tau_B} + C_{Te} \frac{dV_{be}}{dt} + C_{Tc} \frac{dV_{cb}}{dt} \end{aligned} \quad (5-17)$$

这表明，基极电流除了用于基区电荷积累、补充基区复合损失外，还要用于对势垒电容进行充放电以维持势垒区电荷随结压降的变化。

下面将按晶体管由截止 → 导通及由导通 → 截止的顺序用电荷控制分析法依次讨论其开关过程及开关时间。

2. 延迟过程和延迟时间

晶体管由关态向开态转换时，输出端并不能立即对输入端的正脉冲输入做出响应，而是有一个延迟过程。延迟过程所对应的时间称为延迟时间。

(1) 延迟过程。

延迟过程是指在开关晶体管的输入端加入驱动脉冲到晶体管开始导通的弛豫过程。晶体管输出端有输出电流的条件是 eb 结正偏，发射区向基区注入大量少数载流子，在基区形成浓度梯度，向集电结方向扩散，被反偏的 cb 结收集而形成集电极电流 I_c。处于截止态的晶体管，其 eb 结和 cb 结均为反偏，并不满足上述条件，没有输入电流，也没有输出电流。

如图 5—5 所示为截止状态晶体管结电压、电流传输及基区少子分布示意图。可见，由于 eb 结、cb 结均为反偏，因此两个势垒区均很宽，流过的电流均为很小的反偏漏电流。

在 t_0 时刻，基极输入幅值为 V_I 的正脉冲信号，形成基极电流 $I_{B1} = \frac{V_I - V_{BB}}{R_B}$，但此时没有集电极电流。这是因为基极流入的空穴将首先对 eb 结的空间电荷区充电(即中和部分负空间电荷)。与此同时，发射区的电子也要去中和部分正空间电荷，以满足电中性条件，如图 5—6 所示。随着向发射结空间电荷区充电的进行，空间电荷区宽度逐渐变窄，由起始的负偏压逐渐变

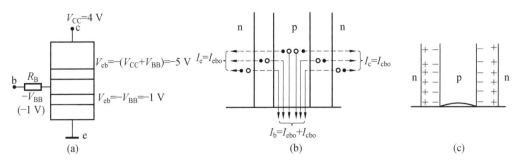

图 5-5 截止状态晶体管结电压、电流传输及基区少子分布示意图

为零偏以至正偏,当发射结的正向偏压接近于导通电压时,发射结才开始有明显的电子注入基区,也只有从这时开始才出现集电极电流 I_c。

在基极空穴向发射结势垒充电的同时,也有一部分空穴对集电结势垒电容充电,使空间电荷区变窄。因此,在 V_{eb} 变化的同时,V_{cb} 也在随之改变,而晶体管 c、e 间的压降 $V_{ce} \approx V_{CC}$。

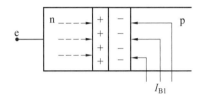

图 5-6 发射结势垒电容充电

通常将 $I_c = 0.1 I_{CS}$ 时所对应的发射结偏压称为正向导通电压 V_{J0},则此时 cb 结上的偏压应为 $-(V_{CC} - V_{J0})$。如果 $V_{J0} = 0.5 \text{ V}$,当 $V_{CC} = 4 \text{ V}$ 时,$V_{cb} = -3.5 \text{ V}$,如图 5-7(a)所示。此时基区中电子积累起与 $0.1 I_{CS}$ 相对应的浓度梯度,如图 5-7(b)所示。为保持电中性,应有相同浓度及梯度的非平衡空穴积累。显然后者由基极电流来补充。

综上所述,在延迟过程中,由基极电流 I_{B1} 提供的空穴用于给 eb 结、cb 结充电,在基区建立与 $0.1 I_{CS}$ 相对应的空穴积累以及补充维持这一电荷积累的复合损失。因此,可以说延迟过程就是基极注入电流 I_{B1} 向发射结势垒电容和集电结势垒电容充电,并在基区内建立起某一稳定的电荷积累的过程,这个分析与式(5-17)是一致的。

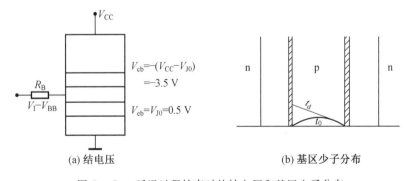

图 5-7 延迟过程结束时的结电压和基区少子分布

(2) 延迟时间。

分析集电极电流在延迟过程中的变化,可进一步细分为两个阶段:首先,基极输入正脉冲开始到晶体管刚刚要开始导通,此时 $I_c \approx 0$,这段时间记为 t_{d1};然后,I_c 变化为 $0 \rightarrow 0.1 I_{CS}$,所需的时间记为 t_{d2}。

在 t_{d1} 时间内,基区积累电荷与集电极电流 I_c 均近似为零,基极电流仅用于给 eb 结、cb 结势垒电容充电。对 eb 结充电的结果使其电压由 $-V_{BB}$ 上升到 V_{J0},对 cb 结充电的结果使其电

压由 $-(V_{CC}+V_{BB})$ 上升到 $-(V_{CC}-V_{J0})$，此时的电荷控制微分方程式(5-17)变为

$$i_b = \frac{dQ_{Te}}{dt} + \frac{dQ_{Tc}}{dt} \tag{5-18}$$

用势垒电容表示电荷，则由式(5-18)可得

$$\int_0^{t_{d1}} I_{B1} dt = \int_{-V_{BB}}^{V_{J0}} C_{Te} dV_{eb} + \int_{-(V_{CC}+V_{BB})}^{-(V_{CC}-V_{J0})} C_{Tc} dV_{cb} \tag{5-19}$$

对于可做单边突变结近似的发射结，由式(1-104)可得

$$C_{Te}(V) = A_e \left[\frac{q \varepsilon \varepsilon_0 N_B}{2(V_{De} - V_{eb})}\right]^{\frac{1}{2}}$$

稍加变换，即有

$$C_{Te}(V) = \frac{C_{Te}(0)}{\left(1 - \dfrac{V_{eb}}{V_{De}}\right)^{\frac{1}{2}}} \tag{5-20}$$

式中，$C_{Te}(0) = A_e \left(\dfrac{q\varepsilon\varepsilon_0 N_B}{2V_{De}}\right)^{\frac{1}{2}}$ 表示 eb 结零偏时的势垒电容。

对于线性缓变结近似，由式(1-108)可得

$$C_{Te}(V) = A_e \left[\frac{q(\varepsilon\varepsilon_0)^2 a_{je}}{12(V_{De} - V_{eb})}\right]^{\frac{1}{2}} = \frac{C_{Te}(0)}{\left(1 - \dfrac{V_{eb}}{V_{De}}\right)^{\frac{1}{3}}} \tag{5-21}$$

此处，$C_{Te}(0) = A_e \left[\dfrac{q(\varepsilon\varepsilon_0)^2 a_{je}}{12V_{De}}\right]^{\frac{1}{3}}$。

显然，式(5-20)和式(5-21)可统一写成

$$C_{Te}(V) = \frac{C_{Te}(0)}{\left(1 - \dfrac{V_{eb}}{V_{De}}\right)^{n_e}} \tag{5-22}$$

式中，n_e 对于单边突变结为 1/2，对于线性缓变结为 1/3。

依照同样的变换，cb 结势垒电容 $C_{Tc}(V)$ 也可以表示为

$$C_{Tc}(V) = \frac{C_{Tc}(0)}{\left(1 - \dfrac{V_{cb}}{V_{Dc}}\right)^{n_c}} \tag{5-23}$$

式中，V_{De} 和 V_{Dc} 分别为 eb 结和 cb 结接触电势差。

将式(5-22)、式(5-23)同时代入式(5-19)中求积分，并考虑到基极电流在延迟过程中保持恒定值 I_{B1}，可得延迟时间 t_{d1} 为

$$\begin{aligned} t_{d1} = & \frac{V_{De}C_{Te}(0)}{I_{B1}(1-n_e)}\left[\left(1+\frac{V_{BB}}{V_{De}}\right)^{1-n_e} - \left(1-\frac{V_{J0}}{V_{De}}\right)^{1-n_e}\right] + \\ & \frac{V_{Dc}C_{Tc}(0)}{I_{B1}(1-n_c)}\left[\left(1+\frac{V_{CC}+V_{BB}}{V_{Dc}}\right)^{1-n_c} - \left(1+\frac{V_{CC}-V_{J0}}{V_{Dc}}\right)^{1-n_c}\right] \end{aligned} \tag{5-24}$$

延迟时间中的 t_{d2} 部分为 I_c 由零上升至 $0.1 I_{CS}$ 所需时间，其计算方法与求上升时间相同，因此放在上升时间推导中。

在上述公式推导过程中，利用了采用耗尽层近似的势垒电容公式，所以这个计算公式也是近似的。

(3) 影响延迟过程的因素及缩短延迟时间的措施。

由以上讨论可知,延迟过程的长短取决于两方面:其一,初始状态 eb 结偏压负值越大,或两个结的结电容越大,则由关到开态时需要补充的可动电荷数目越多,当 I_{B1} 一定时,t_{d1} 越长;其二,I_{B1} 增大时,单位时间可提供充电的电荷数增加,所需时间 t_{d1} 减小。

因此,缩短延迟时间可从以下方面着手:

① 从制管角度,减小结面积 A_e、A_c,以减小结电容 C_{Te}、C_{Tc};

② 从使用角度,减小基极反偏 $-V_{BB}$,增大 I_{B1},但 I_{B1} 太大会使导通后的饱和深度增加而加长存储时间,所以要适当选取。

3. 上升过程和上升时间

(1) 上升过程。

延迟过程结束后,由于基极电流 I_{B1} 继续向发射结势垒电容充电,发射结电压继续升高,由开始导通时的 V_{J0}(约为 0.5 V)上升到约为 0.7 V,此时发射区向基区注入的少数载流子(电子)的数目以及基区少子的浓度梯度也都随之增加,与之相对应的 I_c 也不断增大,到 t_2 时刻达到 $0.9 I_{CS}$,相应于 $n(t_2)$ 的基区少子浓度分布,如图 5-8 所示。

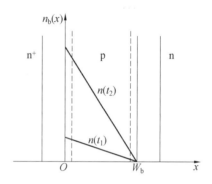

图 5-8 上升过程中基区少子分布

与此同时,随着 I_c 增大,R_L 上压降 $I_c R_L$ 增大,导致 V_{cb} 减小,空间电荷区变窄,这正是 I_{B1} 不断充电的结果。当 $I_c R_L = V_{CC} - V_{cb} = V_{CC} - 0.7$ V 时,cb 结偏压为零,晶体管进入饱和态边缘,即临界饱和状态。

由于电中性的要求,因此基区中积累电子电荷的同时也积累了同样数量及分布的空穴电荷,后者是由基极电流提供的。基极电流 I_{B1} 在积累 $+Q_b$ 的同时还要及时地补充复合损失,以保证稳定的积累。

由此可以说,上升过程就是基区电荷积累从使 $I_c = 0.1 I_{CS}$ 达到使 $I_c = 0.9 I_{CS}$ 的过程。在此过程中,I_{B1} 要继续向 C_{Te}、C_{Tc} 充电,同时向基区提供空穴积累并补充复合损失。

(2) 上升时间。

在上升过程中,电荷控制基本方程式(5-17)所表示的具体含义是:发射结空间电荷区电荷量随时间的变化率 dQ_{Te}/dt 表示对 C_{Te} 的充电电流,充电的结果使 eb 结偏压从约为 0.5 V 上升到约为 0.7 V,势垒进一步变窄;集电结空间电荷区的充电电流 dQ_{Tc}/dt 对 C_{Tc} 充电,使 cb 结偏压从约为 -3.5 V 上升到 0 V;dQ_b/dt 为增加基区电荷积累的充电电流;Q_b/τ_b 用于补充在充电并建立积累过程中的复合损失。

上述四部分电流分量均要由基极电流 I_{B1} 来提供,因此有

$$I_{B1} = \frac{dQ_b}{dt} + \frac{Q_b}{\tau_{nb}} + \frac{dQ_{Te}}{dt} + \frac{dQ_{Tc}}{dt} \quad (5-25)$$

由于上升过程是以集电极电流 I_c 的变化范围作为起止点的,因此需将式(5-25)中各项变换成 I_c 的变化关系来计算上升时间。

发射结空间电荷区电荷量的变化可以表示为 $dQ_{Te} = \bar{C}_{Te} dV_{eb}$,其中

$$\bar{C}_{Te} = \frac{1}{V_{eb2} - V_{eb1}} \int_{V_{eb1}}^{V_{eb2}} C_{Te}(V) \, dV_{eb}$$

表示发射结平均势垒电容。又由 $r_e = dV_{eb}/dI_e$ 关系可得

$$dV_{eb} = r_e dI_e \approx r_e dI_c$$

于是，式(5-25)中的 $\dfrac{dQ_{Te}}{dt}$ 可表示为

$$\frac{dQ_{Te}}{dt} \approx \bar{C}_{Te} r_e \frac{dI_c}{dt}$$

类似地，集电结空间电荷区的电荷变化也可表示为 $dQ_{Tc} = \bar{C}_{Tc} dV_{cb}$。因为 cb 结上压降的变化是由于集电极电流 I_c 在负载电阻 R_L 上压降的变化引起的，二者大小相等，方向相反，故有 $dV_{cb} = R_L dI_c$。则式(5-25)中的 $\dfrac{dQ_{Tc}}{dt}$ 可表示为

$$\frac{dQ_{Tc}}{dt} \approx \bar{C}_{Tc} R_L \frac{dI_c}{dt}$$

式(5-25)中的 $\dfrac{dQ_b}{dt}$ 可以写成 $\dfrac{dQ_b}{dI_c} \cdot \dfrac{dI_c}{dt}$。在忽略基区宽变效应的前提下，基区积累电荷的变化可用发射结扩散电容来表示，即 $dQ_b = C_{De} dV_{eb}$，于是有

$$\frac{dQ_b}{dI_c} \approx \frac{dQ_b}{dI_e} = C_{De} \frac{dV_{eb}}{dI_e} = C_{De} r_e$$

恰好为基区渡越时间 τ_b，所以

$$\frac{dQ_b}{dt} = C_{De} r_e \frac{dI_c}{dt} = \tau_b \frac{dI_c}{dt}$$

式(5-25)中的 $\dfrac{Q_b}{\tau_{nb}}$ 表示单位时间基区内复合损失掉的电荷量。稳态时，前三项均为零，基极电流 I_{B1} 全部用来补充基区复合（此处显然利用了 $\gamma = 1$ 的近似），此时有

$$I_{B1} = \frac{Q_b}{\tau_{nb}} = \frac{I_c}{\beta_{DC}}$$

将以上所得各项表达式代入式(5-25)，可得

$$\begin{aligned} I_{B1} &= \bar{C}_{Te} r_e \frac{dI_c}{dt} + \bar{C}_{Tc} R_L \frac{dI_c}{dt} + C_{De} r_e \frac{dI_c}{dt} + \frac{I_c}{\beta_{DC}} \\ &= \frac{I_c}{\beta_{DC}} + \left(\frac{1}{\omega_T} + \bar{C}_{Tc} R_L \right) \frac{dI_c}{dt} \end{aligned} \quad (5-26)$$

此处利用了 $\bar{C}_{Te} r_e + C_{De} r_e = \tau_e + \tau_b \approx \dfrac{1}{\omega_T}$ 近似。对式(5-26)加以变换，有

$$\frac{dI_c}{dt} + \frac{I_c}{\beta_{DC} \left(\dfrac{1}{\omega_T} + \bar{C}_{Tc} R_L \right)} = \frac{I_{B1}}{\dfrac{1}{\omega_T} + \bar{C}_{Tc} R_L} \quad (5-27)$$

利用 $t=0$ 时，$I_c = 0$ 作为初始条件，对式(5-27)求解，可得

$$I_c(t) = I_{B1} \beta_{DC} \left\{ 1 - e^{-\left[\beta_{DC} \left(\frac{1}{\omega_T} + \bar{C}_{Tc} R_L \right) \right]^{-1} t} \right\} \quad (5-28)$$

显然，在上升过程中，集电极电流随时间增长而指数上升，一直到 $I_c = I_{CS}$ 时，上升过程结束。其中，当 $t = t_1$ 时，$I_c = 0.1 I_{CS}$，代入式(5-28)可解得

$$t_1 = \beta_{DC} \left(\frac{1}{\omega_T} + \bar{C}_{Tc} R_L \right) \ln \frac{I_{B1} \beta_{DC}}{I_{B1} \beta_{DC} - 0.1 I_{CS}} \quad (5-29)$$

当 $t=t_2$ 时,$I_c=0.9I_{CS}$,代入式(5-28)可解得

$$t_2 = \beta_{DC}\left(\frac{1}{\omega_T} + \bar{C}_{Tc}R_L\right) \ln \frac{I_{B1}\beta_{DC}}{I_{B1}\beta_{DC} - 0.9I_{CS}} \tag{5-30}$$

根据定义,I_c 由 $0.1I_{CS} \rightarrow 0.9I_{CS}$ 所经历的时间即为上升时间 t_r,即

$$t_r = t_2 - t_1 = \beta_{DC}\left(\frac{1}{\omega_T} + \bar{C}_{Tc}R_L\right) \ln \frac{I_{B1}\beta_{DC} - 0.1I_{CS}}{I_{B1}\beta_{DC} - 0.9I_{CS}} \tag{5-31}$$

而式(5-29)所表示的 t_1 即为 I_c 由 $0 \rightarrow 0.1I_{CS}$ 所经历的时间,即延迟时间的第二部分 t_{d2}。

在实际运用中,可将式(5-31)再做一些近似。可以证明,在上升或者下降过程中,如果集电结偏压在 $0 \sim -V_{CC}$ 之间变化,则对于单边突变结 $\bar{C}_{Tc}=2C_{Tc}(V_{CC})$;对于线性缓变结 $\bar{C}_{Tc}=1.5C_{Tc}(V_{CC})$;介于突变结和线性缓变结之间的扩散结可近似取 $\bar{C}_{Tc}=1.7C_{Tc}(V_{CC})$。

(3) 影响上升过程的因素及缩短上升时间的措施。

由上述分析可见,影响上升过程的主要因素一是两个结的势垒电容 C_{Te}、C_{Tc} 的大小,它们决定着需要充入的电荷量的大小;二是基区宽度 W_b,决定着建立一定的基区少子浓度梯度(对应于一定的 I_c)所需要的电荷量;三是基区少子寿命,决定着复合损失的多少;四是基极驱动电流 I_{B1},作为充电电流决定着充电速度。

由于两个过程的延续性,影响上升过程的因素与延迟过程相似,不外乎是需补充电荷量和补充电荷的速度两个方面,所以缩短上升时间的措施即应从这两个方面着手。即一是尽量减小两个结的结面积以减小结电容;二是减小基区宽度以更快地建立起所需的少子浓度梯度;三是增加基区少子寿命以加强基区输运,减小复合损失;四是适度增大驱动电流 I_{B1} 以提高充电速度,但要注意加大饱和深度的问题。

4. 电荷存储效应与存储时间

(1) 电荷存储效应。

上升过程结束时,集电结压降已经上升到 $V_{cb}=0$,集电极电流 I_c 接近于饱和值 I_{CS},此时基极复合电流为 I_{CS}/β_{DC},即达临界饱和基极电流。但实际的过驱动基极电流往往大于此值,即 $I_{B1} > I_{CS}/\beta_{DC}$,也就是说基极电流除补充基区复合损失外尚有多余。这部分多余的电荷将继续填充发射结和集电结空间电荷区,对势垒电容充电,使结压降继续上升,最终导致 $V_{cb} > 0$,形成超量存储电荷。超量存储电荷的出现标志着晶体管进入了饱和态。

当晶体管处于饱和态时,在基区和集电区中积累着大量的超量存储电荷。在 t_3 时刻,基极回路正脉冲信号去掉,基极偏压 V_{BB} 产生一个与 I_{B1} 方向相反的基极电流 I_{B2},从基区和集电区中抽取空穴。但是,在超量存储电荷被抽光之前,由于集电结和发射结尚处于正偏,并且其值很小,因此集电极电流仍然由外电路决定,$I_c = V_{CC}/R_L$,结果基区中少子的浓度梯度保持不变。于是就出现了基极电压由正变负,而集电极电流保持在 I_{CS} 几乎不变的一段时间,这段时间直至存储电荷被全部抽光为止。这种由于基极电流过驱动而引起基区和集电区产生超量存储电荷,并使集电极电流在随后的关断过程产生迟滞的现象称为晶体管的电荷存储效应。

导致晶体管进入饱和态的原因可以从两方面来分析。

① 从外电路来看是由于 R_L 的限制。当基极电流不太大时,基极电流 I_{B1} 增大,集电极电流按 $I_c = \beta_{DC}I_{B1}$ 关系增大。当 $I_{B1} = \dfrac{I_{CS}}{\beta_{DC}} = \dfrac{V_{CC}}{\beta_{DC}R_L}$ 时,$I_c \rightarrow \dfrac{V_{CC}}{R_L} = I_{CS}$,此时电源电压几乎全部降在

负载 R_L 上,而 V_{ce} 却变得非常小。当 $|V_{ce}| \leqslant V_{cb}$ 时,cb 结就会变成零偏或正偏。如果 $I_{B1} > \dfrac{I_{CS}}{\beta_{DC}}$,$I_c$ 不会增加得比 I_{CS} 更大,而是趋于饱和。因此,$\dfrac{I_{CS}}{\beta_{DC}}$ 被称为临界饱和基极电流,而 $I_{B1} - \dfrac{I_{CS}}{\beta_{DC}} = I_{BX}$ 被称为基极过驱动电流。

② 从晶体管内部电流关系来看,在正常放大区,基极电流提供的空穴有两个作用——向发射区注入空穴及补充基区复合损失(此时上升过程已结束,可以认为所有充电过程均已完成)。在 $\gamma = 1$ 的假设下,I_{B1} 全部用于补充复合。当 $I_{B1} > \dfrac{I_{CS}}{\beta_{DC}}$ 时,即意味着基极电流注入的空穴多于复合损失,此时 $I_{B1} - \dfrac{I_{CS}}{\beta_{DC}} = I_{BX}$ 成为多余的空穴电流而在基区中积累起电荷。但因集电极电流保持 I_{CS} 不变,即基区少子浓度梯度不变,所以基区内的载流子浓度分布曲线依临界饱和时的分布曲线向上平移,从而导致 cb 结边界处电子浓度将由 0 增至 $n_b^0(V_{cb}=0)$ 或更高($V_{cb} > 0$)。当然这也是基极过驱动电流 I_{BX} 不断向 cb 结空间电荷区充电的结果。不仅如此,当 cb 结由零偏开始变为正偏时,I_{BX} 也开始向集电区注入空穴,并在集电区建立相应的电荷积累,此时晶体管内的载流子分布情况如图 5-9 所示。由图可见,当晶体管处于饱和态时,三个区都有非平衡少子的积累与复合。积累电荷量增加,复合量也增加。当 I_{B1} 恰好补充这三个区积累电荷的复合损失时达到平衡态,积累电荷不再增加,此时基极电流的作用就是补充三个区的复合损失,晶体管进入了稳定导通状态。如图 5-10 所示即为这个情形。

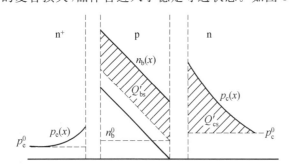
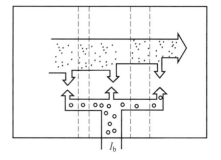

图 5-9　饱和态晶体管的载流子分布　　图 5-10　饱和态时的载流子流动示意图

综上所述,当 $V_{cb} = 0$ 时,晶体管处于临界饱和状态,集电区中尚无非平衡载流子积累。当 $V_{cb} > 0$ 时,晶体管处于深饱和状态,此时集电区积累有非平衡载流子,基区积累电荷也有所增加,晶体管中出现了超量存储电荷,分别记为 Q'_{bs} 和 Q'_{cs},如图 5-9 中阴影部分所示。这部分电荷是比临界饱和状态时的存储电荷多出来的部分,"超量"就是这个意思。

(2) 超量存储电荷消失过程。

当晶体管处于饱和状态时,在基区和集电区中积累着大量的超量存储电荷。在 $t = t_3$ 时刻,基极回路的正脉冲信号突然去掉,发射结突然处于反偏($-V_{BB}$),基极回路中将产生与 I_{B1} 方向相反的电流 I_{B2},如图 5-11 所示。I_{B2} 的作用是抽取存储电荷。然而在 Q'_{bs} 和 Q'_{cs} 被抽光之前,基区中电子浓度梯度不会改变,超量存储电荷的分布将按图 5-12 所示的曲线 1~5 顺序逐渐减少。集电极电流 I_c 仍保持在导通状态时的最大值 I_{CS},因此才出现了如图 5-4 所示的在基极偏压变负后有一段时间 I_c 基本不变的现象。显然这段时间(存储时间)实际上就是对应于上升过程结束后继续积累起来的超量存储电荷 Q'_{bs} 和 Q'_{cs} 的消失过程。

随着超量存储电荷的减少,集电结的正向偏压下降,空间电荷区变宽。当集电结偏压下降到零时,基区靠集电结边界处的少子浓度降为平衡少子浓度。集电区和基区中积累的超量存储电荷消失,晶体管又恢复到临界饱和态。随着基区少子被进一步抽取,集电结空间电荷区进一步变宽,集电结偏压由零偏变为反偏,基区靠集电结边界处的少子浓度低于平衡值以致趋于零,晶体管离开饱和区而进入放大区。此后进一步抽取基区少子将引起其浓度梯度的降低,导致 I_c 的下降。

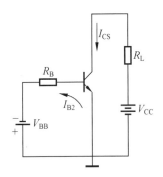

图 5-11　晶体管关断过程电路原理图

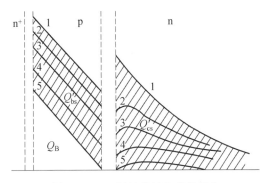

图 5-12　超量存储电荷的消失

为了保持电中性,晶体管中的积累电荷(或存储电荷)总是正、负电荷处处相等的。超量存储电荷自然也不例外。基极过驱动电流 I_{BX} 提供空穴电荷的同时,基区、集电区的电子电流提供了电子电荷。反之,在抽取过程中,除一小部分电子和空穴就地复合外,绝大部分空穴电荷由基极抽取电流($-I_{B2}$)抽走,而电子电荷由集电极流出,构成 I_c。二者的消失过程是一致的,因此讨论存储时间只需要讨论其一——超量存储空穴的消失过程即可。

(3) 存储时间。

根据前面的分析,存储时间 t_s 可以分为两个部分:第一部分时间 t_{s1} 为使存储在基区和集电区中的超量存储电荷减小到零所需要的时间,也就是使晶体管脱离饱和区所需要的时间,在这段时间里,集电极电流 $I_c = I_{CS}$ 保持不变;第二部分时间为使集电极电流从 I_{CS} 下降到 $0.9 I_{CS}$ 所需要的时间 t_{s2}。

若令 Q_X 表示晶体管中总的超量存储电荷,显然有

$$Q_X = Q'_{bs} + Q'_{cs} \tag{5-32}$$

晶体管导通时的过驱动电流 I_{BX} 越大,所形成的超量存储电荷 Q_X 也越大。为描述二者间关系,特定义存储时间常数为

$$\tau_s \equiv \frac{dQ_X}{dI_{BX}} = \frac{Q_X}{I_{BX}} \tag{5-33}$$

即 τ_s 为过驱动电流 I_{BX} 对基区、集电区充电以形成超量存储电荷的充电时间常数。

考虑到在存储电荷消失过程中,发射结与集电结偏压变化很小,近似认为发射结与集电结空间电荷区没有变化,则 $\frac{dQ_{Te}}{dt} = 0$ 和 $\frac{dQ_{Tc}}{dt} = 0$。同时,基区电荷 Q_B 也不变,即 $\frac{dQ_B}{dt} = 0$,所以电荷控制方程可写为

$$i_b = \frac{Q_B}{\tau_{nb}} + \frac{Q_X}{\tau_s} + \frac{dQ_X}{dt} \tag{5-34}$$

式中，$\dfrac{Q_B}{\tau_{nb}}$ 表示基区非超量存储电荷维持最大值 Q_B 所需复合电流，此复合电流应为 I_{CS}/β_{DC}。等式左边的基极电流 i_b 在关闭过程中为 $-I_{B2}$。于是，式(5－34)又可改写为

$$\frac{dQ_X}{dt} = -\frac{I_{CS}}{\beta_{DC}} - \frac{Q_X}{\tau_s} - I_{B2} \tag{5－35}$$

式(5－35)表明，超量存储电荷 Q_X 消失有两个途径：一是 I_{B2} 的抽取，二是复合。式中 $-\dfrac{Q_X}{\tau_s}$ 表示超量存储电荷自身复合的复合电流，$-\dfrac{I_{CS}}{\beta_{DC}}$ 表示基区电荷 Q_B 的复合电流，Q_B 复合损失掉的部分要由超量存储电荷去补充。而超量存储电荷随时间的变化率是负值正说明超量存储电荷由于抽取和复合的共同作用而减少。

变换式(5－35)，有

$$\frac{dQ_X}{dt} + \frac{Q_X}{\tau_s} = -\left(\frac{I_{CS}}{\beta_{DC}} + I_{B2}\right) \tag{5－36}$$

注意到 $t = t_3 = 0$ 时刻，有

$$Q_X\big|_{t=t_3=0} = \tau_s I_{BX} = \tau_s\left(I_{B1} - \frac{I_{CS}}{\beta_{DC}}\right)$$

以此作为初始条件，求解式(5－36)，可得超量存储电荷在消失过程中随时间的变化规律为

$$Q_X(t) = \tau_s(I_{B1} + I_{B2})e^{-t/\tau_s} - \tau_s\left(I_{B2} + \frac{I_{CS}}{\beta_{DC}}\right) \tag{5－37}$$

当 $t = t_{s1}$ 时，超量存储电荷全部消失，$Q_X = 0$，由式(5－37)可得

$$t_{s1} = \tau_s \ln\left(\frac{I_{B1} + I_{B2}}{I_{B2} + \dfrac{I_{CS}}{\beta_{DC}}}\right) = \tau_s \ln\left(\frac{\beta_{DC} I_{B1} + \beta_{DC} I_{B2}}{\beta_{DC} I_{B2} + I_{CS}}\right) \tag{5－38}$$

即为超量存储电荷消失的时间。总的存储时间 $t_s = t_{s1} + t_{s2}$。其中使集电极电流从 I_{CS} 下降到 $0.9 I_{CS}$ 所需要的时间 t_{s2} 实际上处于下降过程，因而将与下降时间一并进行计算。

于是，欲求 t_s，需要首先求得存储时间常数 τ_s。

在饱和状态下，eb 结、cb 结均为正偏，发射区、集电区均向基区注入电子，均对基区电荷积累有贡献。如图 5－13 所示，发射区向基区注入的电子形成了正向电流 I_F，在基区积累了电荷 Q_{BSF}；集电区向基区注入的电子形成了反向电流 I_{Rn}，在基区积累的电荷为 Q_{BSR}。因此，基区中总的积累电荷 Q_{BS} 为两者之和，而基区中超量存储电荷 Q'_{bs} 则为 $Q_{BS} - Q_B$。基区向集电区注入的空穴电流 I_{Rp} 在集电区形成超量存储电荷 Q'_{cs}。由此可得，晶体管中总的超量存储电荷为

$$Q_X = Q_{BSF} + Q_{BSR} + Q'_{cs} - Q_B$$

根据存储时间常数的定义，可有

$$\tau_s = \frac{Q_{BSF} + Q_{BSR} + Q'_{cs} - Q_B}{I_{BX}} \tag{5－39}$$

或用相应的时间常数表示为

$$\tau_s = \frac{\tau_E I_F + \tau_{ER} I_{Rn} + \tau_{cs} I_{Rp} - \tau_E I_E}{I_{BX}} \tag{5－40}$$

式中，τ_{ER} 为晶体管反向运用时的发射极时间常数；τ_{cs} 为集电区过饱和时间常数。

如果忽略载流子在基区输运过程的复合损失，即假设 $\beta^* \to 1$，则 $\alpha \approx \gamma$。在反向运用时，同样可有

$$\alpha_R \approx \gamma_R = \frac{I_{Rn}}{I_{Rn}+I_{Rp}} = \frac{I_{Rn}}{I_R}$$

于是有

$$I_{Rn}=\alpha_R I_R \text{ 及 } I_{Rp}=(1-\alpha_R)I_R$$

稳定饱和时,有

$$\text{基极驱动电流 } I_{B1} = \text{总复合电流} = (1-\alpha)I_F + (1-\alpha_R)I_R$$

临界饱和基极电流为

$$I_{BS}=\frac{I_{CS}}{\beta_{DC}}=(1-\alpha)I_E$$

因此,过驱动电流为

$$I_{BX}=I_{B1}-I_{BS}=(1-\alpha)(I_F-I_E)+(1-\alpha_R)I_R$$

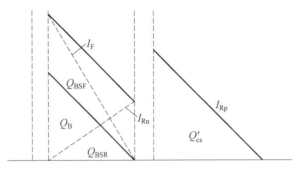

图 5-13 饱和态下非平衡少子电荷分布示意图

另外,由 $I_c=\alpha I_E$ 及 $I_c=\alpha I_F - I_R$ 有

$$I_R=\alpha(I_F-I_E)$$

则有

$$I_{BX}=(1-\alpha)\frac{I_R}{\alpha}+(1-\alpha_R)I_R=(1-\alpha\alpha_R)\frac{I_R}{\alpha}$$

将以上相关各式代入式(5-40),整理得

$$\tau_s = \frac{\tau_E + \tau_{ER} \cdot \alpha\alpha_R + \tau_{cs} \cdot \alpha(1-\alpha_R)}{1-\alpha\alpha_R} \tag{5-41}$$

即为存储时间常数的普遍形式。

(4) 缩短存储时间的途径。

由以上分析可见,影响存储时间长短有两方面的因素:一是晶体管进入饱和状态时积存的超量存储电荷量的多少;二是关闭过程中超量存储电荷消失的快慢。为此,可以从下面几个方面来缩短存储时间。

① 开启时,在保证导通的前提下,I_{B1} 不要太大,即不要让晶体管饱和程度太深,以减小 Q'_{bs} 和 Q'_{cs}。

② 在有外延结构的晶体管中,在保证 cb 结耐压的前提下,尽可能减小外延层厚度 W_c;而在无外延结构的晶体管中,应设法减小集电区少子扩散长度 L_{pc},其目的都是为了减小超量存储电荷的存储空间,如图 5-14 所示。显然,当 $W_c \ll L_{pc}$ 时将大大减少存储电荷。

③ 适当加大抽取电流 I_{B2}。

④ 缩短集电区少子寿命。这是一个很有效的措施,既可以减少 Q'_{cs} 的积累,又可加速 Q'_{cs}

的消失。

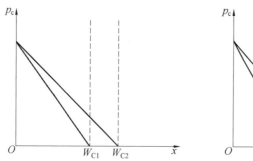 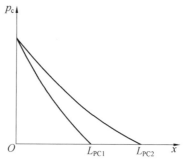

图 5-14 不同存储空间存储电荷量的比较

对于硅 npn 型开关管,采用掺金工艺可以有效地缩短其开关时间。金在硅中有两个能级。在 n 型硅中由于电子很多,金容易接受电子成为 Au^- 离子,即受主能级起主要作用;而在 p 型硅中,金容易释放电子而成为 Au^+ 离子,此时施主能级起主要作用。

实验表明,在 n 型硅中的受主能级对空穴的俘获能力约比其在 p 型硅中施主能级对电子的俘获能力大一倍。因此,在 Si npn 管中掺金既可以有效地缩短 τ_{pc} 而又不至于影响 τ_{nb},从而不会影响电流放大系数。

5. 下降过程与下降时间

到 t_4 时刻,超量存储电荷 Q'_{bs} 与 Q'_{cs} 完全消失,存储过程结束,基区中仅有电荷 Q_B。此时晶体管的集电结偏置电压已下降到零,相当于上升过程刚刚结束时的状态。随着 I_{B2} 对基区载流子的继续抽取及基区中电荷的复合作用,基区积累电荷 Q_B 开始减少,少子分布梯度变小,集电极电流开始下降,使晶体管脱离饱和状态进入放大区。同时,I_{B2} 对 eb 结、cb 结空间电荷区也有抽取作用,其结果是 eb 结压降由约 0.7 V 降至约 0.5 V,cb 结偏压由零偏降为反偏,总的效应是集电极电流由最大值经 $0.9I_{CS}$ 一直降到零,晶体管进入反偏截止状态。可见,所谓下降过程是指晶体管从临界饱和状态进入截止状态的变化过程。显然,下降过程正好与上升过程相反。下降过程中,基极电流为抽取电流 $-I_{B2}$,集电极电流随 Q_B 的抽出而下降,而负载电阻 R_L 上的压降则随集电极电流的下降而减小,集电结反向偏压随集电极电流的减小而增加。同时,发射结偏压也随积累电荷的抽出而下降。

下降过程即基区电荷 Q_B 的消失及 eb 结、cb 结势垒电容放电的过程。下降过程中基区载流子浓度分布的变化如图 5-15 所示。基区少子浓度随着时间将按曲线 ①～④ 的顺序逐渐减小(这期间两个空间电荷区的宽度渐宽,W_b 处电子浓度由平衡值渐变到零,图中均未反映)。到 t_5 时刻,电子浓度梯度对应于 $0.1I_{CS}$,定义为下降时间结束。然后,I_{B2} 继续抽取,eb 结偏压由正变负,晶体管截止,完成下降过程。

由以上分析可以写出电荷控制方程式(5-17)在下降过程中的具体形式,即

$$-\left(\frac{dQ_{Te}}{dt}+\frac{dQ_b}{dt}+\frac{dQ_{Tc}}{dt}\right)=I_{B2}+\frac{Q_b}{\tau_{nb}} \quad (5-42)$$

将讨论上升时间时的各项代入式(5-42),经整理

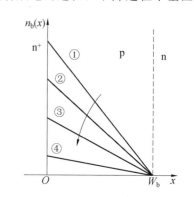

图 5-15 下降过程基区少子的变化

变换得

$$\frac{dI_c}{dt} + \frac{I_c}{\beta_{DC}\left(\frac{1}{\omega_T} + \bar{C}_{Tc}R_L\right)} = \frac{-I_{B2}}{\frac{1}{\omega_T} + \bar{C}_{Tc}R_L} \quad (5-43)$$

利用 $t=t_3=0$ 时，$I_c=I_{CS}$ 作为初始条件，求解式(5—43)，可得下降过程中集电极电流 I_c 随时间变化的普遍形式为

$$I_c = (I_{B2}\beta_{DC} + I_{CS})e^{-\frac{t}{\beta_{DC}\left(\frac{1}{\omega_T} + \bar{C}_{Tc}R_L\right)}} - I_{B2}\beta_{DC} \quad (5-44)$$

以 $t=t_4$ 时刻，$I_c=0.9I_{CS}$ 代入式(5—44)，得

$$t_4 = \beta_{DC}\left(\frac{1}{\omega_T} + \bar{C}_{Tc}R_L\right)\ln\left(\frac{I_{B2}\beta_{DC} + I_{CS}}{0.9I_{CS} + I_{B2}\beta_{DC}}\right) \quad (5-45)$$

以 $t=t_5$ 时刻，$I_c=0.1I_{CS}$ 代入式(5—44)，得

$$t_5 = \beta_{DC}\left(\frac{1}{\omega_T} + \bar{C}_{Tc}R_L\right)\ln\left(\frac{I_{B2}\beta_{DC} + I_{CS}}{0.1I_{CS} + I_{B2}\beta_{DC}}\right) \quad (5-46)$$

根据下降时间的定义知 $t_f = t_5 - t_4$，则有

$$t_f = \beta_{DC}\left(\frac{1}{\omega_T} + \bar{C}_{Tc}R_L\right)\ln\left(\frac{0.9I_{CS} + I_{B2}\beta_{DC}}{0.1I_{CS} + I_{B2}\beta_{DC}}\right) \quad (5-47)$$

式(5—45)正是存储时间的第二部分，$t_{s2} = t_4 - t_3$。

显然，晶体管开启时间 $t_{on} = t_d + t_r$；关闭时间 $t_{off} = t_s + t_f$。

6. 提高开关速度的措施

在以上分析晶体管的开关过程时，已经分别指出了影响开关速度的各种因素，现将各种因素进行综合分析和归纳，并简单介绍提高晶体管开关速度的途径。

从开关晶体管的过渡过程中可以看出，影响晶体管开关速度的内因是晶体管内部存在惯性元件结电容，使结压降不能突变。对结电容充放电存在一定的延迟时间，电容上电荷的存储和消失都需要一个过渡过程，这个过程的长短是由晶体管的内部结构和材料性质决定的。而外电路中驱动电流 I_{B1} 和抽取电流 I_{B2} 的大小则是影响开关速度的外因，它是由晶体管的外部电路条件决定的。因此，要提高开关速度必须从内因和外因两方面着手，但从晶体管的设计和制造方面考虑，内因更为重要。

综合分析晶体管的开关过程，要想提高开关速度，也就是要求 eb 结、cb 结势垒电容充电快，基区电荷积累快——"开"快；饱和深度不要太深，超量存储电荷少，并能尽快被抽走或复合——"关"快。但这些要求往往是互相矛盾的。若增大 I_{B1}，可使 C_{Te}、C_{Tc} 充电快，Q_b 积累快，但这会增加饱和深度 S，使 t_s 增加；若增大 $(-I_{B2})$，可有效地降低 t_f，但若通过减小 R_B 来实现，又会使 I_{B1}、t_s 增加；若增加 $(-V_{BB})$，又会使 t_d 增大。因此，四个时间不能同时缩短。通常以存储时间 t_s 为最长，所以如何缩短 t_s 便成了缩短开关时间的主要目标。

在晶体管的设计和制造中，提高其开关速度的主要途径有以下几方面。

① Si npn管掺金。既不影响电流增益又可有效地减小集电区少子——空穴的寿命，在减少导通时的超量存储电荷 Q'_{cs} 的同时又加速其在关闭过程的复合。这对降低外延平面晶体管的集电区饱和时间常数 τ_{cs} 非常有利，所以对于电流容量不太大的高速开关晶体管以及 TTL 高速集成电路，一般都采用掺金工艺来提高其开关速度。但是掺金工艺也有它不利的一面。因为在 n 型硅中，金主要起受主能级的作用，在 p 型硅中则主要起施主能级的作用，所以金在

硅中除了起复合中心的作用外,还起杂质补偿作用。因此,掺金后材料的电阻率将增大,特别当掺金浓度和衬底材料的杂质浓度相近时,这种补偿作用将非常显著,如使集电结的击穿电压增大,但同时也使晶体管的大电流特性变差,饱和压降增大。因此,对于电流容量较大的功率开关晶体管,一般都不采用掺金工艺。

② 采用外延结构并在满足击穿电压要求的前提下适当减薄外延层的厚度,降低外延层的电阻率以减小集电区少子寿命。前者从空间,后者从时间上限制了 Q'_{cs}。

③ 尽量减小发射结和集电结面积以减小 C_{Te}、C_{Tc},可有效地缩短电容的充放电时间,缩短 t_d、t_r 和 t_f,但结面积最小尺寸受集电极最大电流 I_{CM} 及工艺水平的限制。

④ 采用浅结扩散,制造薄基区。这样,一方面可以减少基区超量存储电荷,另一方面可以提高电流放大系数 $β_0$,减少小功率开关晶体管的上升和下降时间。

①、② 两项措施也可同时减小集电区串联电阻 r_{cs},从而有利于减小饱和压降,但也会影响集电结耐压。

从使用角度讲,即从外因考虑,可以通过选择合适的工作条件使晶体管的开关速度达到最佳值。

首先从驱动电流考虑,增大 I_{B1} 可以增大延迟过程和上升过程中的少子注入速度,缩短对结电容的充电时间,从而减小延迟时间和上升时间。但若驱动电流过大,则晶体管的饱和深度增加,存储时间 t_s 增长。因此,驱动电流必须选取适当。同样,若增大抽取电流 I_{B2},则可以缩短超量存储电荷的消失时间,但要注意应选在 $-V_{BB}$ 和 R_L 的允许范围之内。

其次,根据电路要求选择非饱和运用,即使开关管工作在临界饱和状态,这时没有超量存储电荷,但此时 c、e 间压降较大。

在 V_{CC} 和 I_{B1} 一定时,选择较小的 R_L 可使晶体管不致进入太深的饱和态,以利于缩短 t_s,但 R_L 减小会使 I_{CS} 增大,从而延长了 t_r、t_f,并增大功耗。

管壳电容、布线电容等分布电容 C_L 也会影响开关速度。如图 5-16 所示,在晶体管导通(上升)和截止(下降)过程中,C_L 分别通过晶体管放电和通过 R_L 充电。一般总是在功耗允许范围内尽可能选取小一些的 R_L 以减小充电时间常数 $R_L C_L$,避免下降时间延长。

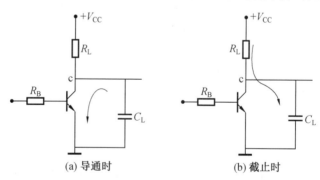

(a) 导通时 (b) 截止时

图 5-16 C_L 对开关过程的影响

由上述分析可以看出,开关时间实际上随工作条件的变化而改变,因此不能脱离测试条件来讲开关时间。一般是首先根据最大使用电流选取饱和电流 I_{CS},然后选取

$$I_{B1} = I_{B2} = \frac{1}{10} I_{CS}$$

作为晶体管开关时间的测试条件,在此测试条件下比较晶体管开关特性。

5.3 开关晶体管的正向压降和饱和压降

开关晶体管的正向压降、饱和压降和开关时间一样,都属于开关晶体管的特征参数。它们是这样定义的:当晶体管驱动到饱和态时,基极 — 发射极间(输入端)的电压降称为共发射极正向压降,记为 V_{bes},此时输出端(集电极 — 发射极之间)的电压降称为共发射极饱和压降,记为 V_{ces},如图 5-17 所示。

如前所述,作为开关管要求其 V_{bes}、V_{ces} 尽量小。此处分别讨论其影响因素及减小措施。

1. 正向压降 V_{bes}

正向压降 V_{bes} 即发射极与基极两极之间的电压降。它包括:①eb 结的结压降 V_e;②eb 结到基极电极接触之间的基区体电阻 r_b 上的电压降 $I_b r_b$;③eb 结到发射极电极接触之间的发射区体电阻 r_{es} 上的压降 $I_e r_{es}$,即

$$V_{bes} = V_e + I_b r_b + I_e r_{es} \qquad (5-48)$$

一般情况下,发射区掺杂浓度很高,发射区厚度又不大,上式中第三项可以略去。但对于大功率管,发射区上串联有镇流电阻时就不可忽略。另外若光刻引线孔没刻透或金属电极合金化未做好,也会使电极的接触电阻大大增加而导致 r_{es} 增大。

如图 5-18 所示为某一晶体管的实测曲线。可见,当 I_b 在较大范围内变化时,V_{bes} 基本不变,可见,它主要决定于 eb 结正向压降 V_e。

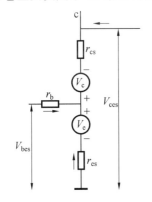

图 5-17 npn 晶体管饱和态等效电路

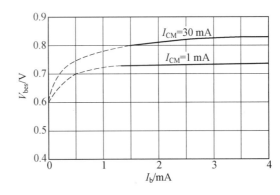

图 5-18 V_{bes} 与 I_b、I_c 关系实验曲线

2. 饱和压降 V_{ces}

饱和压降 V_{ces} 是开关晶体管输出特性的重要指标,它直接影响着逻辑电路的输出电平和功耗。由图 5-17 可见,V_{ces} 包括四个部分:①eb 结的结压降 V_e;②cb 结的结压降 V_c;③发射极串联电阻 r_{es} 上的压降 $I_e r_{es}$;④集电极串联电阻 r_{cs} 上的压降 $I_c r_{cs}$。因此,有

$$V_{ces} = (V_e - V_c) + I_e r_{es} + I_c r_{cs} \qquad (5-49)$$

由于处在饱和态时晶体管的两个结均为正偏,因此$(V_e - V_c)$项很小,且与饱和深度有关。绝大多数晶体管的发射区体电阻 r_{es} 很小,故式(5-49)中 $I_e r_{es}$ 往往可以略去,$I_c r_{cs}$ 中 r_{cs} 的数值强烈地依赖于集电区的掺杂情况,这在各类晶体管中差异很大,因此按集电区重掺杂和集电区轻掺杂两种典型情况分别讨论。

(1) 集电区重掺杂晶体管的饱和压降。

集电区重掺杂晶体管的特点是集电区杂质浓度比基区高,合金管即属此类,此时 r_{es}、r_{cs} 上的压降均可忽略,其饱和压降主要决定于两个结的结压降差,即

$$V_{ces} \approx V_e - V_c$$

显然,这类晶体管的饱和压降比较低,如图 5-19 所示。

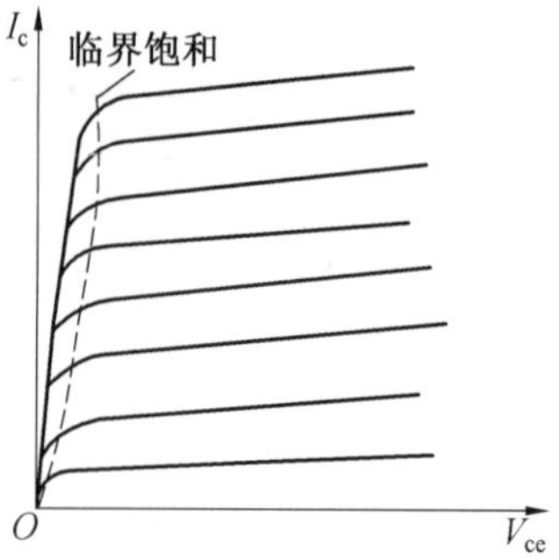

需要注意的是,当集电结面积大于发射结面积时应计入基区电阻的影响,因为此时相当于在基极、集电极之间并联了一个覆盖二极管,如图 5-20 所示。由图 5-20(c) 中等效电路可见,当晶体管饱和时,c、e 间的压降 V_{ces} 应等于 e、b 间压降 V_{BE} 减去覆盖二极管上的压降 V_{DF},即 $|V_{ces}| = V_{BE} - V_{DF}$。而 $V_{BE} = V_e + I'_B r_b$,所以有

$$|V_{ces}| = V_e - V_{DF} + I'_B r_b \tag{5-50}$$

当发射结正向压降 $V_e \approx V_{DF}$ 时,式(5-50)可近似为

$$|V_{ces}| \approx I'_B r_b \tag{5-51}$$

此时,晶体管的饱和压降几乎完全取决于基区电阻上的压降。显然,这里忽略了覆盖二极管上的反向电流。

图 5-19 集电区重掺杂晶体管的共射输出特性

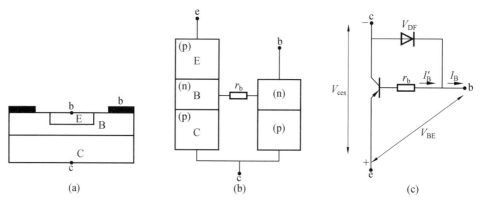

图 5-20 覆盖二极管对饱和压降的影响

(2) 集电区轻掺杂晶体管的饱和压降。

集电区轻掺杂晶体管的特点是集电区掺杂浓度低,其串联电阻 r_{cs} 上的压降不可忽略。大部分外延平面管及外延台面管均属此类型。如图 5-21 所示即为某 $n^+pn^-n^+$ 晶体管的共发射极输出特性。图 5-21(b) 表示 I_B 为某一定值时的 $I_c - V_{ce}$ 特性曲线。当晶体管处于放大区时,集电结处于反偏状态,特性曲线位于虚线右侧。当晶体管处于饱和态时,集电结正偏,特性曲线位于虚线的左侧,虚线为临界饱和线,它相当于等效电阻 $R_c(eq)$ 的特性。电压 $I_c R_c(eq)$ 应等于发射结电压和集电区串联电阻 r_{cs} 上的压降之和。现在 r_{cs} 很大,可近似认为 $I_c R_c(eq) \approx I_c r_{cs}$,即等效电阻 $R_c(eq)$ 近似等于集电区串联电阻 r_{cs}。但当晶体管进入饱和态之后,集电结也处于正偏,将有大量空穴注入集电区(n^- 区)形成超量存储电荷。超量存储电荷的积累将大大减小集电区串联电阻 r_{cs}(集电区电导调制效应),最终导致 $I_c r_{cs}$ 和 V_{ces} 随之下降。当集电结正偏升高,即进入更深的饱和态时,r_{cs} 和 V_{ces} 将进一步减小,图 5-21(b) 中的特

性曲线由 Ⅱ 区进入 Ⅰ 区。一般称 Ⅱ 区为部分饱和区或浅饱和区，Ⅰ 区为完全饱和区或深饱和区。$I_c = I_1$ 为饱和特性曲线上的转折点。这就是高阻（轻掺杂）集电区引起的分段饱和特性。

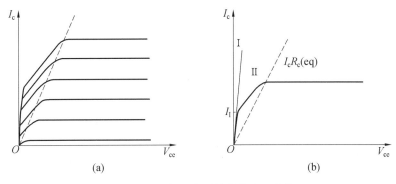

图 5－21　n^+pn^+ 晶体管的饱和特性

可见，集电区上的压降也与饱和程度有关，不能简单地用 $I_c r_{cs}$ 代之，它对 V_{ces} 的影响与结压降差的影响是一致的，随着饱和深度的增加，V_{ces} 减小。

思考与练习

1. 由少子分布函数证明 n^+p 结二极管在正向电流 I_f 时存储电荷 $Q = I_f \dfrac{L_n^2}{D_n} = I_f \tau_n$，并解释其物理意义。

2. 有一二极管电路如图 5－22 所示。设二极管的正向压降为 0.7 V，试求下述三种情况下输出端 C 的电位。

① A、B 端同时有 +4 V 脉冲输入；
② A、B 端只有一端有 +4 V 脉冲输入；
③ A、B 端均无输入。

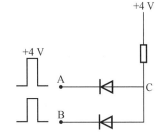

图 5－22　思考与练习题 2 图

3. 写出完整的晶体管电荷控制基本方程。如何理解它的含义？

4. 假设在整个上升过程中，集电结偏压由 $-V_{CC}$ 变为 0 V，试证明集电结势垒电容的平均值 $\overline{C}_T$：对于突变结，$\overline{C}_{Tc} = 2C_{TC}(V_{CC})$；对于线性缓变结，$\overline{C}_{Tc} = 1.5 C_{TC}(V_{CC})$。$C_{TC}(V_{CC})$ 表示偏压为 $-V_{CC}$ 时的集电结势垒电容。

5. 有一锗 pnp 合金开关管，$C_{Tc} = 2$ pF，$\tau_{pb} = 0.1$ μs，$W_b/L_{pb} = 0.1$，$\beta_{DC} = 30$；把它用于 $R_L = 10$ kΩ，$V_{CC} = 12$ V 的共发射极开关电路中，输入电压是一个与 $R_s = 10$ kΩ 相串联的阶跃电压源，阶跃电压幅值 $V_i = 1$ V。在不计自建电压的条件下试计算该晶体管的上升时间。

6. 如图 5－1 所示开关电路中，在某一瞬间晶体管被恒定的基极电流 I_{B1} 驱动进入饱和状态，经过时间 τ_0 后，基极驱动电流突变为恒定的抽取电流 I_{B2}。试证明存储时间 t_{s1} 的表示式为 $t_{s1} = \tau_s \ln\left[1 + \dfrac{(\beta_{DC} I_{B1} - I_{CS})(1 - e^{-\tau_0/\tau_s})}{\beta_{DC} I_{B2} + I_{CS}}\right]$。

7. 试比较在开关过程各个阶段中合金管和平面管中各部位电荷的变化，从而分析二者在各段开关时间上的差异。

8. 有一 $\beta=50$ 的晶体管,工作在 $V_{CC}=5$ V、$R_L=1$ kΩ 的共发射极电路中。当基极电流 $I_b=50$ μA 时该晶体管是否进入饱和态?若负载电阻 R_L 改为 5 kΩ 又将如何?

9. 第 8 题中两种负载电阻的情况下要使晶体管工作在 $S-4$ 的状态,基极电流应各取多少?

10. 画出晶体管处在截止态、线性放大状态、饱和态和反向运用四种状态下各个区中的少子浓度分布,并加以说明。

第6章 结型栅场效应晶体管

场效应晶体管是区别于结型晶体管的另一大类晶体管。它通过改变垂直于导电沟道的电场强度来控制沟道的导电能力,从而调制通过沟道的电流。由于场效应晶体管的工作电流仅由多数载流子输运,因此又称为"单极型场效应晶体管"(Unipolar Field Effect Transistor,UNIFET,一般简写为FET)。

根据其结构(主要指栅极结构)和制作工艺,一般FET可分为三类:① 结型栅场效应晶体管(Junction gate Field Effect Transistor,JFET),有时也将肖特基栅场效应晶体管——金属-半导体场效应晶体管(Metal-Semiconductor Field Effect Transistor,MESFET)划归此类;② 绝缘栅场效应晶体管(Insulated Gate Filed Effect Transistor,IGFET);③ 薄膜场效应晶体管(Thin Film transistor,TFT)。

结型栅场效应晶体管于1952年首先由Shockley提出,后经Dacey和Ross发展、制作而达到实用化程度,现已广泛应用于小信号放大器、电流限制器、电压控制电阻器、开关电路和集成电路中。本章将在介绍其基本结构和工作原理的基础上,分析讨论JFET和肖特基栅场效应晶体管的交、直流特性和频率特性,并介绍它们的一些结构形式。

6.1 JFET基本结构和工作原理

结型栅场效应晶体管是通过外加栅极电压来改变栅结空间电荷区的宽度从而控制沟道导电能力的一种场效应器件,其导电过程发生在半导体材料的体内,故JFET属于"体内场效应器件",其结构特点决定其性能不受半导体表面状况的影响。

1. JFET的基本结构

按导电载流子类型的不同,JFET可分为n型沟道和p型沟道两类。如图6-1所示为一n沟道JFET的物理结构示意图,它是在一块低掺杂的n型半导体晶片两侧对称地制作两个高浓度的p^+区,与n区形成两个对称的p^+n结。在n区的两端各做一个欧姆接触电极,分别称为源极和漏极,记为S和D。两侧的p^+区也分别制作欧姆电极并相连,所引出的电极称为栅极,记为

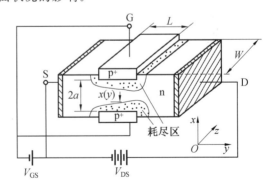

图6-1 JFET物理结构示意图

G。在两个p^+栅区中间没有被空间电荷区占据的n型导电区称为沟道。显然,p沟道器件是在p型半导体两侧制作n^+p结而成。

无论是n沟道还是p沟道,在沟道中参与运载电流的都是多数载流子,少数载流子实际上没有作用。因此,场效应器件是单极器件,器件的沟道电流没有特定的方向。通常,规定源极为沟道载流子运动的始端,而漏极为收集端。因此,p沟道FET的漏偏置电压为负,n沟道

FET的漏偏置电压为正。

JFET的栅极一般都加反向偏置电压,且栅结的耗尽层主要向沟道区扩展。改变栅结电压可以控制栅结耗尽层宽度以改变导电沟道的大小。因此,JFET和MESFET实际上是通过栅极电压控制沟道电阻以控制输出漏电流的一种电压控制器件。

图6-1表明,器件的基本尺寸是沟道长度(即栅长)L、沟道宽度W、沟道厚度$2a$和耗尽层宽度$x(y)$等参数。

采用标准平面工艺制成的两种n沟道JFET如图6-2所示。

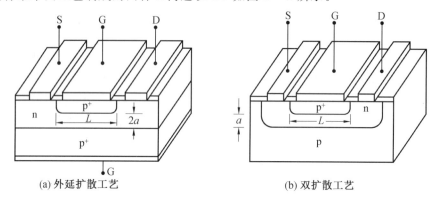

(a) 外延扩散工艺　　　　(b) 双扩散工艺

图6-2　采用平面工艺制成的两种JFET结构示意图

2. JFET的工作原理(以n沟道JFET为例)

JFET工作原理的基础是pn结空间电荷区宽度随外加反偏电压的变化而变化。单边突变结的空间电荷区几乎全部扩展在低掺杂侧,所以图6-1及图6-2(a)中的JFET两侧pn结的空间电荷区全部扩展在n区侧。当结上的作用电压改变时,伸入n型区的耗尽层宽度随之变化,由中性n区构成的导电沟道,其横截面积、沟道电阻均随之改变,在一定的漏源电压(V_{DS})下沟道电流也将随之改变。

正常工作条件下,JFET的源极S总是处于零电位的。在将栅极与源极短接,即$V_{GS}=0$的条件下,如果$V_{DS}=0$,p^+n结处于平衡状态,如图6-3所示,此时的沟道电阻为

$$R = \rho \frac{L}{A} = \frac{L}{q\mu_n N_D \cdot 2(a-x_0)W} \tag{6-1}$$

式中,N_D为n型沟道区的掺杂浓度;L、W分别为沟道的长度和宽度;$2a$为两个冶金结之间的距离;x_0为栅结零偏时的空间电荷区宽度。

当漏极加上一个小的正电位,即$V_{DS}>0$时,将有电子自源端流向漏端,形成自漏极流向源极的漏源电流I_{DS}。这一电流在沟道电阻上产生的压降使得沟道区沿电流流动方向的电位不再相等。而高掺杂的p^+区可视为是等电位的,因而沿沟道长度方向,栅结上的实际偏压也由原来的零偏发生了大小不等的变化。靠近源端$V_{GS} \approx 0$,越靠近漏端沟道n区电位越高,即越靠近漏端,栅结反偏电压越大,相应的空间电荷区宽度越大,而剩余的沟道厚度越小,如图6-4(a)所

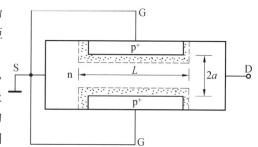

图6-3　平衡状态下的JFET示意图

示。当 V_{DS} 小于栅结接触电势差 V_D 时,沟道耗尽层的这种变化可以忽略,沟道电阻可近似地用式(6-1)表示,此时沟道电流 I_{DS} 与 V_{DS} 成正比。随着 V_{DS} 增加,栅结耗尽层的扩展与沟道变窄的趋势越来越明显,沟道电阻的增加使得 I_{DS} 随 V_{DS} 的增加逐渐变缓。当 $V_{DS}=V_{Dsat}$ 时,沟道漏端两耗尽层相会在 P 点,此处沟道宽度减小到零,如图 6-4(b)所示,此时沟道被夹断。当 $V_{DS}>V_{Dsat}$ 时,漏端的耗尽层更厚,两耗尽层的相会点 P 向源端方向移动,如图 6-4(c)所示。在沟道电场的作用下,从 P 点流入耗尽区并通过耗尽区流至漏极的电子数目不再随 V_{DS} 的增加而明显增加,因此 I_{DS} 也不再随 V_{DS} 明显增大,即 I_{DS} 趋于饱和。饱和漏极电流记为 I_{Dsat}。图 6-4 中的三种情况分别对应于图 6-5 中 $V_{GS}=0$ 曲线上的 A、B、C 三点。

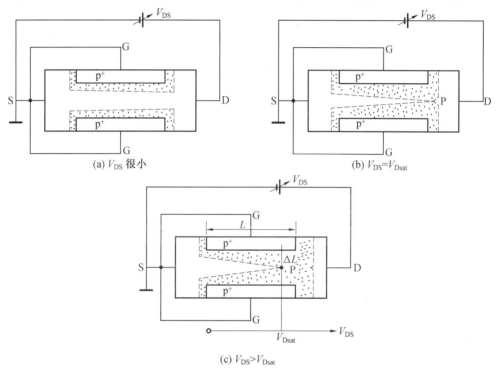

图 6-4 $V_{GS}=0$ 时 n 沟道 JFET 的工作情况示意图

若栅极上加以相对于源的负电位,即 $V_{GS}<0$,在相同的 V_{DS} 下,栅结将承受更大的反偏,耗尽层更厚,沟道厚度更小,所对应的 I_{DS} 也将更小。同时沟道也将在比 $V_{GS}=0$ 情况下更低的 V_{DS} 下夹断,如图 6-5 所示。

3. JFET 的特性曲线

(1) JFET 的输出特性曲线。

根据以上 JFET 基本工作原理的分析,不难理解图 6-6 中给出的输出特性曲线。由图可见,JFET 的输出特性曲线在形状上与双极型晶体管共射极输出特性曲线相仿,此输出特性曲线分为非饱和区、饱和区和击穿区。在非饱和区,沟道截面几乎与 V_{DS} 无关,沟道电流 I_{DS} 与 V_{DS}

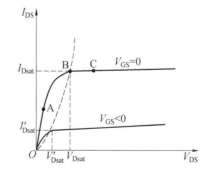

图 6-5 JFET 不同工作状态下的输出特性

呈线性关系,此时对应图6-4(a)中的情形;饱和区的特点是当V_{DS}增加时,I_{DS}基本不变,曲线接近水平,图6-4(b)所表示的情形就是刚刚进入饱和区的情形;特性曲线的击穿区则是栅结发生雪崩击穿,漏极电流急剧增大的区域。由于沟道漏端处栅结反向偏压最高,因此栅结击穿将首先在漏端发生。在栅极加有反向偏压V_{GS}时,漏源击穿电压为

$$BV_{DS} = BV_{DS0} + V_{GS} \qquad (6-2)$$

式中,BV_{DS0}为$V_{GS}=0$时的漏源击穿电压。

(2) JFET的转移特性曲线。

JFET的转移特性曲线描述的是当漏源电压一定时,漏极电流随栅极电压的变化规律。如图6-7所示为一n沟道耗尽型JFET的转移特性曲线。曲线与横轴交于负V_{GS}侧,说明当$V_{GS}<0$达到某数值(V_p)时,整个沟道夹断,漏极电流降为零。

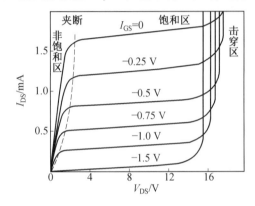 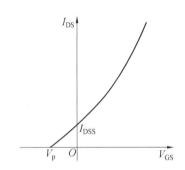

图6-6　n沟道JFET输出特性曲线　　图6-7　n沟道耗尽型JFET转移特性

由于转移特性与输出特性只是描述JFET电流-电压关系这同一事物的两个方面,因此二者有其内在联系。事实上,只要在输出特性曲线上某一V_{DS}值下作垂线与各条曲线相交,用各交点对应的V_{GS}值与对应的I_{DS}作图,即可得到如图6-7所示的转移特性曲线。

场效应器件除了按导电载流子(导电沟道)的类型划分为n沟道和p沟道以外,若按零栅压时的状态,又可分为耗尽型(常开)和增强型(常闭)两大类。前者在零栅压时已存在着导电沟道;后者在零栅压时没有导电沟道,只有在一定的栅压作用下才出现导电沟道。显然上面所讨论的器件为n沟道耗尽型JFET。

4. MESFET

MESFET是1966年提出的。它的工作原理与JFET相同,只是用金属-半导体接触取代了pn结做栅极。实际的MESFET是在半绝缘衬底的外延层上制成的,以减小寄生电容。将金属栅极直接做在半导体表面上可以避免表面态的影响。器件的制作过程与第7章将要讨论的MIS器件相似,而其电学性质又与结栅器件相仿(因此常将JFET与MESFET划为一大类进行讨论),所以它兼具了结栅器件与MIS器件的优点。对于因为有高密度界面态而不能做成MIS器件的材料及很难形成pn结的材料,均可做成肖特基场效应器件。由于一般半导体材料的电子迁移率均大于空穴迁移率,因此高频场效应管都采用n型沟道形式。GaAs与Si相比,电子迁移率大5倍,峰值漂移速度大1倍,所以在GaAs材料制备及其外延和光刻工艺发展成熟之后,GaAs-MESFET很快在高频领域内得到了广泛的应用。它的工作频率、噪声、饱和电平、可靠性等性能指标大大超过了硅微波双极晶体管,最高工作频率可达60 GHz。

如图 6-8 所示为耗尽型与增强型两类 MESFET 的结构示意图及特性曲线。对于增强型器件，在栅上不加电压时，栅结的内建电势已足以使沟道区耗尽。当栅结上加偏压时出现导电沟道，进而产生漏极电流。由于栅结的内建电势约小于 1 V，因此为避免多余的栅电流，栅极的电压限制在 0.5 V 左右。

由于 JFET 与 MESFET 在电学特性上相仿，而后者又主要用于高频范围，因此讨论直流特性以 JFET 为主，而交流特性以 MESFET 为例展开。二者的电路符号见表 6-1。

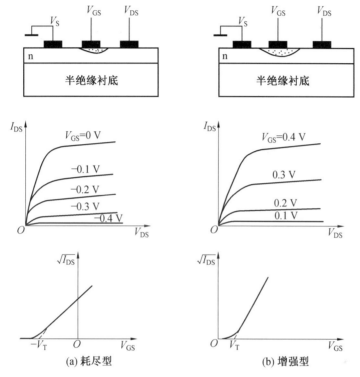

图 6-8 MESFET 的结构示意图和特性曲线

表 6-1 JFET 与 MESFET 的电路符号

	p 沟道	n 沟道
耗尽型		
增强型		

6.2 JFET 的直流特性与低频小信号参数

肖克莱(Shockley)1952年建立的关于JFET的理论至今仍是分析JFET和MESFET的基础。本节将在肖克莱理论的基础上分析JFET的直流特性,介绍其直流参数和交流小信号参数,进而讨论沟道杂质浓度分布、高场迁移率、串联电阻和温度对JFET的特性的影响,以及JFET的四极管特性。

6.2.1 肖克莱理论和JFET的直流特性

JFET在工作时,由于栅源电压和漏源电压同时作用,沟道中电场、电位、电流分布均为二维分布(近似认为沟道无限宽),方程求解非常复杂,肖克莱提出的缓变沟道近似模型很好地简化了这个问题。该模型的基本核心是假定沟道中电场、电位、电流分布均可用缓变沟道近似,认为漏极电流饱和是沟道夹断使然。为了分析简单起见,该模型还做了其他一些可以修正的假设。总括起来其主要假设如下(以 n 沟道 JFET 为例):

① 忽略源接触电极与沟道源端之间、漏接触电极与沟道漏端之间的电压降;

② 忽略沟道边缘扩展开的耗尽区,源极和漏极之间的电流只有轴向分量;

③ p^+ 栅区与n型沟道区杂质浓度 N_A、N_D 都是均匀分布的,且 $N_A \gg N_D$,即栅结为单边突变结;

④ 栅结耗尽区中沿垂直结平面方向的电场分量 E_x 与沿沟道长度方向使载流子漂移的电场分量 E_y 无关,且满足 $\frac{\partial E_x}{\partial x} \gg \frac{\partial E_y}{\partial y}$,此即缓变沟道近似(Gradual Channel Approximation, GCA);

⑤ 载流子迁移率为常数,与沟道中电场强度无关。

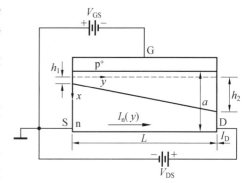

图 6-9 对称结构JFET上半部截面示意图

由于结构的对称性,允许只讨论器件的上半部,如图6-9所示。图中 h_1、h_2 分别是沟道的源端和漏端处耗尽区的厚度。正常工作时源极接地,保持零电位,栅极接负电位 V_{GS},漏极接正电位 V_{DS}。坐标取向如图6-9所示。

根据假设④,耗尽层中的电位仅与 x 有关,故可用一维泊松方程求解,得到在沟道 y 处作用在耗尽层上的总电压(包括外加栅压及栅结接触电势差)与该处空间电荷区宽度 $x_n(y)$ 之间有

$$V_t(y) = \frac{qN_D}{2\varepsilon\varepsilon_0} x_n^2(y) \qquad (6-3)$$

对式(6-3)求导,得

$$\frac{dV_t(y)}{dx_n(y)} = \frac{qN_D}{\varepsilon\varepsilon_0} x_n(y) \qquad (6-4)$$

可见,若使耗尽层改变一定厚度所需要的电压改变量随耗尽层厚度 x_n 增大而成比例增加,且与耗尽层边界处空间电荷密度成正比。

当沟道中不存在载流子浓度梯度时,沟道 y 处沿 y 方向的电流密度可根据欧姆定律写出,即

$$J_n(y) = \sigma_n(y) E_y \tag{6-5}$$

式中,$\sigma_n(y)$ 为沟道 y 处电导率;E_y 为沿 y 方向的电场强度。考虑到 y 处横截面积,式(6-5)又可写为 y 处总电流的形式,即

$$I_n(y) = -A(y) q \mu_n N_D \frac{\partial V(y)}{\partial y} \tag{6-6}$$

式中,$A(y) = 2(a - x_n(y))W$ 表示在 y 处沟道的横截面积;$x_n(y)$ 为该处耗尽层厚度。显然,有

$$x_n(y) = \left[\frac{2\varepsilon\varepsilon_0 (V_D - V_{GS} + V(y))}{q N_D}\right]^{\frac{1}{2}} \tag{6-7}$$

式中,V_D 为栅结接触电势差;V_{GS} 为栅极电压;$V(y)$ 则为由漏源电压赋予沟道 y 处的电位。

因此,式(6-6)又可表示为

$$I_n(y) = -2W q \mu_n N_D (a - x_n(y)) \frac{\partial V(y)}{\partial y}$$

或是

$$I_n(y) dy = -2W q \mu_n N_D (a - x_n(y)) \frac{\partial V(y)}{\partial x_n} dx_n \tag{6-8}$$

注意到所定义的沟道电流 $I_n(y)$ 与 y 方向一致,而与漏源电流 I_D 方向相反,同时考虑到栅极的反向饱和电流可以忽略不计,根据电流连续性原理,有 $I_n(y) = -I_D$。

将式(6-4)代入式(6-8)中,进行积分,并利用边界条件

$$x_n(0) = h_1, \quad x_n(L) = h_2$$

可得 n 沟道 JFET 基本电流-电压方程为

$$I_D = \frac{2W \mu_n q^2 N_D^2}{\varepsilon\varepsilon_0 L} \left[\frac{a}{2}(h_2^2 - h_1^2) - \frac{1}{3}(h_2^3 - h_1^3)\right] \tag{6-9}$$

由式(6-7)可得

$$\begin{cases} h_1 = x_n(0) = \left[\dfrac{2\varepsilon\varepsilon_0 (V_D - V_{GS})}{q N_D}\right]^{\frac{1}{2}} \\ h_2 = x_n(L) = \left[\dfrac{2\varepsilon\varepsilon_0 (V_D - V_{GS} + V_{DS})}{q N_D}\right]^{\frac{1}{2}} \end{cases} \tag{6-10}$$

代入式(6-9),整理化简后得到

$$\begin{aligned}
I_D &= \frac{2aW q \mu_n N_D}{L} \left\{V_{DS} - \frac{2}{3a}\sqrt{\frac{2\varepsilon\varepsilon_0}{q N_D}} \left[(V_{DS} + V_D - V_{GS})^{\frac{3}{2}} - (V_D - V_{GS})^{\frac{3}{2}}\right]\right\} \\
&= G_0 \left\{V_{DS} - \frac{2}{3a}\sqrt{\frac{2\varepsilon\varepsilon_0}{q N_D}} \left[(V_{DS} + V_D - V_{GS})^{\frac{3}{2}} - (V_D - V_{GS})^{\frac{3}{2}}\right]\right\}
\end{aligned} \tag{6-11}$$

对照图 6-3 及式(6-1)可见,$G_0 = \dfrac{2aW q \mu_n N_D}{L}$ 即为两个冶金结之间形成的导电沟道的电导。

式(6-11)是在 JFET 沟道被夹断之前,在非饱和区(即 $0 < V_{DS} < V_{Dsat}$)工作条件下,根据缓变沟道近似模型在欧姆定律的基础上求出来的 JFET 电流-电压关系。当 $V_{DS} > V_{Dsat}$ 时,

沟道将被夹断,缓变沟道近似模型不再适用,因为在夹断区,y 方向的电场分量不再缓变,$\frac{\partial E_x}{\partial x} \gg \frac{\partial E_y}{\partial y}$ 条件也不再成立,式(6-11)也不再适用。

当漏源电压增加到 $V_{DS} > V_{Dsat}$ 后,沟道漏端夹断。夹断点相对于源端电压将始终保持 V_{Dsat} 不变,而夹断点随着 V_{DS} 的增大逐渐向源端移动。超过 V_{Dsat} 的漏源电压($V_{DS} - V_{Dsat}$)将降落在漏端夹断区上,使漏端夹断区的长度 ΔL 随着漏源电压 V_{DS} 的增大而扩展,如图6-4(c)所示。因此,当 $V_{DS} > V_{Dsat}$ 后,栅下沟道区分成了导电沟道区和漏端夹断区两部分。导电沟道区的载流子在漂移电场的作用下源源不断地向漏端运动,凡能到达夹断区的载流子都由高阻夹断区中的强场扫向漏极形成漏电流。因此,夹断后的漏电流仍由导电沟道区的漂移电流决定。在长沟道器件中,当忽略夹断点前移对沟道长度的影响时,饱和区的漏极电流可近似取 $V_{DS} = V_{Dsat}$ 时所对应的电流值。为此,将式(6-10)中的 h_2 以 a 代之,再与 h_1 一并代入式(6-9),可得

$$I_{Dsat} = \frac{2W\mu_n q^2 N_D^2}{\varepsilon\varepsilon_0 L}\left[\frac{a}{2}(a^2 - h_1^2) - \frac{1}{3}(a^3 - h_1^3)\right] = \frac{2a^3 W\mu_n q^2 N_D^2}{6\varepsilon\varepsilon_0 L}\left(1 - \frac{3h_1^2}{a^2} + \frac{2h_1^3}{a^3}\right) \tag{6-12}$$

令

$$I_{DSS} = \frac{2a^3 W\mu_n q^2 N_D^2}{6\varepsilon\varepsilon_0 L}, \quad V_{p0} = \frac{qN_D a^2}{2\varepsilon\varepsilon_0}$$

代入式(6-12),可得 JFET 饱和区电流-电压方程为

$$I_{Dsat} = I_{DSS}\left[1 - 3\left(\frac{V_D - V_{GS}}{V_{p0}}\right) + 2\left(\frac{V_D - V_{GS}}{V_{p0}}\right)^{\frac{3}{2}}\right] \tag{6-13}$$

显然,I_{DSS} 是 $V_D - V_{GS} = 0$ 时的漏电流,通常称其为最大饱和漏电流。式(6-13)表明,沟道夹断后,漏源电流将与 V_{DS} 无关而达到饱和。在长沟道器件中理论与实验基本一致。实际上,漏源电压增加,夹断点前移,将使有效沟道长度缩短,沟道电阻减小。因此,漏电流随着 V_{DS} 的增加而略有上升。沟道长度越短不饱和特性将越明显。

6.2.2 JFET 的直流参数

1. 夹断电压

JFET 沟道厚度因栅 p^+n 结耗尽层厚度扩展而变薄,当栅结上的外加反向偏压 V_p 使 p^+n 结耗尽层厚度等于沟道厚度一半($h = a$)时,整个沟道被夹断,即

$$x_m \approx x_n = \left[\frac{2\varepsilon\varepsilon_0(V_D - V_p)}{qN_D}\right]^{\frac{1}{2}} = a$$

则有

$$V_{p0} = V_D - V_p = \frac{qN_D a^2}{2\varepsilon\varepsilon_0} \tag{6-14}$$

表示沟道夹断时栅结上的总电压,称为本征夹断电压。其中,为了使沟道夹断而外加的反偏电压 V_p 称为夹断电压。

由式(6-14)可见,沟道杂质浓度越高,或者原始沟道厚度越厚,夹断电压也越高。用于低压电路的 JFET,其 V_p 可在 2 V 左右;而高压 JFET,其 V_p 可达 100 V。

2. 最大饱和漏极电流 I_{DSS}

由式(6-13)已知，I_{DSS} 是 JFET 在 $V_D - V_{GS} = 0$ 时的漏极电流。此时，因 $V_{GS} = V_D$，栅结耗尽层厚度趋于零，沟道具有最大厚度，饱和漏极电流也达最大值，故称其为最大饱和漏极电流。

由式(6-12)并考虑到式(6-11)和式(6-14)可得

$$I_{DSS} = \frac{2a^3 W \mu_n q^2 N_D^2}{6\varepsilon\varepsilon_0 L} = \frac{1}{3} \cdot \frac{q N_D a^2}{2\varepsilon\varepsilon_0} \cdot \frac{2aW\mu_n N_D}{L} = \frac{1}{3} \cdot V_{p0} \cdot G_0 \quad (6-15)$$

考虑到沟道电阻率 $\rho = (q\mu_n N_D)^{-1}$，则由式(6-15)有

$$I_{DSS} = \frac{2}{3} \cdot \frac{a}{\rho} \cdot \frac{W}{L} \cdot V_{p0} \quad (6-16)$$

由此可见，增大沟道厚度以及增加沟道的宽长比可以增大 JFET 的最大漏极电流。同时，I_{DSS} 与沟道半厚度 a 的三次方成正比，故欲获得预期的 I_{DSS}，应准确控制原始沟道厚度。

3. 最小沟道电阻 R_{min}

最小沟道电阻 R_{min} 表示 $V_{GS} = 0$，且 V_{DS} 足够小，即器件工作在线性区时，漏源之间的沟道电阻也称为导通电阻。对于耗尽型器件，此时沟道电阻最小。因此，将 $V_{GS} = 0$ V，V_{DS} 足够小时的导通电阻称为最小沟道电阻，其表达式已由式(6-1)给出。

$$R_{min} = \rho \frac{L}{A} = \frac{L}{q\mu_n N_D \cdot 2(a-x_0)W} \approx \frac{L}{2q\mu_n N_D aW} = \frac{1}{G_0} \quad (6-17)$$

由于存在着沟道体电阻，漏极电流将在沟道电阻上产生压降。漏极电流在 R_{min} 上产生的压降称为导通沟道压降。R_{min} 越大，此导通压降越大，器件的耗散功率也越大。实际的 JFET 沟道导通电阻还应包括源、漏区及其电极欧姆接触所产生的串联电阻 R_S 和 R_D。它们的存在也将增大器件的耗散功率，所以在功率 JFET 中应设法减小 R_{min}、R_S 和 R_D 以改善器件的功率特性。

4. 栅极截止电流 I_{GSS} 和栅源输入电阻 R_{GS}

由于 JFET 的栅结是普通的 pn 结或肖特基结，且总是处于反偏状态，因此，栅极截止电流是 pn 结(或肖特基结)的反向饱和电流、反向产生电流和表面漏电流的总和。在平面型 JFET 中，一般表面漏电流较小，截止电流主要由反向饱和电流与反向产生电流构成，其值为 $10^{-9} \sim 10^{-12}$ A，此时栅-沟道结中的电流可统一表示为

$$I_G = I_S (e^{\frac{qV_G}{\eta kT}} - 1) \quad (6-18)$$

式中，η 是一个常数。对于反向扩散电流，$\eta = 1$；对于势垒产生电流，$\eta = 2$。输入电阻为

$$R_{in}(R_{GS}) = \frac{1}{g_m} = \left(\frac{\partial I_G}{\partial V_G}\right)^{-1} = \frac{\eta kT}{q(I_G - I_S)} \quad (6-19)$$

其值在 10^8 Ω 以上。

5. 栅源击穿电压 BV_{GS}

栅源击穿电压 BV_{GS} 是栅、源之间栅 pn 结所能承受的最大反向电压。当 $V_{DS} = 0$ 时，此电压取决于轻掺杂沟道区一侧的杂质浓度；当 $V_{DS} \neq 0$ 时，沟道区漏端电位的升高使该处 pn 结实际承受的反向电压增大。因此，实测的 BV_{GS} 值还与 V_{DS} 有关。

6. 漏源击穿电压 BV_{DS}

漏源击穿电压 BV_{DS} 表示在沟道夹断的条件下漏源间所能承受的最大电压。在 JFET 中，无论是 V_{GS} 还是 V_{DS}，对于栅结都是反向偏压，二者叠加的结果是漏端侧栅结上所加的反向偏压最大。

当 $V_{GS}=0$ 时，有

$$BV_{DS}=BV_{GS}\big|_{V_{GS}=0}=BV_B$$

式中，BV_B 为栅结雪崩击穿电压。

当 $V_{GS}<0$ 时，随着 $|V_{GS}|$ 的增大，BV_{DS} 下降，且击穿点靠近漏端，有

$$BV_{DS}\big|_{V_{GS}<0}=BV_{GS}\big|_{V_{DS}=0}-|V_{GS}| \tag{6-20}$$

7. 输出功率 P_o

JFET 最大输出功率 P_o 正比于器件所能容许的最大漏极电流 I_{Dmax} 和器件所能承受的最高漏源峰值电压 $(BV_{DS}-V_{Dsat})$，即

$$P_o \propto I_{Dmax} \cdot (BV_{DS}-V_{Dsat}) \tag{6-21}$$

可见，对于一个性能良好的功率 JFET 器件，要求其电流容量大、击穿电压高，且在最高工作电流下具有小的漏源饱和电压 V_{Dsat}。

6.2.3 JFET 的交流小信号参数

1. 跨导

跨导是场效应晶体管的一个重要参数，它标志着栅极电压对漏极电流的控制能力。跨导定义为漏源电压 V_{DS} 一定时，漏极电流的微分增量与栅极电压的微分增量之比，即

$$g_m=\frac{\partial I_{DS}}{\partial V_{GS}}\bigg|_{V_{DS}=\text{const}} \tag{6-22}$$

将式(6-11)所表示的 I_D 代入上式求导，整理后可得非饱和区跨导为

$$g_m=2\mu_n\frac{W}{L}(2\varepsilon\varepsilon_0 qN_D)^{\frac{1}{2}}\left[(V_{DS}+V_D-V_{GS})^{\frac{1}{2}}-(V_D-V_{GS})^{\frac{1}{2}}\right] \tag{6-23}$$

利用式(6-14)、式(6-17)，非饱和区跨导还可以表示为

$$g_m=G_0\left(\frac{1}{V_{p0}}\right)^{\frac{1}{2}}\left[(V_{DS}+V_D-V_{GS})^{\frac{1}{2}}-(V_D-V_{GS})^{\frac{1}{2}}\right] \tag{6-24}$$

用饱和漏源电压 $V_{Dsat}=V_{p0}-V_D+V_{GS}$ 代替式(6-24)中的 V_{DS}，可得饱和区跨导为

$$g_{ms}=G_0\left[1-\left(\frac{V_D-V_{GS}}{V_{p0}}\right)^{\frac{1}{2}}\right] \tag{6-25}$$

可见，饱和区的跨导随栅结上电压 (V_D-V_{GS}) 的减小而增大，当 $V_{GS}=V_D$ 时，跨导达到其最大值，即

$$g_{ms\,max}=G_0=2a\mu_n qN_D\frac{W}{L} \tag{6-26}$$

跨导的单位是西门子(S)。由式(6-26)可见，JFET 的跨导与沟道的宽长比 W/L 成正比，所以在设计器件时通常都是依靠调节沟道的宽长比来达到所需要的跨导值。但由于存在着沟道长度调制效应，因此，要得到好的饱和特性，L 就不能无限制地减小，一般控制 L 为 $5\sim10~\mu m$。为了增大器件的跨导，往往采用多个单元并联的方法来扩大沟道宽度。对于同一个器件而言，跨导随栅电压 V_{GS} 和

漏电压 V_{DS} 而变化,当 $V_{GS} = 0$(或 V_D),$V_{DS} = V_{Dsat}$ 时,跨导达其最大值。

2. 漏极电导 g_d

漏极电导 g_d 表示漏极电流随漏源电压的变化关系,定义为

$$g_d = \frac{\partial I_D}{\partial V_{DS}}\bigg|_{V_{GS}=\text{const}} \tag{6-27}$$

将式(6-11)代入,经整理后可得非饱和区的漏极电导为

$$g_d = 2\mu_n \frac{W}{L}(2\varepsilon\varepsilon_0 qN_D)^{\frac{1}{2}}\left[V_{p0}^{\frac{1}{2}} - (V_{DS} + V_D - V_{GS})^{\frac{1}{2}}\right] \tag{6-28}$$

当漏极电压 V_{DS} 很小时,可忽略其对漏极电导的影响,得到线性区的漏极电导,即

$$g_{dl} = G_0\left[1 - \sqrt{\frac{2\varepsilon\varepsilon_0(V_D - V_{GS})}{qN_D a^2}}\right] = G_0\left[1 - \sqrt{\frac{V_D - V_{GS}}{V_{p0}}}\right] \tag{6-29}$$

与式(6-25)对比可见,JFET 饱和区的跨导等于线性区的漏极电导。

线性区的漏极电导与漏极电压无关,直接由栅源电压决定,因此在线性区可将 JFET 作为电压控制变阻器使用。在实际器件中,由于存在泄漏电流,因此实际的漏极电导大于理论计算值。

由饱和区漏极电流式(6-13)可见,理想情况下的漏电流与漏源电压 V_{DS} 无关,饱和区的漏极电导应等于零。但实际上,JFET 工作在饱和区时,夹断区长度随 V_{DS} 的增大而扩展,有效沟道长度则随 V_{DS} 的增大而缩短。沟道长度缩短,必然使沟道电阻减小,漏极电流将随漏源电压的增大而略有上升。因此,实际 JFET 的漏极电导并不为零,而是一有限值。

6.2.4　任意沟道杂质浓度分布的 JFET

以上基于沟道区杂质均匀分布并采用单边突变结近似所得到的结论对由合金法制得的 JFET 较合适。但实际上很多 JFET 和 MESFET 的沟道杂质都是非均匀分布的,如扩散沟道、离子注入沟道等。即使是薄外延沟道的 MESFET,其沟道杂质也不完全是均匀分布的。有意识地控制沟道杂质分布还可以得到不同于均匀杂质分布沟道的良好性能(如微波噪声性能、线性等)。

图 6-10、图 6-11、图 6-12 分别给出了不同沟道杂质浓度分布下 g_{ms}、I_{Dsat} 和 I_{DSS} 的变化规律。图中用

$$\theta = \frac{2\varepsilon\varepsilon_0 V_{p0}}{q\bar{N}_D a^2}$$

表示杂质分布情况,$\bar{N}_D = \frac{1}{a}\int_0^a N_D(x)dx$ 为沟道平均杂质浓度。$\theta=1$ 对应杂质浓度均匀分布;$\theta<1$ 对应栅附近杂质浓度较高的分布;$\theta>1$ 对应沟道中心附近杂质浓度较高的分布。极端情况下,$\theta=0$ 对应杂质集中于栅附近的 δ 函数分布;$\theta=2$ 对应于杂质集中于沟道中心的 δ 函数分布。其他任何分布都处于 $0<\theta<2$。

由图 6-10 和图 6-11 可见,当平均杂质浓度相同(G_0 相等)而杂质分布不同(θ 值不同)时,在相同栅压下,饱和区跨导和饱和区漏极电流有不同的数值。跨导相差较大,漏极电流差异较小,且与实验结果符合较好。

由于杂质的补偿作用,因此扩散或离子注入栅结的 JFET,其沟道杂质分布多在 $\theta=1\sim2$。

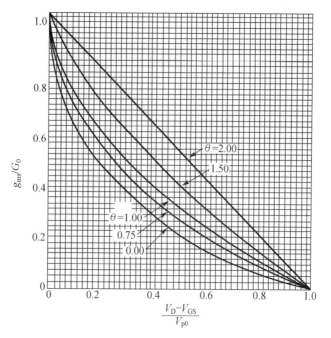

图 6-10　不同沟道杂质浓度分布的归一化 $g_{ms} \sim V_{GS}$ 关系

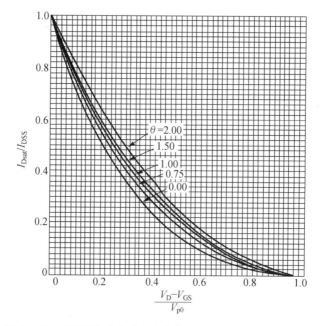

图 6-11　不同沟道杂质浓度分布的归一化 $I_{Dsat} \sim V_{GS}$ 关系

6.2.5　四极管特性

在前面的讨论中都是把对称结构 JFET 的两个栅区短接在一起做三端器件使用。实际上也可以将两个栅区分开并分别施加不同的栅压或信号,使其成为四极管。

如图 6-13 所示为一做四极管应用的 JFET。栅 1 和栅 2 杂质浓度不相等,分别为 N_{A1} 和 N_{A2},沟道杂质 N_D 均匀分布,且 N_{A1}、N_{A2} 均远大于 N_D。参照两栅短接的方法,可分别求出栅

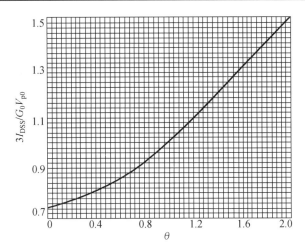

图 6-12 不同沟道杂质浓度分布的归一化最大饱和漏极电流

1 和栅 2 的夹断电压和跨导,以及饱和区的有关参数。

分析表明,栅 1 和栅 2 工作在不同直流偏压时,在饱和区,一个栅的跨导不仅与该栅的偏压有关,同时还与另一个栅的偏置条件有关。这一特殊性质可被用来控制跨导。

如图 6-14 所示为四极 JFET 三种工作模式下饱和区跨导与栅压的关系。曲线 C 表示单栅工作模式,跨导很低,线性度也很差。曲线 A 表示的是两栅并联的三极管模式,跨导很大。曲线 B 表示用栅 1 的偏压控制栅 2 的跨导,可以得到很好的线性关系。这一线性控制关系为 JFET 提供了令人感兴趣的新用途。

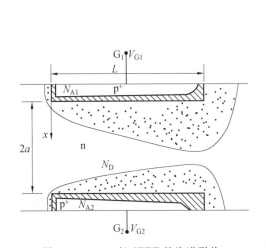

图 6-13 四极 JFET 的沟道形状

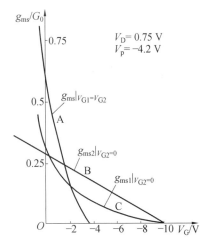

图 6-14 饱和条件下四极 JFET 三种工作模式下的 g_{ms} 与 V_G 关系

6.2.6 高场迁移率的影响

以上讨论均基于沟道中载流子迁移率为常数的假设。在沟道长度 L 远大于沟道厚度 a 的长沟道器件中,漏极电流的实验结果与式(6-11)符合较好。然而在沟道长度和厚度比值较小($L/a < 2$)的短沟道器件中,或者在高夹断电压器件中,理论和实验结果间存在明显的差

别,其差别主要来源于电场对载流子迁移率的影响。在现代 JFET 和 MESFET 中,沟道长度仅为 1~2 μm,甚至更短。即使在只有几伏的漏源电压下,沟道中的平均场强也可达 10 kV/cm 以上,靠近漏端的沟道中场强还远高于此值。短沟道器件中的这种沟道强电场将使器件的特性偏离肖克莱模型的结论。载流子迁移率随电场强度增大而减小,漏极电流和跨导随之减小,直至沟道尚未夹断而漏极电流提前饱和。

1. 载流子漂移速度随电场强度的变化

如图 6-15 为 Si、GaAs 和 InP 中电子的漂移速度随电场强度的变化曲线。对于 Si,当场强很小时,载流子的漂移速度随电场的增强而线性增大;电场继续增强,漂移速度的上升速度变慢,当电场增至约 5×10^4 V/cm 时,漂移速度达饱和值 v_{sl}(约 8.5×10^6 cm/s)。而在 GaAs 和 InP 中,随着电场的增强,电子的漂移速度首先上升到一个峰值速度 v_p,然后再下降并

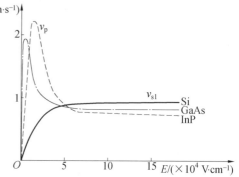

图 6-15 电子的漂移速度随电场强度的变化

逐渐趋于一饱和值 v_{sl},为 $(6~8) \times 10^6$ cm/s。漂移速度的这种变化正说明载流子的迁移率在强电场下是个与电场强度有关的变量。因此,载流子迁移率为常数的假设不能完全说明实验结果,使理论和实验结果间产生明显的偏差。

2. 高场迁移率对器件漏极特性的影响

n 沟道中电子迁移率随电场强度变化的规律可近似表示为

$$\mu_n = \frac{\mu_{n0}}{1+(E/E_c)} \tag{6-30}$$

式中,μ_{n0} 为低场迁移率;E_c 为临界场强。将式(6-30)代入式(6-11)可得迁移率随电场强度变化的漏极电流表达式,即

$$I'_D = \frac{G_0}{1+(E/E_c)} \cdot \left\{ V_{DS} - \frac{2}{3a}\left(\frac{2\varepsilon\varepsilon_0}{qN_D}\right)^{\frac{1}{2}}\left[(V_D-V_{GS}+V_{DS})^{\frac{3}{2}} - (V_D-V_{GS})^{\frac{3}{2}}\right] \right\}$$

$$(6-31)$$

对比式(6-11),并以平均场强 $E = V_{DS}/L$ 代入,则有

$$I'_D = \frac{I_D}{1+\frac{V_{DS}}{LE_c}} \tag{6-32}$$

可见,随着沟道长度缩短,沟道电场增强,强场使载流子迁移率减小,导致漏极电流下降。沟道长度越短,速度饱和效应的影响越大。

因为迁移率随场强变化项与 V_{GS} 无关,所以强场下的跨导值也只需以相同的因子进行修正即可得到。

3. 短栅器件的速度饱和效应

在短栅器件中,沟道电场随着漏极电压增大而不断增强。当漏源电压增加到沟道漏端电场达到载流子漂移速度饱和的临界场强 E_c 时,沟道漏端载流子达到饱和漂移速度,由此而引起器件电特性不同于长沟道的变化称为短栅器件的速度饱和效应。

随着沟道中电场的增强,若在沟道中 y_c 点,沟道电场已达到临界场强,则载流子在沟道中的运动情况可以分成两段来考虑。

从源端到 y_c 点,电场 $E < E_c$,载流子以近似为常数的迁移率进行漂移运动,漂移速度 $v = \mu_0 E$。而从 y_c 点到漏端 $y = L$ 处,电场 $E \geq E_c$,由于强场下迁移率的下降,载流子漂移速度达到饱和,$v = v_{sl}$。根据电流连续性原理,沟道中电流应该处处相等。因此,在强场下,虽然漏端沟道并未被夹断,但漏极电流受速度饱和效应限制不再随 V_{DS} 的增加而上升,即漏极电流在较低的漏源电压下提前达到饱和值,输出特性曲线则在更靠近坐标原点处提前"拐弯"。

当栅长 L 变得极短时,即使漏源电压 V_{DS} 不是很大,栅下沟道内大部分区域都能达到速度饱和临界场强 E_c,使载流子在沟道大部分区域内都达到饱和速度。若近似认为在整个沟道内载流子均以饱和速度进行漂移运动,则沟道区均匀掺杂短栅器件的漏电流为

$$I_D = 2qN_D W(a - h_2) v_{sl} \tag{6-33}$$

式(6-33)所表示的漏极特性与短栅器件的实验结果基本一致。

将式(6-33)对栅源电压 V_{GS} 求导,可得

$$g_m = \frac{\partial I_D}{\partial V_{GS}}\bigg|_{V_{DS}=c} = -2qN_D W v_{sl} \frac{\partial h_2}{\partial V_{GS}} = 2\frac{\varepsilon \varepsilon_0}{h_2} v_{sl} W = C_{GS} v_{sl} W \tag{6-34}$$

式中,$C_{GS} = 2\dfrac{\varepsilon \varepsilon_0}{h_2}$ 表示某一定栅压下两对称栅单位面积的栅结耗尽层电容。若忽略栅源电容 C_{GS} 随栅源电压 V_{GS} 的变化,则可以认为,在短栅器件中,速度饱和使跨导变为常数。实际上,由于栅源电容 C_{GS} 随栅源电压 V_{GS} 的变化取决于沟道杂质分布和结上的电压,当对应于 E_c 的漏极电压较大,或者栅结耗尽层边界杂质浓度增大时,都将使栅结耗尽层宽度随栅源电压的变化减小,进而使栅电容随栅源电压的变化更小。因此,当沟道杂质为缓变分布时,漏极电流 I_D 随栅源电压 V_{GS} 做线性变化,g_m 确实为一常数,而当沟道为均匀掺杂时,I_D 随 V_{GS} 的变化不完全是线性关系,跨导 g_m 随 V_{GS} 的增大而略有变化。

4. 短栅器件的电流饱和模型

如前所述,在长沟道器件中,当外加电压增加到漏端沟道夹断时,器件的漏特性由有效沟道长度($L - \Delta L$)和 V_{Dsat} 决定,而夹断区长度 ΔL 随 V_{DS} 的变化对有效沟道长度的影响很小,即 $L - \Delta L \approx L$,因此,沟道夹断后,漏极电流基本上不随 V_{DS} 的变化而达到饱和。这时,在有效沟道长度内,由源端向漏端沟道厚度逐渐减小,欲保持沟道电流处处相等,则需借助于增强电场以增大载流子漂移速度加以补偿。沟道中载流子浓度等于掺杂浓度,无载流子的耗尽或者积累。但在短栅器件中,电流饱和往往出现在漏端沟道夹断之前。这是因为在栅长较短、漏压较高时,二维效应对器件特性起了支配作用的结果。当漏压使得沟道中电场强度超过速度饱和临界场强 E_c 时,其中载流子的漂移速度饱和,不再随场强增大而增加,这时只能借助于改变载流子浓度来补偿沟道宽度的变化,以维持电流的连续性。

现以 Si MESFET 短栅器件为例,做进一步分析。如图 6-16 所示的 Si MESFET 是在绝缘衬底上通过外延生长 n 型 Si 薄层,并在表面上制作漏区和源区欧姆接触,以及肖特基势垒结而制作的。若加上正的漏源电压 V_{DS},则在 n 沟道上就会有电流流过。当 V_{DS} 很小时,栅下沟道厚度一定,栅下硅层呈现出一定的电阻,漏电流 I_D 随 V_{DS} 的增加而线性增加。当 V_{DS} 较大时,栅结耗尽层宽度由源端到漏端逐渐展宽,沟道电阻随 V_{DS} 的增大而增大,使漏电流的上升速度随 V_{DS} 增大而变慢。同时,在短栅器件中,漏源电压增大将使沟道电场增强,场迁移率的

影响使载流子的漂移速度不再随场强的增加而线性上升。也就是说，随着电场的增强，漂移速度随电场增强而增加的速度变慢，使漏电流随漏源电压增大而上升的速度减小。在短栅器件中，后者往往是引起漏电流上升速度变小的主要原因。

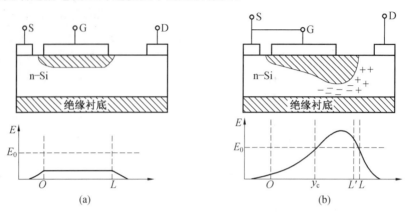

图 6-16 Si MESFET 沟道电场分布及 $V_{GS}=0$ 时的电流饱和模型

当漏压 V_{DS} 使沟道中电场强度超过临界电场 E_c 时，如图 6-16(b) 中 $y_c \sim L$ 段所示，载流子漂移速度 v 达到 v_{sl}，不再随场强增大而增加。在这种情况下，只有借助于增大载流子浓度 $n(y)$ 来补偿沟道变薄以维持电流的连续性，即在 $y_c \sim L$ 区间内将有 $n > N_D$。但由于沟道在 L' 处又突然展宽，又导致在 $L' \sim L$ 区间内 n 的下降（$E > E_c$，v_{sl} 不变），对应某个 $b(y)$ 值将会出现 $n < N_D$ 的情况。于是，在沟道漏端 L' 处出现静电偶极层，在 L' 左侧因电子的积累呈现负电性，而在 L' 右侧某处则因电子的耗尽呈现正电性，静电偶极层上的漏极压降将产生强电场，以维持载流子以饱和速度通过。显然，静电偶极层的出现将改变沟道上的电位分布，在 L' 左侧原先沟道最窄处积累的负电荷使该处栅结实际所承受的反向偏压减小，耗尽层收缩变窄，使沟道反而有变宽的趋势。可见，在短沟道器件中，当漏特性饱和后，由于沟道中存在着静电偶极层，因此漏端不会出现沟通被夹断的情况，且随着漏源电压的继续升高，偶极层增厚，偶极层上承受的压降增加，栅结耗尽层宽度收缩的区域相应地向漏端扩展，速度饱和临界点 y_c 也缓慢地向源端移动，速度饱和区加大。在短沟道器件中，当 V_{DS} 增大到载流子速度达到饱和后，继续增加的漏源电压将降落在静电偶极层上，漏极电流也不再随 V_{DS} 的上升而增大。显然，速度饱和效应使漏极电流提前达到饱和，输出特性曲线上的拐点电压低于夹断电压。

对于用 GaAs、InP 这样具有微分迁移率材料所制作的 JFET 或 MESFET，在某些条件下存在着高场畴。如图 6-17 所示，在 $V_{DS}=0.5$ V 时最大场强尚未达到峰值速度场强（对 GaAs 为 3.2 kV/cm），沟道中电场分布基本均匀，随着 V_{DS} 升高，高场畴形成。在畴形成过程中电场分布自动调整，畴内电场显著增强，畴外电场反而减小。在高场畴中，载流子达到峰值漂移速度时，漏电流达到饱和。在速度饱和区，电场增大，漂移速度减小。为保持电流连续性，载流子浓度随之增大，从而形成电子积累层。而在漏端，电场减小，漂移速度增大，载流子移动加快，由此在速度饱和区产生静电偶极层。

6.2.7 关于沟道夹断和速度饱和的讨论

在上述关于长沟道器件和短沟道器件的讨论中，对于前者把迁移率视为常数，对于后者则考虑了迁移率随电场强度的变化，且以沟道夹断和速度饱和来区分二者电流饱和机制的差别。实际上,在长沟道器件中,只有在缓变沟道近似(GCA)成立的前提下,栅结势垒区的性质才能用一维泊松方程描述,势垒区上电位差等于 V_{p0} 时才恰好把沟道夹断。但已经证明,在沟道末端约 $a/2$ 的长度范围内 GCA 是不成立的。退一步讲,即使一维泊松方程成立,沟道夹断的结论也是由耗尽层近似得到的。然而在沟道的残留深度接近两个德拜长度(对称栅结构)时用耗尽层近似来确定沟道边界已不妥当,因此前述的沟道夹断的概念有必要做进一步探讨。

事实上,沟道不可能绝对夹断,否则漏极电流无法通过该区。应该这样理解所谓的沟道夹断:当沟道残留深度减小到约两个德拜长度时,沟道电流依靠未被完全耗尽的载流子来输运。随着 V_{DS} 的增加,电流通道中载流子浓度减小与迁移

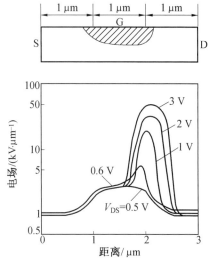

图 6-17 短沟道 GaAs MESFET 中电场分布随 V_{DS} 的变化而变化

率增加的作用相抵偿时,电流达到饱和,并且最终载流子达到其饱和漂移速度。所谓沟道夹断只是指中性导电沟道已不复存在,并不是说载流子已完全耗尽。由此可得如下结论:无论是长沟道还是短沟道器件,在电流饱和区沟道中的载流子都达到了饱和漂移速度。其差别在于,前者是首先达到中性沟道夹断,继而达到载流子速度饱和;而后者则在中性沟道夹断之前载流子已达速度饱和。从本质上讲,二者没有区别,只是沟道长/深比不同造成的沟道中电场强度不同所致。

迁移率随电场强度而变化是客观存在的事实。迁移率为常数只是低场强下的一种近似。一般以 $\Gamma=0.5$ 作为判断两种模型适用范围的界限,$\Gamma<0.5$ 的范围可用肖克莱模型处理。$\Gamma=\dfrac{\mu V_p}{v_{sl} L}$ 称为沟道速度饱和因子,其数值代表沟道中载流子运动速度饱和的程度。

6.2.8 串联电阻的影响

在前面推导 JFET 电流-电压关系时,曾忽略了源接触电极与沟道源端之间、漏接触电极与沟道漏端之间的电压降。然而,上述部位实际存在着串联电阻 R_S 和 R_D,其影响是不可忽略的。

如图 6-18 所示,漏极电流 I_D 流过 R_D、R_S 时在其上产生的压降将使沟道两端的实际作用电压减小,此时沟道两端 A、B 间的实际电压 V'_{DS} 与外加漏源电压 V_{DS} 有

$$V'_{DS} = V_{DS} - I_D(R_S + R_D) \quad (6-35)$$

另外,R_S 上的压降相当于是加在栅结上的反向偏压,即栅极与沟道源端的电位差为

$$V_{GA} = V_{GS} - I_D R_S \quad (6-36)$$

式中,V_{GS} 为外加栅源电压。以式(6-35)和式(6-36)所表示的 V'_{DS}、V_{GA} 分别取代式(6-11)中的 V_{DS} 和 V_{GS} 即可得到计入 R_S、R_D 的 JEFT 电流-电压关系。

图 6-19 和图 6-20 分别给出了 R_D、R_S 对 JFET 外部输出特性的影响。$R_0 = 1/G_0$ 是冶金沟道电阻。由图 6-19 可见,随着 R_D 增加,漏极电流进入饱和的速率减慢,V_{Dsat} 增大。这将使

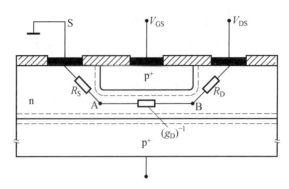

图 6-18 JFET 的漏、源串联电阻

JFET 的功率性能和开关性能变坏(动态范围减小,内部功耗增大,导通电阻变大)。但 R_D 不影响 I_{Dsat} 值,即对小信号放大能力影响不大。由图 6-20 可见,R_S 的影响要比 R_D 严重得多,除了与 R_D 有相同的影响之外,还影响饱和电流 I_{Dsat} 的数值。为此,用图 6-21 表示饱和电流随 R_S 的变化关系。当 $R_S = 0.1 R_0$ 时,I'_{DSS} 的下降已明显可见,说明 R_S 将使 JFET 的放大能力严重下降。

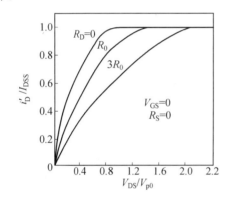 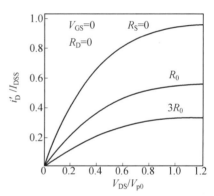

图 6-19 漏极串联电阻 R_D 对 JFET 归一化外部特性的影响

图 6-20 源极串联电阻 R_S 对 JFET 归一化外部特性的影响

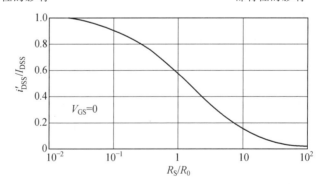

图 6-21 源极串联电阻 R_S 对最大饱和漏电流的影响

由于串联电阻 R_S、R_D 的存在(图 6-18),线性区的沟道电导变为

$$g'_d = \frac{g_d}{1 + (R_S + R_D) g_d} \quad (6-37)$$

式中,g_d 是由沟道 AB 段组成的本征 JFET 的沟道电导。式(6-37)表明,R_S、R_D 的存在使实

际观察到的电导(表观电导)减小了。

R_S、R_D 的存在影响 JFET 的跨导。若取源极 S 电位为零,则 R_S 上的压降使本征管源极 A 点电位上升为 $I_D R_S$。由式(6-36)有

$$V_{GS} = V_{GA} + I_D R_S \tag{6-38}$$

则考虑到串联电阻 R_S 时,表观跨导为

$$g'_m = \frac{dI_D}{dV_{GS}} = \frac{\dfrac{dI_D}{dV_{GS}}}{\dfrac{dV_{GA}}{dV_{GS}} + R_S \dfrac{dI_D}{dV_{GS}}} = \frac{g_m}{1 + R_S g_m} \tag{6-39}$$

式中,g_m 为 JFET 本征跨导。式(6-39)表明,R_S 的存在使表观跨导小于本征跨导,其影响程度取决于 R_S 与 g_m 的乘积,跨导越大,则影响越大。

如图 6-22 所示为典型的 JFET 跨导实验曲线和由式(6-23)计算的理论曲线。可见,当 g_m 值较小时,实验数据与理论值符合较好;当 g_m 值较大时,二者发生偏离。g_m 值越大,偏离越大。

R_S 对 JFET 的高频功率放大特性及噪声特性等均有严重影响。

漏极串联电阻 R_D 的影响与 R_S 不同。漏极电流在 R_D 上的电压降将使出现电流饱和的漏极电压提高,当漏极电流达到饱和时,漏极电压将不再影响漏极电流。如图 6-19 所示,这表明,对工作在饱和区的器件,R_D 只会引起功耗增大而不影响跨导值。

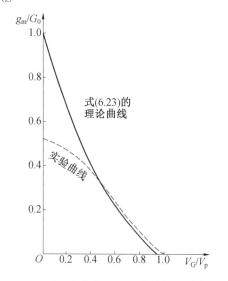

图 6-22 JFET 跨导的理论曲线与实验曲线

综上所述,在设计、制作 JFET 时应注意尽量减小串联电阻,尤其是 R_S。

6.2.9 温度对直流特性的影响

温度影响 JFET 和 MESFET 直流特性的原因有如下方面:
① 栅结(pn 结或肖特基结)自建电势差 V_D 随温度的变化;
② 沟道电导率 σ 的变化;
③ 栅结耗尽区载流子产生-复合率的变化;
④ 栅结反偏热扩散电流的变化;
⑤ 表面状态的变化;
⑥ 非良好的源、漏欧姆接触注入少子电流的变化。

前两项影响 I_{DS},后四项影响 I_G。从实用角度看,最重要的是饱和漏极电流 I_{Dsat} 的温度特性。

如果在某一温度范围内,电离施主浓度实际上保持不变,则式(6-14)所表示的夹断电压 V_P 也不变。但因为迁移率 μ_n 随温度升高而下降,所以由式(6-15)给出的最大饱和电流 I_{DSS} 将随温度变化而变化。

由式(6-11)可见,温度对漏极电流 I_D 产生的影响主要是由于迁移率 μ 及栅结自建电势

差 V_D 随温度的变化而引起的。随着温度升高,载流子受到晶格散射作用增强,迁移率下降,将使漏极电流下降。另外,随着温度的升高,n_i 增大,V_D 降低(式(1-14)),结上电压减小,沟道展宽,由此漏极电流增大。显然,μ 与 V_D 二者随温度变化对 I_D 的影响是相反的,这就使得有可能选择适当的工作点使二者的影响相互抵消,在该工作点,I_D 的温度系数为零。

由式(6-11)可以写出

$$\frac{\partial I_D}{\partial T} = \frac{\partial I_D}{\partial \mu_n} \cdot \frac{\partial \mu_n}{\partial T} + \frac{\partial I_D}{\partial V_D} \cdot \frac{\partial V_D}{\partial T} \tag{6-40}$$

考虑到 $\partial I_D / \partial V_D = -\partial I_D / \partial V_{GS}$ 及 $I_D \propto \mu_n$ 的关系,式(6-40)可改写为

$$\frac{\partial I_D}{\partial T} = \frac{I_D}{\mu_n} \cdot \frac{\partial \mu_n}{\partial T} - g_m \frac{\partial V_D}{\partial T} \tag{6-41}$$

令 $\partial I_D / \partial T = 0$,则由式(6-41)有

$$\frac{I_{DZ}}{g_{mZ}} = \frac{\dfrac{\partial V_D}{\partial T}}{\dfrac{1}{\mu_n} \cdot \dfrac{\partial \mu_n}{\partial T}} \tag{6-42}$$

式中,I_{DZ} 和 g_{mZ} 分别为零温度系数下的漏极电流和跨导。

以 $\partial I_D / \partial V_{GS} = g_m$ 分别去除式(6-41)两端,并利用式(6-42),可得

$$\frac{dV_{GS}}{dT} = \left(-\frac{\partial V_D}{\partial T}\right)\left(1 - \frac{I_D/g_m}{I_{DZ}/g_{mZ}}\right) \tag{6-43}$$

式(6-43)给出了为维持某一恒定的漏极电流,栅源电压应随温度而调整的变化量。当 $I_D = I_{DZ}$ 时,$dV_{GS}/dT = 0$,即在零温度系数工作点,栅源电压和漏极电流都不随温度变化而变化,表现出 JFET 的重要特性之一——良好的温度稳定性。

n 沟道 JFET 转移特性的温度关系如图 6-23 所示。

JFET 和 MESFET 的栅极电流主要来源于栅结反偏时的泄漏电流,包括势垒产生电流、反向扩散电流和表面泄漏电流,它们的数值都随温度升高而增大。

对于 Si JFET,如果忽略表面漏电流的影响,栅极反向电流主要是势垒产生电流。因此,JFET 栅极反向电流 I_G 随温度的变化规律应符合式(1-75)所表示的关系。图 6-24 给出了这种变化关系。可见,在室温附近温度每升高 10 ℃ 左右,栅极电流约增大一倍。

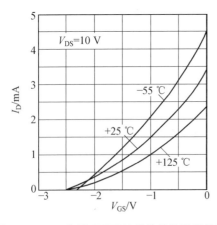

图 6-23 n 沟道 JFET 转移特性的温度关系

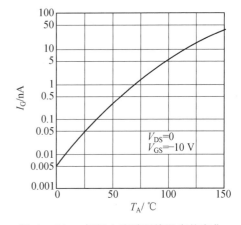

图 6-24 栅极电流随环境温度的变化

6.3 JFET 的交流特性

众所周知，JFET，特别是 GaAs MESFET 已广泛应用于高频低噪声放大器、高速逻辑电路和高频功率源。因此，本节从交流等效电路入手，分析 JFET 的交流特性。

6.3.1 交流小信号等效电路

在交流工作状态下，栅源输入端上电压为直流偏置电压 V_{GS} 和交变信号电压 u_{gs} 的叠加，即

$$u_{GS} = V_{GS} + u_{gs} \tag{6-44}$$

相应地，交流工作状态下的漏极电流也包含直流分量 I_D 和交流分量 i_d，即

$$i_D = I_D + i_d \tag{6-45}$$

若将漏极电流 i_D 在静态工作点 Q 附近级数展开，则有

$$i_D = i_D|_Q + \frac{di_D}{du_{GS}}\bigg|_Q (u_{GS} - V_{GS}) + \frac{1}{2}\frac{d^2 i_D}{du_{GS}^2}\bigg|_Q (u_{GS} - V_{GS})^2 + \cdots = I_D + g_m u_{gs} + \cdots \tag{6-46}$$

在小信号假设下忽略式中 u_{gs} 的高次项，即可得漏极电流的交流分量。但是应该注意到，实际器件还存在着不为零的漏极电导 g_d，输出端交变的漏源电压 u_{ds} 在此漏极电导上产生一个附加的漏极电流 $u_{ds} \cdot g_d$。于是，漏极交流电流为

$$i_d = g_m u_{gs} + g_d u_{ds} \tag{6-47}$$

栅 pn 结上的交变电压通过使栅 pn 结势垒电容充放电而改变耗尽层的厚度，从而改变沟道的导电能力，使漏极电流随之而变化，同时在栅极回路产生一电流分量，即

$$i_{gs} = C_{gs}\frac{du_{gs}}{dt} \tag{6-48}$$

式中，C_{gs} 为 JFET 的栅源电容，是由栅源电压变化引起栅 pn 结势垒电容充放电的等效电容。显然，在沟道漏端一侧还存在着栅漏电压作用下的栅漏电容 C_{gd}，当栅极电压交变时，栅漏电压的变化也将同时产生对 C_{gd} 的充放电作用而形成栅极电流，即

$$i_{gd} = C_{gd}\frac{du_{gd}}{dt} \tag{6-49}$$

综上所述，当计入栅源电容 C_{gs} 和栅漏电容 C_{gd} 时，JFET 的交流端电流为

$$i_g = i_{gs} + i_{gd} = C_{gs}\frac{du_{gs}}{dt} + C_{gd}\frac{du_{gd}}{dt} \tag{6-50}$$

$$i_d = g_m u_{gs} + g_d u_{ds} - C_{gd}\frac{du_{gd}}{dt} \tag{6-51}$$

如图 6-25 所示为 MESFET 交流小信号等效电路及其物理模型。图 6-25(a) 中虚线框内为本征部分，其中 R_{gs} 为对栅源电容 C_{gs} 充放电时的等效沟道串联电阻，C_{dc} 为饱和时速度饱和区的静态偶极层电容。虚线框外为非本征参数，包括栅、源和漏极串联电阻 R_G、R_S 和 R_D，以及由引线和封装引入的寄生电容 C_{ds} 和引线电感等。

6.3.2 JFET 和 MESFET 中的电容

器件中的电容及其与串联电阻的充放电效应是影响频率特性的主要因素之一。

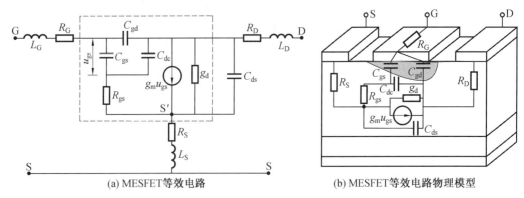

图 6-25　MESFET 交流小信号等效电路及其物理模型

1. 栅源电容 C_{gs} 和栅漏电容 C_{gd}

JFET 和 MESFET 的栅源电容 C_{gs} 和栅漏电容 C_{gd} 均来源于栅结（栅 pn 结或肖特基结）耗尽层电容。C_{gs} 是栅源电压变化时引起的栅结耗尽层充放电的电容效应，而 C_{gd} 是漏极电压变化引起的电容效应。显然，同一个栅结耗尽层被按照作用的电压分成了两个等效电容。处于输入回路的 C_{gs} 和 R_{gs} 组成的 RC 电路的充放电作用直接影响着器件的频率特性；而跨在输入与输出端之间的 C_{gd} 的负反馈作用将影响器件的高频增益。

若栅下耗尽层中空间电荷总量为 Q_I，则有

$$C_{gs} = \frac{\partial Q_I}{\partial V_{GS}}\bigg|_{V_{DS}-V_{GS}=\text{const}}$$

$$C_{gd} = \frac{\partial Q_I}{\partial V_{DS}}\bigg|_{V_{GS}=\text{const}}$$

$$Q_I = qN_DW\int_0^L h(y)\mathrm{d}y = qN_DW\int_0^L a\left[\frac{V_D - V_{GS} + V(y)}{V_{p0}}\right]^{\frac{1}{2}}\mathrm{d}y$$

在线性区，V_{DS} 很小，沟道压降近似线性分布，可以得到

$$C_{gs} \approx \frac{1}{2}\frac{\varepsilon\varepsilon_0}{h(0)}W\cdot L \tag{6-52}$$

式中，$h(0)$ 为栅结源端耗尽层厚度。式(6-52)表明，在线性区，栅源电容 C_{gs} 约为耗尽层宽度均为 $h(0)$ 时栅结电容的一半，而栅电容等于栅源电容与栅漏电容之和，即 $C_{gs}+C_{gd}=C_G$。因此，在线性区，栅漏电容 C_{gd} 也约为耗尽层宽度均为 $h(0)$ 时栅结电容的一半。

饱和区的栅源电容与沟道被夹断的情况有关，而栅漏电容还与两电极尺寸有关，如图 6-26 所示。

2. 漏源电容 C_{ds}

漏源电容 C_{ds} 属于寄生元件，它只是电极间的分布电容而不是器件的本征机构。C_{ds} 的大小与源、漏电极及源、漏区本身尺寸有关，其典型变化关系如图 6-27 所示。

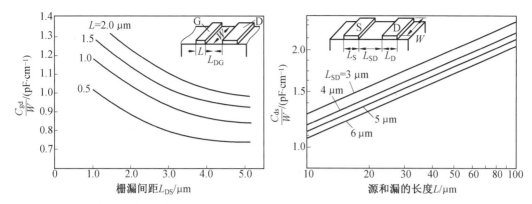

图 6-26　栅漏电容 C_{gd} 与 L、L_{DG} 的关系　　图 6-27　漏源电容与电极尺寸的关系

静电偶极层电容存在于短栅器件的速度饱和区中,目前尚无准确计算公式。

对于沟道长度 $L=1\ \mu m$,沟道宽度 $W=300\ \mu m$ 的 GaAs 低噪声 MESFET,在 $V_{GS}=0$,$V_{DS}=5\ V$,$I_D=5\ mA$ 时,等效电路中各参数的典型值分别为 $g_m=30\ mS$,$C_{gs}=0.4\ pF$,$C_{gd}=0.01\ pF$,$C_{ds}=0.07\ pF$,$C_{dc}=0.015\ pF$,$R_{gs}=3\ \Omega$,$R_{ds}=500\ \Omega$,$R_D=R_S=5\ \Omega$。

6.3.3　JFET 和 MESFET 的频率参数

JFET 和 MESFET 的频率响应主要受两个因素影响:一是载流子渡越沟道的时间;二是栅结(pn 结或肖特基结)的 RC 时间常数。描述其频率特性的参数相应地有载流子渡越时间截止频率 f_0、特征频率(增益带宽积)f_T 和最高振荡频率 f_M。

1. 载流子渡越时间截止频率 f_0

载流子渡越时间截止频率 f_0 是由载流子从沟道源端渡越到漏端的时间所限定的频率极限。

在弱场下,载流子迁移率为常数,渡越时间为

$$\tau = \frac{L}{\mu E_y} \approx \frac{L^2}{\mu V_{DS}}$$

则载流子渡越时间截止频率为

$$f_0 = \frac{1}{2\pi\tau} = \frac{\mu V_{DS}}{2\pi L^2} \tag{6-53}$$

在短沟器件中,由于高场下载流子迁移率不再是常数,因此可以用一个等效的载流子平均漂移速度 $\bar{v}_{eff} = \mu E_y \approx \mu V_{DS}/L$ 代入式(6-53),得到 f_0 的普遍形式,即

$$f_0 = \frac{\bar{v}_{eff}}{2\pi L} \tag{6-54}$$

当沟道长度缩短到沟道载流子漂移速度饱和时,其频率极限主要受饱和速度限制。渡越时间 $\tau \approx L/v_{sl}$,即以极限漂移速度 v_{sl}(或峰值漂移速度 v_p)取代平均漂移速度,则可得到渡越时间截止频率 f_0 的最高极限值,即

$$f_{0\max} = \frac{v_{sl}}{2\pi L} \text{ 或 } f_{0\max} = \frac{v_p}{2\pi L} \tag{6-55}$$

比较式(6-53)和式(6-55)可见,在长沟道器件的弱场下,截止频率与沟道长度 L 的平方成反比;计入速度饱和效应影响后,截止频率仅与 L 成反比。在具有峰值漂移速度 v_p 的某

些化合物半导体材料中,电子的饱和漂移速度比 Si 中低得多,但却有高约两倍的峰值速度。由于这种电子速度过冲,因此 GaAs MESFET 的频率特性远较 Si MESFET 的好。

2. 特征频率 f_T

特征频率 f_T 定义为共源等效电路中,本征管的源端与漏端交流短路(输出端交流短路)时,电流放大系数等于 1 时所对应的频率,即通过输入电容的电流等于流过电流源的电流 $g_m u_{gs}$ 时的频率。因此,f_T 也称为共源组态下的增益-带宽积。

由图 6-25(a),根据 f_T 的定义可得

$$\omega_T C_{gs} u_{gs} = g_m u_{gs}$$

$$f_T = \frac{g_m}{2\pi C_{gs}} \qquad (6-56)$$

g_m 和 C_{gs} 都随栅压的变化而变化,因此 f_T 也随栅压而改变。当跨导取最大值 G_0,栅源输入电容取最小值 C_{gsmin} 时,可得特征频率的最大值为

$$f_{Tmax} = \frac{G_0}{2\pi C_{gsmin}} \qquad (6-57)$$

在长沟道器件中,栅源电容随栅结耗尽层宽度的展宽而下降,而跨导随栅源电压 V_{GS} 增大而减小,当 $V_{GS}=0(V_{GS}=V_D)$ 时达到最大值。为简化分析,近似取耗尽层宽度扩展到漏端沟道被夹断,栅结耗尽层平均厚度为 $a/2$ 时的 C_{gs} 为最小值,则对于如图 6-1 所示对称结构,有

$$C_{gsmin} = \frac{4}{a}\varepsilon\varepsilon_0 WL$$

与 $G_0 = \frac{2aWq\mu_n N_D}{L}$ 同时代入式(6-57),并利用式(6-14),可得

$$f_{Tmax} = \frac{\mu V_{p0}}{2\pi L^2} \qquad (6-58)$$

可见,迁移率越高,沟道长度越短,则特征频率越高,与式(6-53)所反映的规律是一致的。

3. 最高振荡频率 f_M

最高振荡频率 f_M 定义为本征管输入端和输出端均共轭匹配,且输出对输入的反馈近似为零的条件下,共源功率增益等于 1 时的极限频率。

在如图 6-25(a)所示等效电路基础上,可以证明最高振荡频率 f_M 为

$$f_M \approx \frac{f_T}{2\sqrt{r_1 + f_T \tau_S}}$$

式中,r_1 为输入-输出阻抗比;τ_S 为时间常数。则有

$$r_1 = (R_G + R_{gs} + R_S)g_d, \quad \tau_S = 2\pi R_G C_{gd}$$

可见,器件的特征频率越高,最高振荡频率也越高。为得到最高振荡频率,本征管特征频率和阻抗比必须取最佳值,非本征电阻 R_G、R_S 以及反馈电容 C_{gd} 也必须减至最小。

器件的频率特性取决于其材料参数和几何尺寸。从迁移率、沟道渡越时间及耗尽层电容对频率特性影响的角度考虑,采用 n 型、高载流子漂移速度、低介电常数的半导体材料有利于改善频率特性。因此,GaAs、InP 等材料被广泛用于微波 MESFET,并采用 n 沟道结构。

栅长是对器件频率特性影响最大的参数。减小栅长 L 可以减小栅源电容 C_{gs},增大跨导

g_m，从而改善频率特性，但为了保证栅电极对沟道电流充分的控制作用，必须使栅长大于沟道厚度，即 $L/a > l$（非对称栅结构）。在保证 $L/a > l$ 的前提下欲减小栅长，势必要求减小沟道厚度和提高沟道掺杂浓度。后者又受击穿电压的限制。对于实际的 GaAs 和 Si MESFET，其最高掺杂浓度约为 $5 \times 10^{17}\ \text{cm}^{-3}$，此时的最小理论栅长 $L \approx 0.1\ \mu\text{m}$，所对应的 f_T 可达 100 GHz。对于实际的 GaAs 器件，当 $L < 0.2\ \mu\text{m}$ 时，沟道电场将超过 $3.2 \times 10^3\ \text{V/cm}$ 的阈值，此时迁移率将随电场的增大而减小。为保证载流子以高迁移率通过沟道区，必须适当增加栅长以减弱沟道电场。因此，实际器件的栅长一般不小于 $0.2\ \mu\text{m}$。

JFET 和 MESFET 的高频功率增益为

$$G_{\text{MA}} = \left(\frac{f_M}{f}\right)^2 = \frac{f_T^2}{4(r_1 + f_T \tau_S)f^2} \tag{6-59}$$

6.4 JFET 的功率特性

因为场效应器件是多子器件，所以不存在二次击穿限制。这一与双极型晶体管不同的特点使 JFET 在制作功率管时具有突出的优越性。

1. 最大输出功率 P_M

JFET 的最大输出功率由其最大输出电流、最高耐压和最高允许结温下的最大耗散功率决定。如图 6-28 所示为功率场效应管输出特性示意图，其甲类放大的最大输出功率为

$$P_M \approx \frac{1}{8}(V_{\text{DS}}^L - V_K)I_F = \frac{1}{8}I_F^2 R_{Lm} \tag{6-60}$$

式中，R_{Lm} 为获得最大输出功率的负载电阻；I_F 为最大输出电流；V_{DS}^L 为沟道夹断时，漏源间所容许施加的最大电压；V_K 称为膝点电压，为输出特性上对应于 I_F 的拐点处的电压。

2. 最大输出电流 I_F

JFET 和 MESFET 的最大输出电流是沟道源端栅结空间电荷区消失时通过沟道的漏极电流。显然这是在栅结正偏且正偏电压恰好抵消了栅结内建电势差 V_D 的条件下才能达到的理论极限值。

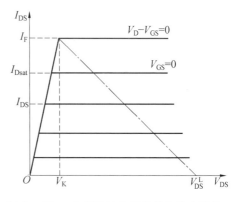

图 6-28 功率场效应管的简化输出特性

如果忽略栅结正偏时向沟道注入少数载流子引起的电导调制效应和附加的电场，对于长沟道器件，由式（6-12）、式（6-13）中给出的 I_{DSS} 即为 I_F。

对于短沟道 GaAs MESFET，有研究表明，I_F 可由以下经验公式近似，即

$$I_F = 0.224W(N_D a - 0.18\sqrt{LN_D})\ (\text{A}) \tag{6-61}$$

式中，N_D 以 $10^{16}\ \text{cm}^{-3}$ 为单位；L 和 W 分别以 μm 和 mm 为单位。对一些典型器件的理论与实验结果进行比较表明，式（6-61）的误差在 $\pm 1\%$ 以内。

3. 漏源击穿电压 BV_{DS}

漏源击穿电压 BV_{DS} 是漏源工作电压的极限。对于中、高频 Si JFET，BV_{DS} 主要由栅结空间电荷区的雪崩击穿电压决定。对于微波 GaAs MESFET，其击穿机理尚不十分清楚。分析其击穿现象和规律，可以肯定击穿电压低的直接起因之一是漏接触电极附近的电场过强，原因之二是栅电极边缘处电场过强。显然，提高耐压的途径就是缓解上述区域的电场集中现象。

图 6-29 是为提高漏源击穿电压的几种典型结构，其中图 6-29(a) 是通常的平面结构，在 100 mA/mm 电流下的 BV_{DS} 只有十几伏。零栅压下 BV_{DS} 只有 8～9 V；图 6-29(b)、(c) 和 (d) 三种结构都是在接触区下面加一层 n+ 重掺杂层以改善欧姆接触进而提高 BV_{DS}，这三种结构的 BV_{DS}(100 mA/mm) 均可达到 30 V 以上；图 6-29(e) 的凹槽沟道结构通过加厚接触区有源层的厚度达到与埋入 n+ 层同样的效果，BV_{DS}(100 mA/mm) 也可达 25 V 以上；图 6-29(f) 的凹形栅结构则是为了减小栅电极边缘电场。由于 SiO_2 和 GaAs 的界面电位差（约 0.7 V 左右），因此 GaAs 表面有一耗尽层。实验发现，栅凹陷入沟道的深度约等于表面耗尽层深度时，击穿电压最高，击穿前漏电流最小。

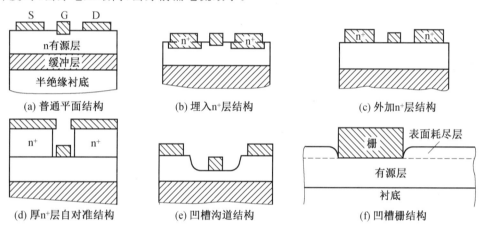

图 6-29　提高漏源击穿电压的典型结构

4. 热阻 R_T

与双极型晶体管一样，热阻 R_T 是限制最大耗散功率的主要原因。在进行热学计算时，曾用于双极型晶体管的公式在此同样适用，只不过对于 GaAs MESFET，最高结温通常限制在 100 ℃ 左右，而功率转换效率 $\eta < 30\%$。

热阻 R_T 与封装结构及管芯设计都有密切关系。功率管通常有管芯向上和倒扣装片两种封装方式。正面封装时，沟道区产生的热量通过衬底传到底座；而倒扣装时，热量是通过与底座相连的梁式引线直接传到底座的，热流不通过 GaAs 晶片。显然后者热阻较小。

6.5 JFET 和 MESFET 结构举例

6.5.1 MESFET 的结构

1. MESFET 结构的演变

为了改善器件特性，MESFET 的结构不断演进和变化，如图 6-30 所示。图 6-30(a) 是最基本的形式，在掺 Cr 的半绝缘 GaAs 衬底上直接生长有源层，然后在有源层上分别制作肖特基结和欧姆接触。由于有源层直接做在半绝缘衬底上，因此衬底上的缺陷直接影响器件特性，这种结构形式的噪声特性较差。为克服这一缺点，在有源层与衬底之间加入一层不掺杂的缓冲层，如图 6-30(b) 所示。缓冲层减小了衬底缺陷对有源层的影响，器件噪声特性与增益均有所改善。为了减小源、漏串联电阻，在电极金属与有源层之间插入重掺杂的 n^+ 层，如图 6-30(c) 所示，此 n^+ 层可采用外延生长或离子注入掺杂而成。为了降低漏接触处的电场而发展起来一种凹槽栅结构，如图 6-30(d) 所示，这种结构可以提高击穿电压，增加器件的输出功率，在微波领域内，其功率特性和噪声特性均优于平面栅结构。

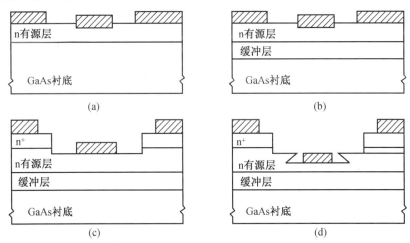

图 6-30 MESFET 的结构演变

对于普通的 MESFET，当栅下杂质浓度达到 10^{17} cm^{-3} 时，肖特基势垒结的泄漏电流增大，器件特性将变坏。因此，要减小栅结漏电流，必须设法降低栅下半导体层的杂质浓度。如图 6-31 所示的各种栅结构的目的即在于此。

图 6-31(a) 采用了 Ar^+ 轰击形成的半绝缘栅；图 6-31(b) 则是在栅金属与有源层之间插入一低浓度的缓冲层，以期减小器件栅电容、降低栅结反向漏电流，提高栅结耐压，有利于提高 f_T 和 f_M；图 6-31(c) 是利用 Pt 在热处理时渗入 GaAs 中形成的埋栅结构，与凹形栅作用相似；图 6-31(d) 是在栅电极掩蔽下进行离子注入的自对准栅结构，栅以外是高浓度区，可减少表面能级的影响；图 6-31(e) 是双栅结构，栅极 G_1、G_2 互相独立，靠近源侧的 G_1 为信号栅，靠近漏侧的 G_2 为控制栅。与单栅结构相比，双栅结构有两个明显优点：一是两个栅极可分别进行控制，以完成一些单栅器件所不能完成的功能；二是漏端侧的第二栅极 G_2 可减小器件内部反馈，从而提高器件增益，增加器件的稳定性。双栅 FET 可视为两个单栅 FET 的级联，前述

理论分析均可适用。

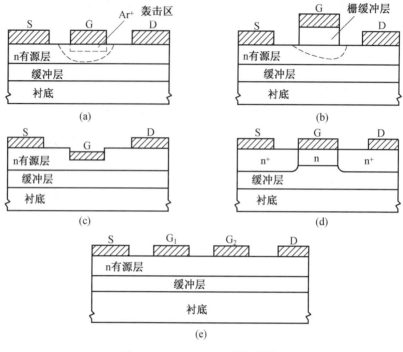

图 6-31 MESFET 的栅结构

2. GaAs MESFET 结构实例

GaAs 材料与 Si 材料相比有着明显的优点：电子迁移率约高 5 倍、有约 2 倍于 Si 饱和速度的峰值速度、半绝缘的衬底、可制作良好的肖特基结等。因此，GaAs MESFET 长期以来在高频高速器件中占据着重要的地位。

如图 6-32 所示为普通的和带凹槽栅的 GaAs MESFET 结构实例。制作这种器件是先在掺 Cr 的半绝缘衬底上依次生长半绝缘缓冲层和掺 S 的 n 型有源层，有源层厚度为 $0.3 \sim 0.35\ \mu m$，电子浓度为 $(5.5 \sim 6.5) \times 10^{16}\ cm^{-3}$。图 6.32(b) 的栅下凹槽深度为 $0.1 \sim 0.15\ \mu m$，在 $V_{GS} = -2\ V$ 时使漏源击穿电压从图 6-32(a) 中普通结构的 13 V 提高到 26 V。

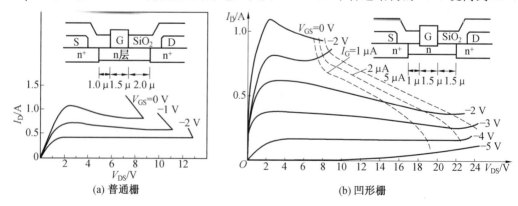

图 6-32 普通的和有凹栅的 GaAs MESFET 结构及漏极特性

3. Si MESFET 典型结构

如图 6-33 所示为典型硅微波场效应晶体管的结构尺寸与管芯图形,采用梳状电极可以有效减小 R_{GS},因为梳状电极接触是多个梳指栅的并联。

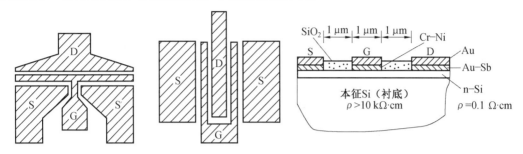

图 6-33　典型微波场效应晶体管的结构尺寸与管芯图形

4. 异质结 MESFET

同种半导体材料中两个不同导电类型的区域之间构成 pn 结,如果结两边由不同半导体材料构成就称为异质结。随着化合物半导体液相外延、有机金属气相淀积和分子束外延等技术的发展,异质结结构在各类器件中被普遍应用。巧妙利用异质结能带的变化可以获得多种高性能 MESFET。

如图 6-34 所示是一双异质结 MESFET 结构示意图和能带图,其结构是在半绝缘 InP 衬底上用分子束外延连续生长而成的。两个异质结将沟道电子限制在 $Ga_{0.47}In_{0.53}As$ 有源层内,该有源层比 GaAs 更高的低场迁移率和峰值漂移速度,使器件具有较高的跨导和工作速度。

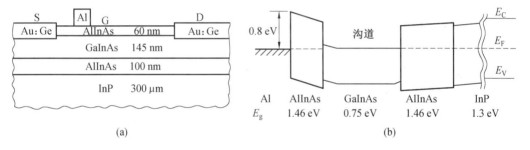

图 6-34　双异质结 MESFET 结构示意图和能带图

如图 6-35 所示为一种具有界面电子积累层(反型层)的异质结 MESFET 和热平衡时的能带图。半绝缘衬底上依次外延出窄禁带(如 GaAs)和宽禁带($Al_xGa_{1-x}As$)材料,在宽禁带材料上形成肖特基结。通过改变三元化合物的组分调整其禁带宽度和两种材料的掺杂浓度,在平衡状态下,界面 GaAs 一侧即存在反型层。于是,利用异质结结构在低掺杂因而具有高迁移率的窄禁带材料表面获得高的载流子浓度。在栅极施加电压可以控制反型层的厚度,从而获得较高的跨导和工作速度。

利用异质结获得高的电子迁移率的晶体管称为高电子迁移率晶体管(HEMT)。因为其反型层厚度很薄,其中载流子迁移率很高,所以又称为二维电子气场效应晶体管(TEGFET)。因其结构掺杂分布特点又称为选择掺杂异质结晶体管(SDHT)、调制掺杂场效应晶体管(MODFET)等。不同材料系统和不同结构的 HEMT 都是基于能带工程或者调制掺杂的概念。

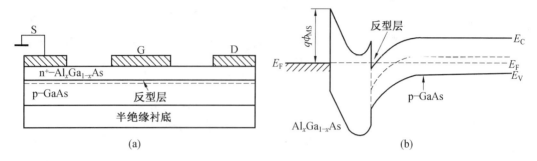

图 6-35 具有界面电子积累层(反型层) 的异质结 MESFET 和热平衡时的能带图

调制掺杂结构巧妙地解决了提高载流子浓度和提高迁移率之间的矛盾。在传统的场效应晶体管中,为了提高响应速度,要求有高的迁移率。除降低温度外,降低材料的掺杂浓度是提高迁移率行之有效的措施。如掺杂浓度 $10^{17} \sim 10^{18}$ cm^{-3} 的 n-GaAs 材料,其电子迁移率为 $3\,000 \sim 4\,000$ cm^2/(V·s);掺杂浓度降至 $10^{13} \sim 10^{14}$ cm^{-3} 时,300 K 下电子迁移率理论上可达 10^4 cm^2/(V·s),77 K 下高纯 GaAs 中的电子迁移率应为 10^5 cm^2/(V·s)。但掺杂浓度降低会使沟道电阻增大而影响器件特性,因此只能在载流子浓度和迁移率之间折中,采用调制掺杂结构就可以同时获得高的载流子浓度和高的迁移率。

较为典型的 MODFET 结构如图 6-36 所示。半绝缘 GaAs 衬底上生长非掺杂或轻掺杂的 GaAs 和掺 Si 的 n 型 Al$_x$Ga$_{1-x}$As,构成调制掺杂结构的核心部分。具有较高自由电子能量的宽禁带 Al$_x$Ga$_{1-x}$As 中的施主电离产生的电子转移到 GaAs 中并引起能带弯曲。异质结的势垒将电子限制在由于导带不连续而形成的 8～10 nm 宽的三角形势阱中,形成二维电子气(2DEG)。在沟道层和施主层之间厚 2～6 nm 的 i-AlGaAs 间隔层的作用是为了屏蔽离化杂质对 2DEG 的库仑散射,以利于提高电子迁移率和降低噪声。表面 n$^+$-GaAs 层的作用则是为了获得良好的欧姆接触,降低串联电阻。

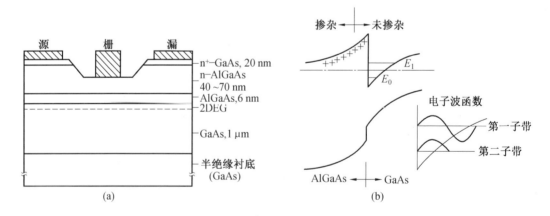

图 6-36 AlGaAs/Ga/As MODFET 的典型结构和单阱调制掺杂结构能带图

随着超薄层硅外延技术的发展,硅基异质结 HEMT 也同样得到了发展。研究表明,Si$_{1-x}$Ge$_x$ 合金材料的禁带宽度可容易地通过改变组分而在较大的范围内精确控制,而外延生长的合金膜的禁带宽度还与衬底材料有关。如图 6-37 所示为一 p 沟道 Si/SiGe MODFET 结构。这里由掺杂 p-Si 提供的空穴进入未掺杂的 Si$_{0.8}$Ge$_{0.2}$ 层势阱中形成了二维空穴气

(2DHG)。器件的源漏接触由离子注入 BF$_2$ 到 2DHG 处引出。

6.5.2 JFET 的结构

由于 pn 结具有高于肖特基结的自建电势和更好的热稳定性,JFET 比 MESFET 具

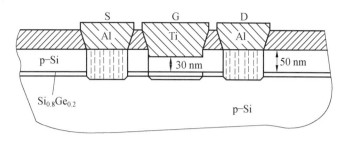

图 6-37 p 沟道 Si/SiGe MODFET 结构

有更大的逻辑摆幅和更强的抗噪声能力,因此 GaAs JFET 在高速低功耗电路中也得到了应用。如图 6-38 所示为两种 GaAs JFET 结构,图 6-38(a)为用双离子注入或扩散法制得 p$^+$n 结,图 6-38(b)为外延法制备 p-AlGaAs-n-GaAs 异质结 H-JFET。后者扩散电位可大于 1.4 V,漏电流低于肖特基结。

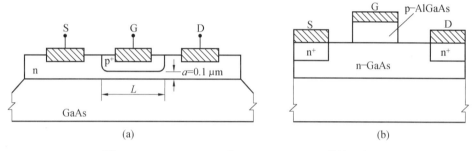

图 6-38 GaAs JFET 和 GaAs H-JFET 结构示意图

为了提高 JFET 的功率容量,往往采用多沟道并联的结构形式,以得到较大的功率输出。如图 6-39 所示为一隐埋栅硅结型场效应晶体管的物理结构示意图,这是由多个单沟道 JFET 并联组成的多沟道 JFET 结构。它具有一个隐埋着的 p$^+$ 栅网格,通过四周的栅互连墙引出到管芯上表面,源和漏的欧姆接触分别位于管芯硅片的上、下表面,电流方向垂直于芯片表面,因此又称为垂直多沟道隐埋栅结型场效应晶体管。

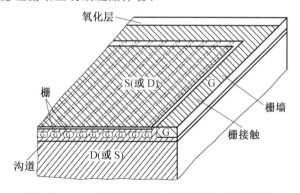

图 6-39 垂直多沟道功率 JFET 结构示意图

这种器件结构有如下优点:首先,由于各单元沟道的功能可认为是彼此独立的,因此其总跨导应等于每个单元器件跨导之和,增加并联单元数即可增大跨导;其次,这种结构使器件功率耗散在整个芯片上,缓解了单沟道器件沟道夹断区中由于沟道电阻急剧增大而产生的功耗

集中问题,提高了单位面积的功率容量;此外,这种垂直沟道有可能使栅极长度做得很短,并且源极和漏极做在硅片上、下两面,将大大减小寄生电容。因此,这种器件具有大跨导、高功率容量和较好的频率特性。

由于这种结构栅区之间的距离很近,以致在零栅压时已没有中性沟道,只是在一定的栅压下,对应一定的 V_{DS} 才会产生相应的 I_{DS},因此这种器件属于常闭型,即增强型 JFET。

当多沟道 JFET 的沟道掺杂浓度足够低,栅长足够短时,外加栅压为零,只靠栅结的扩散电势就可能使沟道穿通而使器件呈现如图 6-40 所示的类真空三极管的非饱和特性。具有这种特性的场效应器件称为静电感应晶体管(SIT)。静电感应晶体管在低失真音频放大器、高频功率放大器和集成电路等方面都得到了广泛的应用。

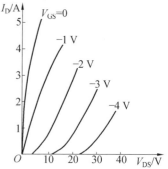

图 6-40 JFET 类真空三极管的输出特性

6.5.3 V 形槽硅功率 JFET

V 形槽硅功率 JFET 是一种非平面结构的场效应器件。如图 6-41 所示,p^+ Si 衬底上外延生长(100)n 型层,形成 p^+n 栅结;S,D 电极接触下的 n^+ 层由扩散法获得,用于减小串联电阻;V 形槽则采用各向异性腐蚀法成形。两侧的 V 形槽用于沟道间的隔离,称为隔离槽,中间的 V 形槽是沟道槽。

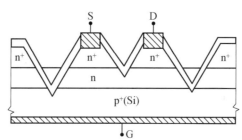

图 6-41 V 形槽 JFET 剖面示意图

可见,V 形槽 JFET 的有效沟道长度远小于栅长,因此其导通电阻较小,跨导较大。器件工作在饱和区时,其夹断点在靠近沟道的中点而不在漏端,故 V-JFET 功率性能优于平面 JFET。

思考与练习

1. 有一如图 6-1 所示的突变结结构硅场效应晶体管,其参数如下:$N_A=10^{17}$ cm^{-3},$N_D=10^{14}$ cm^{-3},沟道长度 $L=20$ μm,宽度 $W=100$ μm,沟道半厚度 $a=5$ μm,$\mu_n=10^3$ cm^2/(V·s),$\mu_p=500$ cm^2/(V·s),$\varepsilon\varepsilon_0=10^{-12}$ F/cm。试计算该器件的:① 夹断电压;② 栅-沟道结接触电势差;③ 最大跨导;④ 最大饱和漏电流。

2. 有一 p 沟道 JFET,$N_D=10^{18}$ cm^{-3},$N_A=5\times10^{15}$ cm^{-3},其余参数均与题 1 相同。试计算

题 1 中所要求的同样参量,并对两题的结果进行比较。

3. 有一用外延、扩散工艺制作的硅 JFET,其剖面结构如图 6-42 所示。底硼杂质浓度为 N_A,沟道区的杂质浓度为 N_D,顶栅为重掺杂的 p^+ 区。假设栅-沟结为突变结,试证明该器件的夹断电压为 $V_p = \dfrac{2qN_D a^2}{\varepsilon\varepsilon_0 \{1+[N_A/(N_A+N_D)]^{\frac{1}{2}}\}^2}$。如果 $N_A = N_D$,$2a = 1.2\ \mu m$,试问 n 型外延层杂质浓度为多少时可满足器件夹断电压为 3 V 的要求。

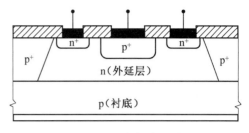

图 6-42 思考与练习题 3 图

4. 有一硅对称栅 n 沟道 JFET,其有关参数如下:栅区掺杂 $N_A = 10^{18}\ cm^{-3}$,沟道区 $N_D = 10^{15}\ cm^{-3}$,沟道长度 $L = 20\ \mu m$,宽 $W = 500\ \mu m$,厚度 $2a = 4\ \mu m$,$\mu_n = 10^3\ cm^2/(V \cdot s)$。试计算:① 夹断电压 V_p 和 V_{p0};② $V_{GS} = 0$ 时的沟道电导;③ $V_{GS} = -2\ V$ 时的饱和漏源电压。

5. 试证明:当忽略 V_D 时,n 沟道 JFET 的沟通漏电流可近似表示为 $I_D = G_0 \left\{ \dfrac{2}{3} V_{GS} \left[\left(\dfrac{V_{GS} - V_{DS}}{V_p} \right)^{\frac{1}{2}} - \left(\dfrac{V_{GS}}{V_p} \right)^{\frac{1}{2}} \right] + V_{DS} \left[1 - \dfrac{2}{3} \left(\dfrac{V_{GS} - V_{DS}}{V_p} \right)^{\frac{1}{2}} \right] \right\}$。

6. 如果对称栅 n 沟道 JFET 的两个栅上分别加以栅压 V_{G1} 和 V_{G2},试导出此时器件工作在非饱和区时的电流-电压方程(两个栅结均为单边突变结)。

7. 导出 n 沟道 JFET 在夹断情况下最大漏极电流的表达式。

8. 计算题 4 所给器件:① 在 V_{GS} 分别为 -1 V 和 -2 V 时的饱和区跨导 g_{ms};② 计入源、漏串联电阻 $R_S = R_D = 20\ \Omega$ 时的饱和区有效跨导和线性区漏导有效值;③ 最小栅-源电容;④ 计入和不计入串联电阻影响时的最高特征频率,并比较两种结果。

9. 一个如图 6-8 所示结构的 n 沟道 GaAs MESFET,其势垒高度 $\varphi = 0.9\ V$,$N_D = 10^{17}\ cm^{-3}$,$a = 0.2\ \mu m$,$L = 1\ \mu m$,$W = 10\ \mu m$。① 试问该器件为增强型还是耗尽型;② 求阈值电压;③ 求 $V_G = 0$ 时的饱和电流;④ 计算其特征频率。

10. 今有一 Al 栅 GaAs MESFET 具有如下参数:沟道杂质浓度 $N_D = 2 \times 10^{17}\ cm^{-3}$,沟道厚度 $a = 0.16\ \mu m$,栅长 $L = 1\ \mu m$,栅宽 $W = 200\ \mu m$,$R_D = R_S = 5\ \Omega$,$V_D = 0.8\ V$,$\mu_p = 4\ 000\ cm^2/(V \cdot s)$。① 计算 $V_{GS} = 0$、$V_{DS} = 0.2\ V$ 时器件的跨导 g_m 和栅源电容 C_{gs};② 估算 $V_{GS} = 0$、$V_{DS} = 5\ V$ 时器件的特征频率 f_T。

第 7 章　MOS 场效应晶体管

绝缘栅场效应晶体管(IGFET)是一种具有一个或几个与导电沟道电绝缘的栅极的场效应晶体管。MOS 场效应晶体管是绝缘栅场效应晶体管的一种最常见的形式。从器件结构角度描述，这类器件又记为 MISFET(Metal－Insulator－Semiconductor FET)。这是一种靠多子传输电流的表面场效应单极器件。

7.1　MOSFET 基本结构和工作原理

MISFET 基体材料可以是单质半导体材料 Si、Ge，也可以是化合物半导体材料，如 InP 等，目前以 Si 最为普遍。栅下面的绝缘层可以是 SiO_2，也可以是 Si_3N_4、Al_2O_3 等与 SiO_2 构成的复合介质层，分别标记为 MOSFET、MNOSFET 和 MAOSFET。目前以 MOSFET(简称 MOST)应用最普遍，栅电极多以金属 Al 制成，也可用掺杂多晶硅代替金属，此时则称为硅栅 MOSFET。

7.1.1　MOSFET 的基本结构

MOSFET 一般为四端器件。除了与 JFET 相同的 S、D、G 三个电极外，还有一个衬底电极 b，如图 7－1 所示。一般应用情况下将源极与衬底相连，构成表观的三端器件，其核心部分是由金属－氧化物－半导体组成的 MOS 结构。在 MOS 结构两侧的半导体中由扩散或离子注入掺杂形成与衬底导电类型相反的区域，即源和漏区，相对衬底构成源、漏 pn 结。两区域之间部分为沟道区。

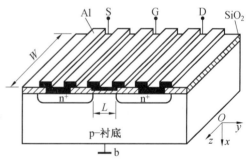

图 7－1　n 沟道 MOSFET 结构示意图

MOSFET 的基本结构参数是沟道长度 L、沟道宽度 W、栅氧化层厚度 t_{ox}、源区和漏区结深 x_j 以及沟道区杂质浓度 N 等。

7.1.2　MOSFET 的基本工作原理

对于理想 MOSFET，即不考虑金属－半导体间接触电势差和氧化层中电荷的影响，当栅电极上没有外加电压时，源极和漏极中间是源－衬底和漏－衬底两个背靠背的 pn 结，因此无论源漏间施加以何方向电压，都不会有明显的电流。对于如图 7－1 所示的 n 沟道 MOSFET，当在栅极施加相对于衬底(源极)的正电压时，将在栅下氧化层中产生由栅电极指向半导体表面的电场，该电场将在半导体表面产生感应电荷。半导体表面的感应电荷先是由多子空穴浓度减少乃至耗尽而呈现的受主负电荷，进而出现少子电子。于是，随着栅极电压的增大，半导体表面将始于平带，经历耗尽进而反型状态。当栅压增加到使表面达到强反型状态时，在半导体表面出现由反型的电子积累形成的，连接源、漏区的导电沟道。这时，如果在源漏间加上偏置电压 V_{DS}，就会由沟道中反型载流子形成源漏极之间的电流。

强反型状态是指半导体表面反型载流子浓度达到和超过原来的多子浓度。使半导体表面达到强反型状态所需施加的栅电压称为阈值电压,记为 V_T。随着栅电压的增大,反型层中载流子浓度增大,在同样的漏源电压下,漏极电流增大,从而实现栅电压对漏极电流的控制作用。如图 7-2 所示为 n 沟道 MOSFET 的物理模型和漏极特性。

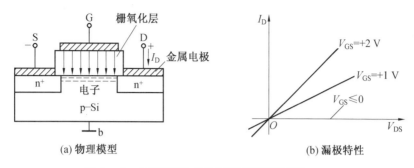

图 7-2 MOSFET 的物理模型和漏极特性

漏极电流将在沟道电阻上产生电压降。当忽略漏源两端的串联电阻时,漏端相对于源端的沟道电压降就等于漏源偏置电压 V_{DS}。由于导电沟道上存在电压降,因此栅绝缘层上的有效电压降从源端到漏端逐渐减小。但当 V_{DS} 很小时,沟道压降对有效栅压的影响可以忽略,栅下绝缘层各处降落的电压近似相等并等于栅压 V_{GS}。于是,导电沟道中各处的电子浓度近似相同,导电沟道可近似为一阻值恒定的欧姆电阻。这时,漏极电流随漏源电压 V_{DS} 的增大而线性上升,如图 7-2(b) 所示。

当漏源电压 V_{DS} 比较大时,沟道电压降增大,它对有效栅压的影响已不可忽略。这时,栅绝缘层中的电场将从源端到漏端逐渐减弱,半导体表面反型层中的导电电子也将由源端到漏端逐渐减少,如图 7-3(a) 所示。因此,在栅压一定时,沟道中的导电电子随着漏源电压的增大而减少,使沟道电阻随着 V_{DS} 的增大而增加,在漏源电压较大时,漏极电流随漏源电压增大而上升的速率变小,漏极特性离开线性区而向饱和区过渡,如图 7-3(b) 所示。

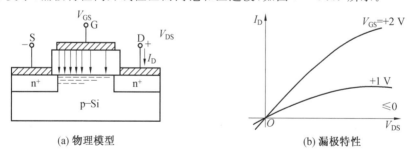

图 7-3 V_{DS} 较大时 MOSFET 的物理模型和漏极特性

随着漏源电压继续增大,当沟道漏端栅绝缘层上的有效电压降低至阈值电压,即 $V_{GD}=V_T$ 时,漏端绝缘层中的电力线将由半导体表面耗尽区中的空间电荷所终止,漏端半导体表面的反型层厚度减小到零,即在漏端 $y=L$,反型沟道消失而只剩下耗尽区。通常将这种情况称为沟道夹断。使沟道漏端夹断所需施加的漏源电压称为饱和漏源电压,记为 V_{Dsat}。

当漏源电压继续增大到 $V_{DS} > V_{Dsat}$ 时,超过夹断点电压 V_{Dsat} 的部分将降落在漏区附近的耗尽区上,使夹断区随 V_{DS} 的增大而展宽,夹断点将随 V_{DS} 的增大而逐渐向源端移动。因此,当 $V_{DS} > V_{Dsat}$ 以后,栅下半导体表面被分成反型导电沟道和夹断区两部分。导电沟道中的载流子在漏源电压的作用下,源源不断地由源端向漏端漂移,当这些载流子到达夹断点时立即被夹断区的强电场扫向漏区,形成漏极电流。因此,沟道夹断后,器件的漏特性由导电沟道部分的电特性决定。对于长沟道器件,通常夹断区的长度 ΔL 总是远小于沟道长度 L 的。因此,漏端沟道夹断后,导电沟道的长度基本上不随 V_{DS} 的增大而明显改变,导电沟道上的电压降则正好等于夹断点相对于源端的电压 V_{Dsat}。显然,当漏端沟道夹断后,由于导电沟道的长度及其漂移场都基本上不随 V_{DS} 的增大而变化,因此漏极电流也基本上不随 V_{DS} 的增大而上升,即当 $V_{DS} > V_{Dsat}$ 以后,漏极电流近似为常数。将这时的漏极电流称为饱和漏极电流,记为 I_{Dsat}。

MOSFET 完整的共源(以源极为公共端)输出特性如图 7-4 所示。按漏极电流随漏源电压变化的不同规律,可将输出特性分成四个区域。

① 非饱和区(Ⅰ区)。在此区中,漏源电压 $V_{DS} < V_{Dsat}$,漏极电流随 V_{DS} 的增大而上升。当 V_{DS} 很小时,沟道压降很小,沟道中各点的电位近似相等,反型层厚度近似不变,漏极电流 I_D 随 V_{DS} 的增大而近似线性上升。因此,非饱和区也称为可调电阻区。随着 V_{DS} 的增大,沟道中各点的电位差增加,沟道厚度从源端到漏端逐渐减薄,沟道电阻增大。漏极电流 I_D 随 V_{DS} 上升的速率减小,曲线逐渐弯曲而趋于饱和。

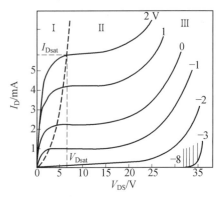

图 7-4 n 沟道耗尽型 MOSFET 的输出特性

② 饱和区(Ⅱ区)。当漏源电压增大到 $V_{DS} > V_{Dsat}$ 时,漏端沟道夹断,漏极电流基本上不随 V_{DS} 变化而达到饱和值,故称为饱和区。

③ 雪崩击穿区(Ⅲ区)。当 V_{DS} 增加到等于漏源击穿电压 BV_{DS} 时,反向偏置的漏-衬 pn 结将因雪崩倍增而击穿,这时漏极电流 I_D 随 V_{DS} 的增加而急剧上升。

④ 弱反型亚阈值区。当栅源电压 $V_{GS} < V_T$ 时,半导体表面处于弱反型状态,沟道中的反型载流子浓度很低,因此漏极电流很小,称为"亚阈值"漏极电流。

7.1.3 MOSFET 的基本类型

根据形成导电沟道的条件,即当栅源电压 $V_{GS}=0$ 时,半导体表面是否存在导电沟道,可将 MOSFET 划分为耗尽型(Depletion Mode)和增强型(Enhancement Mode)。按照沟道中反型载流子的种类或沟道的导电类型,MOSFET 又可分为 n 沟道和 p 沟道两大类。因此,MOSFET 可有四种不同的类型。

前述理想 MOSFET 中,忽略了金属-半导体接触电势差和氧化层中电荷,因此,当栅源电压 $V_{GS}=0$ 时,其半导体表面并不存在导电沟道,漏源间被两背靠背的 pn 结隔离,即使加上漏源电压,漏源间也不存在电流,器件处于"正常截止状态"。这种当栅压为零时,MOSFET 处于截止态,而只有外加栅源电压大于阈值电压时才形成导电沟道的器件称为增强型器件。

实际 MOSFET 中,由于栅金属和半导体间存在功函数差,栅下 SiO_2 层中存在电荷 Q_{ox} 等,因此当栅源电压为零时,半导体表面能带已经发生弯曲。当 Q_{ox} 足够大时,半导体表面就可能由耗尽而反型。如在 n 沟道 MOSFET 中,当衬底杂质浓度低而 SiO_2 层中的表面态电荷密度又较大,零栅压时,表面就会形成反型导电沟道,使源漏处于导通状态。这种在零栅压下就处于导通状态的 MOSFET 被称为耗尽型 MOSFET。要使耗尽型 MOSFET 的沟道消失,必须施加一定的栅极电压。使导电沟道消失所需施加的栅源电压称为耗尽型 MOSFET 的阈值电压,也称为夹断电压。

n 沟道 MOSFET 是在 p 型半导体上通过扩散或离子注入形成 n^+ 源区和漏区而获得的器件(图 7-1)。因此,当在栅极上施加正栅压时,随着栅压增加,p 型半导体的表面将由耗尽而逐渐反型。当栅压增加到 $V_{GS}=V_T$ 时,半导体表面呈现强反型,栅下即形成 n 型导电沟道。加上漏源偏置电压以后,输运电流的电子将从源端流向漏端。

p 沟道 MOSFET 则是在 n 型半导体上通过扩散或离子注入形成 p^+ 的源区和漏区而获得的器件。当在栅极上施加负栅压时,n 型半导体的表面也随着负栅压的增大由电子耗尽而逐渐变为空穴积累。当栅压增加到 V_T 时,表面即呈现强反型而形成 p 型导电沟道。在漏源电压作用下,空穴将经过 p 型沟道从源端流向漏端。由于传输电流的载流子是空穴,因此称为 p 沟道 MOSFET。

由此可见,n 沟道 MOSFET 的导电载流子是 n 型导电沟道中的电子,p 沟道 MOSFET 的导电载流子是 p 型导电沟道中的空穴。n 沟道 MOSFET 的漏源偏置电压为正,相当于双极型 npn 晶体管的集电极偏置电压;p 沟道 MOSFET 的漏源偏置电压为负,相当于 pnp 晶体管的集电极偏置电压。

于是,MOSFET 有 n 沟道增强型、耗尽型,p 沟道增强型、耗尽型四种基本类型,它们的基本结构特征、特性曲线和电路符号见表 7-1。

表 7-1 MOSFET 的四种类型

类型	n 沟道 MOSFET		p 沟道 MOSFET	
	耗尽型	增强型	耗尽型	增强型
衬底	p 型		n 型	
S,D 区	n^+ 区		p^+ 区	
沟道载流子	电子		空穴	
V_{DS}	>0		<0	
I_{DS} 方向	D→S		S→D	
阈值电压	$V_T<0$	$V_T>0$	$V_T>0$	$V_T<0$
电路符号	(n耗尽型符号)	(n增强型符号)	(p耗尽型符号)	(p增强型符号)
转移特性	(曲线)	(曲线)	(曲线)	(曲线)

续表7—1

类型	n 沟道 MOSFET		p 沟道 MOSFET	
	耗尽型	增强型	耗尽型	增强型
输出特性	(图)	(图)	(图)	(图)

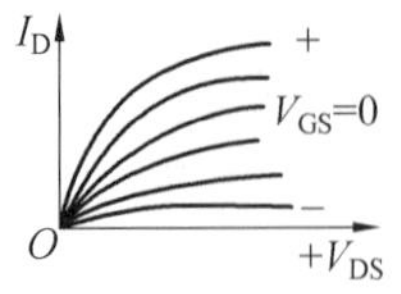

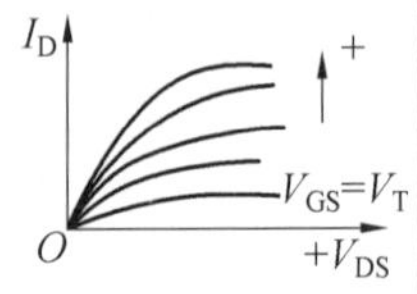

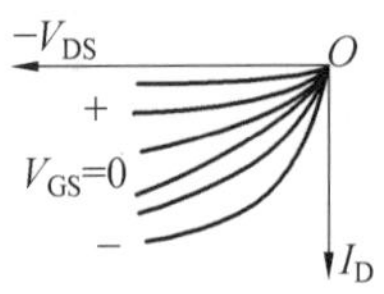

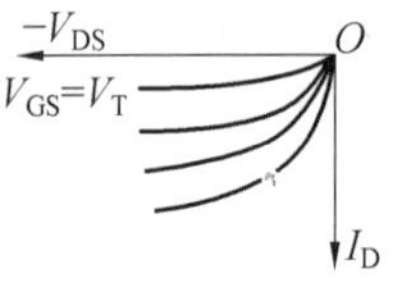

7.2 MOSFET 的阈值电压

在 MOSFET 中,使半导体表面呈现强反型从而形成导电沟道所需施加的栅源电压称为阈值电压,记为 V_T。阈值电压是 MOSFET 的重要参数,它表征了器件导通与否的临界栅源电压。从使用角度看,希望阈值电压的绝对值小一些。另外,由于刚呈现强反型时,表面沟道中的导电电子很少,因此反型层的导电能力较弱,漏电流也比较小。在实际中往往规定漏电流达到某一值时的栅源电压为阈值电压。

7.2.1 MOSFET 阈值电压表达式

MOSFET 的阈值电压是其 MOS 结构半导体表面强反型时的栅源电压。MOS 结构的表面状态与其电荷分布和能带结构相联系。

1. MOS 结构强反型条件

强反型条件下 MOS 结构的能带图及各部分电荷分布情况如图 7—5 所示。所谓强反型是指 MOS 结构半导体表面积累的少子浓度达到乃至超过体内平衡多子浓度的状态。如图 7—5(a) 所示,根据半导体物理理论,表面少子(电子)浓度为

$$n_S = n_i e^{(E_F - E_i)/kT} = n_i e^{q(V_S - \varphi_F)/kT} \tag{7-1}$$

体内多子(空穴)平衡浓度为

$$p_p^0 = n_i e^{(E_i - E_F)/kT} = n_i e^{q\varphi_F/kT} \approx N_A \tag{7-2}$$

式中,V_S 为表面势;φ_F 为费米势。于是,当表面强反型时($n_S \geqslant p_p^0$),表面处的 $(E_F - E_i)$ 应不小于体内的 $(E_i - E_F)$,则有

$$V_S \geqslant 2\varphi_F = \frac{2(E_i - E_F)_V}{q} \tag{7-3}$$

即强反型的条件是,当半导体表面能带弯曲至表面势不小于两倍费米势时,半导体表面呈现强反型状态。

半导体表面电子浓度与表面势的关系如图 7—6 所示。当 $V_S = \varphi_F$ 时,由式(7—1)可得 $n_S = n_i$,并由热平衡载流子浓度关系可得 $n_S = n_i = p_S$,此点通常被定义为耗尽与反型状态的分界点。当 $V_S = 2\varphi_F$ 时,将式(7—2)代入式(7—1),有 $n_S = p_p^0 \approx N_A$,此点通常被定义为强反型的开始。可见,尽管表面电子浓度与表面势有固定的函数关系,但在不同表面状态下,其数值变化悬殊,这种变化即是以表面强反型状态定义阈值电压的依据。

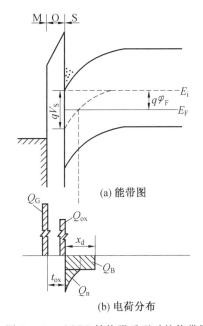
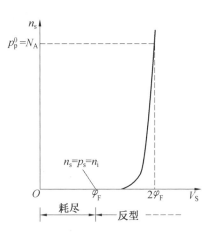

图 7-5　MOS 结构强反型时的能带图和电荷分布　　图 7-6　半导体表面电子浓度与表面势的关系（采用线性坐标）

2. 强反型 MOS 结构中的电荷分布

n 沟道 MOS 结构中强反型时的电荷分布如图 7-5(b)所示。Q_G 是金属栅上的面电荷密度，Q_{ox} 是栅绝缘层中固定和可动电荷的等效面密度，Q_n 是反型层中电子电荷面密度，Q_B 是半导体表面耗尽层中的空间电荷面密度，$Q_n + Q_B$ 为半导体表面总电荷的面密度。

按照 MOS 结构中电中性条件的要求，栅氧化层两边必须感应出等量而符号相反的电荷，即 MOS 结构中的总电荷必须等于零，即

$$Q_G + Q_{ox} + Q_n + Q_B = 0 \tag{7-4}$$

当半导体表面能带弯曲，表面反型时，可将 n 型反型层与 p 型衬底之间视为一 pn 结。这种结与普通 pn 结具有相似的特性，因为其由半导体表面电场所引起，所以也称为场感应结。当表面势达到 2 倍费米势，表面呈现强反型时，由于反型层载流子浓度随表面势以指数函数关系激增而对耗尽层电荷产生屏蔽作用，因此表面耗尽层宽度达到其最大值 x_{dmax}。类似于 pn 结的平衡状态，此时结上电压为 $2\varphi_F$，相当于 pn 结的自建电势差。因此，最大耗尽层宽度为

$$x_{dmax} = \left[\frac{2\varepsilon\varepsilon_0(2\varphi_F)}{qN_B}\right]^{\frac{1}{2}} \tag{7-5}$$

式中，N_B 是衬底杂质浓度。与此同时，表面耗尽层中单位面积的电荷密度也达到其最大值，即

$$Q_{Bmax} = \pm qN_B x_{dmax} = \pm[2\varepsilon\varepsilon_0 qN_B(2\varphi_F)]^{\frac{1}{2}} \tag{7-6}$$

式中，± 号表示根据衬底导电类型选取耗尽层电荷的符号，p 沟道（n 型衬底）取正号，n 沟道（p 型衬底）取负号。

表面反型层载流子浓度随表面势以指数函数激增，表面耗尽层电荷随表面势以平方根关系变化。于是，强反型以后，半导体表面总电荷的变化主要是反型层电荷的变化，此即所谓反型层的屏蔽作用和耗尽层达到最大宽度的含义。

3. 理想 MOS 结构的阈值电压

理想 MOS 结构是指忽略氧化层中的电荷，且不考虑金属－半导体功函数差时的一种理想情况。考虑到刚达到强反型时，表面反型层载流子浓度仅为衬底浓度，且仅存在于表面极薄层中，则可以忽略 Q_n 对电荷平衡的作用。对于 n 沟道器件，由式（7－4），忽略 Q_{ox} 和 Q_n，有

$$Q_G = -Q_{Bmax} = [2\varepsilon\varepsilon_0 q N_B (2\varphi_F)]^{\frac{1}{2}} \quad (7-7)$$

这表明，在理想 MOS 结构中，来自栅电极的电力线，绝大部分终止于表面耗尽区，由耗尽层空间电荷所屏蔽。由于理想 MOS 结构中忽略了氧化层电荷 Q_{ox} 和金属－半导体功函数差的影响，因此，在外加栅压为零时，能带处于平直状态。施加栅极电压以后，能带才发生弯曲。因此，在理想情况下，半导体的表面势完全产生于外加栅极电压，外加栅压为

$$V_G = V_{ox} + V_S \quad (7-8)$$

式中，V_{ox} 代表栅氧化层上的电压降。式（7－8）表明，外加栅压中的一部分降落在栅氧化层上，从而在 MOS 结构中产生感应电荷；而另一部分则降落在半导体表面区，使表面能带弯曲，产生表面势 V_S，以提供相应的感应电荷。

设栅氧化层的单位面积电容为 C_{ox}，则栅氧化层上的压降为

$$V_{ox} = \frac{Q_G}{C_{ox}} = -\frac{Q_{Bmax}}{C_{ox}}$$

将强反型条件 $V_S = 2\varphi_F$ 与上式一同代入式（7－8），可得理想 MOS 结构的阈值电压为

$$V_T = -\frac{Q_{Bmax}}{C_{ox}} + 2\varphi_F \quad (7-9)$$

4. 实际 MOS 结构的阈值电压

实际 MOS 结构中存在氧化层电荷和金属－半导体功函数差，因此在栅压为零时，表面能带已经发生弯曲。为了使能带恢复到平直状态，必须在栅极上施加一定的栅压。使能带恢复到平直状态所需施加的栅压称为平带电压，记为 V_{FB}。在半导体物理学中已经给出了考虑氧化层中电荷密度和金属－半导体功函数差的影响时的平带电压，即

$$V_{FB} = -V_{ms} - \frac{Q_{ox}}{C_{ox}}$$

式中，V_{ms} 是由功函数差所引起的金属－半导体接触电势差。可见，在实际 MOS 结构中，必须用一部分栅压去抵消 V_{ms} 和 Q_{ox} 的影响，使 MOS 结构恢复到平带状态。因此，在实际 MOS 结构中，降落在栅氧化层上和半导体表面区的电压只有 $V_G - V_{FB}$，即

$$V_G = V_{FB} + V_{ox} + V_S$$

于是，实际 MOS 结构的阈值电压为

$$V_T = V_{FB} + V_{ox} + 2\varphi_F = -\frac{Q_{ox}}{C_{ox}} - V_{ms} - \frac{Q_{Bmax}}{C_{ox}} + 2\varphi_F \quad (7-10)$$

可见，欲使半导体表面强反型，所加栅压必须能够在抵消金属－半导体之间接触电势差、补偿氧化层中的电荷之后，尚能在半导体表面建立耗尽层，并提供强反型所需的表面势。

根据实际 MOS 结构衬底的导电类型，考虑到耗尽层电荷的极性以及费米势的符号，可分别得到 n 沟道 MOS 结构的阈值电压为

$$\begin{aligned} V_{Tn} &= -\frac{Q_{ox}}{C_{ox}} - V_{ms} + \frac{Q_{Bmax}}{C_{ox}} + \frac{2kT}{q}\ln\frac{N_A}{n_i} \\ &= -\frac{Q_{ox}}{C_{ox}} - V_{ms} + \frac{1}{C_{ox}}[2\varepsilon\varepsilon_0 q N_A (2\varphi_F)]^{\frac{1}{2}} + \frac{2kT}{q}\ln\frac{N_A}{n_i} \end{aligned} \quad (7-11)$$

p 沟道 MOS 结构的阈值电压为

$$
\begin{aligned}
V_{\text{Tp}} &= -\frac{Q_{\text{ox}}}{C_{\text{ox}}} - V_{\text{ms}} - \frac{Q_{\text{Bmax}}}{C_{\text{ox}}} - \frac{2kT}{q}\ln\frac{N_{\text{A}}}{n_{\text{i}}} \\
&= -\frac{Q_{\text{ox}}}{C_{\text{ox}}} - V_{\text{ms}} - \frac{1}{C_{\text{ox}}}[2\varepsilon\varepsilon_0 qN_{\text{D}}(2\varphi_{\text{F}})]^{\frac{1}{2}} - \frac{2kT}{q}\ln\frac{N_{\text{D}}}{n_{\text{i}}}
\end{aligned} \quad (7-12)
$$

7.2.2 影响 MOSFET 阈值电压的因素

由实际 MOS 结构构成的 MOSFET，其阈值电压除了受栅电容、金属－半导体功函数差、衬底浓度和氧化层电荷影响外，漏源和衬底的偏置电压也通过改变场感应结耗尽层电荷而影响半导体表面的状态。

1. 偏置电压

在 MOSFET 中，当漏源电压 $V_{\text{DS}} = 0$ V 时，即使半导体表面强反型而有大量沟道载流子，也不会形成宏观的电流，沿沟道长度方向的反型层电位处处相等，而且表面反型层与体内有统一的费米能级（图 7-5(a)）。这相当于 pn 结的平衡状态。

当 $V_{\text{DS}} \neq 0$ V 时，反型层中载流子在沟道电场作用下沿沟道运动形成电流，并在反型层中产生压降，使反型层中各处电位不再相等。若以沟道源端为坐标原点和电位零点，并设沟道中 y 处相对于源端的电压降为 $V(y)$，则在源衬短接，即 $V_{\text{BS}} = 0$ V 时，沟道压降 $V(y)$ 将作用到场感应结，使其处于非平衡状态。此时，除源端外，表面反型层与体内将不再有统一的费米能级，如图 7-7 所示，沟道 y 处场感应结两边费米能级之差为

$$E_{\text{Fp}} - E_{\text{Fn}} = qV(y)$$

沟道压降以反偏的形式作用于场感应结。随着偏置电压和沟道压降的增大和表面能带弯曲的程度加大，表面势由平衡状态的 $2\varphi_{\text{F}}$ 增大到 $2\varphi_{\text{F}} + V(y)$。这时，表面耗尽层宽度也随之展宽为

$$x'_{\text{dmax}} = \left[\frac{2\varepsilon\varepsilon_0(2\varphi_{\text{F}} + V(y))}{qN_{\text{B}}}\right]^{\frac{1}{2}} \quad (7-13)$$

可见，表面耗尽层宽度 x'_{dmax} 随沟道压降 $V(y)$ 的增大而展宽。因此，在外加漏源电压作用下，表面耗尽层宽度由源端到漏端逐渐变宽，其单位面积上的电荷也由源端到漏端逐渐增多。表面耗尽层的最大电荷面密度为

$$Q'_{\text{Bmax}} = [2\varepsilon\varepsilon_0 qN_{\text{B}}(2\varphi_{\text{F}} + V(y))]^{\frac{1}{2}} \quad (7-14)$$

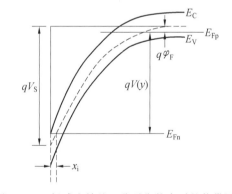

图 7-7 场感应结处于非平衡状态时的能带图

在施加漏源电压 V_{DS} 的同时，若再加上反向衬底偏置电压 V_{BS}，则沟道压降和衬底偏置电压同时以反偏作用于场感应结。这时，场感应结两边的费米能级之差增加到

$$E_{\text{Fp}} - E_{\text{Fn}} = q(V(y) - V_{\text{BS}})$$

表面耗尽层中空间电荷面密度则为

$$Q''_{\text{Bmax}} = [2\varepsilon\varepsilon_0 qN_{\text{B}}(2\varphi_{\text{F}} + V(y) - V_{\text{BS}})]^{\frac{1}{2}} \quad (7-15)$$

偏置电压作用下，表面耗尽层电荷的变化将改变其终止栅电场电力线的能力。按照电中

性的要求，空间电荷面密度增大意味着终止于反型层载流子电荷的电力线减少，因此要在半导体表面产生同样数量的反型层载流子，需要加上比平衡态更大的栅源电压，即阈值电压随偏置电压的增大而增大，有

$$V_{\text{Tn}} = -\frac{Q_{\text{ox}}}{C_{\text{ox}}} - V_{\text{ms}} + \frac{1}{C_{\text{ox}}}[2\varepsilon\varepsilon_0 qN_A(2\varphi_F + V(y) - V_{\text{BS}})]^{\frac{1}{2}} + \frac{2kT}{q}\ln\frac{N_A}{n_i} \quad (7-16)$$

式(7-16)即为沟道压降和衬底偏置作用下，半导体表面 y 处强反型所需栅压。当 $V_{\text{DS}} = 0\ \text{V}$ 时，$V(y) = 0\ \text{V}$，式(7-16)即成为仅外加衬底偏置电压 V_{BS} 时的阈值电压。当 $y = L$，即 $V(y) = V(L) = V_{\text{DS}}$ 时，由式(7-16)可得由源到漏的半导体表面均为强反型所需的栅源电压。

2. 栅电容 C_{ox}

栅电容 C_{ox} 的大小决定了MOS结构在一定电压下两边电荷的多少。因此，如前述各式，C_{ox} 越大，阈值电压的绝对值越小。C_{ox} 与栅介质介电常数 ε_{ox} 及介质膜厚 t_{ox} 有关，即

$$C_{\text{ox}} = \frac{\varepsilon_{\text{ox}}\varepsilon_0}{t_{\text{ox}}}$$

可见，欲提高 C_{ox}，应设法减小 t_{ox} 及增大 ε_{ox}。在实际MOSFET制作中，强调"薄而致密"的氧化层，就是要求在保证绝缘特性的前提下，尽量减小其厚度。此外，可选用高介电常数的材料做栅介质膜。例如，Si_3N_4 和 Al_3O_2 的介电常数分别为6.4和7.5以上，均远高于 SiO_2 的 $\varepsilon_{\text{ox}} = 3.8$。因此，若选用 Si_3N_4 或 Al_2O_3 做栅介质膜，将可有效增大栅电容。通常用 SiO_2 作为过渡层以避免 Si_3N_4 或 Al_2O_3 与Si直接接触时因晶格失配而产生缺陷，导致表面态电荷密度增加，构成所谓复合介质栅，这就是前面述及的MNOSFET及MAOFET。在现代集成电路的制造中，高介电常数栅介质材料也是重要的研发方向之一。

3. 金属－半导体功函数差 Φ_{ms}

一种材料的功函数 Φ 就是把一个电子由该材料的费米能级移到真空中去成为自由电子所需要的能量。金属－半导体功函数差 Φ_{ms} 被定义为金属和半导体功函数之差，即 $\Phi_{\text{ms}} = \Phi_{\text{m}} - \Phi_{\text{s}}$。由于金属与半导体的功函数各不相同，因此，当它们形成MOS结构时，为了满足热平衡时费米能级处处相等的要求，将在半导体表面处出现能带弯曲。为消除由此而引起的能带弯曲以使硅中无电场存在所需要的栅电压就是平带电压中的 $-V_{\text{ms}}$ 项，即

$$\Phi_{\text{ms}} = \Phi_{\text{m}} - \Phi_{\text{s}} = -qV_{\text{ms}}$$

式中，Φ_{m} 和 Φ_{s} 分别是金属和半导体的功函数。设真空中的静止电子能量为 E_0，如图7-8所示，则有

$$\Phi_{\text{m}} = E_0 - (E_F)_{\text{m}}$$

$$\Phi_{\text{s}} = E_0 - (E_F)_{\text{s}} = \chi_{\text{s}} + \frac{E_g}{2} + E_i - (E_F)_{\text{s}} = \chi_{\text{s}} + \frac{E_g}{2} + q\varphi_F$$

式中，$(E_F)_{\text{m}}$ 和 $(E_F)_{\text{s}}$ 分别为金属和半导体的费米能级；χ_{s} 为半导体的电子亲合能；E_g 是半导体的禁带宽度。对于硅，其 $E_g = 1.12\ \text{eV}$，$\chi_{\text{Si}} = 4.05\ \text{eV}$。由此可得掺杂浓度分别为 N_A 和 N_D 的 p 型和 n 型半导体与功函数为 Φ_{m} 的金属之间接触电势差，即

$$V_{\text{ms}} = \frac{1}{q}\left[\left(\chi + \frac{E_g}{2}\right) - \Phi_{\text{m}}\right] + \frac{kT}{q}\ln\frac{N_A}{n_i}(\text{p} - \text{Si})$$

$$V_{\text{ms}} = \frac{1}{q}\left[\left(\chi + \frac{E_g}{2}\right) - \Phi_{\text{m}}\right] - \frac{kT}{q}\ln\frac{N_D}{n_i}(\text{n} - \text{Si})$$

在 MOS 结构中，通常考虑的相应能量分别是从金属和半导体中费米能级到 SiO₂ 导带边缘的修正功函数 Φ'_m 和 Φ'_s。如图 7-8 所示，金属和半导体的修正功函数分别为

$$\Phi'_m = \Phi_m - \chi_{ox}$$
$$\Phi'_s = \chi' + (E_c - (E_F)_s) = \chi' + E_n$$

式中，χ_{ox} 为 SiO₂ 的电子亲和能，表示 SiO₂ 导带底到真空能级间的能量值；χ' 是半导体的修正电子亲合能，表示半导体导带底与 SiO₂ 导带底的能量差；E_n 为半导体导带底与费米能级的能量差。

由修正电子亲合能和修正功函数表示的金属-半导体接触电势差为

$$V_{ms} = \frac{1}{q}\left[\left(\chi' + \frac{E_g}{2}\right) - \Phi'_m\right] + \frac{kT}{q}\ln\frac{N_A}{n_i} \quad (\text{p-Si})$$

$$V_{ms} = \frac{1}{q}\left[\left(\chi' + \frac{E_g}{2}\right) - \Phi'_m\right] - \frac{kT}{q}\ln\frac{N_D}{n_i} \quad (\text{n-Si})$$

显然，功函数差以及金属-半导体接触电势差随杂质浓度的变化而变化。图 7-9 给出了 Au、Al 和多晶硅与半导体间接触电势差 V_{ms} 随衬底杂质浓度的变化关系。可见，在确定栅金属材料的情况下，接触电势差 V_{ms} 随衬底杂质浓度的变化而变化，但变化的范围不大，浓度变化两个数量级，V_{ms} 大约变化 0.1 V。此外，功函数差也随栅电极材料的不同而变化。

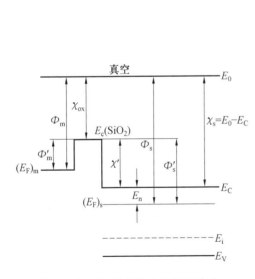

图 7-8 MOS 结构中的能量关系

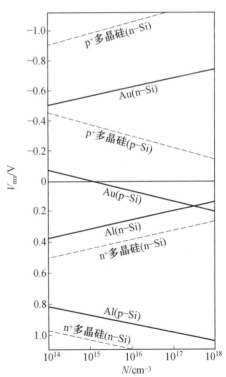

图 7-9 V_{ms} 随衬底杂质浓度的变化

一些金属的功函数 Φ_m 及修正功函数 Φ'_m 见表 7-2。不同掺杂浓度的 Si、Ge 和 GaAs 的功函数及修正功函数见表 7-3。不同文献给出的数值略有出入。

表7-2 一些金属的功函数 Φ_m 及修正功函数 Φ'_m

金属	Φ_m/eV	Φ'_m/eV
Mg	3.35	2.45
Al	4.1	3.2
Ni	4.55	3.65
Cu	4.7	3.8
Au	5.0	4.1
Ag	5.1	4.2

表7-3 半导体功函数(Φ_s/Φ'_s)与杂质浓度的关系

材料	n型/eV			p型/eV		
	N_D/cm^{-3}			N_A/cm^{-3}		
	10^{14}	10^{15}	10^{16}	10^{14}	10^{15}	10^{16}
Si	4.32/3.42	4.26/3.36	4.20/3.30	4.82/3.92	4.88/3.98	4.94/4.04
Ge	4.43/3.53	4.38/3.48	4.33/3.43	4.51/3.61	4.56/3.66	4.61/3.71
GaAs	4.44/3.54	4.37/3.47	4.31/3.41	5.14/4.24	5.21/4.31	5.27/4.37

4. 衬底掺杂浓度的影响

由式(7-11)和式(7-12)可见,衬底掺杂浓度通过费米势 φ_F 和耗尽层中空间电荷面密度 Q_{Bmax} 影响阈值电压。另外,式(7-16)表明,衬底偏置和沟道压降通过衬底掺杂浓度改变 Q_{Bmax} 并进而影响阈值电压。

已知费米势为

$$\varphi_{Fp} = \frac{kT}{q}\ln\frac{N_A}{n_i}(\text{p}-\text{Si})$$

$$\varphi_{Fn} = -\frac{kT}{q}\ln\frac{N_D}{n_i}(\text{n}-\text{Si})$$

因此,在对数坐标上,费米势随衬底杂质浓度呈线性关系。由于费米势随杂质浓度变化即费米能级随杂质浓度变化的本质与接触电势差 V_{ms} 随衬底杂质浓度的变化相同,衬底杂质浓度增加将近两个数量级时,费米势增大约 0.1 V。

如图7-10所示为衬底偏置电压 $V_{BS}=0$ V 时,衬底杂质浓度和栅氧化层厚度的变化引起的

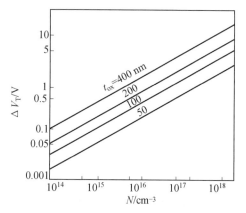

图7-10 衬底杂质浓度对阈值电压的影响

阈值电压变化。可见,当杂质浓度由 10^{13} cm^{-3} 增大到 10^{15} cm^{-3} 及由 10^{15} cm^{-3} 增大到 10^{17} cm^{-3} 时,同样两个数量级的浓度变化,所引起的 ΔV_T 相差悬殊。可见,衬底杂质浓度越高,表面越难以达到强反型。

综上所述可看出,虽然阈值电压表达式(7-10)中的 φ_F、V_{ms} 和 Q_{Bmax} 都随衬底杂质浓度的变化而变化,但在一般器件的掺杂范围内,影响最大的是 Q_{Bmax}。因此,可以改变衬底杂质浓度,通过 Q_{Bmax} 的变化来调整阈值电压。在现代MOS器件工艺中,大量采用离子注入技术,通

过沟道注入来调整沟道杂质浓度,以满足阈值电压的要求。

当离子注入层的深度远小于表面最大耗尽层宽度时,注入杂质主要影响表面耗尽层中的空间电荷面密度 Q_{Bmax}。设 N_s 为注入剂量,当忽略杂质浓度变化对 φ_F 和 V_{ms} 的影响时,由离子注入所引起的阈值电压增量为

$$\Delta V_T \approx \frac{\Delta Q_{Bmax}}{C_{ox}} \propto \frac{qN_s}{C_{ox}} \tag{7-17}$$

式中,ΔQ_{Bmax} 为注入杂质活化后分布在耗尽层中的部分。

可见,改变沟道掺杂的注入剂量就可以方便有效地控制和调整 MOS 结构的阈值电压。

当衬底处于反向偏置时,偏置电压 V_{BS} 是通过 N_B 影响 Q_{Bmax} 并进而影响阈值电压 V_T 的,即相同的 V_{BS} 对具有不同衬底浓度的 MOS 结构的 V_T 的影响是不同的。

由式(7-16)可得衬底偏置电压所产生的阈值电压增量为

$$\Delta V_T = \frac{1}{C_{ox}}[2\varepsilon\varepsilon_0 qN_B(2\varphi_F - V_{BS})]^{\frac{1}{2}} - \frac{1}{C_{ox}}[2\varepsilon\varepsilon_0 qN_B(2\varphi_F)]^{\frac{1}{2}}$$
$$= -\frac{Q_{Bmax}}{C_{ox}}\left[\left(\frac{2\varphi_F - V_{BS}}{2\varphi_F}\right)^{\frac{1}{2}} - 1\right] \tag{7-18}$$

对于 n 沟道 MOS,$Q_{Bmax} < 0$,阈值电压增量 $\Delta V_T > 0$,即阈值电压随衬底反偏电压的升高向正电压方向漂移;对于 p 沟道 MOS,$Q_{Bmax} > 0$,$\Delta V_T < 0$,即 V_T 随衬底反偏增大向负方向漂移。由式(7-18)可见,衬底杂质浓度越高,Q_{Bmax} 值越大,同样的 V_{BS} 引起的漂移量越大。如图 7-11 所示为衬底偏置电压引起的阈值电压漂移量随衬底浓度的变化,反映了衬底偏置通过衬底浓度对阈值电压的影响。

5. 氧化层中的电荷

MOS 结构氧化层中存在的电荷造成能带弯曲,通过平带电压影响阈值电压。在使用 SiO_2 做栅绝缘材料的 $Si-SiO_2$ 系统中,主要的电荷由界面态电荷、固定氧化物电荷、可动离子电荷和电离陷阱电荷等四部分组成。在一般工艺条件下,表面电荷密度在 $10^{11} \sim 10^{12}$ cm^{-2} 范围内。若栅氧化层厚度为 150 nm,则相应的阈值电压的改变可以达到 6 V 之多。可见,表面态电荷密度对阈值电压影响之大。

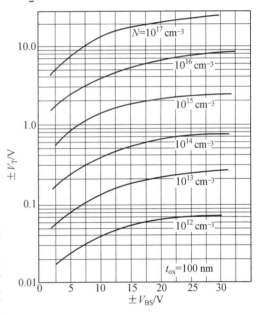

图 7-11 衬底偏置电压所产生的阈值电压漂移随衬底浓度的变化

界面态电荷(界面陷阱电荷)起因于半导体表面处晶格周期中断,形成"悬挂键",在半导体禁带中产生的能级。如果有电子被"悬挂键"束缚,占据该能级,则呈现负电荷;反之,如果"悬挂键"释放电子,即局部能级俘获空穴,表面将出现正电荷。这种因"悬挂键"引起的表面电子状态通常称为表面态。经过化学处理后或者热生长的 SiO_2 与 Si 交界面上的电子状态称为界面态。显然,界面态可以是带正电的,也可以是带负电的。

理论上,每个表面原子有一个表面态,因此 Si 晶体(111)面上表面态的面密度为 $(5 \times 10^{22}$ cm$^{-3})^{\frac{2}{3}} \approx 10^{15}$ cm^{-2}。表面态和界面态的密度都与 Si 片晶向密切相关,以(111)面最大,(110)面

次之,(100) 面最小。通过在 H_2 气氛中低温退火,有效地将界面态密度降至 10^{10} cm^{-2} 以下。

固定氧化物电荷位于 Si－SiO_2 界面约 20 nm 范围内的 SiO_2 中,密度约在 10^{11} cm^{-2} 数量级。一般认为,固定氧化物电荷是因 Si－SiO_2 界面附近的 SiO_2 层中存在着未被充分氧化的 Si 离子和氧空位等缺陷所致。显然,它们是带正电荷的。固定氧化物电荷不随能带弯曲或表面势 V_S 的变化而改变,与 Si 的掺杂浓度及掺杂类型无关,与 SiO_2 膜厚度无关;与生长条件及退火条件有关,氧化速率越快,固定电荷密度越大;与晶体取向密切相关,对晶向的依赖关系与界面态一样,(111) 面最大,(110) 面次之,(100) 面最小。

可动离子电荷是指 SiO_2 膜中的 Na^+、K^+、Li^+ 等碱金属离子及 H^+,其特点是在一定的温度及电场作用下能在 SiO_2 膜中移动。在这些离子中,Na^+ 以其来源广泛而影响最甚。在一般情况下,热氧化的 SiO_2 膜中 Na^+ 密度可达 10^{12} cm^{-2}。

电离陷阱电荷是在 SiO_2 膜中存在电场的情况下,受到 X－射线、γ－射线、低能或高能的电子射线等辐照,电离产生的。辐照使 SiO_2 膜中产生大量的电子－空穴对,电场将它们分开。正的栅极电压所建立起来的电场将会把电子拉向栅极而把空穴斥向硅片,如果此时没有电子能从硅中进入 SiO_2,则正的空穴电荷将聚积在 Si－SiO_2 界面附近。这种电荷在 300 ℃ 以上进行热处理后即可消失。

以上四种电荷及其分布位置如图 7－12 所示。如果这些电荷均位于 Si－SiO_2 界面附近时,表面能带弯曲程度最大,为达到平带状态所需的外加电压也最大。前述阈值电压表达式中的 Q_{ox} 实际就是将上述所有空间电荷等效为一个位于 Si－SiO_2 界面处薄层内的电荷。

氧化膜中电荷 Q_{ox} 对 MOS 结构阈值电压的影响随衬底杂质浓度的变化关系如图 7－13 所示。由图 7－13(a) 可见,对于 n 沟道 MOS,当氧化膜中等效电荷密度 Q_{ox} 高达 10^{12} cm^{-2} 时,即使衬底杂质浓度提高到 10^{17} cm^{-3},阈值电压仍为负值。说明,如果 Q_{ox} 较高,就很难获得增强型 n 沟道 MOS。当衬底杂质浓度 $N_A < 10^{15}$ cm^{-3} 时,V_T 基本与 N_A 无关而取决于 Q_{ox};当 N_A 超过 10^{15} cm^{-3} 以后,V_T 随 N_A 上升明显,且逐渐由负变正。转变点随着 Q_{ox} 的增大向 N_A 增加的方向移动。由此可见,欲获得 n 沟道增强型 MOS 器件,可适当提高衬底杂质浓度 N_A。但衬底杂质浓度越高,表面耗尽层中的空间电荷引起的阈值电压漂移 ΔV_T 也将越大。因此,严格控制氧化层中的电荷 Q_{ox} 以降低栅电压的补偿量,才是获得增强型 n 沟道 MOS 器件的有效措施。

由于一般的 MOS 器件工艺制作的栅氧化层中 Q_{ox} 总是正的,因此对于 p 沟道 MOS 结构,无论衬底掺杂浓度如何变化,阈值电压 V_T 总是负值(图 7－13(b)),即采用普通的 MOS 工艺,只能得到增强型 p 沟道 MOS 器件。欲获得 p 沟道耗尽型器件,就必须采取特殊的工艺或结构。如在 n－Si 衬底表面用浅结扩散或离子注入技术制作一层 p 型预反型层,或利用 Al_2O_3 膜的负电荷效应制作 Al_2O_3/SiO_2 复合栅等。

对于在特殊环境下工作的 MOS 器件,由于辐照电离效应引起的阈值电压的漂移也是应当引

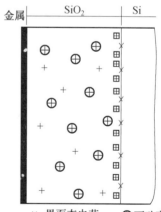

× 界面态电荷　⊕ 可动离子电荷
⊞ 固定氧化物电荷
＋ 电离陷阱电荷

图 7－12　SiO_2－Si 系统中的电荷

起重视的问题。

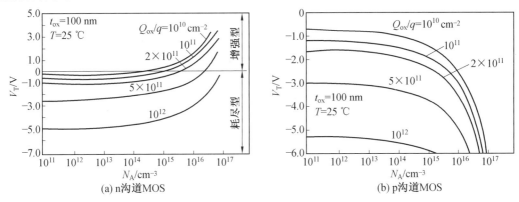

图 7-13　室温下 Al 栅 MOS 结构 V_T 随 N、Q_{ox} 变化的理论曲线($V_{BS}=0$ V)

7.2.3　关于强反型状态

在前面的讨论中,以 MOS 结构半导体表面势达到 $2\varphi_F$,反型载流子浓度达到原来的多子浓度作为强反型标志,认为表面强反型以后才形成导电沟道,耗尽层达到最大厚度。实际上,MOSFET 工作时,在不同栅压下,表面反型的程度是不同的,反型载流子浓度变化规律也是不同的,但是表面势随栅压的变化,耗尽层及反型层电荷随表面势的变化关系都是连续的。以衬底多子浓度为标准定义强反型状态具有相对意义。因此,有必要对表面反型状态和反型程度的划分给予进一步的讨论。

如前所述,MOS 结构半导体表面单位面积上的总电荷 Q_S 由耗尽层中空间电荷 Q_B 和反型层电荷 Q_n 组成,即

$$Q_S = Q_B + Q_n \tag{7-19}$$

其中,Q_B 随表面势的变化可参照式(7-6)写成

$$Q_B = \pm qN_B x_d = \pm [2\varepsilon\varepsilon_0 qN_B V_S]^{\frac{1}{2}} \tag{7-20}$$

表面反型载流子浓度则为

$$n_S = n_p^0 e^{qV_S/kT}$$

可见,两种表面电荷成分随表面势变化的规律不同。图 7-14 给出两种表面电荷及总电荷与表面势的关系曲线。相对于图 7-6,这里将反型区划分为弱反型、中反型和强反型三个子区。图 7-14 中,当表面势为 $\Phi_{LO}=\varphi_F$ 时,仍然是反型的开始点;而当表面势为 $\Phi_{MO}=2\varphi_F$ 时,虽然 $n_S=N_A$,但 Q_n 很小,为中反型区开始;当表面势为 $\Phi_{HO}=2\varphi_F+nkT/q$ 时,进入强反型区。显然,这样的划分更加符合表面电荷随表面势变化的规律。在弱反型区,主要是耗尽层电荷以平方根规律随表面势变化;在强反型区,则是反型层电荷以幂指数规律随表面势变化;在中反型区,则是两者并存,耗尽层厚度接近而尚未达到其最大值。精确计算表明,中反型区的宽度约为 $6kT/q$。

不同栅压下,表面势随栅压的变化规律也是不同的。如图 7-15 所示,弱反型区的特征是斜率 dV_{GS}/dV_{GB} 较大,且近似为常数;而在强反型区中,斜率趋于零。这反映了真正强反型以后,表面反型层电荷随表面势的"飞升"对耗尽层电荷的屏蔽作用,即耗尽层电荷不再增加,感应结上电压(表面势)也不再随栅压增加,增加的栅压将用于产生反型层电荷。

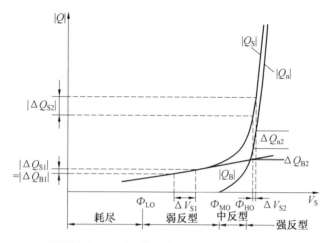

图 7-14　耗尽层及反型层电荷及其总电荷与表面势的关系曲线

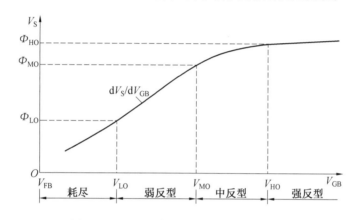

图 7-15　表面势与栅-衬底电压的关系

由上述分析可见,随着栅压的变化,半导体表面的反型程度和变化规律各不相同。当 V_{GB} 较高,器件工作在 V_{HO} 以上的工作范围时,假定 $V_S = 2\varphi_F$ 时进入强反型,将不会引入太大的偏差。但若 V_{GB} 很小,仔细区分 V_{MO}、V_{TO} 和 V_{HO} 就很有必要了,如图 7-16 所示。

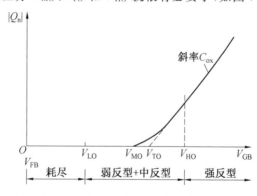

图 7-16　单位面积反型层电荷与栅-衬底电压的关系

7.3 MOSFET 的伏安特性和直流特性曲线

MOSFET 的直流特性反映栅源电压和漏源与漏极电流的关系。分析 MOSFET 直流特性的理论基础是肖克莱缓变沟道近似。缓变沟道近似适用于沟道夹断之前的 MOSFET。

7.3.1 MOSFET 的电流-电压特性

分析 MOSFET 直流特性的基本思路是在缓变沟道近似的基础上,根据 MOS 结构的电荷关系,得到一定栅压下的反型层电荷及其在漏源电压形成的沟道电场作用下产生的漏极电流。

以 n 沟道 MOSFET 为例,其结构及电荷分布示意图如图 7-17 所示。

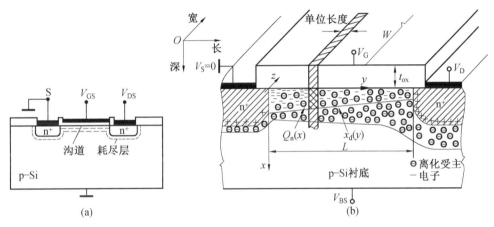

图 7-17 n 沟道 MOSFET 结构及电荷分布示意图

当对 MOSFET 同时施加栅源电压 V_{GS} 和漏源电压 V_{DS} 时,栅源电压将跨过氧化层在垂直于沟道的 x 方向产生纵向电场 E_x,使半导体表面形成反型导电沟道和耗尽层;漏源电压将在沿沟道长度的 y 方向产生电场 E_y,在漏源之间产生漂移电流。当 V_{DS} 较低时,沟道压降也较小。设沟道中任意一点 y 处的横向电场 E_y 远小于该处的纵向电场 E_x,则沟道电导在 y 方向的变化很小,Si—SiO$_2$ 界面上的电力线仍然近似垂直于硅表面,这就是肖克莱首先提出的缓变沟道近似。按照这个假定,半导体的表面势主要由栅源电压决定。因此,在一定的栅源电压 V_{GS} 作用下,沟道中产生一定的反型导电载流子。漏源电压在 y 方向产生的漂移电场 E_y 将使这些载流子平行于 Si—SiO$_2$ 界面流动形成漏极电流。

为简便起见,再做如下假设:
① 源接触电极与沟道源端之间、漏接触电极与沟道漏端之间的压降可忽略;
② 反型层中载流子的迁移率为常数;
③ 沟道电流仅为漂移电流;
④ 沟道与衬底之间的反向泄漏电流为零。

如果在栅源电压作用下,沟道中任一点 (x,y) 处所形成的电子电荷密度为 $qn(x,y)$,沟道载流子的迁移率为 μ_n,该处沟道横向电场 $E_y=-\mathrm{d}V(y)/\mathrm{d}y$,则该处的沟道漂移电流密度为

$$J_y(x,y) = -qn(x,y)\mu_n \frac{dV(y)}{dy}$$

将上式在整个沟道横截面上积分,有

$$\begin{aligned}I_n(y) &= \int_0^{x_d} J_y(x,y)W dx = -\int_0^{x_d} q\mu_n n(x,y)\frac{dV(y)}{dy} \cdot W \cdot dx \\ &= -\mu_n W \frac{dV(y)}{dy}\int_0^{x_d} qn(x,y)dx = -\mu_n W Q_n(y)\frac{dV(y)}{dy}\end{aligned} \quad (7-21)$$

式中,W 为沟道宽度;x_d 为反型层厚度;$Q_n(y)$ 为沟道 y 处反型层电荷面密度。

下面根据 MOS 结构的电荷关系,求取一定栅压下的反型层电荷 $Q_n(y)$。

在半导体物理学中将 MOS 结构的电容视为绝缘层电容和表面空间电荷区电容相串联的组合,在这里也采用这种等效的方法。首先假定表面耗尽层宽度为常数,即忽略表面耗尽区的电容效应,讨论 MOS 结构仅由绝缘层电容控制的简单情况。

如前所述,在强反型情况下,沟道 y 处半导体表面单位面积上感应产生的总电荷 $Q_S(y)$ 应包含反型层电荷 $Q_n(y)$ 和耗尽层电荷 $Q_B(y)$ 两部分,即

$$Q_S(y) = Q_n(y) + Q_B(y) \quad (7-22)$$

当 MOSFET 的沟道中有电流 I_{DS} 流过时,将沿沟道 y 方向产生电压降 $V(y)$。因为源极与衬底相连并处于地电位,所以 $V(y)$ 即为沟道 y 处对源端(亦为对衬底)的电压降,此时沟道与衬底之间不再有统一的费米能级。n 型沟道区的电子准费米能级比衬底空穴准费米能级低 $qV(y)$。因此,当半导体表面开始强反型时,沟道中 y 处的表面势为

$$V_S(y) = V(y) + 2\varphi_F \quad (7-23)$$

这时,MOS 结构所加栅压为

$$V_{GS} = V_{FB} + V_{ox}(y) + V_S(y) \quad (7-24)$$

式中,$V_{ox}(y)$ 为绝缘层上的压降。若绝缘层厚度为 t_{ox},单位面积电容为 C_{ox},则考虑到 $Q_S(y)$ 的符号,有

$$V_{ox}(y) = -\frac{Q_S(y)}{C_{ox}} = E_{ox}(y) \cdot t_{ox} \quad (7-25)$$

式中,$E_{ox}(y)$ 为绝缘层中的电场强度。

将式(7-23)和式(7-25)代入式(7-24),可得此时半导体表面开始强反型的条件为

$$V_{GS} = -\frac{Q_S(y)}{C_{ox}} + V(y) + 2\varphi_F + V_{FB} \quad (7-26)$$

由此可得,开始强反型时半导体表面 y 处单位面积总感应电荷为

$$Q_S(y) = -C_{ox}(V_{GS} - V(y) - 2\varphi_F - V_{FB}) \quad (7-27)$$

由式(7-22)和式(7-27)并利用式(7-10)可得沟道 y 处反型层电子电荷面密度为

$$\begin{aligned}Q_n(y) &= Q_S(y) - Q_B(y) = -C_{ox}\left(V_{GS} - V(y) - 2\varphi_F - V_{FB} + \frac{Q_{Bmax}}{C_{ox}}\right) \\ &= -C_{ox}(V_{GS} - V(y) - V_T)\end{aligned} \quad (7-28)$$

可见,栅压 V_{GS} 在抵消沟道压降和扣除表面开始强反型所需部分之后,剩余部分将通过绝缘层电容产生更多的反型层载流子电荷。

将式(7-28)代入式(7-21),并考虑到 n 沟道 MOSFET 中实际漏极电流方向与沟道漂移电流方向相反,可得漏极电流为

$$I_{DS} = -I_n(y) = \mu_n W C_{ox}(V_{GS} - V_T - V(y))\frac{dV(y)}{dy} \quad (7-29)$$

将上式在整个沟道内积分,即 y 由 $0 \sim L$,$V(y)$ 由 $0 \sim V_{DS}$,并注意到 I_{DS} 与位置 y 无关,可得

$$I_{DS} = \frac{\mu_n W C_{ox}}{L}\left[(V_{GS} - V_T)V_{DS} - \frac{1}{2}V_{DS}^2\right]$$

$$= \beta\left[(V_{GS} - V_T)V_{DS} - \frac{1}{2}V_{DS}^2\right] \quad (7-30)$$

式中,$\beta = \mu_n W C_{ox}/L$ 称为 β 因子,反映了器件材料和结构特征。式(7-30)即为 n 沟道 MOSFET 的基本伏安方程。

根据器件实际工作状态,可将 MOSFET 的工作区分为三个区域进行讨论,如图 7-18 所示。

① 线性区。当 $V_{DS} \ll V_{GS} - V_T$ 时,由式(7-30),忽略 V_{DS} 的高次项,有

$$I_{DS} \approx \beta(V_{GS} - V_T)V_{DS} \quad (7-31)$$

即漏极电流与漏极电压近似呈线性关系。这是由于 V_{DS} 很小时,沟道压降也很小,从源到漏各处有几近

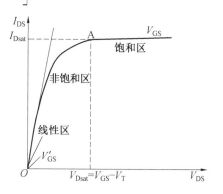

图 7-18 MOSFET 的工作区

相同的栅绝缘层压降和沟道载流子浓度,导电沟道的电阻几乎不随漏源电压而变化。由式(7-31)可得此时沟道电阻为

$$R = \frac{V_{DS}}{I_{DS}} = \frac{t_{ox} \cdot L}{\varepsilon \varepsilon_0 \mu_n W} \cdot \frac{1}{V_{GS} - V_T} \quad (7-32)$$

即工作在线性区的 MOSFET 可视为由栅压控制的压控可变电阻。

② 非饱和区。随着 V_{DS} 增大,其高次项逐渐不可忽略,而且使 I_{DS} 随 V_{DS} 增长的幅度逐渐变缓。这是由于随着 V_{DS} 增大,沟道压降增大,栅绝缘层上压降由源到漏逐渐减小,反型沟道中载流子浓度逐渐减小,导电沟道的电阻明显随 V_{DS} 增大而增大。

③ 饱和区。当 $V_{DS} = V_{GS} - V_T$ 时,由式(7-28)可得 $Q_n(L) = 0$,即沟道漏端 $y = L$ 处,表面反型层载流子电荷为零,透过绝缘层的电力线完全由耗尽层电荷终止,称为沟道预夹断。此时漏极电流达到其饱和值,即

$$I_{Dsat} = \frac{\mu_n W C_{ox}}{2L}(V_{GS} - V_T)^2 = \frac{\beta}{2}(V_{GS} - V_T)^2 \quad (7-33)$$

相应地,使漏端 $y = L$ 出现夹断点所对应的漏源电压称为饱和漏源电压,记为 V_{Dsat},即 $V_{Dsat} = V_{GS} - V_T$。

当 $V_{DS} > V_{GS} - V_T$ 时,离开漏端的某一 y 处将有 $V(y) = V_{Dsat}$,这将使漏端的预夹断点扩展为夹断区。这时沟道可以夹断点为界分为反型导电区和夹断区两部分,反型导电区上的电压将保持 V_{Dsat} 不变,而夹断区承担继续增加的漏源电压,并随之继续展宽。

漏端沟道被夹断以后,夹断区内电场增大,反型沟道消失,缓变沟道近似不再适用。当沟道长度 L 较大,可以忽略夹断区宽度引起的变化时,可以近似用式(7-33)表示整个饱和区的漏极特性,故称 I_{Dsat} 为饱和漏极电流。

以上忽略了高场迁移率和耗尽层电容效应的影响,得到 MOSFET 直流特性的简单形式。

实际上，由于沟道内存在着的与载流子运动方向相垂直的表面电场加剧了载流子的散射，半导体表面存在着比体内多得多的缺陷和其他散射中心，因此沟道中载流子的表面迁移率要比半导体体内的正常值低得多，且与表面电场密切相关。当漏源电压较高，漏区附近电场较强时，高场迁移率效应使载流子迁移率下降，漏极电流减小。

场感应耗尽层电容效应使实际漏极电流减小，这是因为沟道压降和衬底偏置使场感应结处于非平衡状态，耗尽层电荷 Q_{Bmax} 和阈值电压成为位置的函数，漏极电压通过沟道压降改变反型层载流子密度，进而影响漏极电流。分析表明，在线性区内，由于沟道压降很小，因此耗尽层电容的影响可以忽略。当 V_{DS} 较大时，由于耗尽层电容的影响随着 V_{DS} 的增加而增大，电流上升的速度变小，因此在输出特性曲线上，对应于同一工作状态，漏极电流小于式(7－30)所给出的数值。实际上，考虑耗尽层电容效应时，MOSFET 相当于一个理想表面场效应晶体管与一个结型场效应晶体管相并联，漏极电流也是两者漏极电流之和。衬底偏置和漏极电压产生的沟道压降增大场感应结上反偏电压，使 JFET 部分的漏极电流减小。

7.3.2 弱反型(亚阈值)区的伏安特性

弱反型区是指表面能带发生弯曲，但表面状态介于本征和强反型之间，表面势满足 $\varphi_F < V_S < 2\varphi_F$ 的一种工作状态。如在阈值电压 V_T 较低的增强型 n 沟道 MOS 器件中，当 $V_{GS} < V_T$ 或 $V_{GS} = 0$ V 时，器件处于截止状态。但在栅氧化层中正电荷的作用下，半导体表面很可能处于弱反型状态，因此沟道中仍有很小的漏极电流通过。通常将栅源电压低于阈值电压，器件处于弱反型区的漏极电流称为亚阈值电流。亚阈值电流的存在，使器件的截止漏极电流大大增加，器件的开关特性恶化，电路的静态功耗增大。如在 CMOS 电路中，无论电路处于哪种输出状态，都有一只晶体管工作在截止区，其截止漏电流的大小必然影响电路的功耗。因此，弱反型区的漏极特性是低压低功耗电路中开关器件必须考虑的一个重要问题。

n 沟道 MOSFET 处于弱反型时，栅下 p 型半导体表面的电子多于空穴，但表面电子数远小于体内空穴数。因此，将在重掺杂的 n^+ 源区和漏区之间存在一个 n 型高阻层。此高阻区与双极晶体管的基区很相似。由于漏端仍然存在着较高的势垒，降落了大部分漏源电压，因此高阻沟道区中反型载流子主要以浓度梯度作用下的扩散方式运动，所形成的漏极电流与强反型时的漂移电流有不同的变化规律。

设沟道中源端的半导体表面势是 V_S，加上漏源电压 V_{DS} 后，漏端的表面势将减小到 $V_S - V_{DS}$。因此，表面的反型情况将由源端到漏端逐渐变弱，沟道弱反型层中的电子则由源端到漏端形成一定的浓度分布梯度。此浓度分布梯度使电子从源端向漏端扩散，并由偏置电压为正的漏极收集，从而形成弱反型区的漏极电流 I_{DS}。根据上述分析可得

$$I_{DS} = A_n q D_n \frac{dn(y)}{dy} \approx A_n q D_n \frac{n(L) - n(0)}{L}$$

$$= \frac{A_n q D_n n_p^0}{L} (e^{\frac{qV_S}{kT}} - e^{\frac{q(V_S - V_{DS})}{kT}}) \quad (7-34)$$

式中，A_n 是弱反型导电沟道的横截面积，主要由弱反型时导电沟道的厚度决定。若弱反型时表面耗尽层宽度为 x_d，表面空间电荷面密度为 Q_B，则有

$$Q_B = -qN_A x_d = -(2\varepsilon\varepsilon_0 qN_A V_S)^{\frac{1}{2}}$$

当忽略反型沟道中的少量电子电荷时，由高斯定理可得弱反型时的表面电场强度为

$$E_S = -\frac{Q_B}{\varepsilon\varepsilon_0} = \left(\frac{2qN_AV_S}{\varepsilon\varepsilon_0}\right)^{\frac{1}{2}} \qquad (7-35)$$

若定义反型层内电势下降 kT/q 时的距离为有效沟道厚度 a_{eff},则近似有

$$a_{\text{eff}} = \frac{kT}{qE_S}$$

相应地,反型导电沟道的有效横截面积为

$$A_n = Wa_{\text{eff}} = \frac{WkT}{qE_S} \qquad (7-36)$$

将式(7-36)代入式(7-34),即可得弱反型时的亚阈值漏极电流为

$$I_{DS} = \frac{WkT}{qE_S} \cdot \frac{qD_n n_p^0}{L} e^{\frac{qV_S}{kT}} (1 - e^{-\frac{qV_{DS}}{kT}})$$

$$= \frac{q\mu_n W}{L}\left(\frac{kT}{q}\right)^2 \left(\frac{\varepsilon\varepsilon_0}{2qN_AV_S}\right)^{\frac{1}{2}} \frac{n_i^2}{N_A} e^{\frac{qV_S}{kT}} (1 - e^{-\frac{qV_{DS}}{kT}}) \qquad (7-37)$$

式(7-37)中利用了爱因斯坦关系式和载流子浓度积关系。可见,在阈值电压附近的弱反型区中,漏极电流随表面势 V_S 的增大而以指数关系上升。对于漏源电压 V_{DS},当其大于约 $3kT/q$ 时,其所在指数项迅速减小而趋于零。即当漏源电压超过 $3kT/q$ 以后,弱反型亚阈值漏极电流几乎与漏源电压无关。

如图7-19所示为某长沟道 MOSFET 的亚阈值特性。该器件栅氧化层厚度 $t_{ox} =$ 570 nm,衬底杂质浓度 $N_A = 5.6 \times$

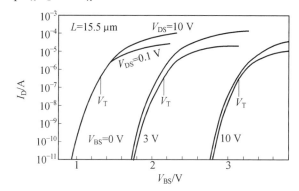

图 7-19 长沟道 MOSFET 的亚阈值特性

10^{15} cm^{-3}。可见,衬底偏置影响阈值电压。当 $V_{GS} < V_T$ 时,亚阈值漏极电流确实是随栅源电压 V_{GS} 的增大而呈指数规律上升的,而且几乎与漏源电压无关。

当然,当 MOSFET 处于弱反型区时,其漏极电流除了来源于弱反型沟道中载流子的扩散电流外,反偏漏结的反向电流也是其组成部分。但漏结的反向电流通常只有 10^{-12} A 的数量级,而弱反型区的沟道电流却可以达到 10^{-8} A 的数量级。

随着器件尺寸缩小,沟道长度减小,亚阈值特性也随之发生变化,而且成为影响器件特性的重要因素之一。这将在短沟道效应中进一步讨论。

7.3.3 MOSFET 的特性曲线

MOSFET 的特性曲线是描述其输入和输出端电流与电压关系的曲线图,包括输出特性曲线和转移特性曲线两种形式。

MOSFET 的输出特性即输出端电流 I_{DS} 和输出端电压 V_{DS} 之间的关系曲线,也就是图7-18中的曲线。对应于不同栅压下的 $I_{DS}-V_{DS}$ 曲线组合在一起,构成 MOSFET 的输出特性曲线族,如图7-20所示。图中反映出不同栅压对应于不同的沟道起始厚度,因此有不同的饱和漏源电压 V_{Dsat}。

与 JFET 一样,MOSFET 的输出特性也可划分为如下四个区域。

Ⅰ区为非饱和区。此区中 $V_{DS}<V_{Dsat}$，在 V_{DS} 较小的起始段，I_{DS} 与 V_{DS} 呈线性关系（线性区），然后逐渐向饱和区过渡，也称为可调电阻区。

Ⅱ区称为饱和区。此区对应于 $V_{Dsat}<V_{DS}<BV_{DS}$，即随漏源电压增大，沟道漏端反型层被夹断，漏极电流达到其饱和值 I_{Dsat}，但是尚未发生击穿。

Ⅲ区为截止区。当 $V_{GS}<V_T$ 时，半导体表面没有强反型层构成的导电沟道，源漏之间仅有微小的 pn 结反向电流。

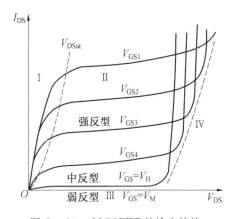

图 7-20　MOSFET 的输出特性

Ⅳ区为雪崩击穿区。由于漏极电压过大，反偏漏-衬结中发生雪崩倍增而被击穿，漏极电流急剧增大。

图 7-20 中也标出了沟道中反型最强的一端（一般为源端）对应的反型程度。

衬底反偏电压 V_{BS} 影响输出特性，如图 7-21 所示，随着衬底反偏电压增大，相同 V_{GS} 下的 I_{DS} 减小。这是因为衬底反偏的增加使半导体表面耗尽层电荷增加，从而改变了反型层载流子的面密度，实质上是如式（7-16）所表示的那样改变了阈值电压。

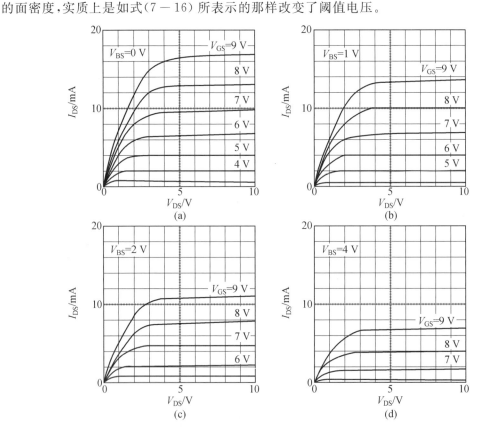

图 7-21　不同 V_{BS} 值下的 MOSFET 输出特性曲线

MOSFET 的转移特性是从栅源输入电压 V_{GS} 对漏源输出电流 I_{DS} 的控制能力的角度表征器件的直流特性，即在确定的漏源电压下，漏极电流随栅源电压的变化关系。显然，MOSFET

的转移特性曲线也可由其输出特性曲线上的数据得到,其表达式为式(7-33)。

四种类型MOSFET的特性曲线如表7-1中所示。

7.3.4 MOSFET的直流参数

相对于特性曲线,MOSFET的直流参数是描述其直流特性的一种简便形式,即以参数的形式反映器件的性能特征。

1. 阈值电压 V_T

阈值电压是MOSFET最重要的基本直流参数之一,其定义及各种表达形式如前所述。依其表征器件工作状态的实际意义,对于耗尽型器件又称夹断电压;对于增强型器件又称开启电压。

2. 零栅压漏极电流 I_{DSS}

零栅压漏极电流 I_{DSS} 表征MOSFET在一定漏源电压下,栅-源短路(栅压为零)时的漏极电流值。对于耗尽型器件,也称饱和漏源电流,可由转移特性曲线与纵轴的交点求得。由式(7-33)可得

$$I_{DSS} = \pm \frac{\mu W C_{ox}}{2L} V_T^2 = \pm \frac{\varepsilon \varepsilon_0}{2t_{ox}} \cdot \frac{W}{L} \cdot V_T^2 \tag{7-38}$$

式(7-38)对于n沟道器件取正值,对于p沟道器件取负值。可见,饱和漏源电流反映了原始沟道的导电能力,因此与沟道宽长比(W/L)、表面载流子迁移率 μ 及绝缘层电容成正比。

对于增强型器件,零栅压下,源区和漏区与衬底之间分别形成两个独立的背靠背的pn结。漏源电压作用在一个正向pn结与一个反向pn结的串联电路上。因此,这时的漏极电流就是pn结的反向电流,也称截止漏电流。

3. 导通电阻 $R_{DS(on)}$

导通电阻 $R_{DS(on)}$ 也称为通态电阻,是当MOSFET处于导通状态时,漏源极之间的电阻,阻值通常是欧姆或者毫欧姆。该电阻是影响最大输出的重要参数,在开关电路中决定了信号输出幅度与自身损耗。通态电阻与漏极电流、栅源电压和温度有关。因此,$R_{DS(on)}$ 通常是指在特定的漏极电流、栅源电压和25℃的情况下测得的漏-源电阻。

当MOSFET工作在 V_{DS} 很小的非饱和区时,输出特性曲线近似为直线,这时具有较小的导通电阻。由式(7-32)可有

$$R_{on} = \frac{1}{\beta(V_{GS} - V_T)} = \frac{L}{\mu C_{ox} W} \cdot \frac{1}{V_{GS} - V_T} \tag{7-39}$$

实际器件的导通电阻应包括源区和漏区的串联电阻 R_S 和 R_D,即

$$R_{on}^* = R_{on} + R_S + R_D$$

4. 栅源直流输入阻抗 R_{GS}

栅源直流输入阻抗 R_{GS} 即为MOSFET栅源间直流绝缘电阻,即隔开栅极和下面半导体的 SiO_2 层的绝缘电阻。通常的栅氧化层很容易使 R_{GS} 达到 10^9 Ω以上,因此MOSFET具有远高于BJT和JFET的输入阻抗。

5. 最大耗散功率 P_{CM}

MOSFET的耗散功率 P_C 等于其漏源电压和漏源电流的乘积,即 $P_C = V_{DS} \cdot I_{DS}$。与双极

晶体管一样,耗散的功率将转变为热能使器件升温,从而使其性能变坏。为保证 MOSFET 正常工作而允许耗散的最大功率即称为该器件的最大耗散功率(或称最大功耗)P_{CM}。

MOSFET 的功率主要耗散在沟道区(特别是沟道夹断区),因此要提高 P_{CM},应着眼于改善沟道到衬底、到底座、到管壳间的热传导及管壳的散热条件。

7.4　MOSFET 的频率特性

7.4.1　MOSFET 的交流小信号参数

MOSFET 的四个电极可以施加三个独立的偏置电压。三个电压中任意之一的改变都会引起漏极电流变化。为了表征这种变化关系,引入三个电导参数,它们的测量电路如图 7－22 所示。

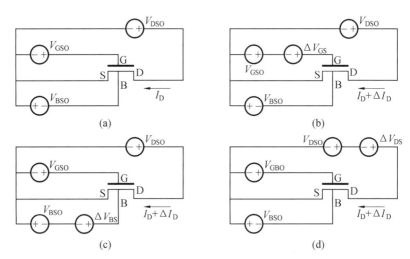

图 7－22　偏置于某工作点的 MOSFET 及其小信号栅跨导、小信号衬底跨导和小信号漏极电导测量电路

1. 栅跨导 g_m

与 JFET 一样,MOSFET 的栅跨导简称跨导,定义为漏源电压一定时,漏极电流的微分增量与栅源电压微分增量之比,反映栅源电压对漏极电流的控制能力,即

$$g_m = \frac{\partial I_{DS}}{\partial V_{GS}}\bigg|_{V_{DS}=\text{const}}$$

将式(7－30)对 V_{GS} 求导,可得非饱和区的跨导为

$$g_m = \beta V_{DS} \tag{7－40}$$

表明 MOSFET 的非饱和区跨导 g_m 仅随漏源电压升高而线性增大。将式(7－33)对 V_{GS} 求导,可得饱和区跨导为

$$g_{ms} = \beta(V_{GS} - V_T) \tag{7－41}$$

表明 MOSFET 饱和区跨导 g_{ms} 随栅源电压升高而增大,与漏源电压无关。

在实际 MOSFET 中,由于源区和漏区存在着的体电阻和电极欧姆接触等形成的附加串联电阻,因此漏源电流在串联电阻上产生的压降使得实际作用在沟道两端的工作电压值低于

漏源电极间的电压 V_{DS}，其结果导致实际 MOSFET 的跨导值低于理论值。

类似于 JFET，如果源区和漏区的串联电阻分别为 R_S 和 R_D，则当外加栅源电压 V_{GS} 时，实际加在沟道区的有效栅源电压为

$$V'_{GS} = V_{GS} - I_{DS}R_S \tag{7-42}$$

当外加漏源电压 V_{DS} 时，实际作用在沟道上的有效漏源电压

$$V'_{DS} = V_{DS} - I_{DS}(R_S + R_D) \tag{7-43}$$

将上述的实际作用电压分别代入式（7-30）和式（7-33），可求得非饱和区有效跨导为

$$g_m^* = \frac{g_m}{1 + g_m R_S + \beta(V_{GS} - V_T)(R_S + R_D)} \tag{7-44}$$

饱和区有效跨导为

$$g_{ms}^* = \frac{g_m}{1 + g_m R_S} \tag{7-45}$$

显然，串联电阻越大，有效跨导越小。

2. 小信号衬底跨导 g_{mb}

当在 MOSFET 衬底施加反偏电压 V_{BS} 时，表面势随着衬底偏置电压的增大而上升，表面最大耗尽层宽度也随之而展宽，表面空间电荷面密度增大，反型层载流子电荷面密度减小，使相同漏源电压下的漏极电流减小。因此，衬底反偏对漏极电流也具有控制作用，并用衬底跨导 g_{mb} 表征这种控制能力。衬底跨导 g_{mb} 被定义为漏极电流微分增量与衬底偏压微分增量之比。

式（7-16）已给出计入沟道压降和衬底反偏，即考虑耗尽层电容效应的阈值电压表达式。将其代入式（7-29），并在整个沟道内积分，可得施加衬底偏压 V_{BS} 时的漏极电流为

$$I_{DS} = \beta\left\{\left[(V_{GS} - V_{FB} - 2\varphi_F)V_{DS} - \frac{1}{2}V_{DS}^2\right] - \frac{2}{3}\gamma\left[(V_{DS} + 2\varphi_F - V_{BS})^{\frac{3}{2}} - (2\varphi_F - V_{BS})^{\frac{3}{2}}\right]\right\} \tag{7-46}$$

式中，有

$$\gamma = \frac{(2\varepsilon\varepsilon_0 q N_A)^{\frac{1}{2}}}{C_{ox}}$$

称为体效应系数。

将式（7-46）对 V_{BS} 求导，可得衬底跨导为

$$g_{mb} = \frac{\partial I_{DS}}{\partial V_{BS}}\bigg|_{V_{DS}, V_{GS} = \text{const}}$$
$$= \frac{\mu_n W}{L}(2\varepsilon\varepsilon_0 q N_A)^{\frac{1}{2}}\left[(V_{DS} + 2\varphi_F - V_{BS})^{\frac{1}{2}} - (2\varphi_F - V_{BS})^{\frac{1}{2}}\right] \tag{7-47}$$

将式中 V_{DS} 代之以 V_{Dsat} 即可得 MOSFET 饱和区的衬底跨导。显然，衬底跨导的大小主要由衬底掺杂浓度和偏置电压决定。衬底杂质浓度很低时，改变衬底偏置电压在空间电荷区中所产生的空间电荷变化量很小，因此衬底跨导随衬底浓度降低而减小。当 V_{DS} 很小时，空间电荷区电容效应对漏电流的影响可以忽略。因此，衬底跨导也变得很小。

3. 漏极电导 g_{ds}

MOSFET 的漏极电导 g_{ds} 表示漏源电压对漏极电流的控制能力，并定义为栅源电压 V_{GS}

为常数时,漏源电流微分增量与漏源电压微分增量之比,即

$$g_{ds} = \frac{\partial I_{DS}}{\partial V_{DS}}\bigg|_{V_{GS}=\text{const}}$$

将式(7-30)对 V_{DS} 求导,即可得理想表面 MOSFET 非饱和区的漏极电导,即

$$g_{ds} = \beta(V_{GS} - V_T - V_{DS}) \tag{7-48}$$

若将式(7-46)对 V_{DS} 求导,则得到计及耗尽层电容效应的非饱和区漏极电导为

$$\begin{aligned}g_{ds} &= \beta[(V_{GS} - V_{FB} - 2\varphi_F - V_{DS}) - \gamma(V_{DS} + 2\varphi_F)^{\frac{1}{2}}] \\ &\approx \beta\left\{V_{GS} - V_T - V_{DS}\left[1 + \frac{\gamma}{2}(2\varphi_F)^{-\frac{1}{2}}\right]\right\}\end{aligned} \tag{7-49}$$

可见,漏极电导随 V_{DS} 的增大而减小,而且衬底浓度越高,非饱和区漏极电导越小。当 V_{DS} 小到可以忽略时,可得线性区漏极电导为

$$g_{dsl} = \beta(V_{GS} - V_T) \tag{7-50}$$

其倒数即为式(7-39)所表示的导通电阻。计入源、漏串联电阻,有

$$g_{dsl}^* = \frac{g_{dsl}}{1 + g_{dsl}(R_S + R_D)}$$

在理想情况下,正如式(7-33)所示,饱和区漏极电流 I_{DS} 与漏源电压 V_{DS} 无关。因此,饱和区漏极电导的理论值应为零,动态电阻为无限大。但实际 MOSFET 的动态电阻都是有限值,其原因是沟道长度调制效应和漏区电场静电反馈效应的影响。

沟道长度调制效应是指因有效沟道长度随漏源电压变化而造成饱和区漏极电流不完全饱和的现象。

当漏源电压增加到饱和漏源电压 V_{Dsat} 时,沟道漏端因反型层消失而被夹断,漏极电流达到其饱和值 I_{Dsat}。沟道夹断后,高阻夹断区的长度 ΔL 将随着漏源电压的增大而扩展,有效沟道长度 $L_{eff} = L - \Delta L$ 则随着漏源电压的增大而减小,这类似于双极晶体管中的厄尔利效应。当衬底杂质浓度比较低,原始沟道长度也比较短时,有效沟道长度随漏源电压的变化及其对漏特性的影响就不可忽视。有效沟道长度缩短使沟道电阻减小,因此漏极电流随漏源电压的增大而上升。

由于沟道夹断后,器件的电特性仍由导电沟道部分的电特性决定,因此,将式(7-33)中的沟道长度 L 代之以有效沟道长度 L_{eff},即可得计及沟道长度调制效应的漏极电流表示式,即

$$I_{Dsat}^* = \frac{\mu_n W C_{ox}}{2 L_{eff}}(V_{GS} - V_T)^2 = I_{Dsat}\left(1 - \frac{\Delta L}{L}\right)^{-1} \tag{7-51}$$

此时饱和区的漏极电导为

$$g_{dsat}^* = \frac{dI_{Dsat}^*}{dV_{DS}} = \frac{dI_{Dsat}^*}{d\Delta L} \cdot \frac{d\Delta L}{dV_{DS}} = \frac{I_{Dsat}}{L\left(1 - \frac{\Delta L}{L}\right)^2} \cdot \frac{d\Delta L}{dV_{DS}}$$

ΔL 除与 V_{DS} 有关外,还与衬底杂质浓度、栅氧化层厚度以及漏端栅电场的分布有关。显然,上述讨论限于 $\Delta L < L$ 的情况。

漏区电场静电反馈效应是因漏区发出的电力线部分终止于沟道载流子电荷上,造成饱和区漏极电流随漏极电压变化的现象。如图7-23所示,当 MOSFET 衬底掺杂浓度较低时,漏-衬结和沟道-衬底结的耗尽区都随漏源电压的增大而很快展宽。如果沟道长度也比较短,耗尽层的宽度就有可能与沟道长度接近。这时,发自漏区的电力线将不再全部终止于向衬

底扩展的耗尽层空间电荷上,而有相当一部分透过耗尽层终止于沟道电荷上,即漏区和沟道之间有相当大的静电耦合作用。随着漏极电压增大,漏区电场增强,电力线增多,沟道反型载流子数量增加以终止增加的电力线。由此可见,这时沟道中的导电电子数量即沟道导电能力不仅受栅压控制,而且也随漏源电压的变化而改变。

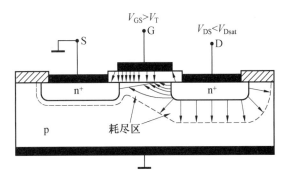

图7-23 漏区电场静电反馈效应示意图

实验发现,当MOSFET衬底电阻率较低时,确实是由于沟道长度调制效应引起了漏电流的不饱和特性。但当衬底电阻率比较高,如选用中等电阻率以上的材料作为衬底时,器件饱和区的动态电阻比用沟道调制效应计算得到的数值更低,其中原因之一就是漏区电场的静电反馈效应。衬底电阻率越高,耗尽区中终止电力线的空间电荷越稀少,漏区电场进入沟道区的那部分电力线越多,静电反馈效应越强。

分析表明,当产生漏源电流不完全饱和的原因是来自静电反馈效应时,饱和区漏极电导正比于$(V_{GS}-V_T)$,且随沟道长度的减小而迅速增大。这是因为当漏源间距减小以后,导电沟道中受漏区电场影响的部分将增大,漏源电压对沟道导电能力的控制作用将增强。加之沟道电场随L的减小而增大,漏极电导必然随L的减小而迅速增加。

普通MOSFET的饱和区漏极电导往往由漏区附近边缘电场决定,因此,饱和区漏极电导成为栅源电压V_{GS}和漏源电压V_{DS}的函数。

7.4.2 MOSFET的交流小信号等效电路

交流工作状态下,在器件的输入端接入交流信号时,栅源电压即等于直流偏置电压V_{GS}和交流信号电压u_{gs}的叠加,输出漏极电流中则分别存在直流分量I_{DS}和交流分量i_{ds}两部分。当衬底偏置不变时,输出漏极电流是栅源电压V_{GS}和漏源电压V_{DS}的函数,因此,漏极电流微分增量为

$$dI_{DS} = \frac{\partial I_{DS}}{\partial V_{GS}}\bigg|_{V_{DS}} dV_{GS} + \frac{\partial I_{DS}}{\partial V_{DS}}\bigg|_{V_{GS}} dV_{DS} = g_m dV_{GS} + g_{ds} dV_{DS}$$

在小信号工作条件下,上式中的微分增量可用交流信号电流、电压代替。因此,可得交流漏极电流为

$$i_{ds} = g_m u_{gs} + g_{ds} u_{ds}$$

实际的MOSFET中,在栅-源和栅-漏之间分别存在着电容C_{gs}和C_{gd},如图7-24所示,因此当栅压随输入交流信号改变时,将通过沟道电阻形成对等效栅电容的充放电电流,由此而产生输入回路中的交流栅电流为

$$i_g = C_{gs}\frac{du_{gs}}{dt} + C_{gd}\frac{du_{gd}}{dt}$$

同时,栅漏电容的充放电效应也将在漏端产生增量电流,由此可得更完整的交流漏极电流表示式,即

$$i_d = g_m u_{gs} + g_d u_{ds} - C_{gd}\frac{du_{gd}}{dt}$$

这表明，当栅极电位随输入交流信号改变时，半导体表面的反型层厚度将随之而变化，从而使沟道导电能力跟随输入信号改变，由此而产生漏极电流的交流分量 $g_m u_{gs}$。同时，栅极电位变化，使栅－漏电容 C_{gd} 上的电压随之改变，从而产生对 C_{gd} 的充电电流。在输入交流信号时，输出端也将产生交流电压 u_{ds}，输出端的交变信号通过漏极电导使漏极电流产生交流分量 $g_{ds} u_{ds}$。因此，交流漏极电流由上述三个部

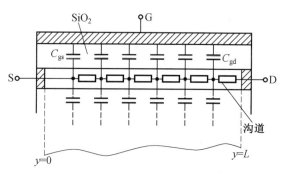

图 7-24　MOSFET 的 R、C 分布参数模型

分组成。当器件工作在饱和区时，由于漏极电导很小，$g_{ds} u_{ds}$ 一般可以忽略。

MOSFET 参数的物理模型和小信号等效电路如图 7-25 所示。

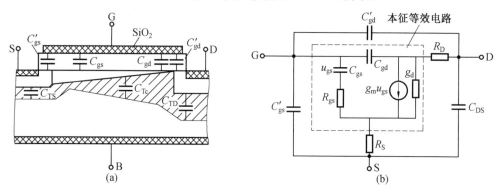

图 7-25　MOSFET 参数的物理模型和小信号等效电路

根据 MOSFET 的端电流 i_d 和 i_g 的表示式，可得器件的本征等效电路，如图 7-25(b) 中虚线框内所示。C_{gs} 和 R_{gs} 分别是图 7-24 中 R、C 分布参数的等效集总参数。C_{gs} 是等效栅源电容，它表示栅电压变化时所产生的沟道电荷增量 ΔQ_{ch} 与栅源电压增量之比，即

$$C_{gs} = \left. \frac{\partial Q_{ch}}{\partial V_{GS}} \right|_{V_{DS}=\text{const}}$$

Q_{ch} 取决于 C_{ox} 上的电压沿沟道长度方向的变化。由式(7-28)，有

$$Q_{ch} = W \int_0^L Q_n(y) dy = W C_{ox} \int_0^L (V_{GS} - V_T - V(y)) dy \tag{7-52}$$

利用式(7-29)和式(7-30)可得

$$dy = \frac{\mu_n W C_{ox}}{I_{DS}} (V_{GS} - V_T - V(y)) dV(y)$$

$$= \frac{L(V_{GS} - V_T - V(y))}{(V_{GS} - V_T) V_{DS} - \frac{1}{2} V_{DS}^2} dV(y)$$

将此代入式(7-52)，并从 $V(0) = 0\ \text{V}$ 到 $V(L) = V_{DS}$ 积分，得

$$Q_{ch} = W L C_{ox} \left[(V_{GS} - V_T) - \frac{1}{3} \cdot \frac{3(V_{GS} - V_T) V_{DS} - 2 V_{DS}^2}{2(V_{GS} - V_T) - V_{DS}} \right] \tag{7-53}$$

将 Q_{ch} 对 V_{GS} 求导，可得栅源电容为

$$C_{gs}=WLC_{ox}\left[1-\frac{1}{3}\cdot\frac{V_{DS}^2}{[2(V_{GS}-V_T)-V_{DS}]^2}\right]=C_G\left[1-\frac{1}{3}\cdot\frac{V_{DS}^2}{[2(V_{GS}-V_T)-V_{DS}]^2}\right]$$

式中，$C_G=WLC_{ox}$ 为栅绝缘层的电容。在线性区，令 $V_{DS}=0$，可得 $C_{gs}=C_G$。在饱和区，令 $V_{DS}=V_{Dsat}=V_{GS}-V_T$，可得 C_{gs} 为 C_G 的 2/3。

C_{gd} 是等效栅漏电容，它表示栅源电压一定时，由于漏源电压增大、沟道压降增大而引起的沟道电荷微变量与漏源电压微变量之比，即

$$C_{gd}=-\frac{\partial Q_{ch}}{\partial V_{DS}}\bigg|_{V_{GS}=\text{const}}$$

式中，负号是为了使 C_{gd} 取正值。将式(7-53)对 V_{DS} 求导，可得栅漏电容为

$$C_{gd}=\frac{2}{3}C_G\left[1-\frac{(V_{GS}-V_T)^2}{[2(V_{GS}-V_T)-V_{DS}]^2}\right]$$

在线性区，$V_{DS}\to 0$，C_{gd} 约为 C_G 的一半；在饱和区，$V_{DS}=V_{GS}-V_T$，$C_{gd}=0$，表明沟道漏端已夹断，V_{DS} 的改变不再引起 Q_{ch} 的变化。

R_{gs} 是对栅源电容充放电时等效的沟道串联电阻，它等于沟道导通电阻的 2/5，即

$$R_{gs}=\frac{2}{5}\frac{1}{\beta(V_{GS}-V_T)}$$

除上述微分增量参数，即本征参数外，实际 MOSFET 中还存在如图 7-25(a) 所示的其他非本征参数，如漏、源串联电阻 R_S、R_D，栅－源、栅－漏寄生电容 C'_{gs}、C'_{gd} 等。考虑寄生参数后，可以得到如图 7-25(b) 所示的较完整的等效电路，其中串联电阻主要来源于漏区和源区的体电阻和欧姆接触电阻。寄生电容 C'_{gs} 和 C'_{gd} 主要来源于栅－源和栅－漏间的交叠覆盖电容，是金属栅与两个 n^+ 区之间的重叠形成的。MOSFET 的非本征参数还包括源－衬底结和漏－衬底结的小信号电容、栅和沟道区之外的衬底重叠引起的栅－体寄生电容（又称连线电容）、衬底电阻和栅材料电阻等。当沟道很短时，还应计入源和漏的 n^+ 区间存在的电容。

7.4.3 MOSFET 的频率特性

MOSFET 中存在着本征的和寄生的电容。随着工作频率的升高，上述各种电容效应的影响将使 MOSFET 特性发生变化。此外，载流子以有限的迁移率渡越沟道需要一定的时间。因此，MOSFET 存在使用频率的限制。

1. 跨导截止频率

由于 MOSFET 中存在电容，因此其交流阻抗随着频率的升高而下降，从而使跨导也随之下降。定义当跨导的模下降到其低频值的 $1/\sqrt{2}$ 时所对应的工作频率为跨导截止(角)频率，记为 ω_{gm}。

从 MOSFET 小信号等效电路可以看出，在器件的输入端存在等效沟道电阻 R_{gs} 和阻抗随频率变化的栅源电容 C_{gs}。低频时，输入电容的阻抗很大，C_{gs} 近似开路，栅压主要降落在 C_{gs} 上，输入信号将在栅源电容 C_{gs} 两端感应出符号相反的等量电荷，使沟道电荷随着栅压的改变而变化，从而产生漏极电流增量。高频时，栅－源电容 C_{gs} 的阻抗随着频率的增加而下降，栅电流随频率增加而上升，同时栅电流在 R_{gs} 上产生电压降，使 C_{gs} 上的分压随着频率增高而下降。

若栅源输入端加信号电压 u_s，则其在 C_{gs} 上的分压为

$$u_{gs} = u_s \frac{\frac{1}{j\omega C_{gs}}}{R_{gs} + \frac{1}{j\omega C_{gs}}} = \frac{u_s}{1 + j\omega R_{gs} C_{gs}}$$

所引起的相应的漏极电流增量为 $g_{ms} u_{gs}$。于是，按照跨导的定义，有

$$g_{ms}(\omega) = \frac{g_{ms} u_{gs}}{u_s} = \frac{g_{ms}}{1 + j\omega R_{gs} C_{gs}} \qquad (7-54)$$

式中，$g_{ms}(\omega)$ 表示随频率变化的交流跨导；g_{ms} 是低频跨导。可见，交流跨导 $g_{ms}(\omega)$ 随频率升高而下降。当 $\omega = 1/(R_{gs} C_{gs})$ 时，$g_{ms}(\omega)$ 的幅值下降到其低频值的 $1/\sqrt{2}$。因此，跨导截止角频率为

$$\omega_{gm} = \frac{1}{R_{gs} C_{gs}} = \left[\frac{2}{3} C_G \cdot \frac{2}{5} \frac{1}{\beta(V_{GS} - V_T)}\right]^{-1} = \frac{15}{4} \frac{\mu_n (V_{GS} - V_T)}{L^2} \qquad (7-55)$$

可见，跨导截止频率实际上来源于通过等效沟道电阻 R_{gs} 对栅源电容 C_{gs} 的充电延迟时间。当外加栅－源电压改变时，必须经过充电延迟时间 $R_{gs} C_{gs}$ 之后，栅源电容 C_{gs} 的端电压才会跟上外加栅－源电压的变化从而产生沟道电流增量。

2. 截止频率 f_T

由于 C_{gs} 的阻抗随频率升高而下降，因此流过 C_{gs} 的输入电流随频率升高而增大。定义截止频率 $f_T(\omega_T)$ 为共源电路中本征管输入电流等于输出端交流短路电流时的工作频率，即

$$\omega_T C_{gs} u_{gs} = g_{ms} u_{gs}$$

$$\omega_T = \frac{g_{ms}}{C_{gs}} = \frac{3}{2} \frac{\mu_n (V_{GS} - V_T)}{L^2} \qquad (7-56)$$

与双极型晶体管的 f_T 类似，MOSFET 的截止频率也称为增益－带宽积。

在实际 MOSFET 中，连接输入端的还有寄生电容 C'_{gs} 和 C'_{gd}，这些电容对输入电流的分流作用将使截止频率进一步降低，特别是跨接在输入端与输出端之间的 C'_{gd}。当输出端接有负载电阻 R_L 时，若电压放大倍数为 $A_v (= u_o / u_s)$，则放大器的截止频率为

$$f'_T = \frac{1}{2\pi} \frac{g_{ms}}{C'_{gs} + C_{gs} + (1 + A_v) C'_{gd}}$$

即 C'_{gd} 的作用将被放大 $(1 + A_v)$ 倍，这一效应称作密勒效应。

3. 最高振荡频率 f_M

与双极晶体管类似，在输入端和输出端均共轭匹配，忽略反馈作用的条件下，可以获得最佳功率增益。随着频率升高，功率增益下降。当最大功率增益下降为 1 时对应的频率称为最高振荡频率 f_M。

由图 7－26 可得本征 MOSFET 的输入功率为

$$P_i = i_g^2 R_{gs}$$

输出功率为

$$P_o = \left(\frac{i_d}{2}\right)^2 R_L = \left(\frac{g_{ms} u_g}{2}\right)^2 \cdot r_{ds} = \frac{1}{4} \left(g_{ms} \cdot \frac{i_g}{\omega C_{gs}}\right) \cdot r_{ds}$$

因此，最大功率增益为

$$K_{Pm} = \frac{P_o}{P_i} = \frac{1}{4} \frac{g_{ms}^2}{\omega^2 C_{gs}^2} \cdot \frac{r_{ds}}{R_{gs}}$$

当 $K_{Pm}=1$ 时,有

$$f|_{K_{Pm}=1}=f_M=\frac{1}{4\pi}\frac{g_{ms}}{C_{gs}}\left(\frac{r_{ds}}{R_{gs}}\right)^{\frac{1}{2}} \qquad (7-57)$$

可见,增大 g_{ms} 和 r_{ds} 有利于提高 f_M,而增大 r_{ds} 意味着要减小有效沟道长度调制效应或漏区电场静电反馈效应从而提高放大器的阻抗比。

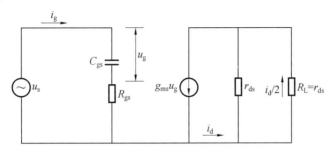

图 7—26   获得最佳功率增益的等效电路

4. 沟道渡越时间 τ

MOSFET 的沟道载流子通过沟道需要一定的渡越时间。考虑到沟道中各处电场不均匀,在沟道内取一微分段 dy,则该微分段内电场强度为 $dV(y)/dy$,载流子在该段内的渡越时间为

$$d\tau=\frac{dy}{\mu dV(y)/dy}$$

载流子从源区到达漏区的总渡越时间为

$$\tau=\int d\tau=\int_0^L \frac{dy}{\mu dV(y)/dy} \qquad (7-58)$$

利用式(7—29)和式(7—33)可得临界饱和时为

$$(V_{GS}-V_T-V(y))dV(y)=\frac{(V_{GS}-V_T)^2}{2L}dy$$

两边积分,并利用边界条件 $V(0)=0$ 及 $V(L)=V_{GS}-V_T$,得

$$V(y)=(V_{GS}-V_T)\left[1-\left(1-\frac{y}{L}\right)^{\frac{1}{2}}\right]$$

于是,有

$$\frac{dV(y)}{dy}=\frac{1}{2L}(V_{GS}-V_T)\left(1-\frac{y}{L}\right)^{-\frac{1}{2}}$$

$$\tau=\frac{2L}{\mu(V_{GS}-V_T)}\int_0^L\left(1-\frac{y}{L}\right)^{\frac{1}{2}}dy=\frac{4}{3}\cdot\frac{L^2}{\mu(V_{GS}-V_T)} \qquad (7-59)$$

与式(7—55)和式(7—56)比较,可得

$$\omega_{gm}=\frac{5}{\tau},\quad \omega_T=\frac{2}{\tau}$$

由此可见,提高 MOS 器件截止频率的关键是缩短渡越时间,即缩短沟道长度 L 及提高载流子的迁移率。

在上述讨论中,忽略了沟道被夹断后夹断区对载流子渡越时间的影响。在一般器件中,由于夹断区很短,因此上述近似是合理的。但在功率 MOS 器件中,为了提高漏耐压,一般设计有高阻漂移区。因此,在漏压较高时,载流子在耗尽区内的渡越时间就不可忽略了,此时应分段估算渡越时间。计算载流子在通过空间电荷区时产生的位移电流,参照在双极型晶体管中计算集电结空间电荷区延迟时间的方法,可得MOS器件沟道夹断区的延迟时间也是载流子渡越夹断区时间的一半。这样,即使沟道中未夹断区段内载流子也达到饱和速度,总的渡越时间也由于沟道被夹断而相对缩短了。

综上所述,提高MOSFET的截止频率,一是选用高迁移率衬底材料,选用能够提高沟道迁移的结构;二是缩小沟道长度;三是从结构上和工艺上尽量减小寄生参数。

7.5 MOSFET的功率特性和功率MOSFET的结构

MOSFET已广泛应用于功率放大和功率开关电路中。从频率响应、非线性失真和耗散功率等方面进行比较,MOSFET都能优于双极器件,因此近年来功率MOSFET得到了很大的重视和发展。

7.5.1 MOSFET的功率特性

MOSFET是多子器件,沟道中载流子迁移率随温度的升高而下降,因此器件在大电流下具有负的温度系数。这种电流随温度上升而下降的负反馈效应使MOS器件中不存在电流集中和二次击穿的限制问题。

MOS器件是平方律器件,在小信号时,MOS器件的输出电流i_d与输入电压u_{gs}可近似呈线性关系,即$i_d = g_m u_{gs}$。MOSFET电流-电压之间的平方律关系与双极器件的指数变化关系相比具有较小的非线性失真,对抑制较高次失真有利,因此MOSFET可以在足够宽的电流范围内用作线性放大器。

MOSFET具有高的输入阻抗,做功率开关时需要的驱动电流小,转换速度快;做功率放大时,增益大,且稳定性好,因此用MOSFET做功率器件比双极功率器件更优越。

MOSFET的主要缺点是饱和压降较大,导通电阻也比双极器件大。这些问题正在努力解决之中,也是发展各种功率MOSFET结构的努力方向。

1. MOSFET的高频功率增益

高频功率增益是描述器件高频工作条件下功率放大能力的一个重要参数。与双极器件一样,定义当器件输入、输出端各自共轭匹配时,输出功率与输入功率之比为MOSFET的最佳高频功率增益,记作K_{Pm}。

在如图7-26所示等效电路中,当输入端接信号u_s,输出端接负载R_L,输入输出各自共轭匹配,并计入源端串联电阻R_S后,输入功率和输出功率可分别表示为

$$P_i = \left(\frac{u_s}{R_{gs} + R_S + \dfrac{1}{j\omega C_{gs}}}\right)^2 R_{gs}$$

$$P_o = i_o^2 R_L = \left(\frac{1}{2} g_m u_{gs}\right)^2 R_L$$

式中,u_{gs}表示输入信号u_s在栅源电容C_{gs}上的分压,显然有

$$u_{gs} = \frac{u_s}{1 + j\omega C_{gs}(R_{gs} + R_S)}$$

于是,可得

$$K_{Pm} = \frac{P_o}{P_i} = \frac{g_m^2 R_L}{4\omega^2 C_{gs}^2 R_{gs}} = \frac{1}{4R_{gs}g_{ds}}\left(\frac{\omega_T}{\omega}\right)^2 \quad (7-60)$$

可见,MOSFET最佳高频功率增益K_{Pm}与截止频率ω_T的平方成正比,而与工作频率ω的平方成反比。

2. 最大输出功率和耗散功率

如图7-27所示为MOSFET的共源输出特性。可见,在甲类状态下,输出电压和电流的最大幅值分别为$\frac{1}{2}(BV_{DS}-V_{Dsat})$和$\frac{1}{2}I_{Dmax}$。因此,器件的最大输出功率为

$$P_{CM} = \frac{1}{8}I_{Dmax}(BV_{DS}-V_{Dsat}) \quad (7-61)$$

式中,V_{Dsat}为器件工作在最大漏源电流下的饱和压降;I_{Dmax}为器件容许的最大漏源电流。因此,要提高功率MOS器件的输出功率,应提高漏源击穿电压,降低饱和压降,增大容许的漏源电流。同时,为了减小功率损耗,还须尽量减小其串联电阻。

与双极型晶体管一样,MOSFET的最大输出功率也受到器件散热能力的限制,其最大耗散功率也可表示为

$$P_{CM} = \frac{T_{jm}-T_A}{R_T}$$

MOS器件的发热中心在漏结附近的沟道表面处,与双极型器件不同,此时热源是漏结附近一细长而薄的线状区域。因此,不能像双极器件那样简单地计算矩形截面体的热阻,而需要采用计算传输线特征阻抗的方法才能求出。

3. MOSFET的安全工作区

由于MOSFET不存在电流局部集中问题,因此其安全工作区仅由最大漏极电流、漏源击穿电压和最大功耗线包围组成,如图7-28所示。显然,由于不存在二次击穿的限制,因此MOSFET的安全工作区相比较而言要大于双极型器件。

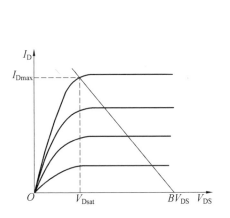

图7-27 MOSFET的共源输出特性

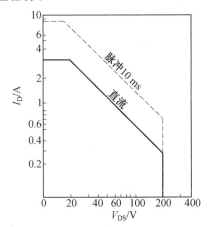

图7-28 MOSFET的安全工作区

7.5.2 功率MOSFET结构

功率MOS器件结构具有其特点,都是为了满足提高漏源击穿电压、减小热阻以提高耗散

功率,增大沟道宽长比以提高电流容量,以及减小导通电阻等要求而提出的。为此,发展了二维横向结构和三维垂直结构。

1. 二维横向结构

偏置栅结构是功率 MOSFET 的基本形式。在高频器件中,为了减小栅漏寄生电容的反馈作用、改善频率特性而采用将栅电极偏置于源端的结构。功率器件的偏置栅结构是用离子注入形成延伸漏区,如图 7-29 所示。随着漏源电压升高,漏结耗尽区向延伸漏区中扩展,以防止高漏源电压下漏源穿通。为了改善栅边缘的电场集中,减小栅漏峰值电场强度,从而改善击穿特性,又发展了场板结构,如图 7-29(b) 所示。这种偏置栅(延伸漏区)结构的缺点是未被栅极完全覆盖的延伸漏区将引入附加的串联电阻,使功耗增加,输出功率减小。

横向双扩散 MOSFET(LD-MOSFET)是通过两次扩散或通过两次离子注入(双注入 MOSFET,简称 DIMOS) 制作的器件结构,这是功率(电力)MOSFET 和功率 IC 的基本结构。如图 7-30 所示,这种横向导电 MOSFET 首先在 n^- 硅片或 n^- 外延层上进行 p 型硼扩散或硼注入形成沟道区,然后用磷扩散,或用磷、砷离子注入形成 n^+ 漏、源区,并同时控制沟道长度 L。由于沟道长度由两次扩散的横向扩散结深之差决定,因此沟道长度可以控制到 $1~\mu m$ 以下。DMOS 具有高增益、高跨导、频率响应好的特点。同时长度缩小,使宽长比增大,电流容量增大;较高掺杂的 p 区隔开源区和漏区,使源漏之间不容易穿通;引入轻掺杂 n^- 漂移区可承受较高的电压。缺点是阈值电压的控制比较困难(阈值电压主要决定于 p 区表面的掺杂浓度);沟道区是高掺杂区,表面电容较大,则器件的亚阈值特性较差;管芯占用面积较大,频率特性也受到一定的影响。

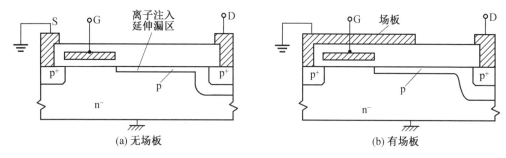

图 7-29 偏置栅功率 MOSFET 结构示意图

2. 三维垂直结构

三维垂直结构是指将源、漏极分别布置在芯片的上、下两面的结构形式,也称为垂直导电结构(VMOSFET)。按垂直导电结构的差异,又分为利用 V 形槽实现垂直导电的 VVMOSFET 和具有垂直导电双扩散 MOS 结构的 VDMOSFET(Vertical Double-diffused MOSFET)。

一种垂直漏网栅 p 沟道 MOSFET 结构如图 7-31 所示。器件制作在 n^-/p^+ 外延片上。p^+ 漏区通过漏扩散穿通外延层与 p^+ 衬底相连构成垂直漏极,以增大电流容量。采用双层金属化电极结构,多晶硅栅电极借助于 SiO_2 层与源电极隔离。网格状的栅电极结构可增大器件宽长比。

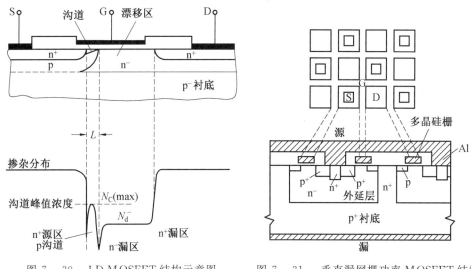

图 7-30 LD MOSFET 结构示意图　　图 7-31 垂直漏网栅功率 MOSFET 结构示意图

采用这种结构制得的网孔尺寸 22 μm、沟道长度 8 μm、宽度 94 cm、芯片面积 5 mm × 5 mm² 的功率 MOS 器件,漏耐压达 100 V,栅压 −10 V 时漏极电流达 20 A,跨导 3 500 mS,$I_{DS}=10$ A 时的导通电阻为 0.5 Ω。

如图 7-32 所示为另一种垂直漏极网栅结构器件,它与前者的区别在于沟道长度由两次扩散结深之差所决定,因此称其为 VDMOST。显然,它较前者有更大的沟道宽长比。

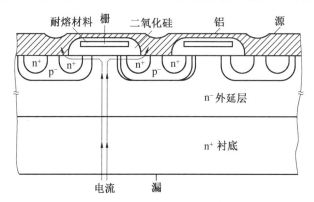

图 7-32 VDMOSFET 基本结构示意图

V 形槽(V-Groove)MOS 是利用两次扩散结深之差控制沟道长度时采用的基本三维结构形式。由此构成的垂直漏极 V-MOST(VV-MOST)是一种非平面型 DMOSFET,如图 7-33 所示。在(100)面的 n⁻ 层上制作的双扩散结构中,用各向异性硅腐蚀剂腐蚀出 V 形槽。槽边与硅表面因硅的结晶学特征自动形成 54.74°的夹角,因此可由槽宽控制槽深。槽宽一定时,V 形槽将穿过 n⁺ 区和 p 区进入 n⁻ 层,并自动停止在一定深度上。由于沟道长度仍然由双扩散结深之差限定,因此沟道长度一般都能做到 1.5 μm 以下。栅电极在 V 形槽上,源电极在上表面,漏电极在下表面,由此形成垂直导电结构。在正栅压作用下,V 形槽两斜面栅氧化层下即形成两个并联的导电沟道。沟道并联有利于增大电流容量和降低导通电阻。采用垂直结构,上面只有两个电极,有利于多沟道和多单元器件进行并联,因此封装密度高。同时,V

形槽下的垂直 n⁻ 延伸漂移区可以提高漏击穿电压,减小漏栅反馈电容。

如图 7-34 所示垂直漏 UMOSFET(VUMOSFET)结构是在各向异性腐蚀时,在两侧墙相碰而自动停止腐蚀之前就停止腐蚀而形成的。因为其结构与 V 形槽相似,所以具有 VVMOST 的优点。但是在 UMOST 中,平底结构可使 n⁻ 漂移区中电流路径更好地展开,因此具有更低的导通电阻。

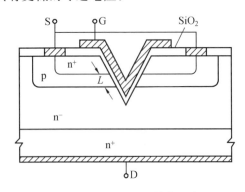 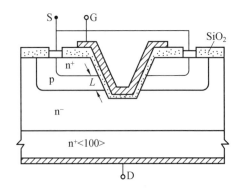

图 7-33　VVMOST 结构示意图　　　　图 7-34　VUMOST 结构示意图

7.5.3　功率 MOSFET 的导通电阻

导通电阻是功率 MOS 器件的重要参数。因为电阻上的功率损耗将影响器件的功率输出,而在功率 MOS 器件中,为了提高耐压,往往在漏与沟道之间引入低掺杂漂移区(延伸漏区),使漏极串联电阻超过沟道电阻,所以在功率器件中,在提高耐压的同时尽量减小导通电阻成为衡量各种器件结构优劣的重要标准。下面以 LDMOST 和 VVMOST 结构为例简单介绍功率器件的导通电阻。

(1) LDMOST 的导通电阻。

如图 7-35 所示,在 LDMOST 中,当栅极上施加正栅压时,栅下 p 型沟道区表面将形成反型层,n⁻ 区表面将形成电子积累层。在漏源电压作用下,电子从源端流经反型沟道区,进入积累区,然后在 n⁻ 漂移区中扩展开来,再进入漏区,最后到达漏电极。因此,LDMOST 的导通电阻由增强型 MOS 器件的沟道电阻、积累区(即耗尽型 MOS 器件的导通电阻)和 n⁻ 区的扩展电阻几部分组成。

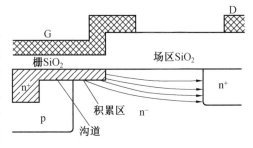

图 7-35　LDMOST 的电流扩展示意图

沟道区的电阻,即增强型 MOS 器件的沟道电阻,可按式(7-39)计算。

积累区的电阻,即耗尽型 MOS 器件的导通电阻,由积累层的有效沟道长度 L'_{eff}、阈值电压 V_{TD} 及其工作状态 $(V_{GS}-V_{TD})$ 决定,即

$$R'_D = \frac{1}{3} \cdot \frac{L'_{eff}}{\mu W C_{ox}(V_{GS}-V_{TD})} \tag{7-62}$$

式中,$\frac{1}{3}$ 是为反映两维效应而引入的。在积累区中,由于电流逐渐扩展开来,因此导电截面增大。同时,有一部分电流由横向水平流动变为纵向,因此沟道电流出现两维效应,使沟道电阻

减小。

至于 n^- 区的扩展电阻,由图 7-35 可以看出,电流线经过积累区逐渐扩展开来,因此可采用线电流源等效方法计算,即用两个相间距离等于漂移区长度 L',长度等于沟道宽度 W 的线电流源来进行等效计算。若沟道末端线电流源的有效半径为 r_1,漏接触处线电流源的有效半径为 r_2,则两线电流源之间扩展电阻为

$$R_1 = \frac{\rho}{\pi W}\left(\ln\frac{L'-r_1}{r_1} + \ln\frac{L'-r_2}{r_2}\right) \tag{7-63}$$

式中,r_1 由沟道末端发射电流的有效面积决定。当栅压较高,积累层电导较大时,r_1 较大;r_2 由漏极的有效收集面积决定,一般接近于漏结的结深。

(2)VVMOSFET 和 VUMOSFET 的导通电阻。

当在 VVMOST 的栅极上施加正栅压,器件处于导通状态时,在漏源电压作用下,载流子将从源端经过反型沟道区 ① 进入 n^- 层的表面积累区 ②,再经 n^- 延伸漏区 ③ 和 ④ 进入 n^+ 漏区,到达漏极,如图 7-36 所示。区域 ① 和 ② 仍分别是增强型和耗尽型 MOS 的沟道区,其沟道电阻都比较小。在区域 ③,电流从积累区流出并向外侧扩展,而且沟道两边的电阻相并联,因此该区扩展电阻可以近似为

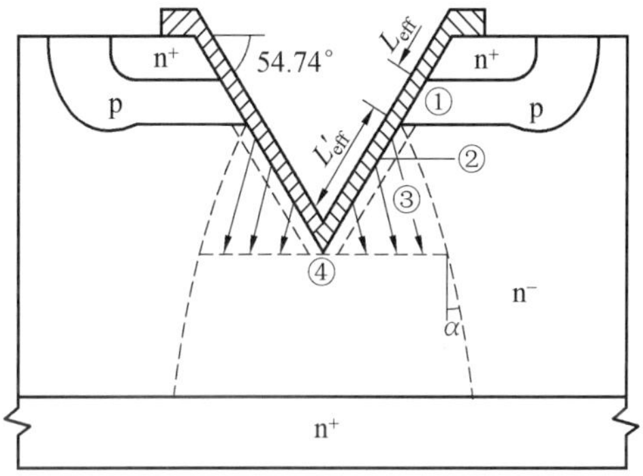

$$R_3 = 0.48\frac{\rho}{W}$$

图 7-36 计算 VVMOST 导通电阻的区域划分

式中,W 为沟道宽度;ρ 为 n^- 区电阻率。区域 ④ 的电阻可按梯形区的体电阻计算。

由于 DMOST 的沟道处于具有较高迁移率的(100)面上,因此具有比沟道在(111)面的 VMOST 相对较低的导通电阻。VUMOST 的平底使电流扩展开来,因此导通电阻低于 VVMOST。

7.6 MOSFET 的开关特性

器件静态特性对应于直流或缓变信号;频率特性对应于直流偏置上叠加交流小信号的工作状态;开关特性则是反映器件对阶跃大信号的响应。

MOSFET 被用来构成各种数字电路和作为开关元件。在这些应用中,MOSFET 主要工作在两个状态,即导通态和截止态。MOS 数字电路的特性就由 MOSFET 在这两种状态下的特性以及这两种状态相互转换的特性决定,这就是所谓的 MOSFET 的开关特性。MOSFET 开关特性分为本征与非本征开关延迟特性。本征延迟是指载流子通过沟道的输运所引起的大信号延迟,也称传输时间延迟;非本征延迟来源于被驱动的负载电容充放电以及晶体管 — 晶体管之间的 RC 延迟,称为负载延迟。实际电路中,两种延迟总是同时存在。本节将在分析这两种延迟的基础上分析倒相器的延迟特性。

7.6.1 MOSFET 的本征延迟

本征延迟开关过程是指载流子通过沟道的传输所引起的大信号延迟开关过程,它是载流子渡越沟道长度所经历的过程,该过程与传输的电流的大小和电荷的多少有关,与载流子漂移速度有关,漂移速度越快,本征延迟的过程越短。本征延迟过程的时间是栅极加上阶跃电压,使沟道导通,漏极电流上升到与导通栅压对应的稳态值所需要的时间。

在开关瞬变过程中,瞬态漏极电流 $i_D(t)$ 与瞬态沟道电荷 $q_{ch}(t)$ 间满足

$$i_D(t) = \frac{dq_{ch}(t)}{dt}$$

$t=0$ 时沟道电荷及漏极电流都等于零,即 $q_{ch}(0)=0$, $i_D(0)=0$。若以 t_{ch} 表示本征导通延迟时间,则有

$$t_{ch} = \int_0^{Q_{ch}} \frac{dq_{ch}(t)}{i_D(t)} \qquad (7-64)$$

式中, Q_{ch} 为与外加 V_{GS} 对应的稳态沟道总电荷。严格求解需要 $q_{ch}(t)$ 和 $i_D(t)$ 的表达式。为简便起见,假定 $i_D(t) = I_{DS}$,即认为漏极电流在 $t=0$ 时就上升到稳态值,而且在整个瞬态过程中保持不变,则式(7-64)简化为

$$t_{ch} = \frac{Q_{ch}}{I_{DS}}$$

将体电荷零级近似下的 Q_{ch} 和 I_{DS} 的表达式(7-53)和式(7-30)代入上式,可得

$$t_{ch} = \frac{4L^2[3(V_{GS}-V_T)^2 - 3(V_{GS}-V_T)V_{DS} + V_{DS}^2]}{3\mu_n[4(V_{GS}-V_T)^2 V_{DS} - 4(V_{GS}-V_T)V_{DS}^2 + V_{DS}^3]} \qquad (7-65)$$

在线性区, $V_{DS} \to 0$,可得

$$t_{chl} = \frac{L^2}{\mu_n} \cdot \frac{1}{V_{DS}}$$

在饱和区,以 $V_{DS} = V_{GS} - V_T$ 代入式(7-65),有

$$t_{chs} = \frac{4L^2}{3\mu_n} \cdot \frac{1}{V_{GS}-V_T}$$

在沟道不太长的器件中,本征导通延迟时间是比较短的。例如, $L=5~\mu m$, $\mu_n = 600~cm^2/(V \cdot s)$ 的 n-MOS 管, $V_{GS}-V_T=5$ V 时, t_{ch} 只有 111 ps。一般来说,若器件的沟道长度小于 5 μm,则所组成的数字电路的开关速度主要由负载延迟决定。对于长沟道 MOS 管,本征延迟可达到甚至超过负载延迟。因此,减小沟道长度是减小开关时间的主要方法。

7.6.2 MOSFET 的非本征延迟

非本征开关时间受负载电阻 R_L、负载电容 C_L、峰值栅压以及栅极输入电容和电阻的影响。如图 7-37 所示为电阻负载倒相器电路图。当输入栅极电压 $V_{GS}(t)$ 增加时,信号源向 MOSFET 的栅电容 C_{GS} 和 C_{GD} 充电。随着时间的增加,MOSFET 的栅电压随着增加,经过一定的时间延迟,栅电容 C_{GS} 上电压达到阈值电压 V_T 时,电流开始出现,这个过程称为延迟过程,延迟过程所经历的时间称为延迟时间,用 t_d 表示。当 V_{GS} 超出阈值电压 V_T 时,信号电压使反型沟道增厚,电流开始迅速增大,这个过程称为上升过程。在上升时间 t_r 结束时,电流达到最大值,栅极电压达到 V_{GSS},MOSFET 的导通过程结束,所以导通过程由延迟和上升过程

构成。

当去掉外加栅电压时,栅电容 C_{GS} 放电,使栅源电压下降,当 V_{GS} 下降到上升时间结束时的栅极电压 V_{GSS} 时,电流才开始下降,这个过程称为存储过程,这个过程所经过的时间称为存储时间 t_s。存储时间结束后,栅电容继续放电,栅电压从 V_{GSS} 进一步下降,反型沟道厚度变薄,电流快速下降。当 V_{GS} 小于 V_T 后,MOSFET 截止,关断过程结束,该过程称为下降过程,经过的时间称为下降时间 t_f。因此,关断过程由存储过程和下降过程构成。

关断过程是导通过程的逆过程,因此导通和关断时间是近似相等的。若计算 MOSFET 开关时间,只要计算导通时间即可。

MOSFET 的开关波形如图 7-38 所示,可以看到电流 I_{DS} 在导通时产生的延迟以及开关时间的构成。

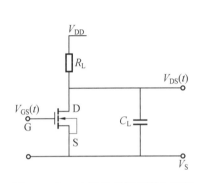
图 7-37　电阻负载倒相器电路图

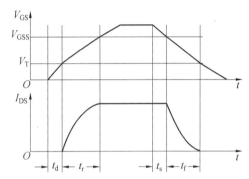
图 7-38　MOSFET 开关波形示意图

根据上述 MOSFET 的开关过程,延迟时间可由输入电容的充电方程求得。设信号源内阻为 r_s,栅极输入电容为 C_{in1},则有

$$V_{GS}(t) = V_{GG}(1 - e^{-\frac{t}{r_s C_{in1}}}) \tag{7-66}$$

式中,V_{GG} 为峰值栅压。当栅电压 $V_{GS}(t)$ 达到阈值电压 V_T 时,导通延迟过程结束。由式 (7-66) 可得

$$t_d = r_s C_{in1} \ln \left(1 - \frac{V_T}{V_{GG}}\right)^{-1}$$

在上升过程中,由于密勒效应,输入电容 C_{in2} 不同于 C_{in1}。假定 C_{in2} 仍为常数,V_{GSS} 为上升时间结束时的栅极电压,可得上升时间为

$$t_r = r_s C_{in2} \ln \left(1 - \frac{V_{GS2} - V_T}{V_{GG} - V_T}\right)^{-1}$$

关断截止时间可采用类似的方法求出。

7.6.3　NMOS 倒相器的延迟时间

在实际的 MOS 电路中,倒相器用 MOS 晶体管作为负载元件,如图 7-39 所示。此处 T_1 和 T_2 都是增强型器件,且 T_2 工作在饱和状态,称此类倒相器为饱和负载增强-增强型倒相器。T_2 的 G、D 相连,构成了实际的二端器件(二极管),其伏安特性可按 $V_{GS} = V_{DS}$ 导出。图 7-40 中各条曲线上的圆点即表示 $V_{GS} = V_{DS}$ 的点,这些点的连线就是该两端器件的伏安特性曲线。这条曲线可分为两部分:当 $V_{GS} = V_{DS} < V_T$ 时,两端器件不导通;而当 $V_{GS} = V_{DS} > V_T$ 时,器件导通,在这个范围内电压与电流不成正比,故该两端器件为非线性电阻。此时该两端

器件电流电压关系为

$$I_{DS} = \frac{\beta}{2}(V_{GS} - V_T)^2 = \frac{\beta}{2}(V_{DS} - V_T)^2$$

以此非线性电阻为负载,称为饱和增强负载。

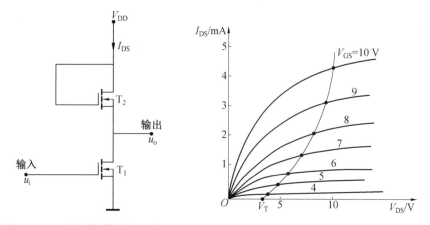

图 7－39　饱和负载增强－增强型倒相器　　图 7－40　MOSFET G、D 相连后的伏安特性

倒相管 T_1 的静态工作情况如图 7－41 所示。AB 为倒相管 T_1 的负载线,是根据负载管 T_2 的伏安特性曲线斜率画出来的。当 T_1 的 $V_{GS}=0$(即输入"0"电平)时,T_1 截止,$I_{DS} \approx 0$,其输出特性与电压轴重合,与负载线交于 A 点,此时倒相器输出为接近于电源电压的高电平"1"。当 T_1 的 $V_{GS} > V_T$(输入高电平"1")时,器件导通,有较大的电流流过 T_1 和 T_2。例如,若 $V_{GS}=10$ V,T_1 的输出特性曲线与负载线交于 B 点,输出电压很小,为"0"电平。

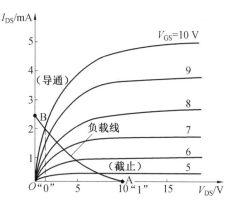

图 7－41　饱和负载倒相管的工作点

理想的倒相器,当输入端有一矩形脉冲电压时,输出端应立即响应输出一极性相反的矩形脉冲,但实际上得到的却是如图 7－42 所示的输出波形,其根源在于输出端存在着的对地电容(负载电容)。这里的对地电容除了计入倒相管 T_1 漏－衬结电容和负载管 T_2 源－衬结电容外,还计入了下一级的输入电容,即将连接到输出端的电容用一等效对地电容来表示,如图 7－43 所示。

当 T_1 导通时,输出端电压近似为零,C_L 上没有存储电荷。当输入由"1"电平变为"0"电平时,T_1 由导通变为截止,输出端电压的变化伴随着电容 C_L 的充电。因为 C_L 充电需要一定时间,所以输出电压也需经过一段时间后才能从"0"过渡到"1"电平,此时 C_L 上存储了一定量的电荷。当 T_1 又由截止变为导通时,输出端电位的变化也必然伴随着电容的放电。由于此时 T_1 处于低阻态,因此电容 C_L 通过 T_1 放电。放电结束后,输出电压才能达到"0"电平。

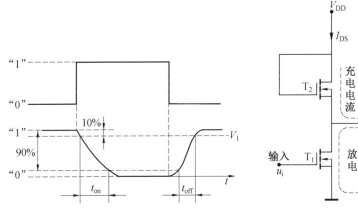

图 7-42 倒相器的输入输出电压波形　　图 7-43 输出端对地电容及其充放电回路

根据以上分析，可以计算饱和增强负载倒相器状态转换的延迟时间。为简便起见，忽略沟道电荷的产生和消散过程，认为 MOSFET 本身没有电荷存储效应，倒相器的瞬态特性只决定于电路的电容；假设倒相器的输入电压为理想矩形脉冲；忽略饱和压降，倒相管稳态导通时，输出电压为零；对地电容充电只通过负载管，放电只通过倒相管。

1. 截止或关闭时间

由于本级输入电容归于上级负载电容，因此在某一时刻，栅压突变为零，倒相管截止，电容 C_L 开始通过负载管充电。此时，负载管栅源电压 $(V_{GS})_2 = V_{DD} - u_o(t)$，则其漏极电流，即对负载电容的充电电流为

$$i_L = \frac{\beta_2}{2}(V_{DD} - V_T - u_o(t))^2 = \frac{\beta_2}{2}(V_1 - u_o(t))^2 \quad (7-67)$$

式中，$V_1 = V_{DD} - V_T$ 为输出电压的最大值或稳定值。另一方面，电容 C_L 随其上电压 $u_o(t)$ 变化的充电电流为

$$i_C = C_L \frac{du_o(t)}{dt} \quad (7-68)$$

于是，根据电流连续性原理，有 $i_L = I_C$，即

$$C_L \frac{du_o(t)}{dt} = \frac{\beta_2}{2}(V_1 - u_o(t))^2$$

或是

$$\frac{du_o(t)}{(V_1 - u_o(t))^2} = \frac{\beta_2}{2C_L}dt$$

两端乘以 V_1 并积分，利用初始条件 $t = 0$ 时，$u_o(0) = 0$ 确定积分常数。再令

$$\tau_{off} = \frac{C_L}{\beta_2 V_1} = \frac{C_L}{\beta_2(V_{DD} - V_T)}$$

则可得到

$$\frac{u_o(t)}{V_1} = \frac{t}{t + 2\tau_{off}} \quad (7-69)$$

可见，当 $t \to \infty$ 时，$u_o(t) \to V_1 = V_{DD} - V_T$。

定义倒相器由导通跃变到截止的关闭时间 t_{off} 为输出电压由其最大值 V_1 的 10% 上升到

90% 所需的时间,也称输出电压的上升时间。据此可由式(7-69)求出

$$t_{\text{off}} \approx 18\tau_{\text{off}} = \frac{18C_L}{\beta_2(V_{DD}-V_T)} \tag{7-70}$$

可见,缩短关闭时间的关键是减小负载电容 C_L 和增大负载管的导电能力(即增大 β_2)。

2. 导通或开启时间

在稳定的关闭状态下,输出端,即负载电容两端电压达到 V_1。某一时刻倒相管在输入信号作用下导通,C_L 通过倒相管放电,输出电压下降,倒相器进入导通或开启过程。由于倒相器输出电压也是倒相管的漏源电压,因此在开启过程中,倒相管的工作点将随着输出电压的变化而历经饱和区和非饱和区。如图 7-44 所示,若忽略本征延迟,当 T_1 的栅源电压跃变到 $V_{GS} > V_T$ 时,其工作点立即由 P_1 跃变至 P_2,随后历经 $P_2 \to P_3$ 饱和区和 $P_3 \to P_4$ 非饱和区。临界饱和点 P_3 对应于 $V_{DS} = V_{Dsat} = V_{GS} - V_T$。以此点为界,$T_1$ 以不同的伏安特性为 C_L 放电。

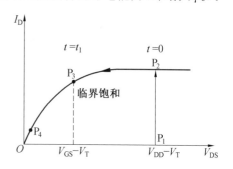

图 7-44 倒相管在导通过程中的工作点

在 $P_2 \to P_3$ 段,T_1 处于饱和区,其漏极电流为

$$i_L = \frac{\beta_1}{2}(V_{GS}-V_T)^2$$

根据电流连续性原理,$i_L = i_C$,有

$$\frac{\beta_1}{2}(V_{GS}-V_T)^2 = C_L\left|\frac{du_o(t)}{dt}\right| = -C_L\frac{du_o(t)}{dt}$$

可见,若 C_L 不变,则 $du_o(t)/dt$ 为常数,即在饱和区段输出电压与时间呈线性关系。由此可计算 C_L 从 $0.9V_1$ 放电到 $(V_{GS}-V_T)$ 的时间为

$$\begin{aligned}t_1 &= -\frac{2C_L}{\beta_1(V_{GS}-V_T)^2}\int_{0.9V_1}^{V_{GS}-V_T}du_o(t)\\&= \frac{2C_L}{\beta_1(V_{GS}-V_T)^2}[0.9V_1-(V_{GS}-V_T)]\end{aligned} \tag{7-71}$$

在非饱和区,T_1 的漏极电流为

$$i_L = \beta_1\left[(V_{GS}-V_T)u_o(t)-\frac{1}{2}u_o^2(t)\right]$$

同样地,由 $i_L = i_C$ 可得

$$-\frac{C_L}{\beta_1}\cdot\frac{du_o(t)}{(V_{GS}-V_T)u_o(t)-\frac{1}{2}u_o^2(t)} = dt$$

由此可计算出电容 C_L 从 $(V_{GS}-V_T)$ 放电到 $0.1V_1$ 所需的时间为

$$t_2 = -\frac{C_L}{\beta_1}\int_{V_{GS}-V_T}^{0.1V_1}\frac{du_o(t)}{(V_{GS}-V_T)u_o(t)-\frac{1}{2}u_o^2(t)} = \frac{C_L}{\beta_1(V_{GS}-V_T)}\ln\frac{2(V_{GS}-V_T)-0.1V_1}{0.1V_1}$$

$$(7-72)$$

定义倒相器由截止跃变到导通的开启时间 t_{on} 为输出电压由其最大值 V_1 的 90% 下降到 10% 所需的时间,也称为输出电压的下降时间。

由式(7-71)和式(7-72)可得开启时间为

$$t_\text{on} = t_1 + t_2$$
$$= \frac{C_L}{\beta_1(V_\text{GS}-V_T)}\left\{\frac{2[0.9V_1-(V_\text{GS}-V_T)]}{V_\text{GS}-V_T} + \ln\frac{2(V_\text{GS}-V_T)-0.1V_1}{0.1V_1}\right\}$$

同样,缩短开启时间的关键也是减小负载电容和增大倒相管的导电能力,即增大 β_1。

7.7 MOSFET 的击穿特性

MOSFET 的击穿特性是限制其安全工作区的主要因素。根据产生击穿的机构可分为漏源击穿和栅源击穿。漏源击穿又有漏-衬结雪崩击穿、沟道雪崩击穿、势垒穿通和寄生晶体管击穿等形式,而且由于器件特有的结构,漏结的击穿受到栅电极的电压及其对漏区覆盖情况的影响。栅击穿是栅绝缘层中电场超过其介电强度造成的击穿。

1. MOSFET 的栅击穿

MOSFET 的栅击穿主要指栅源击穿特性,实际上就是栅绝缘层的介电击穿特性。栅绝缘层一旦击穿,器件就会因栅极与衬底间短路而永久失效。

理论分析表明,当栅氧化层中电场超过 8×10^6 V/cm 时就会发生栅氧化层的介电击穿。实际上,当氧化层中的电场强度超过 5×10^6 V/cm 时,就可能发生介电击穿。若 SiO_2 层质量欠佳,击穿强度还会变低。

当绝缘层中的电场强度达到击穿场强时,在绝缘层中将形成导电沟通,进而在导电沟道中产生大量焦耳热而形成凹坑,凹坑扩展后在绝缘层中形成孔洞,孔洞直径一般在 1 μm 以内。孔洞一旦形成,其周围的固体即接近蒸发温度,导致硅和金属间产生弧光,使材料顷刻间崩塌。发生击穿时,通过击穿点的电流在 0.01~30 A 变化,相应的电流密度则为 $10^6 \sim 10^{10}$ A/cm^2。击穿时的峰值温度可以高达 4 000 K。

在实际的 MOSFET 中,栅氧化层通常很薄,栅电容也只有几皮法,同时栅绝缘层具有很高的电阻,栅电流很微弱。一旦栅上存在静电荷后,电荷没有释放通道,栅电场就会很强。因此,只要栅上感应少量的电荷,就可能导致栅氧化层击穿。例如,栅上感应电荷 Q_1 在栅氧化层中产生的栅电场 E_G 为

$$E_G = \frac{Q_1}{t_\text{ox}C_\text{ox}}$$

当 $C_\text{ox}=1$ pF, $t_\text{ox}=100$ nm 时,只要栅上感应 $Q_1=5\times10^{-11}$ C 的电荷就会导致栅击穿。因此,当 MOS 器件栅极悬空时,极易因杂散电磁感应而引起击穿。在测试和使用过程中应十分小心,存储时可用金属箔将管脚包住使各电极之间短路,焊接等操作时应使设备良好接地。

另外,可在器件输入端引入保护元件,如击穿电压低于栅击穿电压的齐纳二极管进行栅保护,如图 7-45 所示。

2. 漏衬结雪崩击穿

漏衬结雪崩击穿是指在长沟道 MOSFET 中,当漏源电压增加到反偏漏衬结的雪崩击穿电压时,漏区电场使漏衬 pn 结的反向饱和电流倍增,漏极电流随漏源电压的增加而急剧上升,而使器件进入雪崩击穿状态。若此时的击穿纯系 pn 结的雪崩击穿,则击穿电压的大小由衬底杂质浓度和漏结的曲率半径决定。实际上,由于栅电极对漏结电场分布的影响,MOSFET 的

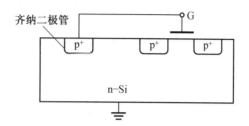

图 7-45　用齐纳二极管进行栅保护的结构

漏结击穿电压总是低于普通 pn 结的击穿电压。

通常 MOSFET 的栅电极与漏区总存在着交叠，如图 7-46 所示。MOSFET 的栅氧化层都比较薄，而漏结耗尽层宽度随漏源电压的增加而展宽。当漏源电压较高时，漏结耗尽层宽度就可能与栅氧化层厚度相近，甚至大于栅氧化层厚度。当耗尽层厚度大于栅氧化层厚度时，在被栅电极覆盖的漏区边缘部分发出的电力线将大部分终止于栅极，这时漏结边缘的电场由漏衬之间耗尽区中的电场 E_{DB} 和漏栅电场 E_{DG} 决定。若边缘电力线用圆柱型分布近似而漏衬结用单边突变结近似，则有

$$E_{DG} = \frac{2(V_{DS} - V_{GS})}{\pi \cdot t_{ox}}, \quad E_{DB} \approx \frac{2V_{DS}}{x_m}$$

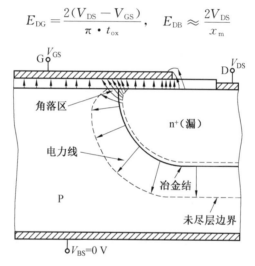

图 7-46　栅电极对漏电区电场分布的影响

可见，当栅氧化层厚度 t_{ox} 较小，或者衬底浓度很低，漏结耗尽层宽度较大时，边缘电场由 E_{DG} 决定，并随 V_{DS} 的增加而上升。当 V_{DS} 增加到使 E_{DG} 达到雪崩击穿临界场强时，漏结发生雪崩击穿。因此，当栅氧化层厚度小于漏结耗尽层宽度时，MOSFET 的击穿电压几乎与衬底杂质浓度无关，而取决于栅氧化层厚度和栅电极覆盖情况。栅氧化层厚度接近的器件，其击穿电压也比较接近。

由于栅电极与漏区存在着交叠，因此边缘电场以及漏衬结击穿电压还受到栅源电压大小和极性的影响。栅、漏两侧的电压 $V_{DG} = V_{DS} - V_{GS}$ 决定了边缘电场强度。对于 p 沟道 MOST，漏源击穿电压随负栅压的增加而上升。对于 n 沟道耗尽型 MOST，当 $|V_{GS}| > |V_T|$ 时，器件处于截止状态，随着负栅压的增加，V_{DG} 及 E_{DG} 增大，因此其漏源击穿电压随负栅压的增加而下降。当 $V_{GS} > V_T$，器件处于导通状态时，其击穿特性变软，且随 V_{GS} 的增加而下降，这是由于沟道载流子雪崩倍增所致。

如图 7-47 所示为 p 沟道 MOST 和 n 沟道耗尽型 MOST 的典型漏源雪崩击穿特性。

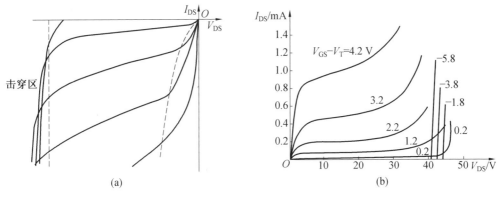

图 7-47 p 沟道 MOST 和 n 沟道耗尽型 MOST 的击穿特性曲线

3. 沟道雪崩倍增击穿（沟道击穿）

在短沟道器件中，漏源电压将在沟道中建立起较强的横向电场。当器件导通时，沟道中快速运动的载流子通过碰撞电离和雪崩倍增效应产生大量电子-空穴对，这一现象在沟道漏端的夹断区更为明显。雪崩倍增产生的电子和空穴中，与沟道载流子符号相同的载流子将汇同沟道载流子一道被漏极所吸收，相反符号的载流子通常被衬底所吸收并成为寄生衬底电流的一部分。由于沟道载流子的雪崩倍增作用，因此漏极电流随漏源电压增加而逐渐上升，形成 n 沟道 MOST 导通状态下的软击穿特性。

沟道雪崩倍增击穿只出现在短沟 n 沟道 MOST 中。这主要是因为电子的电离率随场强增加而很快上升，空穴的电离率差不多比电子的低一个数量级，并且要在较高场强下才随电场增强而上升，所以在 p 沟道 MOST 中不出现沟道雪崩倍增击穿。

4. 寄生晶体管对漏源击穿电压的影响

当沟道长度比较短时，n 沟道 MOSFET 的击穿特性出现如图 7-48(a) 所示的负阻特性。这与双极型晶体管处于共射连接状态下的击穿特性相似。实际上，这种击穿特性就来源于寄生双极晶体管。其中，BV_{DS} 为漏源击穿电压，BV'_{DS} 为维持电压。这种负阻特性能引发二次击穿，影响器件的安全可靠工作。在导通状态下，V_{GS} 越高，则 BV_{DS} 越低。

如图 7-48(b) 所示，当沟道长度变短以后，沟道区电场随着漏压增加而增强。在漏结附近，自源端出发的载流子 (I_S) 和漏衬结的反向饱和电流 (I_{D0}) 都受到漏结电场的倍增作用。倍增后的电子由漏结收集，形成漏电流，而空穴则流入衬底形成衬底电流。衬底电流流经衬底串联电阻 R_{sub} 将产生电压降 $V_{sub}=I_{sub}R_{sub}$。当衬底偏置电压 $V_{BS}=0$ 时，源-衬端点短接将 V_{sub} 直接加到源-衬 pn 结上，并使源区电位比衬底电位低 V_{sub}，使源-衬结处于正向偏置状态。这时在漏-衬-源之间，由正偏源-衬结(n^+-p) 和反偏漏-衬结(n^+-p) 组成一个寄生的 n^+pn^+ 晶体管。MOS 器件的漏、源与寄生晶体管的 c、e 极相并联。在雪崩过程中，衬底电流 I_{sub} 随着漏电流的增加而上升。当 I_{sub} 增加到串联电阻上的压降 V_{sub} 大于源-衬 pn 结的导通压降时，寄生晶体管的发射极(MOS 器件的源极)将向 p 型基区(衬底)发射电子，注入基区的电子到达漏结后又受到漏结电场的倍增作用使衬底电流 I_{sub} 继续增大。于是，正向有源工作的 n^+pn^+ 晶体管就进入"倍增-放大"的往复循环过程，导致电压下降电流上升。因此，从外部引出端测量出来的 BV_{DS} 实际上是寄生 n^+pn^+ 晶体管的 BV_{CEO}，从而使 MOS 器件的漏源击穿特性出现双极晶体管中 c、e 之间击穿时的负阻特性。从 MOS 器件本身来分析也可以理解为，倍增使漏电流很快增大，漏结的等效电阻则随漏电流增大而减小，使维持大电流的漏耐压减小而出现负阻特性。

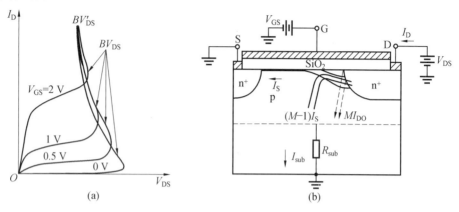

图 7-48　寄生 npn 晶体管对 MOSFET 击穿特性的影响及寄生晶体管模型

呈现负阻特性的寄生双极晶体管击穿只出现在 n 沟道 MOST 中。主要原因，一方面是电子的电离率随场强增加而很快上升，沟道电子易于引发倍增；另一方面是在结构及尺寸相同条件下，n 沟道 MOST 的衬底电阻要比 p 沟道 MOST 的衬底电阻大，因为前者衬底是 p 型硅材料，后者衬底是 n 型硅材料，硅中电子迁移率大约是空穴迁移率的 3 倍，衬底电流流过 n 沟道 MOST 的高衬底电阻易于使源结正偏，并形成"倍增 — 放大"正反馈循环。

5. 漏源势垒穿通

当沟道长度较短，而且衬底杂质浓度足够低时，漏源电压还未达到雪崩击穿电压，漏结耗尽区已经扩展到整个沟道区，漏结耗尽区与源结耗尽区相连而出现漏源势垒穿通。显然，这种穿通仅发生在沟道长度足够短的器件中，因此这是短沟道器件漏源耐压的限制因素。发生漏源穿通时的共源输出特性如图 7-49 所示，一般将 $V_{GS}=V_T$ 曲线上 I_{DS} 开始急剧上升对应的 V_{DS} 称作穿通电压(V_{PT})。

应用耗尽层近似，由势垒穿通现象决定的漏源穿通电压为

$$BV_{DS}=V_{PT}=\frac{qN_BL^2}{2\varepsilon\varepsilon_0}-V_D\approx\frac{qN_BL^2}{2\varepsilon\varepsilon_0}$$

漏源穿通后，漏源之间或者出现空间电荷限制电流，使漏极电流随漏源电压的增加而按平方关系上升，或者使漏结电场随漏源电压增加而很快增强，并达到击穿临界场强而导致雪崩击穿。

漏源穿通导电的机理与双极晶体管基区穿通的机理有相似之处，但也有区别。对于 MOST，

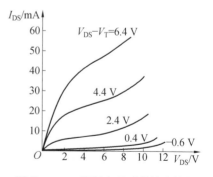

图 7-49　漏源穿通时的输出特性

开始穿通再增加 V_{DS} 时，由于两势垒区电场、电势的重新分布，因此从源到沟道区的势垒高度随之降低，从而导致漏极电流上升。双极晶体管的情形与此相似，从基区穿通开始增加 V_{CE} 时，同样引起势垒区电场、电势重新分布，从发射区到基区的势垒高度降低，结果使集电极电流很快上升。

但是，实验发现，MOSFET 的 V_{PT} 的实测值要比按简单一维理论的估算值高得多，这是由于简单一维理论认为漏源两 pn 结势垒连通就是穿通。实际上，未穿通前 MOST 的源结为零偏或反偏，刚开始穿通时源到沟道区的势垒很高，必须将 V_{DS} 加到足够高才会使势垒高度降下来，并引起电流急剧增大。而在双极晶体管中，未穿通前的发射结是正偏的，穿通时的势垒已经比较低。只要稍稍增加一点 V_{CE} 就足以使 I_C 开始急剧增大，所以其一维理论的估算值与实测 V_{PT} 是一致的。更为重要的是，在 MOST 中要考虑到栅极电位对穿通电压的作用。栅极电位低于漏极电位时漏区发出的场强线的一部分终止在栅电极，改变了近表面处漏 pn 结势垒宽度，使之趋向于缩小，因此更不容易穿通。

影响漏源穿通电压的主要因素包括 N_A、L 以及 V_{GS}、t_{ox} 和 V_{BS}。N_A 比较小，L 又较短时漏源两势垒更容易连通，所以穿通电压低。从图 7-49 可以看出栅极电位的影响，V_{GS} 升高时 V_{DG} 减小，栅电位对穿通的抑制作用减弱，所以穿通电压下降。V_{BS} 则是通过改变源衬 pn 结势垒高度影响穿通电压。

抑制漏源穿通的主要方法是在栅极下面半导体内次表面区注入与衬底掺杂导电类型相同的杂质。二维电场分析表明，穿通电流主要通过次表面流动，因此提高次表面区掺杂浓度可有效地提高穿通电压。

综上所述，随着漏源电压增大，视沟道长度、衬底掺杂浓度和导电类型以及栅电极的情况，有不同的机制使 MOSFET 漏极电流急剧增大，不同机制表现出击穿特性的不同特征。

6. 雪崩注入现象及其应用

雪崩注入现象是在短沟道 MOSFET 中，当沟道中电场很强时，由于漏结雪崩击穿或沟道雪崩击穿倍增出的载流子，若在两次碰撞之间积累起的能量足以跨越 $Si-SiO_2$ 界面势垒（电子势垒 = 3.15 eV，空穴势垒 = 3.8 eV），则这些平均动能显著超过热平衡载流子的热载流子（同时若获得纵向的动量的话）就有可能注入栅氧化层中去，引起源-漏击穿特性发生蠕变（Walk-out）等效应的现象，也称热载流子注入效应。这种效应可导致器件发生所谓热电子退化而失效，但是也可以利用这种效应来实现新型功能的器件，例如浮置栅雪崩注入 MOS(FAMOS) 和叠栅雪崩注入 MOS(SAMOS) 等存储器件，以及可擦除、可编程的只读存储器(EPROM) 等。

在测量 MOST 漏源击穿特性时，往往出现雪崩击穿后击穿电压增大的现象，如图 7-50 所示，即在出现曲线①之后 1 s 之内过渡到曲线②，而且测量电流 I_D 越大，转移越快。这一现象称为 Walk-out 现象。降低电压后重新测量将直接呈现曲线②的特性，若将器件在 500 ℃ 左右退火后重新测量则可重现击穿特性曲线蠕变过程，这就是雪崩注入现象。

发生在半导体表面层中的雪崩过程产生出来的电子或空穴在电场作用下积累起足够的能量，跃过 $Si-SiO_2$ 界面势垒注入氧化层中，成为氧化层中电荷。这些电荷将屏蔽栅电场而使漏区电场减弱，从而提高漏击穿电压。击穿时电流越大，注入电荷越多，击穿电压蠕动越快。

由 $Si-SiO_2$ 系统能带结构可知，电子的注入具有较低的势垒高度和比空穴高三个数量级的概率。考虑到栅漏间电场的方向，p 沟道 MOS 器件中雪崩注入现象应更为显著。

利用雪崩注入效应制作的 MOS 存储器件如图 7-51 所示。在 FAMOS 中，多晶硅栅被包围在优质 SiO_2 中，并不引出连线，形成浮置栅电极。栅下漏源之间本来不存在反型沟道，器件截止。当 V_{DS} 足够大时，漏结发生雪崩倍增。倍增产生的空穴进入衬底，部分高能电子越过势

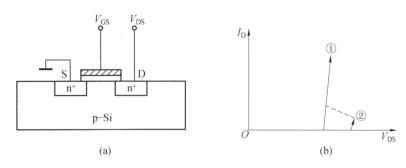

图 7-50　MOST 漏源击穿特性的测量电路和 Walk-out 现象

垒注入浮置栅电极中。由于浮置栅被优质 SiO_2 所包围，没有释放电荷的通路，因此雪崩注入的电子将作为栅电荷保持在多晶硅栅中。随着注入栅中电子的增加，栅上所带负电荷也逐渐增加，使半导体表面逐渐反型形成导电沟道，漏源之间导通。可见，FAMOS 本来处于截止状态，而在漏结上施加雪崩电压产生热载流子注入后器件处于导通状态。

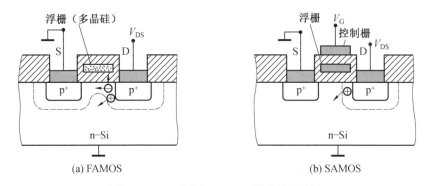

图 7-51　雪崩注入 MOS 器件结构简图

SAMOS 是在 FAMOS 浮置栅上的 SiO_2 层上再配置一外栅作为控制栅极，而将浮置栅作为存储栅，就构成了如图 7-51(b) 所示的叠栅结构。当漏结发生雪崩时，可在控制栅上加正电压。此电压可促进电子向浮置栅的注入，因此可在较低的漏电压下使浮置栅上存储数量较多的电荷。

注入浮置栅的电子可用紫外光照射进行释放，即使保持在栅上的电子吸收光子能量后再一次越过势垒进入 SiO_2 层，然后进入衬底而释放。因此，FAMOS 是一种可存储、可擦除数据的器件。在叠栅结构中，还可在控制栅加较大偏压，迫使浮置栅上的电子通过外栅释放出来，可简单地实现电擦除。

7.8　MOSFET 的温度特性

由于 MOSFET 是靠多数载流子传输电流的单极型器件，因此不存在双极型器件中的二次击穿问题。但当使用功率比较大时，MOSFET 的电特性及其参数同样随着温度的升高而变化。因此，有必要了解 MOSFET 的温度特性。

由 MOSFET 的伏安特性方程可以看出，器件的电特性由器件的 β 因子和阈值电压决定，β 因子中与温度有关系的是沟道载流子的迁移率 μ，因此 MOSFET 的温度特性由迁移率随温度的变化和阈值电压的温度特性共同决定。

实验表明，虽然表面散射机构与体内散射机构不同，但仍然显示出声学波散射的效应，即在表面态电荷密度小于 $10^{12}\ \text{cm}^{-2}$ 时,迁移率 $\mu \propto T^{-1} \sim T^{-3/2}$。在 $-55 \sim +150\ ℃$ 的温度范围内,反型层中电子与空穴的有效迁移率 $\mu_{\text{eff}} \propto T^{-1}$;而在较高温度下,$\mu_{\text{eff}} \propto T^{-3/2}$。由此可得迁移率的温度系数为

$$\frac{1}{\mu}\frac{\mathrm{d}\mu}{\mathrm{d}T} = -\frac{1}{T} \text{ 或 } -\frac{3}{2T}$$

即当温度升高时,表面迁移率下降,即 β 因子具有负温度系数。

阈值电压随温度的变化主要来源于费米势 φ_F 和本征载流子浓度 n_i 随温度的变化。当忽略氧化层中电荷随温度的变化时,由式(7-10)可有

$$\frac{\mathrm{d}V_T}{\mathrm{d}T} = -\frac{\mathrm{d}V_{\text{ms}}}{\mathrm{d}T} + \frac{\mathrm{d}(2\varphi_F)}{\mathrm{d}T} + \frac{1}{C_{\text{ox}}}\frac{\mathrm{d}Q_{\text{Bmax}}}{\mathrm{d}T} \tag{7-73}$$

其中,有

$$\frac{\mathrm{d}V_{\text{ms}}}{\mathrm{d}T} = \frac{\mathrm{d}}{\mathrm{d}T}\left(\frac{\Phi_S - \Phi_M}{q}\right) = \frac{1}{q}\frac{\mathrm{d}}{\mathrm{d}T}\left[\left(\chi + \frac{E_g}{2} + q\varphi_F\right) - \Phi_M\right] \approx \frac{\mathrm{d}\varphi_F}{\mathrm{d}T} \tag{7-74}$$

$$\frac{\mathrm{d}Q_{\text{Bmax}}}{\mathrm{d}T} = \frac{[2\varepsilon\varepsilon_0 qN_B(2\varphi_F - V_{\text{BS}})]^{\frac{1}{2}}}{2\varphi_F - V_{\text{BS}}}\frac{\mathrm{d}\varphi_F}{\mathrm{d}T} = \frac{Q_{\text{Bmax}}}{2\varphi_F - V_{\text{BS}}}\frac{\mathrm{d}\varphi_F}{\mathrm{d}T} \tag{7-75}$$

将式(7-74)和式(7-75)代入式(7-73),可将阈值电压随温度的变化关系简化为

$$\frac{\mathrm{d}V_T}{\mathrm{d}T} = \frac{\mathrm{d}\varphi_F}{\mathrm{d}T}\left(1 + \frac{1}{C_{\text{ox}}}\frac{Q_{\text{Bmax}}}{2\varphi_F - V_{\text{BS}}}\right) \tag{7-76}$$

可见,阈值电压的温度系数与 $\frac{\mathrm{d}\varphi_F}{\mathrm{d}T}$ 同号。

对于 p 型硅,其费米势为

$$\varphi_F = \frac{kT}{q}\ln\frac{N_A}{n_i}$$

因此,有

$$\frac{\mathrm{d}\varphi_F}{\mathrm{d}T} = \frac{\mathrm{d}}{\mathrm{d}T}\left(\frac{kT}{q}\ln\frac{N_A}{n_i}\right) = \frac{k}{q}\ln\frac{N_A}{n_i} + \frac{kT}{q}\frac{\mathrm{d}}{\mathrm{d}T}\left(\ln\frac{N_A}{n_i}\right)$$

以 $n_i = kT^{\frac{3}{2}}\mathrm{e}^{-\frac{E_{g0}}{2kT}}$ 代入上式,可得

$$\frac{\mathrm{d}\varphi_F}{\mathrm{d}T} = \frac{1}{T}\left(\varphi_F - \frac{E_{g0}}{2q}\right) \approx -\frac{1}{T}(0.6 - \varphi_F) \tag{7-77}$$

由于 φ_F 始终小于 $E_{g0}/2q$,即 $\varphi_F < 0.6$,因此,在 p 型硅中,$\mathrm{d}\varphi_F/\mathrm{d}T < 0$。这表明,在 p 型硅中 $E_F < E_i$,且 E_F 随着温度升高而逐渐移向 E_i,φ_F 随着温度升高而减小。同时,由式(7-76),因 $\mathrm{d}V_T/\mathrm{d}T$ 与 $\mathrm{d}\varphi_F/\mathrm{d}T$ 同号,n 沟道 MOS 的 $\mathrm{d}V_{Tn}/\mathrm{d}T < 0$,即其阈值电压随温度升高而下降。

对于 n 型硅,其费米势为

$$\varphi_F = -\frac{kT}{q}\ln\frac{N_D}{n_i}$$

因此,有

$$\frac{\mathrm{d}\varphi_F}{\mathrm{d}T} \approx \frac{1}{T}(0.6 + \varphi_F)$$

可见,在 n 型硅中,由于 $E_F > E_i$,且 E_F 随着温度升高而逐渐移向 E_i,$|\varphi_F|$ 随着温度升高而减小,因此 $\mathrm{d}\varphi_F/\mathrm{d}T > 0$。所以 p 沟道 MOS 的 $\mathrm{d}V_{Tp}/\mathrm{d}T > 0$,即其阈值电压随温度升高而上升。

由式(7-76)可见,增大衬底反偏可以减小阈值电压随温度的变化率。

在非饱和区,将式(7-30)对温度求导,可得

$$\frac{\mathrm{d}I_{DS}}{\mathrm{d}T} = \left[(V_{GS}-V_T)V_{DS} - \frac{V_{DS}^2}{2}\right]\frac{\mathrm{d}\beta}{\mathrm{d}T} + \beta\frac{\mathrm{d}}{\mathrm{d}T}\left[(V_{GS}-V_T)V_{DS} - \frac{V_{DS}^2}{2}\right]$$

$$= \frac{I_{DS}}{\beta}\frac{\mathrm{d}\beta}{\mathrm{d}T} + \frac{I_{DS}}{(V_{GS}-V_T) - \frac{V_{DS}}{2}}\left(-\frac{\mathrm{d}V_T}{\mathrm{d}T}\right)$$

由此得漏极电流的温度系数为

$$\alpha = \frac{1}{I_{DS}}\frac{\mathrm{d}I_{DS}}{\mathrm{d}T} = \frac{1}{\mu}\frac{\mathrm{d}\mu}{\mathrm{d}T} + \frac{1}{(V_{GS}-V_T) - \frac{V_{DS}}{2}}\left(-\frac{\mathrm{d}V_T}{\mathrm{d}T}\right) \qquad (7-78)$$

可见,漏极电流随温度的变化受迁移率和阈值电压的温度系数支配。当$(V_{GS}-V_T)$较大时,第二项的作用减小,漏极电流的温度特性主要受迁移率的温度特性支配,温度升高,迁移率减小,漏极电流减小,温度系数为负值;当$(V_{GS}-V_T)$较小时,阈值电压的作用上升为主导地位,n沟道MOS的$\mathrm{d}V_{Tn}/\mathrm{d}T<0$,漏极电流的温度系数为正。可见,选择恰当的$(V_{GS}-V_T)$值,可使n沟道MOST漏极电流的温度系数为零。令式(7-78)等于零,可得零温度系数的工作条件为

$$V_{GS} - V_T - \frac{V_{DS}}{2} = \mu\frac{\frac{\mathrm{d}V_T}{\mathrm{d}T}}{\frac{\mathrm{d}\mu}{\mathrm{d}T}} \qquad (7-79)$$

利用式(7-40)可得非饱和区跨导的温度系数为

$$\gamma = \frac{1}{g_m}\frac{\mathrm{d}g_m}{\mathrm{d}T} = \frac{1}{\beta}\frac{\mathrm{d}\beta}{\mathrm{d}T} = \frac{1}{\mu}\frac{\mathrm{d}\mu}{\mathrm{d}T} \qquad (7-80)$$

可见,在非饱和区,跨导随温度的变化仅与迁移率的温度特性有关,因此跨导的温度系数为负值。

利用式(7-48)可得非饱和区漏极电导的温度系数为

$$\eta = \frac{1}{g_{ds}}\frac{\mathrm{d}g_{ds}}{\mathrm{d}T} = \frac{1}{\mu}\frac{\mathrm{d}\mu}{\mathrm{d}T} + \frac{1}{V_{GS}-V_T-V_{DS}}\left(-\frac{\mathrm{d}V_T}{\mathrm{d}T}\right) \qquad (7-81)$$

可见,在非饱和区,漏极电导的温度特性与漏极电流相似,也是由迁移率和阈值电压两个因素的温度特性决定的,即在适当的工作条件下,其温度系数可为零。

类似地,可以利用式(7-33)和式(7-41)得到饱和区漏极电流和跨导的温度系数,即

$$\alpha_s = \frac{1}{I_{Dsat}}\frac{\mathrm{d}I_{Dsat}}{\mathrm{d}T} = \frac{1}{\mu}\frac{\mathrm{d}\mu}{\mathrm{d}T} + \frac{2}{V_{GS}-V_T}\left(-\frac{\mathrm{d}V_T}{\mathrm{d}T}\right) \qquad (7-82)$$

$$\gamma_s = \frac{1}{\mu}\frac{\mathrm{d}\mu}{\mathrm{d}T} + \frac{1}{V_{GS}-V_T}\left(-\frac{\mathrm{d}V_T}{\mathrm{d}T}\right) \qquad (7-83)$$

可见,在饱和区,漏极电流与跨导的温度系数都是受迁移率和阈值电压两个因素的温度特性的共同支配,因此也都存在着零温度系数工作点。如图7-52所示为n沟道MOST漏极电流的温度系数α_s随栅压V_{GS}的变化关系。当$V_{GS}-V_T \approx 2\mathrm{V}$时,漏极电流的温度系数接近于零。

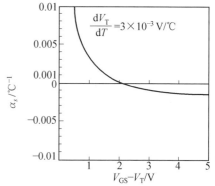

图7-52 n沟道MOST漏极电流的温度系数α_s随栅压V_{GS}的变化关系

7.9 MOSFET 的短沟道和窄沟道效应

当沟道长度减小到可以与漏结和源结的耗尽层宽度相比拟时,器件的特性将不再符合前述一维理论分析结果。因此,将沟道长度变短以后用一维器件模型理论不能解释的现象,即偏离了长沟道器件特性的种种现象总称为短沟道效应。

具体地说,短沟道效应主要指:① 阈值电压随沟道长度的减小而下降;② 沟道长度缩短以后,漏源间高电场使迁移率减小,跨导下降,或者沟道穿通出现空间电荷限制电流;③ 弱反型漏极电流将随沟道长度缩小而增加,并出现夹不断的情况。本节将对上述短沟道效应进行简单分析,并介绍避免短沟道效应的一些措施。

7.9.1 阈值电压的变化

沟道长度不同,其他结构参数相同的 n 沟道 MOST 测量结果表明,沟道长度减小到一定数值以下时,用转移特性外推出来的有效阈值电压随沟道长度的减小而下降。造成这种现象的原因在各种文献资料中已提供了多种解释,其中电荷分享原理由于比较容易得出简单的解析式而被更多人接受,并应用于建立短沟道器件模型。

所谓电荷分享是指沟道两端与源、漏交界区中的空间电荷分属于表面耗尽区和源/漏结耗尽区。

在沟道长度比源结和漏结的深度大得多的长沟道 MOSFET 中,按照一维理论得到的阈值电压为

$$V_T = V_{FB} + 2\varphi_F - \frac{Q_{Bmax}}{C_{ox}}$$

式中,Q_{Bmax} 为表面耗尽层单位面积上的最大电荷密度。在通常的掺杂范围内,当沟道长度缩短到几微米以下时,由于漏－衬结和源－衬结的耗尽区很接近,终止(或发自)于栅下空间电荷区的电力线中将有一部分发自(或终止)于源区和漏区使到达栅极的电力线减少。于是,真正受到栅极控制的表面空间电荷区将随沟道长度的缩短而减小,如图 7－53 所示。因此,在短沟道器件中,漏结和源结耗尽层的边缘效应将引起阈值电压漂移。当考虑漏端和源端的边缘效应时,表面耗尽层中的空间电荷将同时受到

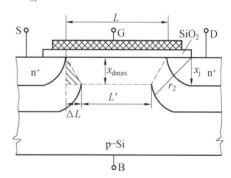

图 7－53　短沟道 MOSFET 的几何模型

漏压和栅压的控制。沟道电势同时受到横向电场和纵向电场的影响,沟道电势分布变成二维的。因此,对短沟道效应进行精确的分析必须求解二维的泊松方程。

在长沟道器件中,当忽略漏端和源端的边缘效应时,栅极可控空间电荷区是由沟道长度 L 和表面最大耗尽层宽度 x_{dmax} 组成的矩形区,因此栅下空间电荷区的电荷总量为

$$Q_B = qN_A x_{dmax} WL = Q_{Bmax} WL$$

当沟道长度缩短以后，必须考虑漏结和源结空间电荷区对栅下电荷的影响，即受栅压控制的空间电荷减少了。按照 Poon−Yau 模型，这时的栅极可控区可用图 7−53 中以 L 和 L' 为底边，以 x_dmax 为高的梯形区表示。梯形区以外的空间电荷不受栅极控制，它们的电力线分别由源结和漏结的空间电荷屏蔽。因此，沟道长度变短以后，受栅极控制的栅下空间电荷总量减少到

$$Q_\text{B} = qN_\text{B} x_\text{dmax} \frac{L+L'}{2} W = Q_\text{Bmax} \frac{L+L'}{2} W$$

栅下单位面积上的平均电荷密度减少到

$$\bar{Q}_\text{Bmax} = \frac{Q_\text{B}}{WL} = Q_\text{Bmax}\left(1 - \frac{\Delta L}{L}\right) \qquad (7-84)$$

式中，$\Delta L = \frac{1}{2}(L - L')$。可见，当考虑源和漏端耗尽层的分享时，栅下表面耗尽层单位面积上的平均空间电荷密度比长沟道器件减少 $Q_\text{Bmax} \frac{\Delta L}{L}$。利用图 7−53 中的几何关系可得

$$\Delta L = (r_2^2 - x_\text{dmax}^2)^{\frac{1}{2}} - x_\text{j} \approx [(x_\text{j} + x_\text{dmax})^2 - x_\text{dmax}^2]^{\frac{1}{2}} - x_\text{j} = x_\text{j}\left[\left(1 + \frac{2x_\text{dmax}}{x_\text{j}}\right)^{\frac{1}{2}} - 1\right]$$

代入式 (7−84) 得

$$\bar{Q}_\text{Bmax} = Q_\text{Bmax}\left\{1 - \frac{x_\text{j}}{L}\left[\left(1 + \frac{2x_\text{dmax}}{x_\text{j}}\right)^{\frac{1}{2}} - 1\right]\right\}$$

显然，当沟道长度 $L \gg x_\text{j}$ 时，漏源端耗尽层的影响可以忽略，栅下表面耗尽层中电荷密度仍然等于 Q_Bmax。当沟道长度与结深 x_j 接近时，栅下表面耗尽层中的平均电荷密度随着沟道长度的缩短而减小。将上式代入式 (7−10) 可得考虑漏源边缘效应时的短沟道器件有效阈值电压的简单表达式为

$$V'_\text{T} = V_\text{FB} + 2\varphi_\text{F} - \frac{Q_\text{Bmax}}{C_\text{ox}}\left\{1 - \frac{x_\text{j}}{L}\left[\left(1 + \frac{2x_\text{dmax}}{x_\text{j}}\right)^{\frac{1}{2}} - 1\right]\right\} \qquad (7-85)$$

在 n 沟道 MOST 中，Q_Bmax 为负值，因此其阈值电压随着沟道长度的缩短而减小，由短沟道效应而引起的阈值电压漂移量为

$$\Delta V_\text{T} = \frac{Q_\text{Bmax}}{C_\text{ox}}\left[\left(1 + \frac{2x_\text{dmax}}{x_\text{j}}\right)^{\frac{1}{2}} - 1\right]\frac{x_\text{j}}{L} \qquad (7-86)$$

可见，为了抑制短沟道效应引起的阈值电压漂移，应该增大栅电容，减小源漏结深和降低衬底掺杂浓度。

在实际 MOST 中，在沟道宽度方向边缘的耗尽层将向两侧延伸，如图 7−54 所示。如果沟道宽度 W 较大，侧面耗尽区所包含的电荷量 Q_d2 远远小于栅下正方形耗尽区固定电荷总量 Q_d1，则 Q_d2 的影响可忽略不计，这正是前面讨论的前提。但当 W 只有几微米时就必须考虑 Q_d2 的影响了。由图 7−54 可知，近似按梯形截面分布计入侧向耗尽层电荷之后，表面耗尽层的总电荷量为

$$\sum Q_\text{d} = Q_\text{d1} + Q_\text{d2} = Q_\text{d1}\left(1 + \frac{ax_\text{d}}{W}\right) \qquad (7-87)$$

设在强反型开始时 ($V_\text{GS} = V_\text{T}$)，单位面积下有效耗尽层电荷量的平均值为 $\bar{Q}'_\text{Bmax}$，则有

$$\bar{Q}'_\text{Bmax} = \frac{\sum Q_\text{d}}{WL}\bigg|_{V_\text{GS}=V_\text{T}} = Q_\text{Bmax}\left(1 + \frac{ax_\text{dmax}}{W}\right)$$

代入式(7-10),得到计入沟道边缘效应时有效阈值电压表达式为

$$V''_T = V_{FB} + 2\varphi_F - \frac{Q_{Bmax}}{C_{ox}}\left(1 + \frac{ax_{dmax}}{W}\right)$$

(7-88)

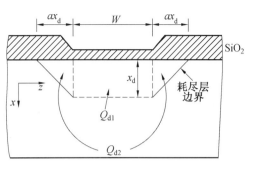

图 7-54 窄沟道边缘的侧面耗尽层

比较图 7-53 和图 7-54 可见,由于窄沟道边缘耗尽层的扩展使栅控总电荷量增加,因此沟道变窄对阈值电压的影响与短沟道时相反。比较式(7-85) 和式(7-88),随着 L、W 的增大,两式中括号内第二项均逐渐变小乃至可忽略不计,阈值电压趋于一维理论分析的结果,如图 7-55 所示。

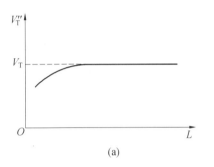
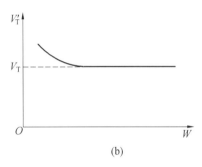

图 7-55 有效阈值电压随沟道长度和宽度的变化关系

综上所述,在小尺寸器件中,阈值电压随沟道长度缩短和宽度变窄而产生漂移。沟道缩短使栅下可控空间电荷减少,因此阈值电压下降;而沟道变窄使栅下可控空间电荷增多,平均电荷面密度增大,因此阈值电压上升。

7.9.2 漏极特性和跨导的变化

在长沟道器件中,漏极电流正比于反型层中的导电电荷总量和导电沟道中的漂移电场。因此,在栅压一定时,漏极电流首先随 V_{DS} 的增加而上升,当 V_{DS} 增加到饱和漏源电压 V_{Dsat} 时,漏端沟道夹断,漏极电流饱和。当忽略夹断区扩展对有效沟道长度的影响时,按照式(7-33),漏极电流与沟道长度成反比,即漏极电流随沟道长度的缩短而上升,跨导也同样与沟道长度成反比。

在短沟道器件中,由于沟道长度很短,因此沟道内的漂移电场 E_y 随着漏源电压 V_{DS} 的增加而很快上升,强场迁移率的影响将使漏极电流上升的速率减小。当漏源电压 V_{DS} 增加到漏端电场达到载流子速度饱和临界场强 $E_c(\approx 2\times 10^4 \text{ V/cm})$ 时,漏端载流子漂移速度饱和将使漏极电流饱和。

设在施加漏源电压 V_{DS} 时,沟道中 y_1 点的漂移电场已经达到临界场强 E_c,则沟道区将以 y_1 点为界分为速度饱和区($y_1 \to L$)和不饱和区($0 \to y_1$)两部分。若 y_1 点相对于源端的电压为 V_{DS1},则 $V_{DS1} < (V_{GS} - V_T)$,即从 y_1 点开始载流子达到饱和速度,但沟道并未夹断。在 $0 \to y_1$ 的速度不饱和区内,模仿式(7-30),沟道漂移电流可写成

$$I_{DS} = \frac{\mu_n C_{ox} W}{y_1}\left[(V_{GS} - V_T)V_{DS1} - \frac{1}{2}V_{DS1}^2\right]$$

(7-89)

在 y_1 点,载流子速度饱和,$v_{sl} = \mu_n E_c$,该处漂移电流为
$$I_{DS}(y_1) = W\mu_n E_c Q_n = W\mu_n E_c C_{ox}(V_{GS} - V_T - V_{DS1})$$
根据电流连续性原理,令两电流相等,可解出速度饱和点 y_1 点对源端的电压 V_{DS1} 为
$$V_{DS1} = V_{GS} - V_T + E_c y_1 - [(V_{GS} - V_T)^2 + (E_c y_1)^2]^{\frac{1}{2}}$$
若速度饱和点出现在漏端,即 $y_1 = L$,则相应的漏源电压为
$$V_{DSV} = V_{GS} - V_T + E_c L - [(V_{GS} - V_T)^2 + (E_c L)^2]^{\frac{1}{2}} \tag{7-90}$$
以式(7-90)的 V_{DSV} 取代式(7-89)中的 V_{DS1},并令 $y_1 = L$,则可得沟道漏端刚好达到速度饱和时的漏极电流为
$$I_{DSV} = \beta(E_c L)^2 \left\{ \left[\left(\frac{V_{GS} - V_T}{E_c L} \right)^2 + 1 \right]^{1/2} - 1 \right\} \tag{7-91}$$

可见,当沟道漏端达到速度饱和时,漏极电流也达到饱和而与漏源电压无关,而且不再反比于 L。但此时的饱和是由载流子速度饱和引起的,因此这时的漏源电压 V_{DSV} 小于 V_{Dsat}。反映在输出特性曲线上,漏极电流在 $V_{DS} < V_{Dsat}$ 处"提前拐弯",由速度饱和决定的饱和漏极电流 I_{DSV} 也小于沟道漏端夹断时的饱和电流 I_{Dsat},如图 7-56 所示。

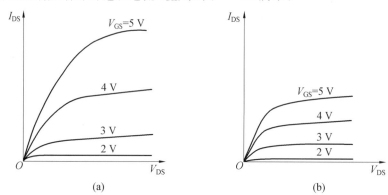

图 7-56 沟道夹断(a)和速度饱和(b)情况下器件特性的比较

将式(7-91)对 V_{GS} 求导,可得速度饱和时的跨导为
$$g_{mv} = \frac{\partial I_{DSV}}{\partial V_{GS}} = \beta(V_{GS} - V_T)\left[\left(\frac{V_{GS} - V_T}{E_c L}\right)^2 + 1\right]^{-\frac{1}{2}} \tag{7-92}$$

可见,速度饱和时的跨导 g_{mv} 小于长沟道跨导 $g_{ms} = \beta(V_{GS} - V_T)$,且随着 L 的缩短而降低。当满足 $E_c L \ll (V_{GS} - V_T)$ 时,式(7-92)可简化为
$$g_{mv} = \beta E_c L = C_{ox} W v_{sl}$$
即当 L 很小时,漏端载流子速度饱和,漏极电流饱和,跨导也趋于与 V_{GS}、V_{DS} 和 L 均无关的饱和值。

更短的 L 可能导致出现沟道穿通。

图 7-57 中比较了将几种效应组合于一个模型中的计算结果和实测值。计算模型所包含

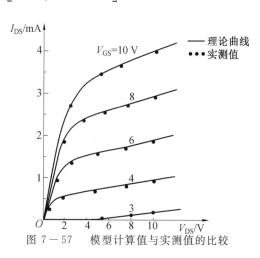

图 7-57 模型计算值与实测值的比较

的效应有:①短沟道效应;②窄沟道效应;③速度饱和效应;④V_{DS}对阈值电压的影响;⑤有效迁移率与垂直电场的相关性;⑥饱和区的沟道长度调制效应。器件的有关参数为:衬底杂质浓度$(2.5\sim4.3)\times10^{15}\text{ cm}^{-3}$,$t_{ox}=50\text{ nm}$,$W=12$,$L=2\text{ }\mu\text{m}$,$V_T=1.56\text{ V}$,$V_{BS}=-5\text{ V}$。计算值与实测值的一致性表明在所讨论的器件中是几种效应同时起重要的作用。

7.9.3 弱反型区亚阈值漏极电流的变化

短沟道效应在引起阈值电压漂移和饱和漏极电流下降的同时,还使弱反型区的亚阈值电流增大,这将影响器件的开关特性和电路的动态功耗。

由式(7-37)可知,在长沟道器件中,弱反型区的亚阈值漏极电流随表面势增加而指数上升,即

$$I_{DS}\propto e^{\frac{qV_S}{kT}} \text{ 或 } \frac{kT}{q}\ln I_{DS}\propto V_S$$

式中,V_S为弱反型状态下的表面势,有$\varphi_F<V_S<2\varphi_F$。这时对应的栅压为

$$V_{GS}=V_{FB}+V_S-\frac{Q_B}{C_{ox}}=V_{FB}+V_S+\frac{[2\varepsilon\varepsilon_0 qN_A V_S]^{\frac{1}{2}}t_{ox}}{\varepsilon\varepsilon_{ox}}$$

可见,$\ln I_{DS}$与V_{GS}近似呈线性关系。另外,当漏源电压超过$3kT/q$以后,弱反型亚阈值漏极电流几乎与漏源电压无关。

在短沟道器件中,漏结和源结耗尽区的影响增大,使栅控灵敏度下降。当两耗尽区相碰并互相重叠(穿通)时,沟道中电子势能最低点将由原来的半导体表面移至离开表面一定深度的衬底内部,电流密度的最高点也随之由表面移入半导体内部,如图7-58所示。这种现象也称为漏场感应势垒下降(DIBL)效应。图中所示器件为$N_A=10^{14}\text{ cm}^{-3}$,$L=1\text{ }\mu\text{m}$,$x_j=1.5\text{ }\mu\text{m}$,$t_{ox}=80\text{ nm}$,$V_{DS}=0.1\text{ V}$,$V_{BS}=0\text{ V}$的n沟MOS器件。正因为此时电流不在半导体表面,故栅压对其控制能力减弱,形成了栅压不能完全控制的漏极电流,甚至会出现夹不断的现象。

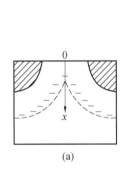
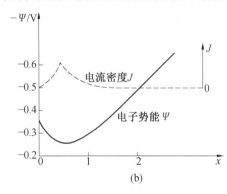

图7-58 沟道穿通后,沟道中点向衬底方向的电子势能和电流密度分布示意图

如图7-59所示的曲线进一步说明了这个问题。在长沟道器件中,当$V_{DS}>3kT/q$以后,弱反型区亚阈值电流基本上与V_{DS}无关。但当沟道长度缩短至漏源两端的边缘效应起作用时,V_{DS}增加,边缘效应增大,栅控灵敏度下降更加严重。因此,当沟道长度减小到短沟道范围内时,弱反型区漏极电流I_{DS}随V_{DS}增加而变大。可见,衬底浓度$N_B=10^{14}\text{ cm}^{-3}$,$L=7\text{ }\mu\text{m}$时,$V_{DS}$的影响已开始显现,但尚不明显。当$L=3\text{ }\mu\text{m}$时,两不同$V_{DS}$下特性曲线差别已很大,栅压低于$V_T$时的漏极电流随$V_{DS}$增大而明显上升。当$L=1.5\text{ }\mu\text{m}$时,器件的长沟道特性消失,沟

道已不能夹断。当衬底掺杂浓度提高到 10^{15} cm^{-3} 时,如图 7-59(b) 所示,1.5 μm 的沟道长度仍然保持较好的长沟特性。

综上所述,短沟道效应使弱反型区的亚阈值电流增大,漏极电流随栅压变化的速率减小,且漏极电流随漏源电压增加而上升,甚至出现沟道夹不断的情况。这是因为,在亚阈值情况下,导电沟道尚未形成,载流子主要的运动形式是扩散,亚阈值电流由跃过源端势垒注入沟道区的电子流形成。短沟器件中,漏源电压增大使势垒高度降低,注入量增大,亚阈值电流增大。

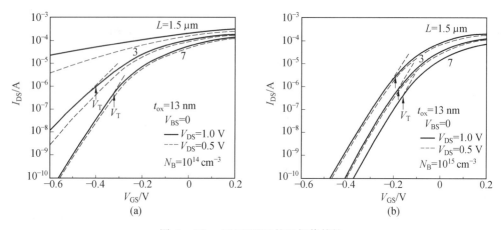

图 7-59 MOSFET 的亚阈值特性

7.9.4 长沟道器件的最小沟道长度限制

MOSFET 特性是否呈现短沟道效应不是简单地根据沟道几何长度来判定的,而是根据其电学特性相对于长沟道特性的偏离程度判定的。为了防止短沟道效应,必须了解长沟道特性消失的最小沟道长度限制。

通过对短沟道效应及其对器件特性影响的分析,可以归结出保持长沟道特性的最小沟道长度限制的两个临界条件。

其一是根据弱反型区亚阈值漏极电流随漏源电压关系的变化。在长沟道器件中,当 $V_{DS} > 3kT/q$ 以后,弱反型区漏极电流 I_{DS} 与漏源电压无关,短沟道效应使亚阈值漏极电流随漏源电压增加而上升。据此,若在两个指定的 V_{DS} 之下测得的 I_{DS} 不相等,则发生了短沟道效应。

其二是根据漏极电流 I_{DS} 与沟道长度 L 关系的变化。在长沟道器件中,漏极电流正比于反型层中的导电载流子数和横向漂移电场。在栅压一定时,反型层厚度一定,因此漏极电流 $I_D \propto 1/L$。当沟道长度减小到源端和漏端耗尽层的影响不能忽略时,短沟道效应使阈值电压产生漂移,而阈值电压下降又使漏极电流增大,因此器件特性的一维理论失效,漏极电流偏离与 L 成反比关系,如图 7-60 所示。

据此规定,在漏极电流随 $1/L$ 增加而上升的过程中,漏极电流偏离 $I_D \propto 1/L$ 线性关系达 10% 时,或者在 $V_{GS} = V_T$ 时,两个不同 V_{DS} 下漏极电流之差 ΔI_{DS} 达到 I_{DS} 的 10% 时的沟道长度为保持长沟特性的最小沟道长度 L_{min}。

短沟道效应主要取决于源、漏结耗尽区对栅下沟道中电场分布的影响,而源、漏结耗尽区的宽度与衬底杂质浓度紧密相关。因此,衬底掺杂情况不同,最小沟道长度限制也不同。对于栅氧化层厚度从 10 nm 到 100 nm,衬底杂质浓度从 10^{14} cm^{-3} 到 10^{17} cm^{-3},结深从 0.18 μm 到 1.5 μm 的各种器件,漏源电压一直变化到 5 V 的各种条件下进行广泛的测量,观察弱反型区的亚阈值电流特性,发现具有长沟道特性的最小沟道长度满足经验公式

$$L_{\min} = 0.4 \left[x_j t_{ox} (x_{mD} + x_{mS})^2 \right]^{\frac{1}{3}} = 0.4 \gamma^{\frac{1}{3}} \tag{7-93}$$

式中,x_j 为漏、源结深;x_{mS}、x_{mD} 分别为源、漏结耗尽层宽度;t_{ox} 为氧化层厚度。除了氧化层厚度单位用 Å(埃,1 Å = 10^{-10} m)外,其余长度单位均为 μm。

如图 7-61 所示为最小沟道长度随参数 γ 变化关系的实验结果、二维模拟结果以及按式(7-93)的计算结果,三者基本一致。器件沟道长度只要处于图 7-61 斜线上方非阴影线区就不会出现短沟道效应。因此,式(7-93)可以作为 MOSFET 小型化的指南。由式(7-93)可见,欲减小 $L_{\min}$,应减小栅氧化层厚度 t_{ox} 和源、漏结深 x_j,提高沟道掺杂浓度以减小源、漏结的耗尽层宽度 x_{mS} 和 x_{mD}。

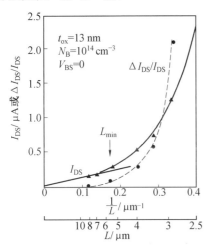
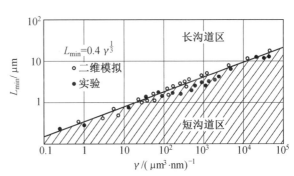

图 7-60 MOST 漏极电流随沟道长度的变化关系

图 7-61 最小沟道长度 $L_{\min}$ 随 γ 的变化关系

7.9.5 短沟道高性能器件结构举例

缩短沟道长度有利于实现 MOS 器件的小型化和提高器件性能,但同时必须尽量避免短沟道效应。因此,既减小器件尺寸又保持长沟道特性的器件结构具有实际意义。

1. 按比例缩小 MOSFET

如前所述,在减小器件尺寸的同时保持长沟道特性可以通过减小氧化层厚度、源漏结深和源漏结耗尽层宽度的途径实现。一个简单方法是将器件的所有尺寸和电压都按同一比例因子缩小,使器件内电场的分布和强度与长沟道 MOSFET 的情形相同。具体来说,将 L、W、t_{ox}、x_j、V_{GS}、V_{DS} 和 V_{BS} 都缩小到 $1/K$,如图 7-62 所示。为了使耗尽层厚度也按比例缩小,衬底掺杂浓度应增加到 K 倍。器件的阈值电压因为 Φ_{ms} 和 φ_F 不能按比例缩小,所以须用离子注入沟道区表面进行调节,使之也按比例缩小。如果在未缩小的器件中没有明显的短沟道效应,则在按比例缩小后的器件中也没有明显的短沟道效应。这种按比例缩小的方法通常称为恒定电场规则(CE 律)。

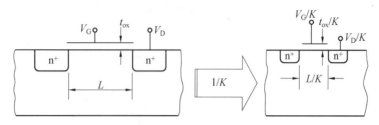

图 7-62　按比例缩小的 MOSFET 的结构示意图

按照 CE 律缩小的器件参数变化关系见表 7-4。

表 7-4　按照 CE 律缩小的器件参数变化关系

器件参数	缩小比例	器件参数	缩小比例
沟道长度 L	$1/K$	电压 V_{DS}、V_{GS}、V_{BS}、V_T	$1/K$
沟道宽度 W	$1/K$	电流 I	$1/K$
氧化膜厚度 t_{ox}	$1/K$	电容 C	$1/K$
扩散结深 x_j	$1/K$	跨导 g_m	1
耗尽层宽度 x_{dmax}	$1/K$	电场 E	1
衬底掺杂浓度 N_B	K	功率 IV	$1/K^2$

CE 律使器件长沟特性得以保持。按照该规则缩小的 MOSFET，其几何形状在刻度缩小了的空间坐标系中保持原状，其输出特性曲线也在刻度缩小了的电流电压坐标系中保持原状，但其性能如功耗延迟积等则得到了极大的提高。由于缩小的 MOSFET 面积小、速度快、功耗低，因此特别适合于 MOS 大规模集成电路。

然而，实际上包括亚阈值漏极电流、$2\varphi_F$、表面耗尽层宽度以及表面反型层厚度等参数不能理想地按比例缩小，使 CE 律的应用受到限制。另外，器件尺寸缩小还受工艺和器件特性方面因素的限制。从器件性能方面考虑，当 x_j 太浅时，将使寄生漏源电阻增大；当线条太细时，金属化电极上容易出现电迁徙现象；当 N_B 过高时，衬底偏置对阈值电压影响增大。从工艺角度考虑，必须采用新技术才能获得浅结、细线条及优质的薄氧化层。电源电压的下降也受到与其他电路的兼容性和噪声容限的限制。因此，保持电源电压 V_{DS} 和阈值电压 V_T 不变，对其他参数进行等比例缩小的恒定电压按比例缩小法则（CV 律），CE 律和 CV 律折中的准恒定电场等比例缩小法则（QCE 律），以及恒亚阈值电流缩小法则等在实际中也被采用。各种缩小法则虽然形式简单，但并不是最佳方案。实际应用时应当根据器件的具体工作条件加以修改，并结合其他参数和工艺条件进行综合考虑。

2. 双扩散 MOSFET

在双极型晶体管中利用两次反型杂质扩散的结深之差来精确控制基区宽度。在双扩散 MOSFET（DMOSFET）中，采用与此相同的工艺来精确控制沟道长度。如图 7-63 所示为 DMOSFFT 结构及其杂质浓度分布示意图。器件的沟道长度是在 n^- 层上由沟道区硼扩散和源漏区磷扩散或由两次离子注入杂质分布结深之差所限定。沟道杂质分布是由两次扩散形成的非均匀分布，杂质浓度从漏结到源结逐渐升高，靠近源结的最高杂质浓度决定了器件的阈值电压。

当漏源电压超过饱和漏源电压，漏端沟道夹断之后，随着 V_{DS} 增大，漏端耗尽层主要向 n^-

区扩展,向源端扩展很慢,因此有效沟道长度几乎与漏源电压无关,沟道长度调制效应很弱,漏源两端耗尽区对沟道区的影响也很小,使短沟道效应变弱。在给定的穿通电压下,可以使用更短的沟道长度和更低的衬底杂质浓度,这样不仅能实现超短沟道,而且还具有低的衬底灵敏度。

器件制作的难点是阈值电压的控制,即沟道区最大杂质浓度的控制。现已大量采用双离子注入法控制沟道最大杂质浓度,以精确控制阈值电压。采用双离子注入的器件称为 DIMOSFET。

3. 双注入高性能 MOSFET

采用双离子注入制作的高性能 MOST 结构示意图如图 7-64 所示。在低掺杂 p⁻ 衬底上进行两次离子注入,浅注入的 p_1 区提高表面浓度控制阈值电压,深注入更高浓度的 p_2 区控制器件的穿通电压。由于离子注入的表面掺杂区足够浅,在工作状态下漏结耗尽层仍能深入到低掺杂衬底,因此可以减小漏结电容。这种结构虽然沟道很短,但可大大减小短沟道效应。

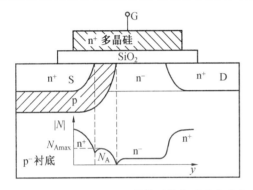

图 7-63 DMOSFET 结构及其杂质浓度分布示意图

图 7-64 双注入 HMOSFET 结构示意图

4. DVMOS(DIVMOS)FET

DIMOS 与 VMOS 技术结合的 DVMOSFET 结构示意图如图 7-65 所示,称为双离子注入侧面 VMOS 器件。这种器件的源、漏区被 V 形槽隔离在两侧,因此它除了具有 DIMOS 的特性之外,还具有很高的穿通电压。研究表明,对同样掺杂的衬底,$L=5~\mu m$ 的 DMOS 穿通电压为 6.5 V,而制成 VMOS,$L=3~\mu m$、$V_{DS}=24$ V 时仍未出现穿通现象。

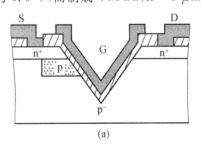
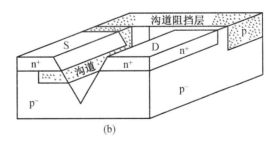

(a)   (b)

图 7-65 DVMOSFET 结构示意图

5. UMOS(U-shaped notch MOS)FET

同样采用各向异性腐蚀技术成形的 UMOSFET 结构示意图如图 7-66 所示。沟道长度取决于凹槽深度 x_j 和氧化层窗口宽度 W_0。由于 W_0 和 x_j 可以精确控制,因此无须亚微米光刻技术即可制成短沟道器件。源、漏结的耗尽区几乎是纵向伸向衬底,对沟道长度影响甚微,故由此造成的短沟道效应可忽略。此外,由于源、漏区相对于栅是自对准的,栅覆盖电容主要由 n^+ 区侧壁面积决定,而 n^+ 区上生长有厚氧化层,因此覆盖电容也很小。

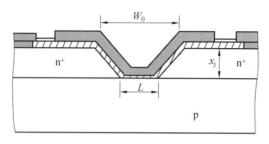

图 7-66　UMOSFET 结构示意图

思考与练习

1. 画出 n 型衬底的理想 MOS 结构在偏压条件下对应于载流子积累、耗尽以及强反型的能带及电荷分布示意图。

2. 在 MOS 结构中,当栅压 $V_G=0$ 时半导体表面层中的感生电荷仅因靠近半导体表面的 SiO_2 膜中的表面电荷 Q_{ox} 而产生。试问此感生电荷的数量和极性,并求由它诱生的表面势为多少。

3. 在一掺杂为 10^{15} cm^{-3} 的(111)向 n-Si 片上制作 Al 栅 MOSFET。氧化层厚度为 120 nm。在 SiO_2-Si 界面上的表面电荷为 3×10^{11} cm^{-2}。试计算其阈值电压。若是 p-Si 片呢?将计算结果进行分析。

4. 题 3 中的 MOS 晶体管具有下列参数:$L=10$ μm,$W=300$ μm,$\mu_p=230$ cm^2/(V·s)。试计算 $V_G=-4$ V 和 $V_G=-8$ V 时的 I_{DS}。

5. 今在 $N_A=10^{15}$ cm^{-3} 的(111)向 p-Si 中制作 MOSFET,栅极金属为 Al,栅介质为 SiO_2,厚 100 nm。已知 $Q_{ox}=4\times10^{11}$ cm^{-2},试计算其阈值电压。

6. 题 5 中若衬底材料为 n-Si,其余条件均相同,V_T 又为多少?请将两题结果进行比较。

7. 试证明具有 Si_3N_4/SiO_2 复合栅的 n 沟道 MOSFET 阈值电压 $V_T = \left(\dfrac{-Q_{ox}-Q_B}{\varepsilon\varepsilon_0}\right)\left[t_{ox}+t_{Si_3N_4}\left(\dfrac{\varepsilon_{ox}}{\varepsilon_{Si_3N_4}}\right)\right]+2\varphi_F-V_{ms}$。式中,$\varepsilon_{Si_3N_4}$ 和 $t_{Si_3N_4}$ 分别是 Si_3N_4 膜的相对介电系数与厚度。此处可假设栅介质膜的绝缘电阻为无穷大,没有电荷输运现象。

8. 已知 p 沟道 MOS 器件衬底杂质浓度 $N_D=5\times10^{15}$ cm^{-3},栅氧化层厚 100 nm。栅电极材料为 Al,测得器件 $V_T=-2.5$ V。① 计算表面态电荷密度 Q_{ox};② 若衬底加 $V_{BS}=10$ V 的偏压,求阈值电压将漂移多少;③ 分别计算 $V_{BS}=0$ 和 $V_{BS}=10$ V 时最大耗尽层宽度。

9. 在具有相同掺杂浓度 $N_A=10^{15}$ cm^{-3} 的 p-Si 衬底上,制作栅氧化层厚度分别为 100 nm 和 200 nm 的两只 n 沟道 MOS 晶体管。试计算在外加栅压 $V_G-V_{FB}=+15$ V 时,出现漏极电流饱和时的漏极电压分别是多少,并对所得结果进行简要的讨论。

10. 已知某 p 沟道 MOSFET 的下列参数:$L=10$ μm,$W=400$ μm,$t_{ox}=150$ nm,$V_T=-3$ V,$N_D=1\times10^{15}$ cm^{-3}。求 $V_{GS}=-7$ V 时该 MOS 管的漏源饱和电流。在上述条件下,V_{DS}

等于多少时沟道开始夹断($\mu_p = 230 \text{ cm}^2/(\text{V} \cdot \text{s})$)?

11. 已知某 n 沟道 MOSFET 具有下列参数：$N_A = 1 \times 10^{16} \text{ cm}^{-3}$，$t_{ox} = 150 \text{ nm}$，$\mu_n = 500 \text{ cm}^2/(\text{V} \cdot \text{s})$，$L = 4 \ \mu\text{m}$，$W = 100 \ \mu\text{m}$，$V_T = 0.5 \text{ V}$。① 计算 $V_{GS} = 4 \text{ V}$ 时的跨导 g_{ms}；② 若已知 $Q_{ox} = 5 \times 10^{10} \text{ cm}^{-2}$，计算 $V_{GS} = 4 \text{ V}$，$V_{DS} = 10 \text{ V}$ 时器件的饱和区漏电导 g_{Dsat}；③ 计算该器件截止频率 f_T 和跨导截止频率 f_{gm}。

12. 已知 n 沟道 MOS 器件 $N_A = 1 \times 10^{15} \text{ cm}^{-3}$，$t_{ox} = 150 \text{ nm}$，$L = 4 \ \mu\text{m}$。计算 $V_{GS} = 0$ 时器件的漏源击穿电压，并说明击穿受什么限制。

13. 已知 n 沟道 MOSFET 的衬底电阻率 $\rho_B = 2 \ \Omega \cdot \text{cm}$，$t_{ox} = 100 \text{ nm}$，漏源扩散结深 $x_j = 0.5 \ \mu\text{m}$，当 $V_{BS} = 0$，沟道长度减小到 $L = 3 \ \mu\text{m}$ 时，试按 Poon-Yau 模型计算 ΔV_T 的值。

14. 计算题 13 所给出的 MOS 器件在 $V_{DS} = 5 \text{ V}$ 时的最小沟道长度限制值 L_{min}。

15. 设计一个栅长为 $0.75 \ \mu\text{m}$ 的亚微米 MOST(栅长是沟道长度加两倍结深)。若结深为 $0.2 \ \mu\text{m}$，栅氧化层厚度为 20 nm，最大漏源电压限制在 2.5 V，试求沟道杂质浓度为多少时才能使这个 MOST 具有长沟道特性。

第 8 章　　晶体管的噪声特性

在任何电子系统中,除了所需要的规则变化的信号电压或信号电流之外,总是会伴随着一些杂乱的、无规则的电流或电压成分,或多或少地影响着正常工作信号的传输,通常将这些无规则的电压或电流涨落称为噪声。使用晶体管对信号进行放大和检测时,晶体管的噪声将限制电路对微弱信号的放大和检测能力。在控制或计算系统中,当信号中混有幅度变化的噪声时,噪声尖峰会使电平检测器发生误触发。因此,有必要了解晶体管噪声的有关问题。

本章集中讨论双极型晶体管和场效应晶体管内部噪声的产生机构、噪声特性及降低噪声系数的措施,为设计和应用高频和微波低噪声晶体管提供必要的理论基础。

8.1　　晶体管的噪声和噪声系数

电子系统的噪声是一种杂乱的无规则的电压或电流的涨落或起伏,它叠加在不同的信号上时将产生不同程度的影响。如图 8-1 所示,当信号幅度很大时,噪声的影响可以忽略,但同样大小的噪声叠加在小信号上时就可能将信号淹没,所以说噪声限制了晶体管放大微弱信号的能力。可见,同样的噪声幅值在放大弱信号时的影响大于放大强信号时的影响,所以说噪声的影响有相对含义,离开信号本身讲噪声没有意义,故引用信噪比来衡量噪声影响的大小。

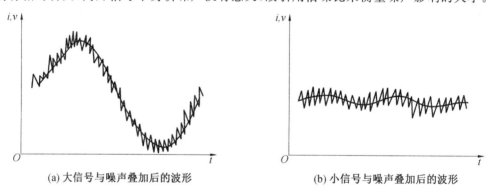

(a) 大信号与噪声叠加后的波形　　(b) 小信号与噪声叠加后的波形

图 8-1　噪声对不同信号的影响程度

信噪比,即 SNR 或 S/N(Signal to Noise Ratio),狭义来讲是指放大器的输出信号的电压与同时输出的噪声电压的比,常常用分贝(dB)表示。不同系统因其不同的信号特征,信噪比也有用电压、电流、功率或者其他物理量之比来衡量的。在晶体管中,通常定义信噪比为

$$\mathrm{SNR} = \frac{P_\mathrm{S}}{P_\mathrm{N}}$$

或者用分贝表示为

$$\mathrm{SNR} = 10\lg\frac{P_\mathrm{S}}{P_\mathrm{N}}\ \mathrm{dB}\ \text{或}\ \mathrm{SNR} = 20\lg\frac{V_\mathrm{S}}{V_\mathrm{N}}\ \mathrm{dB}$$

式中,P_S、P_N 分别为信号功率和噪声功率。

晶体管在传输、放大电流或电压信号时,由于其内部原因而产生附加的无规则起伏的电流或电压,称为晶体管的噪声。晶体管在小信号工作状态可视为一个线性二端网络,由输入端输入信号功率 P_{Si} 的同时也输入了噪声功率 P_{Ni},在输出端输出的则是放大了的输入信号 P_{So}、放大了的输入噪声以及晶体管本身产生的噪声,后两者一并记为 P_{No}。因此,晶体管输入端与输出端信噪比并不相等,两者的差别正反映了晶体管本身产生噪声的程度。为此,用晶体管输入端信噪比与输出端信噪比的相对比值来描述晶体管的噪声特性,定义噪声系数 F 为

$$F = \frac{P_{Si}/P_{Ni}}{P_{So}/P_{No}} = \frac{P_{No}}{K_P P_{Ni}} = \frac{K_P P_{Ni} + P_{NT}}{K_P P_{Ni}} = 1 + \frac{P_{NT}}{K_P P_{Ni}}$$

式中,$K_P = P_{So}/P_{Si}$ 为晶体管信号功率增益;P_{NT} 表示晶体管固有的噪声功率。可见,噪声系数可以看作输出的总噪声功率 P_{No} 与经过放大的输入噪声功率 $K_P P_{Ni}$ 之比;也可以看作单位功率增益下晶体管的噪声功率放大倍数。晶体管的固有噪声功率 P_{NT} 越大,其噪声系数越大;固有噪声一定时,增益越大,噪声系数越大。理想无噪声二端网络的噪声系数 $F=1$。

实际的晶体管自身都要产生噪声。部分国产低频管噪声系数可以达到 $6 \sim 15$ dB,大多数高频管及场效应管的噪声系数达 $3 \sim 8$ dB,特殊的可以达到 $1 \sim 2$ dB。例如 3AG47,其 $N_F <$ 6 dB,$F \approx 4$,这意味着其输出端噪声功率是纯粹由信号噪声产生的输出噪声功率的4倍,即输出噪声功率的 75% 是晶体管自身产生的。

噪声来源于载流子的无规则运动,若在一段长时间内进行统计,则载流子向各方向运动的概率相同,电流或电压起伏的平均值为零。而在某一微小时间间隔内,向相反方向运动的载流子数目不一定相同,因此合成电流并不为零,这样就产生了电流的起伏。计算噪声电流或电压需用统计学的方法,即避开相位关系来讨论噪声功率,用均方(根)值表示噪声电流和噪声电压。如果用 $\overline{i_n^2}$ 表示噪声电流的均方值,用 $\overline{u_n^2}$ 表示噪声电压的均方值,则负载电阻 R_L 上的输出噪声功率为

$$\overline{i_{no}^2} R_L = \frac{\overline{u_{no}^2}}{R_L}$$

在噪声分析中也经常用输出端的 $\overline{i_n^2}$ 和 $\overline{u_n^2}$ 来代表输出噪声功率。

8.2 晶体管的噪声源

正常工作的晶体管中,主要的噪声源有三种:① 半导体材料体内载流子热运动的起伏而产生的热噪声;② 通过 pn 结载流子的数量和速度的不规则变化而产生的散粒噪声;③ 与表面现象有关的 $1/f$ 噪声。在不同类型晶体管及不同工作状态下,各种噪声源对其噪声特性有不同影响。

1. 热噪声(Thermal Noise)

在导体中由于带电粒子热骚动而产生的随机噪声被定义为热噪声,因其发现者而称为约翰逊(Johnson)噪声、奈奎斯特(Nyquist)噪声。任何器件的工作都依赖于载流子的定向运动。只要温度不低至 0 K,载流子就要做无规则的热运动。这种无规则的热运动叠加到规则的定向运动上就产生了电流的起伏,形成热噪声。由于热噪声来源于载流子的无规则热运动,因此任何电子元件均有热噪声。温度越高,热运动越剧烈,热运动产生的电流起伏及其在电阻

上引起的电压起伏也越大。因此,热噪声不仅与温度有关,也与电阻有关。

载流子热运动是随机过程,应用统计的方法可以得到,一块电阻为 R 的导体在绝对温度 T 时两端产生的热噪声电压的均方值为

$$\overline{u_{\text{th}}^2} = 4kTR\Delta f \qquad (8-1)$$

式中,k 为玻耳兹曼常数;Δf 为测试系统的带宽。可见,热噪声的大小与频率无关,这与白色光中包含了所有可见光波长的光谱相当。因此,将与频率无关的热噪声称为"白噪声"。式(8-1)因由奈奎斯特首先导出而称为奈奎斯特公式。

为了便于分析晶体管的噪声性能,可按式(8-1)将含噪声的电阻 R,用一个内阻无穷大的噪声电流源 i_{th} 和一个无噪声的电导 G 相并联来等效,如图 8-2(a) 所示,或者用一个噪声电压源 u_{th} 和一个无噪声的电阻 R 相串联来等效,如图 8-2(b) 所示。

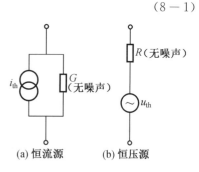

图 8-2 热噪声等效电路

进一步研究指出,奈奎斯特公式只有在电子与晶格处于热平衡状态和电子的能量分布服从玻耳兹曼分布,即忽略量子效应的条件下才成立。当电场较强时,由于电场的加速作用,高能态的电子数增多,因此电子能量分布不服从与晶格温度 T 对应的玻耳兹曼分布。这时可近似地用一个较高温度 T_e 下的玻耳兹曼分布来描述,等效地说,这时电子温度 T_e 高于晶格温度,二者不处于热平衡。此时奈奎斯特公式不再适用。如果电场强度不很高,迁移率下降还不很严重,则可近似用电子温度 T_e 取代 T,用随电场强度变化的微分迁移率取代常数迁移率,将奈奎斯特公式修正为

$$\overline{u_{\text{th}}^2} = 4kT_e R(E)\Delta f \qquad (8-2)$$

式中,$R(E) = \mathrm{d}V/\mathrm{d}I$ 为微分电阻,是电场强度的函数。因微分迁移率随场强的变化,式(8-2)所描述的噪声大于式(8-1)的结果,一般称为增强约翰逊噪声(Enhanced Johnson Noise)。

此外,在低温或频率很高时,电子能量也不能用玻耳兹曼分布,而应用费米分布来描述。这时的噪声电动势为

$$\overline{u_{\text{th}}^2} = \frac{4hfR\Delta f}{e^{hf/kT}-1}$$

式中,h 为普朗克常数。当 $hf \ll kT$ 时,上式可近似为式(8-1)。

晶体管内部的电阻是热噪声的来源,包括双极型晶体管的体串联电阻 r_{es}、r_{cs},基极电阻 r_{b} 和欧姆接触电阻等,场效应晶体管中的沟道电阻及其他寄生电阻。

2. 散粒噪声(Shot Noise)

散粒噪声是离散电荷的运动形成电流时,因载流子的分散性所引起的随机噪声。肖特基于 1918 年研究此类噪声时,用子弹射入靶子来描述,因此,它又称为散弹噪声或颗粒噪声。在大多数半导体器件中,它是主要的噪声源之一。

pn 结处于正向偏置状态时有少数载流子注入,而运载电流的是带电量 q 的粒子,它们在运动过程中不断与晶格碰撞而改变其运动方向,使载流子的运动速度出现涨落。此外,通过 pn 结的载流子也会由于复合或热激发而产生数量上的涨落。载流子在数量和速度上发生涨落,

引起注入载流子数在平均值附近发生起伏,由此而产生噪声。而由注入载流子起伏所产生的电流脉冲具有颗粒性,因此将这种噪声称为散粒噪声。

pn 结的正向电流越大,注入载流子越多,载流子数量和速度的随机起伏也就越大。因此,散粒噪声正比于 pn 结的注入电流。如果通过 pn 结的注入电流为 I,将每一个载流子跃过势垒看作一个独立的随机过程,由统计分析可得散粒噪声电流的均方值为

$$\overline{i_{sh}^2} = 2qI\Delta f \tag{8-3}$$

可见,散粒噪声也有白噪声的特性。

pn 结中形成反向饱和电流的载流子也因其分散性和产生的随机性引起反向饱和电流的随机起伏,形成散粒噪声。

同样,也可以将散粒噪声用一个恒流源和一个无噪声的电导 g_0 相并联来等效,或者用一个噪声电压源 u_{sh} 和一个无噪声的电阻 r_0 相串联来等效。

3. 闪烁噪声(Flicker Noise)

在各类电子器件中,几乎均发现了与频率有关的一类噪声。在低频范围内,该噪声常成为器件的主要噪声。这类噪声的频谱密度与频率约成反比关系,即在晶体管噪声频谱上约 1 200 Hz 以下部分,晶体管的噪声将随频率的降低而急剧增大,并与频率成($1/f^\alpha$)的关系。对不同的器件,α 的范围为 0.8~1.3,通常约等于 1,故又称 $1/f$ 噪声,其来源很可能是半导体内部或者表面的各种杂质、缺陷等造成的一些不稳定性因素。这些因素(主要是表面态)对载流子往往起着复合中心的作用,而复合中心上的载流子数量由于外电场或气氛等的影响会产生起伏,这就将引起复合电流乃至整个电流的涨落,这也就是闪烁噪声。

虽然目前还不能确切地了解闪烁噪声产生的原因,但从实验结果来看,大致可归结为以下两个方面。

① 晶体管在制造过程中发生的表面损伤、原子价键的不饱和、与环境气氛的接触及沾污等,都会在半导体表面形成所谓界面态(快态)。随着晶体管周围气氛的变化和外加电场的影响,被电子占据的界面态的数目将出现无规则的起伏,使表面和体内的电导受到无规则的调制,从而产生噪声。

② 由于晶格中存在缺陷,因此当起复合中心作用的杂质在 pn 结的缺陷处沉积时,会使 pn 结的漏电流增大,从而使闪烁噪声增大。

闪烁噪声因其低频特征也称闪变噪声或粉红噪声,又称电流噪声或过剩噪声。显然,闪烁噪声只在低频时有较大影响,高频时可不予考虑。

4. 产生－复合噪声(Generation Recombination Noise)

任一半导体器件,在一定的物理条件下,材料内部有相应条件下的载流子分布,半导体材料内部某处的载流子浓度有一相应的平均值。如一均匀半导体材料,若处在一定温度的热平衡状态下,除热激发外无其他激发载流子的因素存在,则该材料体内各处载流子浓度的平均值相等,即为平衡载流子浓度。在一定物理条件下,半导体内的载流子浓度虽有一定的平均值,但由于载流子的产生和复合都是随机过程,因此材料内各处的载流子浓度以及整个器件的载流子数均围绕其平均值有起伏存在。器件中载流子浓度及数量的起伏导致其电导率的起伏,当该半导体器件外加偏压后,必引起器件内电流及电压也存在起伏,此即产生－复合噪声,或写为 G－R 噪声。

5. 配分噪声(Partition Noise)

配分噪声源于电子管中电子束在两个以上电极间的分离。在双极型晶体管基区中,发射极电流的一部分变为集电极电流,另一部分变为基极电流,有一个由空穴－电子复合作用而定的电流分配系数。复合现象本身同样受到热起伏效应的影响,因此分配系数不是恒定的,它的微小变化也会引起集电极电流的起伏,这就是晶体管的配分噪声。

6. 猝发噪声(Burst Noise)

猝发噪声表现为双极型晶体管基极电流中的突然阶跃或跳跃,或 FET 阈值电压的阶跃。这种噪声出现在低频(< 1 kHz)下,通常每秒钟可以发生数次猝发,极少数情况下,可能数分钟才发生,能产生比 $1/f$ 噪声及白噪声大几倍甚至几十倍的噪声电流。由于通过扬声器播放出来时听起来类似爆米花的声音,这种噪声也被称为爆米花噪声和随机电报信号(RTS)。

人们认为,猝发噪声是由电荷陷阱或半导体材料中的微小缺陷引起的,其中重金属原子污染是主要原因之一,与发射区中掺入 Au、Fe、Cu 和 W 等重金属杂质形成金属－半导体结有关。

7. 雪崩噪声(Avalanche Noise)

雪崩噪声是 pn 结中发生雪崩倍增时产生的一种噪声类型,是由于雪崩倍增过程中产生电子、空穴和无规则性而引起的,其性质和散粒噪声类似。

此外,晶体管的引线接触不良而造成接触电阻不稳定会引起接触噪声。在正常情况下,接触噪声和雪崩噪声是可以忽略的(利用雪崩倍增效应工作的雪崩管除外)。

8.3 pn 结二极管的噪声

pn 结二极管的噪声主要有三种来源,即热噪声、散粒噪声和闪烁噪声($1/f$ 噪声)。热噪声和散粒噪声都与频率无关,即所谓的白噪声。

热噪声是载流子通过电阻输运时,其速度及其分布出现起伏,从而引起电流的涨落和相应在电阻上的电压涨落。因此,这种噪声在任何电阻上都会产生,而 pn 结在小信号工作时具有一定的交流电阻,所以也就必然存在热噪声。因为热噪声是与通过电阻的多数载流子的热运动关联着的,所以这种噪声的大小既与温度有关,也与电阻(交流电阻)大小有关。由于 pn 结的正向交流电阻很小,而反向电流又很小,因此热噪声也很弱(噪声均方根电压仅大约为 4 nV)。

散粒噪声是指通过 pn 结的电流及其之上电压的一种涨落效应,它在大多数依靠 pn 结来工作的器件中往往是主要的噪声成分。由于越过 pn 结的少数载流子将会不断遭受散射而改变方向,同时又会不断复合与产生,因此载流子的速度和数量将会出现起伏,从而造成通过 pn 结的电流和相应其上的电压的涨落。显然,通过 pn 结的电流越大,载流子的速度和数量的起伏也越大,则散粒噪声电流也就越大。

已知理想情况下 pn 结的电流－电压关系为

$$I = I_0(e^{\frac{qV}{kT}} - 1)$$

式中,I 为流过 pn 结的电流;V 为偏压。若以 I_1 表示其中前一项 $I_0 e^{qV/kT}$,该项电流的方向由 p 区指向 n 区,如图 8-3 中"1"所示,其数值与 pn 结所加偏压有关;若以 I_2 表示后一项,其方向由 n 区指向 p 区,如图 8-3 中"2"所示,其数值为与所加偏压无关的常数 I_0。

当 $V=0$ 时,即对于零偏情况,因为 $I_1=I_0$,所以 $I=0$。这意味着,电流"1"与电流"2"数值相等,均为 I_0,而方向相反。因此,虽然在零偏下,pn 结中流过的总电流为零,但实际上是电流"1"与"2"的动平衡。正反两个方向的电流都是载流子的输运过程,都是随机过程,均存在着起伏,I_0 实际上是其平均值。此外,上述两个方向的随机过程是无关的,所以零偏压情况下,pn 结总的散粒噪声电流的均方值为

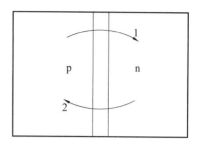

图 8-3 pn 结中的电流

$$\overline{I_{sh}^2} = \overline{\Delta I^2} = \overline{\Delta I_1^2} + \overline{\Delta I_2^2}$$

由式(8-2)可得零偏下为

$$\overline{\Delta I_1^2} = \overline{\Delta I_1^2} = 2qI_0\Delta f$$

于是,有

$$\overline{I_{sh}^2} = 4qI_0\Delta f \tag{8-4}$$

而其频谱密度及散粒噪声电流则分别为

$$S_{sh}(f) = 4qI_0 \tag{8-5}$$

$$I_{sh} = 2(qI_0)^{\frac{1}{2}}\Delta f^{\frac{1}{2}} \tag{8-6}$$

当 $V>0$ 时,即对于正偏情况,$I_1 = I_0 e^{qV/kT} > I_0$,pn 结总电流不为零,而有

$$I = I_1 - I_2 = I_1 - I_0 > 0 \quad \text{或} \quad I_1 = I + I_0 > I_0$$

于是,在正向偏压下,pn 结的总散粒噪声电流的均方值为

$$\overline{I_{sh}^2} = \overline{\Delta I_1^2} + \overline{\Delta I_2^2} = 2q(I_1 + I_0)\Delta f = 2q(2I_0 + I)\Delta f \tag{8-7}$$

可见,理想 pn 结正偏下的散粒噪声将大于零偏情况。

当 $V<0$ 时,即对于反偏情况,$I_1 < I_0$,$I = I_1 - I_0 < 0$,则有

$$I_1 = I + I_0 = I_0 - |I|$$

$$I_{sh}^2 = 2q(2I_0 - |I|)\Delta f \tag{8-8}$$

可见,在反偏情况下,理想 pn 结的散粒噪声将小于零偏情况。

在实际的 pn 结中,除上述扩散电流外,还存在着其他种类的电流,如耗尽区的产生-复合电流、隧道电流、光电流、表面漏电流等。此外,在高频情况下,还存在与频率有关的电流项。以上各种电流的存在,不仅使 pn 结零偏电阻下降,而且使其散粒噪声增大。对于它们中的每一种,若已经知道其相应的电流或增量电阻,则可求得它们各自对散粒噪声电流或散粒噪声电压的贡献。

对于小注入工作的 pn 结,在忽略闪烁噪声的情况下,它的总的噪声电流与反向饱和电流成正比。pn 结的噪声电流随着光照等辐射作用的增强而增大,是因为辐射的增强将会使反向饱和电流增加。显然,为了减小 pn 结的噪声,至关重要的是应该尽可能地降低其反向饱和电流。此外,噪声电流还与正向电压有很大的关系。

此外,平面扩散 pn 结中还可能存在猝发噪声;各材料接触处可存在接触噪声;器件受到振动可引起附加的振动噪声;等等。

值得注意的是，pn 结的这几种噪声来源也就是双极型晶体管的主要噪声来源，因为双极型晶体管是由两个 pn 结构成的，只不过晶体管的热噪声主要是来自于基极电阻（因为基极电流是多数载流子电流，而且基区又很窄）。

8.4 双极型晶体管的噪声特性

双极型晶体管本身产生的噪声与 pn 结二极管的噪声类似（因为它们都是少数载流子工作的器件），也主要有三种，即热噪声、散粒噪声和闪烁噪声（$1/f$ 噪声）。

热噪声是由于载流子的热运动而产生的电流起伏及其在电阻上产生的电压起伏。因此，热噪声既与温度 T 有关，也与电阻 R 有关。对于 BJT，各个区域材料的体电阻以及各个电极的接触电阻都将会产生热噪声，但是 BJT 的热噪声主要来自于数值较大、处于输入回路中的基极电阻 r_b。因此，降低 BJT 热噪声的主要措施就是减小基极电阻（提高基区掺杂浓度和增大基区宽度）。

散粒噪声是经过 pn 结的少数载流子因不断遭受散射而改变方向，同时又不断复合、产生而造成的一种电流、电压起伏。因此，pn 结注入的电流越大，载流子的速度和数量的涨落也越大，则散粒噪声也就越大。散粒噪声与热噪声具有相同形式的表示式，它也是一种与频率无关的白噪声。对于晶体管，发射结和集电结都存在散粒噪声。在共基极组态中，输入端的散粒噪声电流与发射极电流 I_E 成正比；在共发射极组态中，输入端的散粒噪声电流与基极电流 I_B 成正比；而输出端的散粒噪声电流与集电极电流 I_C 成正比。

主要来自于晶体缺陷、表面态或表面不稳定性所引起的复合电流涨落的闪烁噪声（$1/f$ 噪声）只有在低频下才起重要作用。为了降低闪烁噪声，就需要提高晶体材料的质量和改善工艺过程等。采取一些措施后，可以把闪烁噪声控制到很小。

一般来说，pnp 晶体管的闪烁噪声比 npn 晶体管的小。用（100）面硅材料制备的晶体管的闪烁噪声比用（111）面硅材料制备的晶体管的小。此外还发现，闪烁噪声越大，则晶体管的可靠性越差。

噪声的特点是没有一定的幅度、形状，也没有一定的周期。对噪声波形进行分析发现，它实际上包含着从低频到高频的各种频率成分。在不同频率下测量晶体管的噪声系数，可以得到晶体管的噪声频谱曲线。双极型晶体管噪声的典型频谱特性曲线如图 8－4 所示。曲线的特点是：在低频和高频区，噪声系数都有明显变化；中间一段频率，噪声系数最小，且基本不随频率变化。

分析表明，在低频区，晶体管的噪声主要是闪烁噪声，其特点是在每一单位频率下噪声系数与频率几乎成反比，一般当 $f < 1\,\text{kHz}$ 时，闪烁噪声

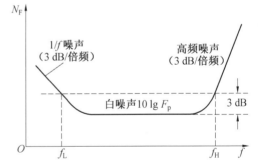

图 8－4 双极型晶体管噪声的典型频谱特性曲线

就减小到可以忽略的程度了；在中频区，晶体管的噪声主要是热噪声和散粒噪声，在这段频率范围里，噪声系数不随频率而变化，并具有最小值，所以称为"白噪声"区；在高频区，晶体管的噪声主要是分配噪声和热噪声，噪声系数随频率升高而增大的主要原因是电流放大系数随频

率升高而下降。f_L 和 f_H 分别为低频区和高频区的噪声转角频率,其定义如图 8—4 所示。

可见,要想改善晶体管的噪声特性,一方面要尽量减小白噪声区的噪声系数,另一方面要尽可能地提高 f_H,也就是使晶体管在更高频率下具有较小的噪声系数。综合考虑,实现高频晶体管低噪声化的基本措施是:减小基极电阻 r_b;提高截止频率 $f_α$;提高电流放大系数 $α_0$;选择最佳的工作电流和信号源内阻。

8.5 JFET 和 MESFET 的噪声特性

JFET(MESFET)中主要的噪声机构有沟道热噪声、扩散噪声、散粒噪声、闪烁噪声($1/f$ 噪声)和诱生栅极噪声。

JFET 和 MESFET 的沟道区具有一定的电阻,因此存在沟道热噪声。此外,金属电极电阻、源和漏的串联体电阻也会产生热噪声。在沟道区电场较强,迁移率随电场增加而有所下降但远未达到速度饱和的情况下,应计入增强约翰逊噪声。

当沟道中的电场强至使载流子漂移速度达到饱和时,这个强场区中的噪声不再能用热噪声(约翰逊噪声)或增强约翰逊噪声公式进行计算。从微观上看,载流子与晶格碰撞的结果是使向各个方向运动的电子都存在,由此产生的电流起伏是载流子浓度梯度产生的扩散过程导致的,相应的噪声称为扩散噪声(Diffusion Noise),表示为

$$\overline{i_d^2(x)} = \frac{4q^2 DnA \Delta f}{\Delta x} \quad (8-9)$$

式中,A 为导体截面积;Δx 为 x 附近极小一段导体的长度。

当载流子扩散系数 D 与迁移率 μ 之间的爱因斯坦关系成立时,式(8—9)还原为约翰逊噪声。然而只有电子的能量分布服从玻耳兹曼分布时爱因斯坦关系才成立。在电子速度饱和区、气体放电等离子体、双注入空间电荷限制二极管等许多场合下,玻耳兹曼分布不成立,约翰逊噪声公式不再成立,而扩散噪声公式仍然有效。可见,扩散噪声是比约翰逊噪声更具有普遍意义的热噪声,而约翰逊噪声是在爱因斯坦关系成立条件下的狭义的热噪声。

显然,在沟道电子达到饱和速度的强场区,噪声的计算应采用扩散噪声来解决,此时称为强场扩散噪声。

在短沟道 JFET 中将可能有电荷偶极畴的产生和运动,这可能造成漏极电流或电压的起伏,形成扩散噪声。这种噪声在微波 MESFET 中可起主要作用。

在 JFET 和 MESFET 中,通过反偏栅结势垒的电流起伏产生的散粒噪声也可用式(8—3)表示,不过此时的电流 I 应为通过栅结的电流 I_G。由于通常栅结加反偏,I_G 较小,因此仅在信号源内阻抗很高时,栅电流散粒噪声在输出电路中形成的噪声才能和沟道热噪声相比,在一般应用条件下可忽略不计。对硅器件,室温下,I_G 由势垒区产生—复合电流决定。

JFET 和 MESFET 中的闪烁噪声来源于以下两种情况。

① 栅结势垒区复合中心发射与俘获载流子(主要是发射)。这个过程将引起栅结耗尽层内电荷的起伏,导致耗尽层宽度的变化,从而调制沟道电导,形成漏极噪声电流。可见,栅结势垒区产生—复合过程的起伏实际产生了两种噪声:一是通过调制耗尽层宽度形成漏极电流噪声;二是直接形成栅极噪声电流(散粒噪声)。

② 沟道区复合中心、沟道区施主或受主中心以及表面态均可能发射与俘获载流子,这些

过程的起伏都直接造成沟道载流子数目的起伏,成为产生漏极噪声电流的另一个原因。

沟道电阻上的电压起伏(热噪声)通过 C_{gs} 和 C_{ds} 耦合而感生栅极电压或电流的起伏称为诱(感)生栅极噪声。它与频率有很大关系,是中、高频范围内栅极回路的主要噪声。

JFET 和 MESFET 的噪声特性具有以下特点:与 BJT 相比,JFET 的噪声要低得多(因 JFET 中不存在少子产生、复合所引起的散粒噪声);在不同频段,JFET 的噪声成分不同,在低频段主要是沟道热噪声,在高频段主要是诱生栅极噪声;对短沟道器件,则主要是偶极畴引起的扩散噪声。

8.6 MOSFET 的噪声特性

MOSFET 的主要噪声源是热噪声,其次是闪烁噪声($1/f$ 噪声)和诱生栅极噪声。由于 pn 结反向电流很小,因此其散粒噪声可以忽略。

MOSFET 沟道内载流子的无规则热运动将在沟道电阻上产生噪声电压。该电压将使沟道电势分布产生起伏,致使有效栅压发生波动,从而导致漏极电流出现涨落,由此产生的噪声称为沟道热噪声。如图 8-5 所示为热噪声对沟道电位分布的影响。设在沟道中 y_0 处边长为 $\mathrm{d}y$ 的小体积元的微分电阻为 $\mathrm{d}R$,其中载流子无规则的热运动将产生热噪声电压 Δu_{th},由式 (8-1) 可得

$$\overline{\Delta u_{\mathrm{th}}^2} = 4kT \cdot \mathrm{d}R \cdot \Delta f \approx 4kT \frac{\Delta V(y)}{I_{\mathrm{DS}}} \cdot \Delta f$$

此热噪声电压使沟道中电位分布产生波动,由图 8-5 中的实线变为虚线分布,沟道漏电流产生起伏。利用如图 8-6 所示的模型,可以证明由此产生的沟道热噪声电流均方值为

$$\overline{i_{\mathrm{nd}}^2} = 4kT\Delta f \cdot \frac{2}{3}\beta(V_{\mathrm{GS}} - V_{\mathrm{T}} - V_{\mathrm{DS}})F(\eta) = 4kT\Delta f \cdot g_{\mathrm{d}} \cdot \frac{2}{3}F(\eta) \qquad (8-10)$$

式中,有

$$F(\eta) = \frac{1-(1-\eta)^3}{(2-\eta)(1-\eta)}, \quad \eta = \frac{V_{\mathrm{DS}}}{V_{\mathrm{GS}} - V_{\mathrm{T}}}$$

可见,沟道热噪声来源于沟道电阻 $1/g_d$,但同时也与器件工作状态有关。沟道热噪声电流的均方值比按奈奎斯特公式(8-1)计算的热噪声多一个因子 $2F(\eta)/3$。

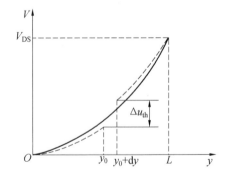

图 8-5　热噪声对沟道电位分布的影响

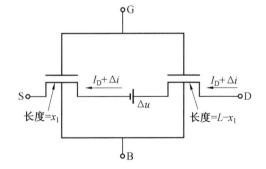

图 8-6　计算沟道热噪声的模型

当 V_{DS} 很小时,$\eta \to 0$,$F(\eta) \to 3/2$,由此得器件工作在线性区时的热噪声电流为

$$\overline{i_{\mathrm{ndl}}^2} = 4kT\Delta f g_{\mathrm{dl}}$$

可见,当 MOS 器件工作在线性区时,其噪声电流确实产生于线性区沟道电阻。

当器件工作在饱和区时,可将式(8-10)进行如下变换,即

$$\overline{i_{nd}^2} = 4kT\Delta f \cdot \frac{2}{3}\beta(V_{GS}-V_T)(1-\eta)\frac{1-(1-\eta)^3}{(2-\eta)(1-\eta)\eta}$$

$$= 4kT\Delta f \cdot \frac{2}{3}g_{ms}\frac{1-(1-\eta)^3}{(2-\eta)\eta}$$

当 $V_{DS}=V_{GS}-V_T$ 时,$\eta=1$,得饱和区的沟道热噪声电流为

$$\overline{i_{nd}^2} = 4kT\Delta f \cdot \frac{2}{3}g_{ms} \tag{8-11}$$

在高频情况下,沟道载流子无规则的热运动除了产生沟道热噪声外,还会通过栅电容将沟道内电位分布的起伏耦合到栅极,使栅极电压随着沟道内电势分布的变化而产生起伏,从而在栅极回路中感应出栅极噪声电流 i_{ng}。这是因为沟道电位的变化必然伴随着反型层电荷有相应的变化量 ΔQ_n,通过栅电容的耦合,栅电极上必然有等量的且符号相反的电荷量变化 ΔQ_G,于是在栅源回路产生对栅电容充、放电的电流起伏,形成了栅极回路中的噪声电流。这种通过栅电容耦合而诱生的噪声称为诱生栅极噪声,也称为感应栅噪声。

沟道内电荷的起伏在栅极上诱生电荷引起的诱生短路栅极电流的起伏为

$$\Delta I_G = -\frac{d\Delta Q}{dt} = -j\omega\Delta Q$$

式中,ΔQ 表示由整个沟道内的电压起伏所引起的总电荷量的起伏。诱生栅极噪声电流的均方值为

$$\overline{i_{ng}^2} = \omega^2 \overline{\Delta Q^2}$$

求出沟道增量电荷 ΔQ 即可得

$$\overline{i_{ng}^2} = 0.12 \times 4kT\Delta f \frac{\omega^2 C_{ch}^2}{g_{ms}}$$

式中,$C_{ch}=LC_{ox}$ 表示单位沟道宽度上的栅-沟道电容。可见,诱生栅极噪声随频率的平方关系上升,因此诱生栅极噪声在高频时比较重要。诱生栅极噪声是栅极输入回路中的噪声源。

由于 i_{ng} 与 i_{nd} 是同一个电压起伏诱生的,因此它们之间有相关性。

闪烁噪声(1/f 噪声)是 MOSFET 主要的低频噪声源。在小于 20 kHz 频率范围内,MOSFET 的噪声主要是闪烁噪声。由于 MOSFET 具有极高的输入阻抗,经常用作静电计和辐射探测器,为了提高其灵敏度,就要求有较低的闪烁噪声。

MOST 中闪烁噪声的准确机理尚未统一,主要的观点之一是在沟道与界面陷阱之间交换载流子而引起的载流子浓度或数量的波动,另一些研究结果认为闪烁噪声起因于迁移率的波动。

MOSFET 作为一种表面控制器件,在氧化物和半导体(Si-SiO$_2$)界面处存在着高密度的界面态,另外,氧化物是非晶结构,存在着缺陷。由于这些界面态和缺陷都能和半导体交换载流子,即有时俘获、有时释放沟道中的载流子,因此表面电荷产生起伏,在栅极上也将通过诱生作用引起相反极性电荷的起伏,从而在栅极回路中产生噪声电流。

实践表明,MOSFET 的闪烁噪声与位于费米能级处的界面态密度成正比。由于(100)面具有最低的界面态密度,因此在(100)面上制作的 MOSFET 具有最小的闪烁噪声。

从上面的讨论可以看到,闪烁噪声是在栅极回路中产生的,故在噪声等效电路中,闪烁噪

声源应置于栅极回路中。

研究表明,绝大多数 MOS 器件都倾向于遵守

$$\frac{\overline{i_{nf}^2}}{\Delta f} = \frac{Mg_m^2}{C_{ox}^\alpha WL} \cdot \frac{1}{f}$$

式中,指数 α 取 1 或 2;M 取决于器件的结构,其量纲随 α 所用的值而定。对大多数器件而言,M 与偏置无关,但也发现有的器件 M 值与偏置关系相当大。一般来说,"较清洁"的生产工艺获得较低的 M 值。普通 CMOS 工艺,当 $\alpha=2$ 时,n 沟道器件的 M 约为 $5\times10^{-9}\text{fC}^2\ \mu\text{m}^{-2}$,p 沟器件的 M 则为 $2\times10^{-10}\text{fC}^2\ \mu\text{m}^{-2}$。相对应的等效输入噪声电压的功率谱密度为

$$\frac{\overline{u_{inf}^2}}{\Delta f} = \frac{M}{C_{ox}^\alpha WL} \cdot \frac{1}{f}$$

综上所述,MOSFET 的噪声在低频段,主要是闪烁噪声;在高频段,主要是诱生栅极噪声和热噪声;在中间频段,则主要是热噪声。

高频时,忽略 i_{ng} 与 i_{nd} 的相关性,MOS 器件的最小噪声系数为

$$F_{min} = 1 + 0.053\left(\frac{f}{f_T}\right)^2 + \left[2.316\left(\frac{f}{f_T}\right)^2 + 0.284\left(\frac{f}{f_T}\right)^4\right]^{\frac{1}{2}} \approx 1 + 0.053\left(\frac{f}{f_T}\right)^2$$

式中,f_T 与输入电容的关系为 $f_T = g_m/(2\pi C_I)$。显然,最小噪声系数 F_{min} 主要由 f_T 决定。但在实际 MOS 器件中,界面态等原因产生的噪声有可能扩展到高频段,同时还存在其他寄生因素产生的损耗,实际的噪声要大于上式计算值。

降低 MOSFET 噪声的措施主要是:① 减少表面态,采用 Si 界面态密度小的(100)面,减少界面缺陷(即降低表面态电荷密度),采用埋沟结构以减小低频噪声;② 提高 f_T(主要是增大 g_m 和减小输入电容 C_I)以降低高频噪声;③ 减小寄生元件。

思考与练习

1. 已知在忽略 $1/f$ 噪声影响,信号源内阻是实数的情况下,双极晶体管的共基极和共发射极的噪声系数表示式为 $F_b = F_e = 1 + \frac{r_b}{R_s} + \frac{r_e}{2R_s} + \frac{(R_s + r_b + r_e)^2}{2r_e R_s}\left[\left(\frac{f}{f_\alpha}\right)^2 + \frac{1}{h_{FE}}\right]$。现要求制造一只低噪声高频晶体管,根据设计要求规定的条件如下:晶体管共射极直流增益 $h_{FE} = 30$,α 截止频率 $f_\alpha = 1.4 f_T = 1\,200\ \text{MHz}$,信号源电阻 $R_s = 100\ \Omega$。若要求在发射极电流 $I_E = 1\ \text{mA}$,测试频率 $f = 400\ \text{MHz}$ 下测量时该晶体管的噪声系数小于 2 dB、2.5 dB、3 dB,则要求基区电阻必须分别小于多少欧姆?

2. 文献[99]提供了快速估算微波双极晶体管在频率较高区域里最小噪声系数的表示式,即 $(F_{min})_{HF} \approx 1 + u + (2u + u^2)^{\frac{1}{2}}$,$u = \frac{qI_c r_b}{kT}\left(\frac{f}{f_T}\right)^2$。如果晶体管具有良好的直流特性,满足 $h_{FE} > 10(f/f_T)^2$,则上式估算结果令人满意。但在比值 (f/f_T) 较低的范围内,h_{FE} 越小,计算值与实测值之间偏差越大。应用上式,计算具有下列参量微波晶体管的最小噪声系数:$f = 3\,000\ \text{MHz}$,$f_T = 5\,000\ \text{MHz}$,$I_c = 3\ \text{mA}$,$r_b = 6\ \Omega$。

3. 分析、比较双极晶体管、JFET 与 MOS 晶体管的噪声机构。

第 9 章 其他类型的微电子器件

微电子器件种类繁多。除了前面各章讨论的 pn 结二极管、双极型晶体管和单极型晶体管外,还有同期发展的晶闸管,同时兼有单、双极模式的双极反型沟道场效应晶体管,两种模式同时工作的绝缘栅双极晶体管,结构形式介于二者之间的静电感应晶体管,等等。穿通型晶体管则是单极、双极两种模式均可的一种特殊结构器件。异质结晶体管是当今器件发展的一个重要分支。这些器件与前面各章讨论的器件既有联系又有区别,既可用前面各章的基本理论进行基本分析,又应注意其结构特点而进行具体分析。它们的结构具有同等的复杂程度。

本章介绍这些器件的基本结构和原理,以期收到举一反三的效果,进而更好地了解和合理地使用各种器件结构。

9.1 晶闸管

晶闸管(Thyristor)是晶体闸流管的简称,是一种具有 3 个(或更多)整流结的双稳态半导体器件,又称作可控硅整流器,以前被简称为可控硅。1957 年美国通用电器公司开发出世界上第一款晶闸管产品,并于 1958 年将其商业化。典型的晶闸管是 pnpn 三结四层半导体结构,它有 3 个极:阳极、阴极和门极。晶闸管具有硅整流器件的特性,能在高电压、大电流条件下工作,且其工作过程可以控制,被广泛应用于可控整流、交流调压、无触点电子开关、逆变及变频等电子电路中。

晶闸管种类繁多,按其关断、导通及控制方式可分为普通晶闸管、双向晶闸管、逆导晶闸管、门极关断晶闸管(GTO)、BTG 晶闸管、温控晶闸管和光控晶闸管等多种。按其引脚和极性可分为二极晶闸管、三极晶闸管和四极晶闸管等。按其封装形式可分为金属封装晶闸管、塑封晶闸管和陶瓷封装晶闸管等三种类型。其中,金属封装晶闸管又分为螺栓形、平板形、圆壳形等多种;塑封晶闸管又分为带散热片型和不带散热片型两种。按电流容量可分为大功率晶闸管、中功率晶闸管和小功率晶闸管三种。通常,大功率晶闸管多采用金属壳封装,而中、小功率晶闸管则多采用塑封或陶瓷封装。按其关断速度可分为普通晶闸管和高频(快速)晶闸管。

9.1.1 二极晶闸管

二极晶闸管(负阻晶体管)是有两个引线的晶闸管,工作电流和控制电流都从这两个引线中流过。

1. 结构及工作原理

二极晶闸管的结构由 4 个导电类型交替的半导体区域组成(图 9—1)。可以把它中间的 n 和 p 分成两部分,构成一个 pnp 和一个 npn 三极管的复合管。除了 3 个整流结以外,二极晶闸管还有两个欧姆结。一个欧姆结处于 n 区边缘与金属电极之间,称作阴极;另一个欧姆结处于 p 区边缘与金属电极之间,称作阳极。

当晶闸管被施以正向电压,即当阳极上为正电位时,边上的 pn 结正偏,称作发射结;中间的 pn 结反偏,称作集电结。相应地在这种器件中有两个发射区(n 和 p 发射区)和两个基区(n 和 p 基区)。外加正向电压大部分降落在集电结上。因此,晶闸管伏安特性正向分支的第一段类似于整流二极管伏安特性的反向分支。随着施于阳极和阴极之间的阳极电压提高,发射结上正向电压增大。由 n 发射区向 p 基区注入的电子向集电结扩散,被集电结电场拉住,落入 n 基区,并被右边发射结不大的势垒阻挡。因此,一部分电子陷入 n 基区的势阱中,形成过剩的负电荷,使得右发射结势垒高度降低,引起由 p 发射区向 n 基区的空穴注入增加。注入的空穴向集电结扩散,被集电结电场拉住并落入 p 基区,并受到左边发射结不大的势垒所阻挡。于是,p 基区出现过剩的正电荷积累,并将造成由 n 发射区注入电子的增加。这样就在晶闸管结构中实现了电流正反馈——流经一个发射结的电流的增加导致流经另一个发射结的电流增大。

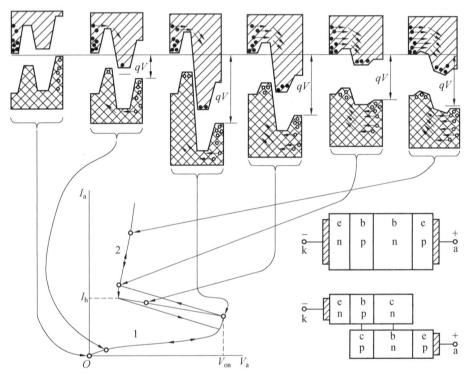

图 9-1 二极晶闸管的结构、伏安特性和能带图

非平衡载流子在基区的积累作用等同于集电结上附加了电势差,与外加电势差不同的是它使集电结趋于正偏。因此,随着晶闸管电流的增加,也随着基区多子过剩电荷的增加,集电结上总电压的绝对值开始减小,这时晶闸管电流将只由负载电阻和电源电动势限制。集电结势垒高度下降到相当于这个结正向导通的值。

因此,当晶闸管上加上正向电压时,它可以处于两个稳定状态:开态和关态。

晶闸管的关态相应于伏安特性正向分支零点与开关点之间的区段,把开关点理解为伏安特性上微分负阻等于零,而晶闸管上电压达到最大值的点。在关态(图 9-1 中伏安特性 1 段)可以向晶闸管施以较大的电压,而这时电流很小。

晶闸管的开态相应于伏安特性正向分支的低压和低阻段(图 9-1 中伏安特性 2 段)。伏安特性的 1、2 段之间是不稳定状态的过渡段,特别是当晶闸管外电路电阻很小时,不稳定性明显出现。这时晶闸管沿虚线从关态到开态来回转换,其斜率通常由很小的负载电阻决定。

通过的电流维持使集电结正偏所必需的基区过剩电荷,晶闸管将处于开态。如果晶闸管电流减小到某个小于维持电流 I 的值,则晶闸管基区中非平衡载流子数量因复合和扩散而减少,集电结处于反偏,晶闸管结构整流结上的电压降发生再分布,发射区的注入减少,晶闸管转变为关态。因此,晶闸管的维持电流是使晶闸管保持开态所必需的最小电流。

在如图9－1所示的两个彼此相联的晶体管中,集电极直流电流可利用晶体管一维理论模型参数由发射极电流表示为

$$I_{\pi 2} = \bar{\alpha}_1 I_{\pi 1} + \bar{\alpha}_2 I_{\pi 3} + I_{CBO} \tag{9－1}$$

式中,$I_{\pi 1}$、$I_{\pi 2}$ 和 $I_{\pi 3}$ 是经过第一、第二和第三个pn结的电流;$\bar{\alpha}_1$ 和 $\bar{\alpha}_2$ 分别是两个晶体管一维理论模型的静态发射极电流传输系数;I_{CBO} 为集电结反向电流,它是构成晶闸管结构的两个晶体管共有的。

2. 关断状态

处于关态的晶闸管中,电子和空穴的分布如图9－2(a)所示。其中,除了从发射区流向相邻基区的载流子以外,还考虑到载流子从基区向发射区的注入和载流子在发射结中的复合。在关态,向每个基区中注入的少子只有一小部分到达集电结,形成集电极反向电流的基本机构是集电结中载流子的产生。图9－2中给出了外电源降落在3个pn结上电压的极性。

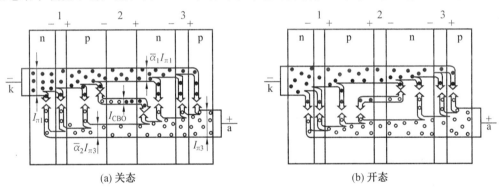

图9－2　经过二极晶闸管结构的载流子流示意图

对于双电极结构的二极晶闸管,由于必须实现电流的平衡,因此经过所有结的总电流应该是彼此相等的,即

$$I_{\pi 1} = I_{\pi 2} = I_{\pi 3} = I_a \tag{9－2}$$

这时,晶闸管的阳极电流为

$$I_a = \frac{I_{CBO}}{1 - \bar{\alpha}} \tag{9－3}$$

式中,$\bar{\alpha} = \bar{\alpha}_1 + \bar{\alpha}_2$ 是晶闸管结构的总静态电流传输系数。

式(9－3)是晶闸管关态的伏安特性方程。应注意到,晶体管静态发射极电流传输系数由于发射结中复合的影响而减小,由于基区中大注入自建电场的作用而随发射极电流增大而增大。同时,发射极电流传输系数还由于基区宽度的减小和集电结中雪崩倍增因子的增大而随集电结上电压的提高而增大。当关态的晶闸管的电压和相应的电流增大时,这4个物理因素引起晶闸管结构的总静态电流传输系数增大。

当总静态传输系数等于1时,根据式(9－3),晶闸管的阳极电流趋于无穷大,即二极晶闸

管由关态转换到开态。当然,转换时晶闸管的电流应该是由负载电阻限制的,否则晶闸管可能被损坏。

3. 状态转换的条件

在晶闸管的转折点,微分电阻等于零。下面讨论一下晶闸管微分电阻能够等于零的条件。

在晶闸管转换到开态之前,实际上施于晶闸管的全部电压都降落在集电结上。考虑到式(9−2),将式(9−1)对电压求导,并认为

$$\frac{\mathrm{d}\bar{\alpha}(I,V)}{\mathrm{d}V} = \frac{\partial\bar{\alpha}}{\partial I}\frac{\partial I}{\partial V} + \frac{\partial\bar{\alpha}}{\partial V}$$

得到

$$r = \frac{\mathrm{d}V_a}{\mathrm{d}I_a} = \frac{1 - \left(\bar{\alpha}_1 + I_a\frac{\partial\bar{\alpha}_1}{\partial I_a}\right) - \left(\bar{\alpha}_2 + I_a\frac{\partial\bar{\alpha}_2}{\partial I_a}\right)}{\frac{\partial I_{\mathrm{CBO}}}{\partial V_a} + I_a\left(\frac{\partial\bar{\alpha}_1}{\partial V_a} + \frac{\partial\bar{\alpha}_2}{\partial V_a}\right)} \qquad (9-4)$$

式(9−4)中分子的括号中是晶体管一维理论模型发射极电流传输系数的微分形式。实际上,$I_C = \bar{\alpha}I_E + I_{CBO}$。因此,晶体管一维理论模型的微分发射极电流传输系数 $\alpha = \partial I_C/\partial I_E = \bar{\alpha} + I_E(\partial\bar{\alpha}/\partial I_E)$。于是,由式(9−4)可得出结论,晶闸管由关态向开态的转换应该发生在晶闸管结构总微分电流传输系数等于1的条件下,即

$$\alpha = \alpha_1 + \alpha_2 = 1 \qquad (9-5)$$

这个条件通常比构成晶闸管结构的两个晶体管的静态电流传输系数等于1的条件更早些得到满足,因为微分的传输系数比静态的大一些。

微分电流传输系数略微超过1意味着集电极电流的增量大于发射极电流的增量。正是在这种条件下,p基区带正电,而n基区带负电。基区中过剩的电荷减小了集电结上的电压,因此也减小了整个晶闸管结构上的电压,这相应于晶闸管伏安特性的过渡段——微分负阻段。

当二极晶闸管由关态向开态转换时,由于流过的电流增大,总微分电流传输系数减小,因此,式(9−5)不仅可以当作晶闸管由关态向开态转换的条件,而且可看作其过渡段上的伏安特性方程。事实上,组成晶闸管的晶体管微分电流传输系数的总和在转换时略微超过1。

4. 开启状态

在开态,晶闸管结构总电流传输系数的值超过1,即大部分由发射区注入的载流子到达集电结。当经过二极晶闸管的电流稳定下来时,对于开启状态也应该保持电流的平衡。因此,必须假定空穴经过集电结由p基区注入n基区,而电子在另一个方向上注入(图9−2(b))。相应于集电结正偏的这个假设意味着处于开态的晶闸管结构的整个截面上,不同符号的载流子总通量是相等的。由于在晶闸管转换过程中基区积累过剩的多子电荷,因此集电结是正偏的。

处于开态的二极晶闸管上的电压降是所有pn结上(考虑到集电结上电压极性的反转)、各个区域体电阻上(主要是轻掺杂区的)及欧姆结上电压的总和。

5. 二极晶闸管上的反向电压

当晶闸管被施加反向电压,即当阳极上为负电位时,发射结反偏,集电结正偏,这时不具备状态转换的条件。反向电压或是由发射结的雪崩击穿限制,或是由于反偏的发射结之一扩展到整个轻掺杂基区的宽度而出现结的穿通效应限制。

6. 带有分流发射结的二极晶闸管

为了获得所谓的硬开关特性，即从关态到开态，每一次转换都具有同样的开启电压，可以采用如图 9-3 所示的分流发射结结构。

根据式(9-5)，晶闸管从关态向开态的转换发生在总微分电流传输系数增长到 1 时。同时，组成晶闸管的每个晶体管结构中，发射极电流传输系数可能在较小的电压和电流下就已经接近 1 了。为了减

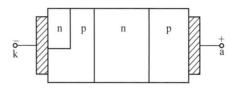

图 9-3　带有分流发射结的二极晶闸管结构

小传输系数的起始值，把晶闸管的一个基区做得相当宽(达 200 μm)。为了减小另一个晶体管的发射极电流传输系数，把它的发射结用相邻基区的体电阻分流。通常通过使其一个电极(如阴极)不仅覆盖在发射区上，而且部分地覆盖在相邻的基区表面上的方法来实现这种分流。分流作用保证电流传输系数值在晶闸管上电压较小时很小，因为这时几乎全部电流都流过分流的基区电阻，而不经过左边的发射结，因为在小电压下，它有相当大的电阻。当晶闸管上的电压较大时，左边发射结的电阻变得小于分流的基区电阻。这意味着，几乎全部电流将流过发射结，并且将是由少子向相邻区注入引起的。

分流作用首先提高了晶闸管的开启电压值；其次，当发射结分流时，得到更明显的电流传输系数与电压和电流的依赖关系。因此，带有分流发射结的晶闸管将有所谓的硬开关特性。相反，当电流传输系数与电压和电流的依赖关系较弱时，晶闸管从关态向开态的转换可能在不同的开启电压下进行，即所谓的软开关特性。

9.1.2　三极晶闸管

三极晶闸管(三端 npnp 开关)是一种具有两个主电极和一个控制极的晶闸管。

欲使三极晶闸管从关态转换到开态也必须在基区中积累非平衡载流子。在二极晶闸管中，当电压升至开启电压时，这种非平衡载流子的积累通常由于经过发射结的注入水平提高，或是由于集电结中的碰撞电离而发生。在三极晶闸管中，从一个基区上引出控制端，通过施加相对于阴极为正的控制极电压使与这个基区相邻的发射结的注入水平提高(图 9-4(a))。因此，即使在不大的阳极电压下，三极晶闸管也可以在必要的时刻从关态转换到开态(图 9-4(c))。

三极晶闸管借助于在控制极上施加正向电压或者电流而转换，可以从另一种观点表示为 npn 晶体管结构在较大的基极电流下向饱和状态的过渡。这时晶体管结构的集电结(它也是晶闸管的集电结)处于正向偏置。

三极晶闸管中电流的平衡可以类似于式(9-1)写出，但考虑到流过左边发射结(图 9-4(a))的是基本电流和控制电流的总和，即

$$I_a = \bar{\alpha}_1(I_a + I_y) + \bar{\alpha}_2 I_a + I_{CBO} \tag{9-6}$$

或者

$$I_a(1 - \bar{\alpha}_1 - \bar{\alpha}_2) = I_{CBO} + \bar{\alpha}_1 I_y \tag{9-7}$$

于是，三极晶闸管关态的伏安特性方程为

$$I_a = \frac{I_{CBO}}{1 - \bar{\alpha}_1 - \bar{\alpha}_2} + \frac{\bar{\alpha}_1}{1 - \bar{\alpha}_1 - \bar{\alpha}_2} I_y \tag{9-8}$$

其中 $\bar{\alpha}_1 + \bar{\alpha}_2 < 1$，而阳极电流 I_a 取决于控制极电流 I_y（图 9-4(c)）。

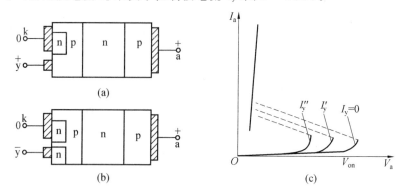

图 9-4 三极晶闸管结构及其伏安特性

三极晶闸管从关态向开态转换的条件可以类似于二极晶闸管转换条件得到，即微分并变换后得到

$$\bar{\alpha}_1 + \bar{\alpha}_2 + I_y \frac{\partial \bar{\alpha}_1}{\partial I_a} = 1 \qquad (9-9)$$

在三极晶闸管的转换条件式(9-9)中，第一个晶体管结构的微分发射极电流传输系数 α_1 取决于发射结上的电压，同时还取决于阳极电流和控制电流；第二个晶体管结构的 α_2 只取决于集电极电压和基本电流。

从式(9-9)可见，三极晶闸管的开启电压取决于控制电流。如果较大的正向控制电流通过控制极，则当晶闸管阳极电压较小时，公式也可以成立。此外，由式(9-9)可以证明从三极晶闸管窄基区引出控制端的合理性，因为控制窄基区晶体管结构的发射极电流传输系数比控制宽基区的容易得多。

开态时通过晶闸管的阳极电流很大，因此，控制极电流对伏安特性上相应于开态的区段实际上没有影响。

控制极不仅可以做在窄基区上，也可以做成具有附加的 pn 结的形式（图 9-4(b)）。当控制极电压相对于阴极的极性一定时，附加的结是正偏的，少子（对于相邻基区的）将经过这个结进行注入，随后积累在另一个基区中。这个过程可以引起三极晶闸管向开态的转换。

控制极与离阴极最近的 n 区相连，并且当控制极上相对于阴极加上负信号时转换到开态的晶闸管称作 n 型注入控制极晶闸管。

如图 9-4(b) 所示的三极晶闸管也可以看作两个具有公共阳极、一个发射区和两个基区的二极晶闸管。一个晶闸管的结构是带有分流发射结的。因此，这个晶闸管的开启电压比可控晶闸管的大。当在控制极上（即可控晶闸管的阴极上）加上负电位时，可以把它从关态转换到开态。由于两个结构具有公共区域，因此当可控晶闸管转换时，这个晶闸管也处于开态。

9.1.3 反向导通晶闸管

反向导通晶闸管是一种在负的阳极电压下反向导通的晶闸管。前述二极和三极晶闸管不能反向导通，这些晶闸管的反向电流直至达到击穿电压都很小。

反向导通晶闸管可以是二极的或三极的，其结构的共同特点是所有发射结都被相邻基区的体电阻分流（图 9-5(a)(b)），为了减小高阻基区的分流电阻（图 9-5 中的 n 基区）而把它与发射结相邻的表面层掺入相应的杂质。

由于这种分流作用,当晶闸管上为反向电压时(阳极上为负电位),整个发射结都被相当小的电阻短路,而集电结是正偏的。因此,经过反向导通晶闸管的反向电流在较小的反向电压下就很大(图9-5(c))。

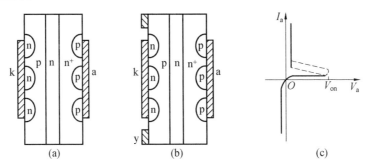

图9-5　发射结分流的二极和三极反向导通晶闸管结构及其伏安特性

构成晶闸管的两个晶体管结构的发射极电流传输系数都很小,这也是整个发射结被有源分流的结果。因此,当晶闸管上为正向电压时,集电结中的碰撞电离将是引起非平衡载流子在基区积累和晶闸管从关态转换到开态的基本物理过程。在分析和计算这种晶闸管(甚至很多其他不能反向导通晶闸管)的特性和参数时,要考虑到的主要是雪崩倍增因子 M 随集电结电压的变化。例如,二极晶闸管结构由关态向开态转换的条件式(9-5)可以展开为下面的形式,即

$$\alpha = \alpha_0 M = \frac{\alpha_0}{1-\left(\frac{V_{on}}{V_B}\right)^b} = 1$$

式中,α_0 是小电压下,即不考虑集电结中的雪崩倍增时,晶闸管结构总的微分电流传输系数。

因此,二极晶闸管的开启电压为

$$V_{on} = V_B \sqrt[b]{1-\alpha_0} \tag{9-10}$$

9.1.4　双向晶闸管

双向二极晶闸管(二端交流开关元件)是一种无论向正向还是向反向都能够转换的双极晶闸管;双向三极晶闸管(三端双向可控硅元件)是一种当其控制极加上信号时,无论正向还是反向都可导通的三极晶闸管。

双向二极晶闸管的结构由导电类型交替的 5 个区域组成,它们构成了 4 个 pn 结(图9-6(a))。边上的结是被相邻 p 区的体电阻分流的。

如果在这种晶闸管上施加使 n_1 区为正电位,n_3 区为负电位的电压,pn 结 1 是反偏的,通过它的电流将小得可以忽略不计。在这种外加电压极性下,经过晶闸管的总电流将通过 p_1 区的分流电阻。第 4 个 pn 结将是正偏的,并将通过它进行电子的注入。在所取的外电压极性下,晶闸管的工作区是 pnpn 结构,其中可以进行那些在通常的二极晶闸管中引起晶闸管在关态和开态之间的转换过程。

当外电压极性改变时,第 4 个 pn 结变成反偏的,并因此而具有较大的电阻,将被 p_2 区相当小的电阻分流。于是,在这种外电压的极性下,晶闸管的工作区是能够在关态和开态之间来回

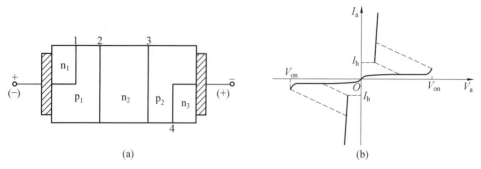

图 9-6 双向晶闸管的结构及其伏安特性

转换的 npnp 结构。

因此,双向二极晶闸管可以认为是两个相对连接,并当所施加电压极性不同时互相分流的二极晶闸管。这种晶闸管的伏安特性在不同极性的外加电压下是一样的(图 9-6(b))。

双向三极晶闸管具有在一定方向的控制极电流下,或是在任意方向的控制极电流下都能从关态转换到开态的结构(图 9-7)。在后一种情况下,基本电极应该保证其相邻的 pn 结的分流作用,而且控制极也应该有既与 p 区,也与附加的 n 区相连的欧姆结。在这些条件下,相对邻近的基本电极符号不同的电势加在控制极上将或改变 p 区电位,或保障附加 n 区的电子注入。

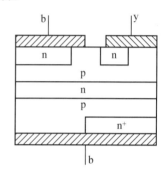

图 9-7 双向三极晶闸管结构

9.2 异质结双极晶体管

异质结双极晶体管(Heterojunction Bipolar Transistor,HBT)是在双极结型晶体管(BJT)的基础上,将发射区改用更宽带隙的半导体材料,形成异质发射结的新型器件。肖克莱于 1951 年提出这种晶体管的概念,最初被称为"宽发射区"晶体管,直到 20 世纪 70 年代初期才伴随着薄膜制备技术而迅速发展起来。由于异质发射结的发射效率主要取决于两侧材料禁带宽度之差,因此可以提高基区和降低发射区的掺杂浓度,使 HBT 得以减小基区宽度。降低基区电阻,抑制基区电导调制效应和减小基区宽度调制效应,降低发射结势垒电容。这些特点使 HBT 同时具有高性能的微波及数字功能,使其成为处理高速数字信号或数字调制的微波信号的首选器件之一。

图 9-8 为一理想情况下宽发射区、窄基区 HBT 的突变发射结的能带图。禁带宽度不等的两种材料具有相等的电子亲和势($\chi_1 = \chi_2$)。

参照式(2-24)和式(2-26),可以方便地写出在正向偏压 V_{eb} 作用下通过此异质结的电子电流和空穴电流分量分别为

$$J_{ne} = \frac{qD_{nb}n_b^0}{W_b}(e^{qV_{eb}/kT} - 1) = \frac{qD_{nb}}{W_b} \cdot \frac{n_{ib}^2}{N_B}(e^{qV_{eb}/kT} - 1) \tag{9-11}$$

$$J_{pe} = \frac{qD_{pe}p_e^0}{L_{pe}}(e^{qV_{eb}/kT} - 1) = \frac{qD_{pe}}{L_{pe}} \cdot \frac{n_{ie}^2}{N_E}(e^{qV_{eb}/kT} - 1) \tag{9-12}$$

式中,n_{ib}、n_{ie} 分别是基区和发射区的本征载流子浓度。若近似认为基区和发射区导带和价带

的有效态密度 N_{cb}、N_{ce}、N_{vb} 和 N_{ve} 满足 $N_{cb}N_{vb}=N_{ce}N_{ve}$，则

$$n_{ie}^2 = n_{ib}^2 e^{-\Delta E_g/kT} \tag{9-13}$$

式中，ΔE_g 为发射区与基区材料禁带宽度之差。

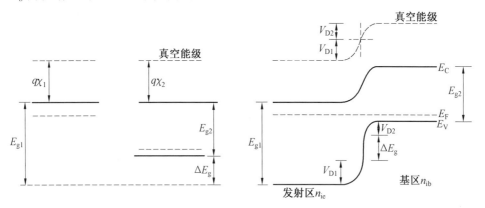

图 9-8 理想异质发射结的能带图

于是，可得此 HBT 的发射效率为

$$\gamma = \left(1 + \frac{D_{pe}W_b N_B}{D_{nb}L_{pe}N_E} e^{-\Delta E_g/kT}\right)^{-1} \tag{9-14}$$

与普通双极晶体管相比，此处第二项多出因子 $e^{-\Delta E_g/kT}$，表明在较低的发射区掺杂和较高的基区掺杂浓度情况下，HBT 也可保证较高的发射效率。

在忽略基区复合和发射结势垒复合的条件下，该 HBT 的共发射极电流增益可表示为

$$\beta = \frac{D_{nb}W_e N_E}{D_{pe}W_b N_B} e^{\Delta E_g/kT} \tag{9-15}$$

在实际的 HBT 中，更为普遍的情况是 $\chi_1 \neq \chi_2$，这时的发射结能带图将出现如图 9-9 所示的导带尖峰。尖峰高度（导带底能量突变）$\Delta E_C = q(\chi_1 - \chi_2)$，并且有

$$\Delta E_g = E_{g1} - E_{g2} = \Delta E_C + \Delta E_V \tag{9-16}$$

这种 HBT 的共发射极电流增益为

$$\beta = \frac{D_{nb}W_e N_E}{D_{pe}W_b N_B} e^{\Delta E_V/kT} \tag{9-17}$$

比较式(9-15)和式(9-17)可见，异质发射结晶体管的电流增益比普通双极晶体管电流增益大一个指数因子 $e^{\Delta E/kT}$，其中 ΔE 可统一为价带顶能量突变 ΔE_V。

与常规 BJT 相比，HBT 有如下优点：

(1) 发射效率高，这是电子势垒和空穴势垒不对称的结果；

(2) 由于指数因子的存在，因此可在较低的发射区掺杂和较高的基区掺杂情况下保证较高的发射效率和电流增益；

(3) 发射区掺杂低，则发射结电容小，f_T 得以提高，噪声特性好；

(4) 基区掺杂高，可降低基区电阻 r_b，f_M 得以提高；

(5) 有利于缓解大电流下的基区电导调制效应和发射极电流集边效应；

(6) 基区不易穿通，从而基区宽度可以很小（不限制器件尺寸的缩小）；

(7) 基区电荷对 cb 结电压不敏感，则 Early 电压得以提高；

(8) 可以做成基区组分缓变的器件，则基区中有内建电场，从而载流子渡越基区的时间 τ_b

得以减短;

(9) 可选用高温性能好的材料制作,如 AlGaAs/GaAs HBT 可以工作在 300 ℃。

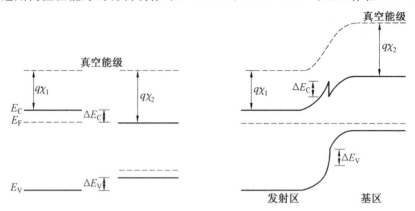

图 9-9　GaAlAs/GaAs 异质发射结能带图

综上分析,HBT 的最大优势在于它解决了普通 BJT 在超高频、超高速应用时的固有矛盾。对普通的 BJT,要实现超高频、超高速,必须降低 C_{Te} 和 r_b,而这与提高放大系数是矛盾的。在 HBT 中,采用合理的异质结构,保证了在降低发射区掺杂以减小 C_{Te}、提高基区掺杂以减小 r_b 之后,晶体管仍然有足够高的电流增益,从而使其在当今微波、毫米波及高速器件领域中占据着重要的地位。

异质结双极晶体管类型很多,主要有以下几种:

(1) SiGe 异质结双极晶体管;

(2) GaAlAs/GaAs 异质结晶体管;

(3) npn 型 InGaAsP/InP 异质结双极晶体管;

(4) npn 型 AlGaN/GaN 异质结双极晶体管等。

图 9-10 为典型的 npn 台面型 GaAlAs/GaAs 异质结晶体管的结构和杂质剖面图。这种"反常"的杂质剖面能大幅度减小发射结电容(低发射区浓度)和基区电阻(高基区浓度),最上方的 n^+-GaAs 顶层用来减小接触电阻。这种晶体管的主要电参数水平已达到:电流增益 $h_{fe}=1\,000$,击穿电压 $BV=120$ V,特征频率 $f_T=15$ GHz。它的其他优点是开关速度快和工作温度范围宽(−269 ~ +350 ℃)。

除了 npn 型 GaAs 宽发射区管外,还有双异质结 npn 型 GaAs 管、以金属做集电区的 npn 型 GaAs 和 pnp 型 GaAs 晶体管等。另一类重要的异质结晶体管是 npn 型 InGaAsP/InP 晶体管。InGaAsP 具有比 GaAs 更高的电子迁移率,并且在光纤通信中有重要应用。

随着 Si 超薄外延技术的发展,高质量 Ge_xSi_{1-x}/Si 应变超晶格层的制作成功,Ge_xSi_{1-x}/Si 异质结器件崭露头角。Si 和 Ge 可按任意比例生成合金,合金的晶格常数遵守 Vegard 定律,而合金的禁带宽度小于 E_{gSi},因此可用 SiGe 合金做基区,用 Si 做发射区和集电区制成双异质结晶体管。同样,Si/SiGe 异质结的 ΔE_V 也随合金组分而变。把 Si/SiGe 用于 HBT 有两方面好处:一是可充分利用成熟的平面工艺来制作;二是可方便地通过改变 Ge 的含量来调整 SiGe 基区的禁带宽度和设置基区加速电场。与 Si BJT 相比,Si HBT 尺寸小、工作速度高,且可在同一衬底上集成电子器件与光电子器件;与 GaAs 系 HBT 相比,其成本低、工艺简单、成熟,故此类器件有诱人的应用前景。

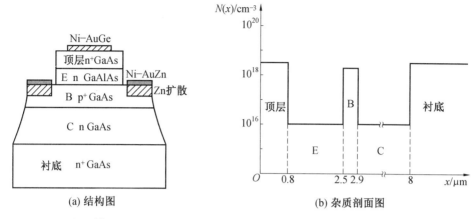

图 9-10 npn-GaAlAs/GaAs 晶体管的结构和杂质剖面

另外，含氢非晶硅（α-Si:H）与单晶硅构成的异质结，其 $\Delta E_g = 0.55$ eV，$\Delta E_V = 0.43$ eV。用 n^+-α-Si:H 做发射区的 npn HBT，其特征频率达 5.5 GHz，最高振荡频率可达 7.5 GHz。

无定形含氢碳化硅（α-SiC:H）和单晶硅有着十分接近的电子亲和势，但有比 α-Si:H 更宽的带隙（1.8 eV）和更好的热稳定性、化学稳定性和机械强度。构成 α-SiC:H/Si 异质结时，$\Delta E_C = 0.13$ eV，$\Delta E_V = 0.57$ eV。

构成硅基 HBT 的宽发射区材料还有多晶硅、半绝缘多晶硅、单晶态 SiC（β-SiC）等。它们构成的 HBT 基本结构和基本工作原理都是一样的，只是因能带的具体参数不同导致器件性能的差异。

与同质结 BJT 一样，利用外延技术也可以制成各种杂质分布的 HBT，如：eb 结、cb 结均突变，基区均匀；eb 结、cb 结均缓变，基区均匀；eb 结、cb 结缓变，基区也缓变等类型。

9.3 静电感应晶体管

静电感应晶体管（Static Induction Transistor，SIT）诞生于 1970 年，实际上是一种结型场效应晶体管。它是在普通结型场效应晶体管基础上发展起来的单极型电压控制器件，有源、栅、漏三个电极，它的源漏电流受栅极上的外加垂直电场控制。静电感应晶体管是一种多子导电的器件，适用于高频大功率场合，可用于高保真度的音响设备、电源、电机控制、通信机以及雷达、导航和各种电子仪器中。

与双极型晶体管相比，SIT 具有以下优点：
(1) 线性好，噪声小，用 SIT 制成的功率放大器在音质、音色方面均优于 BJT；
(2) 输入阻抗高，输出阻抗低，可直接构成 OTL 电路；
(3) SIT 是一种无基区晶体管，没有基区少子存储效应，开关速度快；
(4) SIT 是多子器件，在大电流下具有负温度系数，具有温度自平衡作用，抗烧毁能力强；
(5) 无二次击穿效应，可靠性高；
(6) 低温性能好，在 -196 ℃ 下工作正常；
(7) 抗辐照能力比双极晶体管高 50 倍以上。

静电感应晶体管结构形式主要有埋栅结构、表面栅结构、槽栅和介质覆盖栅结构等几种形式。埋栅结构是典型结构(图 9-11),利用二次外延将栅条埋在体内,适用于低频大功率器件,需要刻蚀台面以便从不同层面引出源、栅电极;表面栅结构适用于高频和微波功率 SIT(图 9-12);槽栅结构可防止因 p^+ 栅自掺杂而产生的表面反型,同时可减小输入电容以改善频率特性(图 9-13);介质覆盖栅结构适用于低频大功率器件,更适合于高频和微波功率器件,这种结构(图 9-14)在栅体上盖有多晶硅和二氧化硅的厚层复合绝缘介质(器件是通过低温硅烷同步外延生长而制成的),有很小的栅-源电容 C_{gs}(输入电容)和栅电阻 R_G,有良好的沟道夹断可调控性,因此有高的阻断增益。这些结构的共同特点是栅区之间的距离很小(一般在 2 μm 以下),以致在栅压为零时,栅-沟 pn 结空间电荷区已使沟道充分夹断,从而使器件成为常闭型。

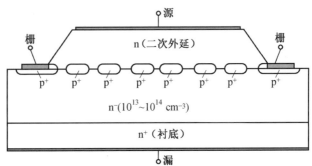

图 9-11　隐埋栅垂直沟道静电感应晶体管结构示意图

静电感应晶体管和一般场效应晶体管(FET)在结构上的主要区别是:

(1) 静电感应晶体管沟道区掺杂浓度低,为 $10^{12}\sim 10^{15}$ cm^{-3},FET 中则为 $10^{15}\sim 10^{17}$ cm^{-3};

(2) 静电感应晶体管具有短沟道,在输出特性上,前者为非饱和型特性,后者为饱和型五极管特性。

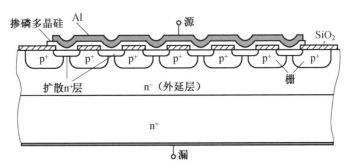

图 9-12　表面栅垂直沟道静电感应晶体管结构示意图

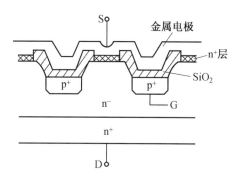

图 9-13 槽栅结构 SIT 示意图

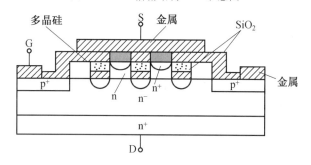

图 9-14 介质盖栅结构剖面图

零栅压下两个相邻栅结空间电荷区的交叠,形成了电子穿过沟道运动的势垒,如图 9-15(a)所示。当在漏源间加电压 V_{DS} 时,电势叠加的结果使沟道中电子势能将按图 9-15(b) 中曲线 b 分布。可见,此时电子势垒依然存在,不过势垒的高度已大为减小。

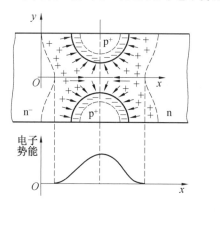

(a) $V_{DS}=0$ 时的电力线分布和电子势能分布

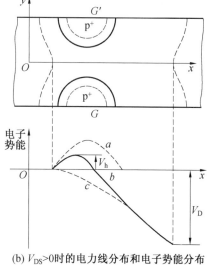

(b) $V_{DS}>0$ 时的电力线分布和电子势能分布

图 9-15 静电感应晶体管中沿沟道中心线电子势垒的形成

实际上,SIT 沟道中电子势能分布是二维的,如图 9-16(a)所示,势垒高度介于零与栅源电位差之间(图 9-16(b))。两栅距离越小,势垒高度 V_h 越接近于栅源电位差($V_{GS}-V_D$)。可见,SIT 沟道中电子势垒的高度既受漏源电压控制,也受栅源电压控制。

为了深入理解 SIT 的工作原理,图 9-17 给出了 JFET、SIT 和 BJT 这三类器件的耗尽层形

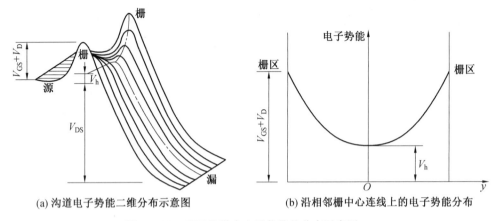

图 9-16 SIT 沟道中电子势能的分布示意图

状、电子势能分布及电流-电压特性。若在制造 SIT 时 p^+ 栅区的距离充分大,零栅压时栅 pn 结空间电荷区不交叠,则存在有中性导电沟道,这就是常规的 JFET(常开型),如图 9-17(a) 所示。此时电流引起的压降使沟道中的电子电势能从源到漏单调下降,不会形成势垒;当漏源电压增大到使漏端沟道夹断时,也只是改变沟道中电势的具体分布,并不会产生势垒。由于沟道夹断,所增加的外加电压将主要降落于夹断区,对中性沟道区影响不大,因此漏极电流达到饱和,如图 9-17(c) 所示。反之,若 p^+ 栅区距离近得完全连通,则构成了 npn 型 BJT,如图 9-17(g) 所示。此时"沟道"中有很高的势垒,其高度等于总栅源电位差。由于 p^+ 区(基区)有一定的宽度,集电结耗尽层达不到发射结势垒区,集电结电压不能调制发射结势垒高度,因此漏电压(此时为 V_{ce})不能控制 I_e。由此可以说 SIT 是一种栅距离介于 JFET 和 BJT 之间的过渡器件,这种中间结构使其在零栅压下沟道中存在着受漏源电压调制的多子势垒。实际上,对于 JFET,当负栅压足够高以致使漏源势垒穿通时,漏源电压也能调制势垒高度。从这个意义上讲,又可以把 JFET 和 BJT 看作 SIT 的两种极端情形。

从讨论电子势垒高度的变化入手,可以方便地解释如图 9-17(f) 所示 SIT 的伏安特性。

当 $V_{GS}=0$ 且漏源电压 V_{DS} 较小时,电子受到较高的沟道势垒的阻挡,几乎不能形成电流;当 $V_{DS}>0$ 且逐渐增大时,势垒高度降低,将有较多的大能量电子越过势垒,开始形成电流;当 V_{DS} 大到使势垒高度足够低时则有明显的漏极电流,并随 V_{DS} 增加呈指数关系上升(这个过程与 pn 结正向注入十分相似,但此时电子是越过势垒而不是爬上势能高坡)。

当 $V_{GS}<0$ 时,势垒高度随栅源电位差的增大而升高。这时为有足够的电子越过势垒,就必须升高 V_{DS} 以把势垒高度降到所需的高度。因此,出现了图 9-17(f) 中所表现出来的随着 V_{GS} 向负方向增高,相同 V_{DS} 下 I_{DS} 减小或相同 I_{DS} 下 V_{DS} 升高的变化趋势。

由上面分析可知,SIT 的工作原理是建立在 V_{GS} 和 V_{DS} 都能控制电子势垒高度这一基本事实上的。也正是基于漏压和栅压都能通过电场影响电子势垒的高度这一类似静电感应的现象,才把这种特殊的场效应器件命名为静电感应晶体管。SIT p^+ 栅区间的最大距离可以利用单边突变结空间电荷区宽度计算公式,并令 $V=0$ 方便地估算出来。

以上所讨论的是 SIT 栅 pn 结处于零偏或反偏状态的情况。若使 SIT 栅结处于正偏状态,栅区将向沟道注入空穴(少子)并形成一定的积累。为满足电中性条件,必然同时有等量的电子积累在沟道中,这相当于形成了一个"基区",这时的 SIT 有很好的电流放大作用。这种用作电流放大的工作模式与双极晶体管一样,因此称为双极模式静电感应晶体管(Bipolar Static Induction Transistor,BSIT)。如图 9-18 所示为 BSIT 与双极型晶体管极为相似的输出特性。BSIT 实际上只是把 SIT 的原始沟道做得更窄,使得在栅电压为 0 时即已形成了电子势垒。因此,只有在加上正栅偏压使势垒降低才能产生导电的沟道。由于未加栅压时 BSIT 是一个基区宽度为零的或者说基区多子已经耗尽的双极晶体管,因此 BSIT 又被称为耗尽基区晶体管(Depleted Base Transistor)。

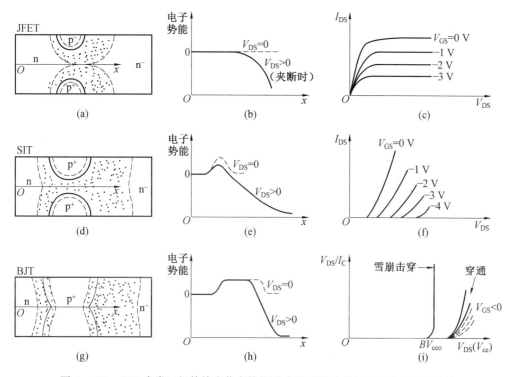

图 9-17 SIT 中类三极管输出伏安特性形成的原因及其与 JFET、BJT 的比较

BSIT 集中了 BJT、JFET 和增强型 MOST 的优点,同时具有"常闭"特性、负的电流温度系数(大电流时)和低输入阻抗这三个特点,因此很适合于制作电流控制功率开关管。

BSIT 在小电流下有极高的电流放大倍数,甚至在几十微安的工作电流下 h_{FE} 可高达数千倍。由于可以在极小电流下应用,而且是多子器件,噪声系数也较低,因此 BSIT 也适于作微功耗低噪声放大器用。

在 SIT 的漏极层上附加一层与漏极层导电类型不同的发射极层,可得到静电感应晶闸管

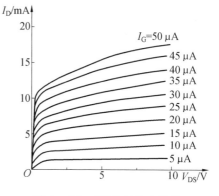

图 9-18 BSIT 的输出特性

SITH(Static Induction Thyristor),其工作原理与 SIT 类似,门极和阳极电压均能通过电场控制阳极电流,因此 SITH 又称为场控晶闸管(Field Controlled Thyristor,FCT)。由于比 SIT 多了一个具有少子注入功能的 pn 结,因此 SITH 是两种载流子导电的双极型器件,具有电导

调制效应,通态压降低,通流能力强。它的工作电流密度及容量远比 SIT 高,可达门极可关断晶闸管(GTO)的水平,其开关性能(尤其是开通速度)则优于 GTO,是 20 世纪 80 年代出现的性能最优的大容量电力电子器件之一。

9.4 绝缘栅双极晶体管

绝缘栅双极晶体管(Insulated Gate Bipolar Transistor,IGBT)是集 MOST 和 BJT 的优点于一身的新型电力半导体器件,其基本结构、等效电路及电路符号如图 9-19 所示。从结构上看,IGBT 与 VDMOST 极为相似,二者的区别仅在于 VDMOST 的衬底为 n^+ 层,而 IGBT 的衬底为 p^+ 层(图 7-32)。IGBT 也可看作 MOS 栅控制的 pnpn 晶闸管,因此也称为 MOS 栅控晶闸管。

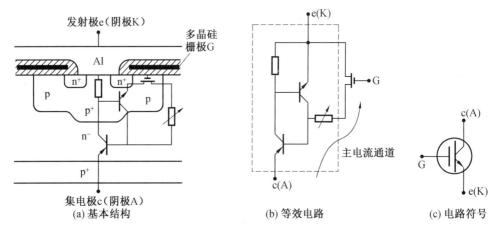

图 9-19 IGBT 的基本结构、等效电路和电路符号

当 IGBT 的栅电压 $V_G \geqslant V_T$ 时,在 p 区表面生成反型沟道,为 pnp 管提供基极电流,使 IGBT 导通;反之,沟道消失,IGBT 关断。可见,IGBT 的驱动方式与 MOST 基本相同,也具有高输入阻抗。

当 MOST 的沟道形成后,从 pnp 管发射区(p^+ 衬底)注入基区(n^- 区)的空穴对 n^- 层进行电导调制,使 IGBT 在高电压时仍具有较低的通态电压。

由等效电路可知,IGBT 的通态电压为

$$V_{CE(on)} = V_{BE} + I_{MOS}(R_{n-MOD} + R_{CH})$$

式中,V_{BE} 为 pnp 管 eb 结压降;I_{MOS} 为 MOSFET 的漏极电流;R_{n-MOD} 为受载流子调制的 n^- 层电阻;R_{CH} 为 MOSFET 的沟道电阻。

此时,I_{MOS} 即为 pnp 管的基极电流,故有

$$I_{MOS} = I_C/h_{FE}$$

此处 I_C 和 h_{FE} 分别表示 pnp 管的集电极电流和直流增益,IGBT 的总电流为

$$I_{IGBT} = I_{MOS} + I_C$$

可见,IGBT 的电流容量比 MOST 和 BJT 的都大,如图 9-20 所示。但由于 n^- 区中的少子电荷积累将减慢器件的关闭速度,因此这种器件宜用于低频大功率领域。但在电力系统应用领域,IGBT 还属于高速器件,如何提高速度是此类器件设计上的一大问题。

表 9-1 中对 IGBT 与功率 BJT、MOST 的特性进行了比较。

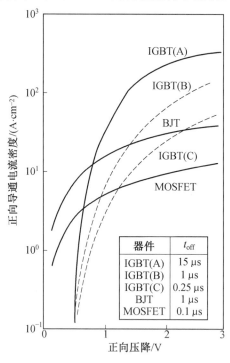

图 9-20　IGBT、MOSFET、BJT 的电流容量比较

表 9-1　功率 BJT、MOS 和 IGBT 的特性比较

特性	功率 BJT	MOS	IGBT
工作机理	少数载流子导电	多数载流子导电	少子、多子混合导电
伏安特性	常关电流控制； 指数伏安特性； $I_C \propto L_E$（发射极周长）	常关电压控制； 低电流区平方伏安特性， 高电流区线性伏安特性； $I_D \propto W_D$（沟道宽度）	常关电压控制； 大电流指数伏安特性，小电流 MOS 伏安特性； I_D 决定于沟道宽度和栅有效面积
电流容量	不能简单并联，需采用镇流电阻等措施	不产生电流集中，能简单并联	不产生电流集中，能简单并联
耐压能力	采用深结、台面等终端技术	采用场板、分压环等平面终端技术	采用场板、分压环等平面终端技术
输入阻抗	小，要求较大的基极电流，故驱动电路设计复杂	大，驱动电路设计简单	大，驱动电路设计简单
跨导	β 换算成 g_m 较 MOS 大，但 I_C 上升，g_m 下降	受沟道宽长比限制，I_D 上升，g_m 下降	跨导大

续表 9—1

特性	功率 BJT	MOS	IGBT
导通电阻 R_{on}	受集电区外延层限制,较 MOS 小,I_C 上升,R_{on} 增大	受沟道电阻 R_{ch} 和漏区高阻层限制,R_{on} 较大,但 I_D 大时,R_{on} 比 BJT 小	少子在漂移区的电导调制使 R_{on} 下降
开关特性	少子存储效应,限制开关速度	多子漂移,无存储效应,开关速度较 BJT 高一个数量级	少子存储,限制开关速度,适于 50 kHz 低频工作
安全工作区(ASO)	受二次击穿影响,ASO 小	无二次击穿,ASO 大	无二次击穿,ASO 大
V_T	导通电压由工艺参数决定	V_T 取决于沟道掺杂	V_T 取决于沟道掺杂
温度特性	电流温度系数为正,会发生热崩	温度系数为负,稳定性好	调整结构参数,能使温度系数为零
工作频率	受基区少数载流子渡越时间限制	取决于多子的沟道区场漂移运动	受少子渡越及轻掺杂区电荷存储限制,工作频率较低

9.5 单结晶体管

单结晶体管(UniJunction Transistor,UJT)是一种只有一个 pn 结作为发射极而有两个基极的三端半导体器件,早期称为双基极二极管,其典型结构是以一个均匀轻掺杂高电阻率的 n 型单晶半导体作为基区,两端做成欧姆接触的两个基极,在基区中心或者偏向其中一个极的位置上用浅扩散法重掺杂制成 pn 结作为发射极,其结构、符号和等效电路如图 9—21 所示。

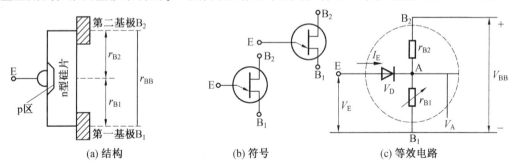

图 9—21 单结晶体管结构、符号和等效电路

当基极 B_1 和 B_2 之间加上电压 V_{BB} 时,电流从 B_2 流向 B_1,并在结处基区对 B_1 的电势形成反偏状态。当将一个信号加在发射极上,且此信号超过原反偏电势时,器件呈导电状态。一旦正偏状态出现,便有大量空穴注入基区,使发射极和 B_1 之间的电阻减小,电流增大,电势降低,并保持导通状态,改变两个基极间的偏置或改变发射极信号才能使器件恢复原始状态。因此,这种器件显示出典型的负阻特性,特别适用于开关系统中的弛张振荡器,可用于定时电路、控制电路和读出电路。

从两个基极到发射结处的电阻分别为 r_{B1} 和 r_{B2},则整个基片电阻 $r_{BB}=r_{B1}+r_{B2}$,它是单结晶体管的一个重要参数,称为基极间电阻。

在正常工作情况下,B_1 接地,B_2 对地加正电压 V_{BB}。当发射极开路时,B_2 极的电流为

$$I_{r2} = \frac{V_{BB}}{r_{BB}}$$

则基片中发射结所在位置的电位为

$$V'_E = V_{BB} \frac{r_{B1}}{r_{BB}} = \eta V_{BB}$$

式中,η 称为分压比,是单结晶体管的另一个重要参数。因为 $r_{BB} > r_{B1}$,所以 η 值小于1,通常为 0.5～0.8。

单结晶体管的基本电路和发射极的特性曲线如图 9－22 所示。如果发射极 E 接地,即 $V_E = 0$,由于 V_{BB} 的作用,I_{B2} 流过基片,$V'_E > 0$,因此发射结处于反向偏置,此时只有很小的反向电流 I_{EO} 流过发射极,如图 9－22(b) 中点 Ⅰ 所示。

当 V_E 由 0 逐渐增大时,发射结上的反向偏压减小,当 V_E 增加到 $V_E = V'_E$ 时,$I_E = 0$,如图 9－22(b) 中点 Ⅱ 所示。当 $V_E > V'_E$ 以后,发射结转为正向偏置,产生由 p 区向 n 区的空穴注入。对于硅管来说,在 $V_E - V'_E < 0.5$ V 时,注入效果并不明显,且 I_E 很小。但是,当 $V_E - V'_E$ 达到 0.5 V 左右时,注入的空穴数量显著。注入 n 型基片的空穴在 V_{BB} 形成的电场作用下,流向基极 B_1。与此同时,为了保持基片的电中性,必然有电子由基极 B_1 流入基片,使发射结至基极 B_1 间的载流子数目增加,从而使该区内的电阻率下降,即 r_{B1} 减小。r_{B1} 减小,导致 V'_E 下降,这样就使得发射结处于更大的正向偏置的作用下,产生更大的注入,发射极电流 I_E 随之加大,又将引起发射结与基极 B_1 间电阻进一步减小,V'_E 再下降。如此在器件内部形成了一个正反馈,其结果是发射极电流 I_E 急速增大,而 V'_E 不断降低。但是,因为正向偏置下的 pn 结的电压与电流呈指数关系变化,一般结电压在 0.8 V 以下,所以随着 I_E 增大,V'_E 降低,而结电压基本不变。于是,必然得出随 I_E 增大,V_E 下降的结论,即在特性曲线上存在一个负阻区。在负阻区出现之前有一个最大的 V_E 值,此点称为特性曲线的峰点,峰点电压和电流分别用 V_P 和 I_P 表示(图 9－22(b))。

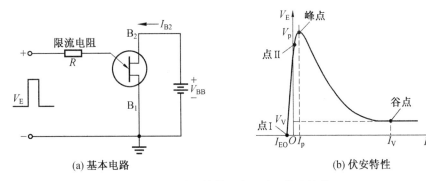

图 9－22　单结晶体管基本电路及伏安特性

另一方面,r_{B1} 也不可能无限制地下降到零,因为随着空穴注入的增加,复合作用也将加强,最终 r_{B1} 的值会趋近于一个常值,即在此值之后,电流与电压成正比,出现正阻区。在正、负阻区之间存在一个最小的 V_E 值,此点称作特性曲线上的谷点,谷点电压和电流分别用 V_V 和 I_V 表示(图 9－22(b))。

应该指出,当 V_{BB} 取不同值时,V'_E 的值不同,因此它将影响到 V_P 和 V_V 值。可见,调整基

极电压 V_{BB} 可以改变峰点和谷点的位置，这对使用者来说是很重要的。

利用单结晶体管可以制成弛张振荡器，这样的振荡器将产生非正弦的波形。这种振荡电路能用于触发可控硅整流器，使之导通。弛张振荡器的基本电路如图 9-23 所示，R_1、R_2 为外接电阻。当电源接入线路中时，电容 C 开始充电，C 两端电压逐渐升高，以 RC 时间常数最终充到外电源电压 V。只要 C 两端电压 $V_E < V_p$，就可以认为发射极电流 $I_E = 0$。当电容 C 两端电压 V_E 达到 V_p 时，由于发射结注入，r_{B1} 减小，此时电容 C 通过 r_{B1} 和 R_1 放电。C 两端电压因放电而下降，又使管子的发射结处于反偏的状态下，I_E 又回到零。于是，电容 C 再一次充电，而后再放电，如此循环不止。V_E 随时间的变化如图 9-24(a) 所示。由于放电回路的电阻比充电回路的电阻小得多，因此放电时间常数小，放电比充电快，电容器放电电流在 R_1 上的压降 V_{R1} 即是一个脉冲，如图 9-24(b) 所示。将脉冲取出加于可控硅整流器控制极 G，即可起到触发作用。改变电阻 R，即可改变电容 C 的充放电周期，也就相应地改变了触发时刻。

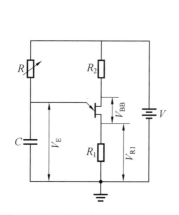

图 9-23　弛张振荡器的基本电路

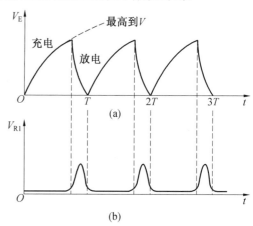

图 9-24　弛张振荡器电压波形图

9.6　双极反型沟道场效应晶体管

图 9-25 给出了一 p 沟道 Ge_xSi_{1-x}/Si 双极反型沟道场效应晶体管(BICFET)的结构、能带示意图和电路符号，该器件横向工作是单极模式。当 p^+ 基极 1 或(源极)加正偏压时，空穴注入窄带隙 Ge_xSi_{1-x}/Si 应变层中。当基极 2 加反向偏压用作漏极时，沟道电荷被收集形成输出电流，这就是异质结场效应管(HFET)的工作原理。

在双极模式中，两个基极均注入空穴电荷且不被收集，沟道中的空穴电荷只用来控制基区电场，从而控制垂直方向上的电子输运。

由于这种器件是用被称为"反型沟道"或"反型基区"的二维限制的可动电荷层取代了普通晶体管的电中性基区，因此又称为反型基区晶体管(Inversion-Base Transistor, IBT)。

第 9 章 其他类型的微电子器件

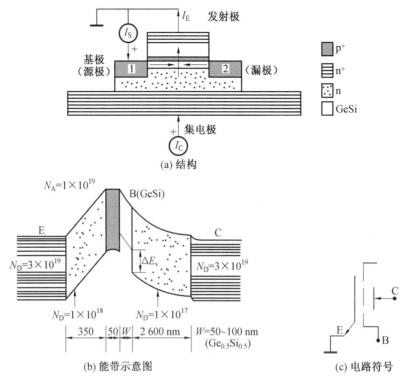

图 9－25 p 沟道 Ge_xSi_{1-x}/Si BICFET

9.7 穿通型晶体管

穿通型晶体管是指 BJT 或 MOST 中电流流入端和流出端的两个 pn 结势垒充分交叠的器件，其特点是电流流入端和流出端之间存在着一个多子势垒，势垒高度同时受基极（或栅）电压和集电极（或漏）电压的控制，所以电流也受这两个电压控制。上节讨论的 SIT 也属于穿通型晶体管，它是 pn 结栅的穿通型 JFET。此外，还有可透基区晶体管与穿通型场效应晶体管。

9.7.1 可透基区晶体管

可透基区晶体管(Permeable Base Transistor，PBT)与隐埋栅 SIT 结构十分相似，其间的主要区别在于此处用金属取代了 p^+ 扩散栅区，如图 9－26 所示为栅区部位的局部剖面结构图。由于用肖特基栅代替了通常 SIT 中的 pn 结栅，因此又称为 MESSIT。

这种器件的优点在于：用肖特基势垒栅代替 pn 结栅，可以选用制结技术尚不成熟的 GaAs 材料制作器件，GaAs 具有较高的载流子迁移率，有利于提高工作频率；钨膜可以做得很薄，沟道长度可远远短于 pn 结栅结构，有利于提高工作频率；金属电导率远小于 p^+ 区，可减小栅电阻；可制出很窄的钨线条以减小栅电容。后两个优点联合起来可减小输入电路的充、放电时间，也有利于

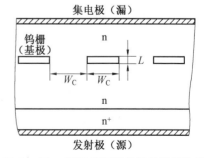

图 9－26 可透基区晶体管的栅区结构

提高工作频率。

目前,可透基区晶体管均以双极模式工作,即栅源间加正偏压,与一般 BJT 应用方式相同,其工作原理同 BSIT。

9.7.2 穿通型场效应晶体管

随着 MOST 的沟道越来越短,穿通型 MOST 即代表了 MOST 沟道缩短的极限。这种器件的电流-电压关系满足

$$I_{DS} \propto V_{DS}^n$$

式中,n 为与器件结构及工作电流等有关的常数。如图 9-27 所示为穿通型 MOST 的伏安特性,穿通型 MOST 的输出特性可分三个区。

小电流下,决定电流大小的关键是沟道中势垒的高度,I_{DS} 与势垒高度 V_h 的关系为

$$I_{DS} \propto e^{qV_h/kT}$$

式中,V_h 又与 V_{DS}、V_{GS} 有关。

若保持 V_{GS} 不变而增加 V_{DS} 到一定值,势垒高度可以降到很低,从而使电子容易越过势垒。电子越过势垒后的行为决定着电流的大小。当注入的载流子浓度远远超过杂质浓度时,载流子从注入到输运至漏极受空间电荷的限制,这就是在中、大电流时的情形。若视迁移率为常数,则导出

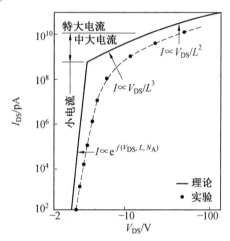

图 9-27 穿通型 MOST 的伏安特性

$$I_{DS} \approx \frac{9}{8}\varepsilon\varepsilon_0\mu_{n0}\left(\frac{V_{DS}^2}{L^3}\right)$$

当 V_{DS} 继续升高时,沟道中电场强到使载流子达到极限漂移速度,此时有

$$I_{DS} \approx \frac{9}{8}\varepsilon\varepsilon_0 v_{sl}\left(\frac{V_{DS}}{L^2}\right)$$

即在特大电流范围内漏极电流随漏极电压的变化关系。

栅偏压与衬底偏压均能影响势垒高度,因此二者都能调制穿通电流。

9.7.3 空间电荷限制三极管

空间电荷限制三极管(Space Charge Limited Triode,SCLT)的局部结构及工作时耗尽层变化示意图如图 9-28 所示。由图 9-28(a) 可知,这种器件实际上就是穿通型双极晶体管。当 V_{DS} 增加到基区穿通电压时,两个 pn 结势垒交叠,形成与 SIT 相似的沟道电势分布,在原发射结处存在着一个势垒,势垒高度同时受 V_{GS} 和 V_{DS} 调制。当运动的载流子浓度远远超过杂质浓度时,电流与电压的关系服从前面讨论过的空间电荷限制电流规律。

上述三种穿通型晶体管实际上分别代表着金属-半导体 FET、MOST 和 BJT 三种类型。实际结构还会有各种各样,但均可归入这三类。

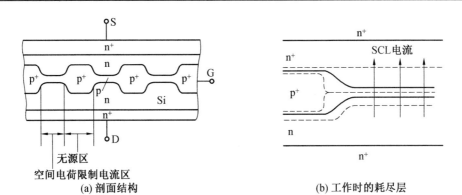

(a) 剖面结构　　　　　　　　(b) 工作时的耗尽层

图 9-28　空间电荷限制三极管

附 录

附录 Ⅰ 常温下主要半导体的物理性质

附表 Ⅰ－1 主要半导体物理参数一览表

参数	单位	Ge	Si	GaAs	AlAs	AlSb	GaP	GaSb	InAs	InP	InGaAs	InGaAsP $\lambda=1.3\mu m$
原子密度	cm^{-3}	4.42×10^{22}	5.0×10^{22}	4.42×10^{22}	4.48×10^{22}		4.82×10^{22}					
原子量		72.60	28.09	144.63								
密度	g/cm^3	5.33	2.33	5.32	3.59	4.26	4.13	5.61	5.67	4.79		
晶体结构		金刚石	金刚石	闪锌矿	闪锌矿	闪锌矿	闪锌矿	闪锌矿	闪锌矿	闪锌矿	闪锌矿	闪锌矿
导带底有效态密度	cm^{-3}	1.04×10^{19}	2.8×10^{19}	4.7×10^{17}								
价带顶有效态密度	cm^{-3}	6.0×10^{18}	1.04×10^{19}	7.0×10^{18}								
电子有效质量 m^*/m_0	m_0	$m_e^*=1.64$ $m_t^*=0.084$	$m_e^*=0.98$ $m_t^*=0.19$	0.067	0.5	0..39	0.12	0.049	0.027	0.08	0.041	0.053
空穴有效质量 m_{hh}^* $\overline{m}_{hh}^*$ m^*/m_0	m_0	0.044 0.28	0.16 0.49	0.082 0.45	0.46	0.11 0.5	0.14 0.86	0.056 0.33	0.024 0.41	0.120 0.56	0.051 0.50	0.072 0.050
电子亲和能	eV	4.0	4.05	4.07	3.5	3.65	4.3	4.06	4.9	4.4	4.6	4.53
禁带宽度	eV	0.66	1.12	1.43 (r) 1.86 (x)	3.114 (r) 2.13 (x)	2.218 (r) 2.13 (x)	2.78 (r) 2.24 (x)	0.72	0.356	1.35	0.75	0.95
自旋轨道分裂能 Δ	eV			0.34	0.29	0.75	0.127	0.80	0.38	0.108		

续附表 I-1

参数		单位	Ge	Si	GaAs	AlAs	AlSb	GaP	GaSb	InAs	InP	InGaAs	InGaAsP $\lambda=1.3\ \mu m$
导带卫星谷与主能谷能量差	$\Delta E_{\rm rL}$ $\Delta E_{\rm px}$	eV			0.31 0.46	−0.66 −0.865	−0.11 −0.9	−0.11 −0.54	0.09 0.30	0.78 1.47	0.5 0.85		
本征载流子浓度		cm^{-3}	2.4×10^{13}	1.45×10^{10}	1.79×10^6	~ 10	$\sim 10^5$	~ 1	10^{13}	$\sim 10^{15}$	$\sim 10^7$	$\sim 10^{12}$	$\sim 10^{11}$
本征德拜长度		μm	0.68	24	2 250								
本征电阻率		$\Omega \cdot cm$	47	2.3×10^5	10^2	0.1	5×10^6						
晶格常数		Å	5.646	5.431	5.653	5.661	6.136	5.450	6.094	6.058	5.868	5.868	5.868
线热膨胀系数		$mm \cdot mm^{-1} \cdot ℃^{-1}$	5.8×10^{-6}	2.6×10^{-6}	6.68×10^{-6}	5.2×10^{-6}	4.88×10^{-6}	5.3×10^{-6}	6.7×10^{-6}	5.19×10^{-6}	4.5×10^{-6}	5.55×10^{-6}	5.42×10^{-6}
熔点		℃	937	1 415	1 238	1 740	1 080	1 467	712	943	1 070		
少子寿命		s	10^{-3}	2.5×10^{-3}	$\sim 10^{-8}$		$(1\sim 2)\times 10^{-9}$	8×10^{-8}	$\sim 10^{-6}$	5×10^{-8}	$(2\sim 6)\times 10^{-6}$		
迁移率	电子 空穴	$cm^2 \cdot V^{-1} \cdot s^{-1}$	3 900 1 900	1 500 450	8 500 400	180	200 420	200 120	7 700 400	33 000 460	6 060 150	11 000 300	6 300 100
光学声子能量		eV	0.037	0.063	0.035								
声子平均自由程	电子 空穴	nm	10.5 10.5	7.6 7.5	5.8								
比热容		$J \cdot g^{-1} \cdot ℃^{-1}$	0.31	0.7	0.35								
热导率		$W \cdot cm^{-1} \cdot ℃^{-1}$	0.6	1.5	0.46	0.91	0.56	1.1	0.33	0.26	0.7	0.66	
折光系数			4.02	3.45	3.65	3.178	3.4	3.45	3.82	3.52	3.45	3.56	3.52
介电系数 $\varepsilon/\varepsilon_0$			16	11.9	13.1	10.06	14.4	11.1	15.69	14.55	12.5		

附录 Ⅱ 常用介质膜的物理参数

附表 Ⅱ-1 常用介质膜的物理参数一览表

性质和单位	SiO_2	Si_3N_4（晶形）	Si_3N_4（无定形）	$Si_xO_yN_z$	Al_2O_3	$Si_xH_yN_z$（等离子增强CVD法）
结构	无定形	α—Si_3N_4 $a=7.748$ Å $c=5.617$ Å	Si—N 键长 $1.4\sim1.5$ Å	无定形	无定形	无定形
密度 /(g·cm^{-3})	2.25	3.18	$2.8\sim3.1$		$3.1\sim3.2$	$2.5\sim2.8$
熔点 /℃	~1600	~1900			~2000	
介电系数	$3.8\sim3.9$	9.4	$6.5\sim7$	$4.8\sim6.1$	$7.5\sim9.6$	$6\sim9$
介电强度 /(V·cm^{-1})	$\sim5\times10^4$		$\sim1\times10^7$	$\sim5\times10^6$	$1\sim6\times10^6$	6×10^6
直流电阻率[25 ℃·(Ω·cm)$^{-1}$]	$10^{14}\sim10^{16}$	10^{15}	$10^{14}\sim10^{15}$			10^{15}
禁宽宽度 /eV	8	$3.9\sim4.0$	~5.0		7.5	
表面电荷 Q_{ss} /(个·cm^{-2})	2×10^{11}		$>10^{12}$			
表面复合速度 /(cm·s^{-1})	$5\sim10$		200			
极化作用	无		500 ℃ 时,极化离子浓度为 3×10^6 cm^{-3}			
陷阱作用	无		25 ℃,当电场大于某个阈值时产生			
损耗因数(1 kHz)	$<5\times10^{-4}$		$0.7\sim2\times10^{-3}$			
离子漂移电导率	80 ℃ 以上就可发现漂移		400 ℃ 以下测量不出			
室温漂移阈值电场 /(V·cm^{-1})			$2\sim4\times10^6$			

续附表 Ⅱ－1

性质和单位		SiO_2	Si_3N_4（晶形）	Si_3N_4（无定形）	$Si_xO_yN_z$	Al_2O_3	$Si_xH_yN_z$（等离子增强CVD法）
折射率		1.46	2.1	1.99～2.05	1.60～1.88	1.67～1.73	2.0～2.1
红外吸收 /μm		9.3		11.5～12.0	9.3和12	15～16	12
热膨胀系数 /℃$^{-1}$		5.6×10^{-7}	$(3.0\sim3.5)\times10^{-6}$	3.85×10^{-6}		7.0×10^{-6}	$(4\sim7)\times10^{-6}$
热传导系数 /(cal·cm^{-1}·s^{-1}·℃$^{-1}$)		0.003 2	0.067				
比热 /(cal·g^{-1}·℃$^{-1}$)			0.17				
激活能 /(kcal·mol^{-1})				$\Delta H_{298}=-179$			
熵(cal·mol^{-1}·℃$^{-1}$)				$S_{298}=25.6$			
硬度(莫氏)		5		9(850℃) 9.5(950℃)			
产生龟裂的厚度 /μm		2		0.2～0.3		0.4	
弹性模量 /(kg·cm^{-2})		7.14×10^5		4.0×10^7			
断裂强度 /(kg·cm^{-2})				～4 700			
挠曲强度 /(kg·cm^{-2})			1 125～1 140				
腐蚀速度 /(nm·min^{-1})	BHF 25℃	30		0.4～0.8		1～2	10～20
	H_3PO_4 180℃	1		10		15	60～100
扩散掩蔽		砷、锑、硼、磷		硼、磷、锑、砷、氧、锌、镓、铟、钠、铝、氧、水汽	和Si_3N_4基本相同		Na、H_2O、Al

附录 Ⅲ 常用物理常数表

附表 Ⅲ－1 常用物理常数

名称	符号	数值	单位
玻耳兹曼常数	k	1.38×10^{-23}	J/K
电子电荷	q	1.6×10^{-19}	C
普朗克常数	h	6.625×10^{-34}	J·s
自由电子质量	m_e	0.911×10^{-27}	g
热电压(300 K)	kT/q	0.0259	V
真空介电常数	ε_0	8.854×10^{-14}	F/cm
光速	c	2.998×10^{10}	cm/s

计算势垒电容时常用的一些常数组数据如下（对 Si 材料而言）。

$$\varepsilon\varepsilon_0 = 12 \times 8.85 \times 10^{-14}\ \text{F/cm} = 1.06 \times 10^{-12}\ \text{F/cm}$$

$$\frac{\varepsilon\varepsilon_0}{q} = \frac{12 \times 8.85 \times 10^{-14}\ \text{F/cm}}{1.6 \times 10^{-19}\ \text{C}} = 6.64 \times 10^{6}\ \text{F/(cm·C)}$$

$$\left(\frac{2\varepsilon\varepsilon_0}{q}\right)^{\frac{1}{2}} = 3.64 \times 10^{3}\ [\text{F/(cm·C)}]^{\frac{1}{2}}$$

$$q\varepsilon\varepsilon_0 = 1.69 \times 10^{-31}\ \text{F·C/cm}$$

$$\left[\frac{q\varepsilon\varepsilon_0}{2}\right]^{\frac{1}{2}} = 2.9 \times 10^{-16}\ (\text{F·C/cm})^{\frac{1}{2}}$$

$$\left[\frac{q(\varepsilon\varepsilon_0)^2}{12}\right]^{\frac{1}{3}} = 2.47 \times 10^{-15}\ \text{F·(V/cm}^2)^{\frac{1}{3}}$$

附录 Ⅳ 硅电阻率与杂质浓度的关系(300 K)

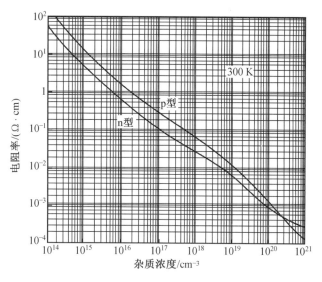

附图 Ⅳ-1 硅电阻率与杂质浓度的关系

附录 Ⅴ 硅中迁移率与杂质浓度的关系

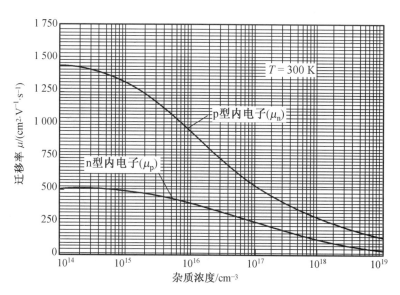

附图 Ⅴ-1 硅中迁移率与杂质浓度的关系

附录 Ⅵ 扩散结势垒电容和势垒宽度关系曲线

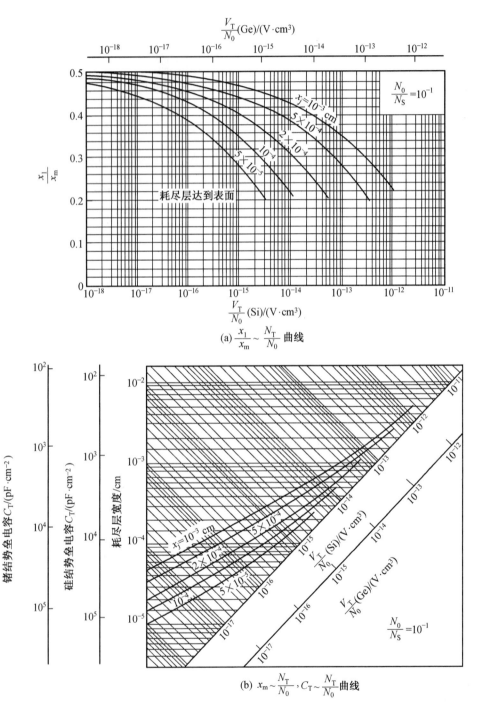

(a) $\dfrac{x_1}{x_m} \sim \dfrac{N_T}{N_0}$ 曲线

(b) $x_m \sim \dfrac{N_T}{N_0}$，$C_T \sim \dfrac{N_T}{N_0}$ 曲线

附图 Ⅵ-1 $\dfrac{N_0}{N_S}$ 在 3×10^{-2} 到 3×10^{-1} 范围内的缓变结曲线

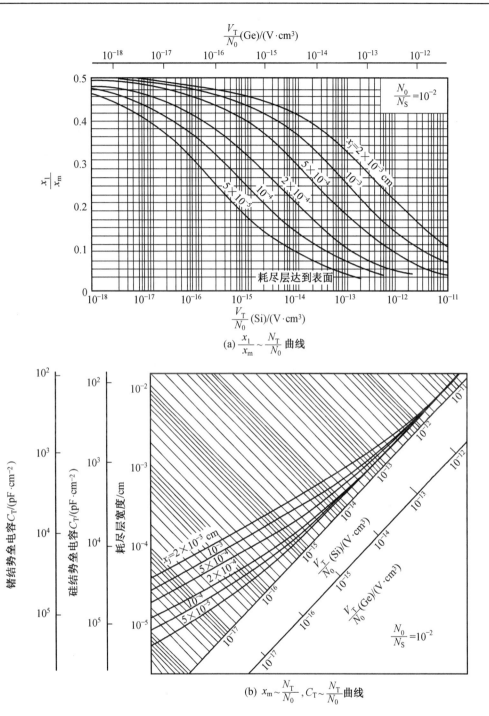

附图 Ⅵ-2 $\dfrac{N_0}{N_S}$ 在 3×10^{-3} 到 3×10^{-2} 范围内的缓变结曲线

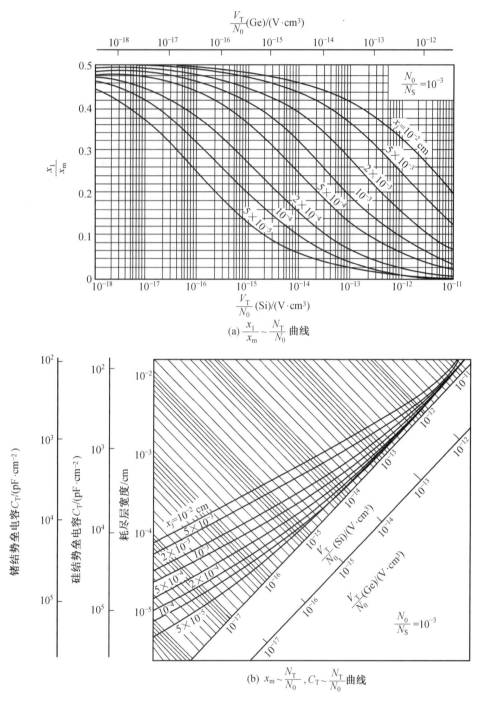

附图 Ⅵ-3 $\dfrac{N_0}{N_S}$ 在 3×10^{-4} 到 3×10^{-3} 范围内的缓变结曲线

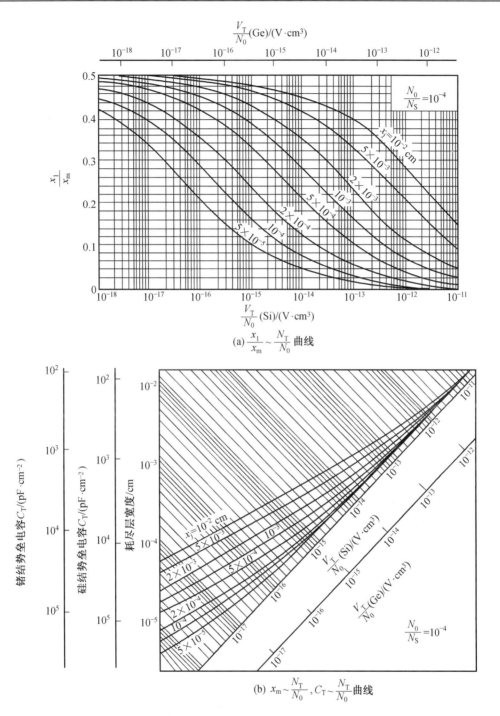

附图 Ⅵ-4 $\dfrac{N_0}{N_S}$ 在 3×10^{-5} 到 3×10^{-4} 范围内的缓变结曲线

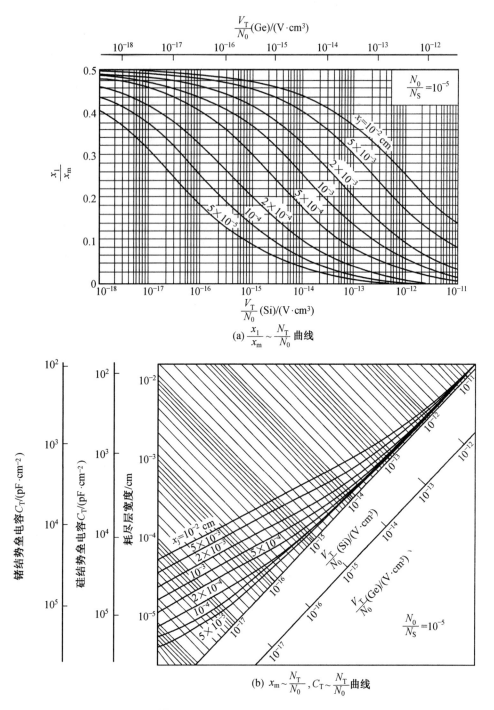

附图 Ⅵ-5 $\dfrac{N_0}{N_S}$ 在 3×10^{-6} 到 3×10^{-5} 范围内的缓变结曲线

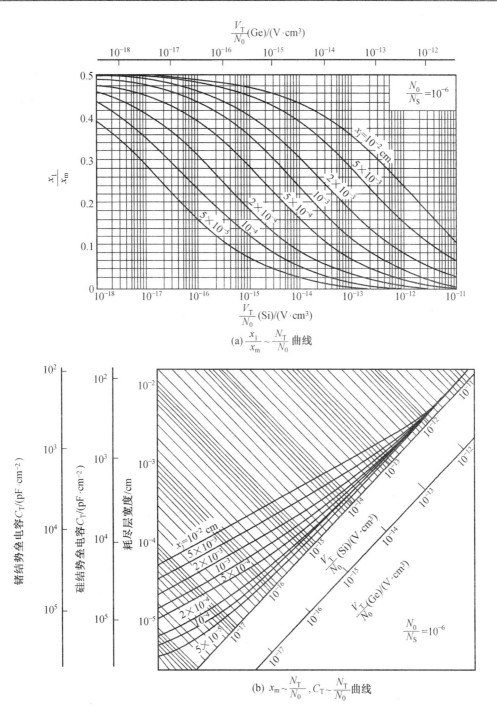

附图 Ⅶ−6 $\dfrac{N_0}{N_S}$ 在 3×10^{-7} 到 3×10^{-6} 范围内的缓变结曲线

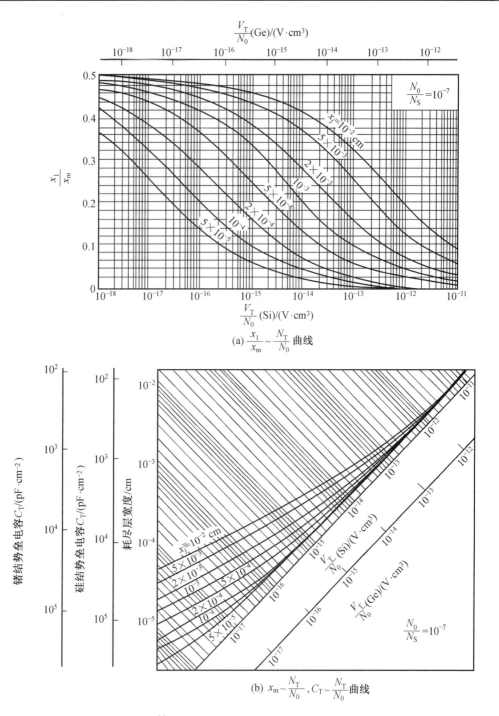

附图 Ⅵ-7 $\frac{N_0}{N_S}$ 在 3×10^{-8} 到 3×10^{-7} 范围内的缓变结曲线

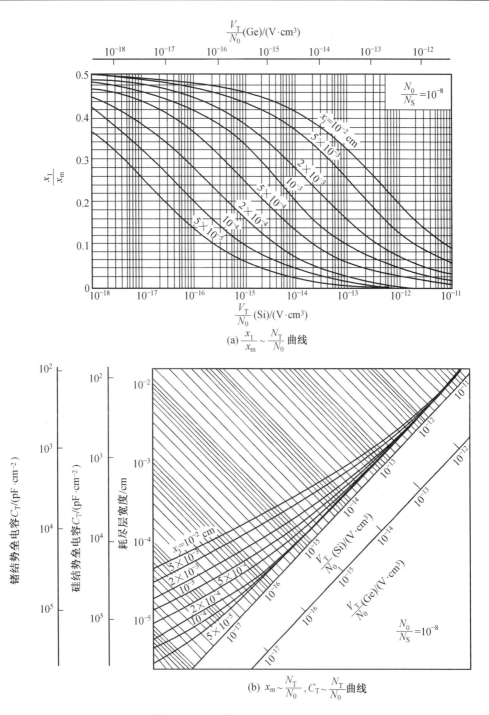

附图 Ⅵ－8　$\frac{N_0}{N_S}$ 在 3×10^{-9} 到 3×10^{-8} 范围内的缓变结曲线

附录 Ⅶ 硅中扩散层平均电导与表面浓度、结深关系

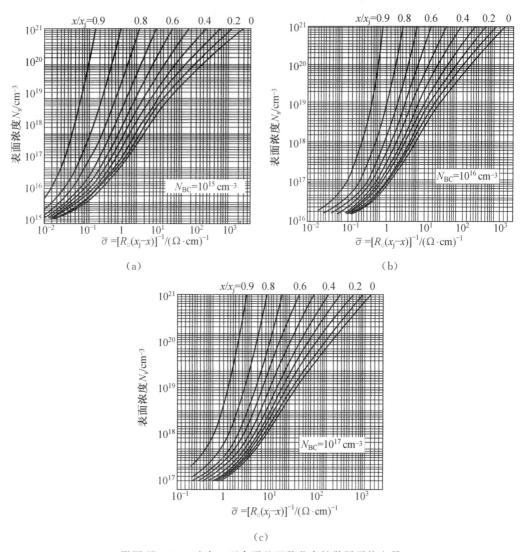

附图 Ⅶ-1 硅中 p 型余误差函数分布扩散层平均电导

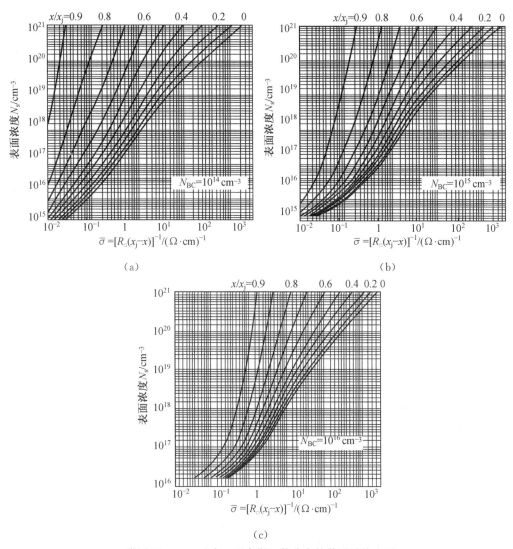

附图 Ⅶ－2 硅中 p 型高斯函数分布扩散层平均电导

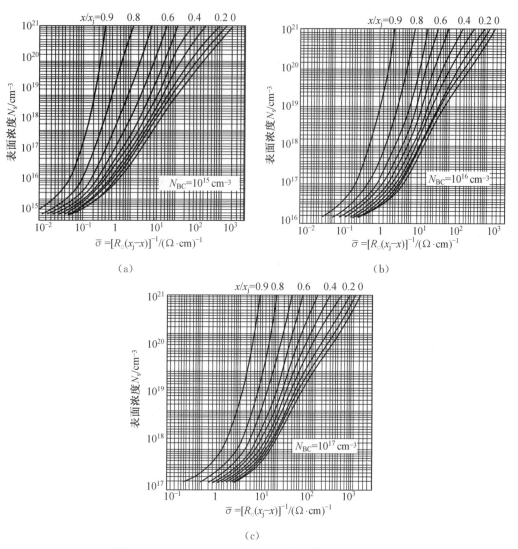

附图 Ⅷ-3 硅中 n 型余误差函数分布扩散层平均电导

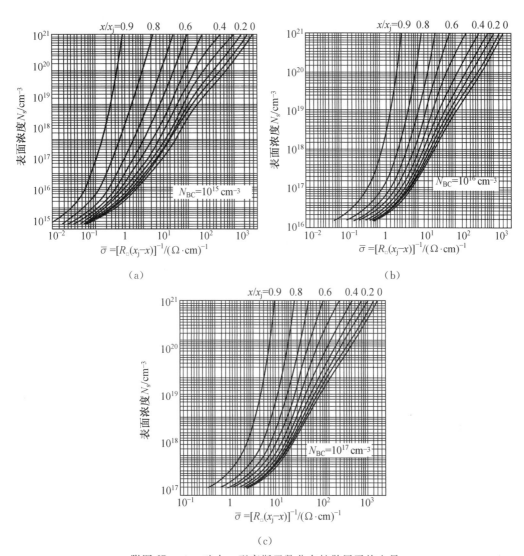

附图 Ⅶ－4 硅中 n 型高斯函数分布扩散层平均电导

附录 Ⅷ 半导体分立器件型号命名法

1. 我国半导体分立器件型号的命名法

根据中华人民共和国国标 GB 249—74，我国晶体管和其他半导体器件的型号通常由以下五部分组成，每部分的符号及意义见附表 Ⅷ－1。

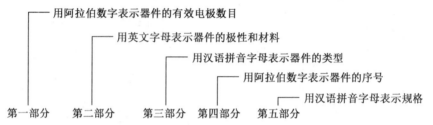

例如，3AX81 为 81 号低频小功率 pnp 型锗材料三极管；2AP9 为 9 号普通 n 型锗材料二极管。

附表 Ⅷ－1 我国半导体分立器件型号的组成符号及其意义

第一部分		第二部分		第三部分				第四部分	第五部分
用数字表示器件的有效电极数目		用英文字母表示器件的极性和材料		用汉语拼音字母表示器件的类型				用数字表示器件序号	用汉语拼音字母表示规格
符号	意义	符号	意义	符号	意义	符号	意义		
2	二极管	A	n型,锗材料	P	普通管	D	低频大功率管 ($f_a < 3$ MHz, $P_C \geq 1$ W)		
		B	p型,锗材料	V	微波管				
		C	n型,硅材料	W	稳压管				
		D	p型,硅材料	C	参量管	A	高频大功率管 ($f_a \geq 3$ MHz, $P_C \geq 1$ W)		
				Z	整流器				
				L	整流堆				
				S	隧道管	T	半导体闸流管 (可控整流器)		
				N	阻尼管				
				U	光电器件	Y	体效应器件		
3	三极管	A	pnp型,锗材料	K	开关管	B	雪崩管		
		B	npn型,锗材料	X	低频小功率管 ($f_a < 3$ MHz, $P_C < 1$ mW)	J	阶跃恢复管		
		C	pnp型,硅材料			CS	场效应管		
		D	npn型,硅材料			BT	半导体特殊器件		
		E	化合物材料	G	高频小功率管 ($f_a \geq 3$ MHz, $P_C \leq 1$ W)	FH	复合管		
						PIN	PIN 型管		
						JG	激光器件		

注：① 半导体特殊器件、复合管、PIN 型二极管和激光器件等型号的组成只有第三、四、五部分。

② 场效应晶体管常用型号的组成符号及意义如下表所示。

附表 Ⅷ－1－1　场效应晶体管常用型号的组成符号及意义

第一部分		第二部分		第三部分		第四部分	第五部分
用数字表示器件有效电极数		用英文字母表示制作器件的基体材料		用英文字母表示的器件类型		用数字表示器件序号	用英文字母表示规格
符号	意义	符号	意义	符号	意义		
3	三电极单栅	C	n 型硅（p 沟道）	J	耗尽型结型场效应管		
		D	p 型硅（n 沟道）				
4	双栅器件	C	n 型硅（p 沟道）	O	绝缘栅场效应管		
		D	p 型硅（n 沟道）				

2. 国际电子联合会半导体分立器件型号的命名法

欧洲国家大都采用国际电子联合会晶体管型号命名法，其型号的组成部分的符号及意义见附表 Ⅷ－2。

附表 Ⅷ－2　国际电子联合会半导体分立器件型号的组成部分及其意义

第一部分		第二部分				第三部分		第四部分	
用字母表示使用的材料符号		用字母表示类型及主要特性				用数字或字母加数字表示登记号		用字母对同型号者分档	
符号	意义	符号	意义	符号	意义	符号	意义	符号	意义
A	锗材料	A	检波、开关和混频三极管	M	封闭磁路中的霍尔器件	三位数字	选用半导体器件的登记序号（同一类型器件使用同一登记号）	A B C D E ...	同一型号器件按某一参数进行分档的标志
		B	变容二极管	P	光敏器件				
B	硅材料	C	低频小功率三极管	Q	发光器件				
		D	低频大功率三极管	R	小功率可控硅				
C	砷化镓	E	隧道三极管	S	小功率开关管				
		F	高频小功率三极管	T	大功率可控硅				
D	锑化铟	G	复合器件及其他器件	U	大功率开关管	一个字母加三位数字	专用半导体器件的登记号（同一类型器件使用同一登记号）		
		H	磁敏二极管	X	倍增二极管				
R	复合材料	K	开放磁路中的霍尔器件	Y	整流二极管				
		L	高频大功率三极管	Z	稳压二极管，即齐纳二极管				

注：小功率指热阻 $R_T > 15\ ℃/W$；大功率指热阻 $R_T \leqslant 15\ ℃/W$。

在附表 Ⅷ－2 中所列的四个基本部分后面，有时还加后缀，以区别特性或进一步分类。

这种命名法被欧洲许多国家采用。因此，凡型号以两个字母开头，并且第一个字母是 A、B、C、D 或 R 的晶体管，大都是欧洲制造的产品，或是按欧洲某一厂家专利生产的产品。

3. 美国半导体分立器件型号的命名法

美国晶体管或其他半导体器件的型号命令法比较混乱,在这里介绍的是美国晶体管标准型号命名法,即美国电子工业协会(EIA)规定的晶体管分立器件型号的命名法,见附表Ⅷ-3。

附表Ⅷ-3　美国电子工业协会半导体分立器件型号组成部分的符号及其意义

第一部分		第二部分		第三部分		第四部分		第五部分	
用符号表示用途的类型		用数字表示PN结的数目		美国电子工业协会(EIA)注册标志		美国电子工业协会(EIA)登记顺序号		用字母表示器件分档	
符号	意义	符号	意义	符号	意义	符号	意义	符号	意义
JAN 或 J	军用品	1	二极管	N	该器件已在美国电子工业协会注册登记	多位数字	该器件在美国电子工业协会登记的顺序号	A B C D …	同一型号的不同档别
		2	三极管						
无	非军用品	3	三个PN结器件						
		n	n个PN结器件						

4. 日本半导体分立器件型号的命名法

日本半导体器件或其他国家按日本专利生产的这类器件,都是按日本工业标准(JIS)规定的命名法(JIS-C-702)命名的,见附表Ⅷ-4。

附表Ⅷ-4　日本半导体分立器件型号组成部分的符号及其意义

第一部分		第二部分		第三部分		第四部分		第五部分	
用数字表示类型或有效电极数		S表示日本电子工业协会(EIAJ)注册产品		用字母表示器件的极性及类型		用数字表示在日本电子工业协会登记的顺序号		用字母表示对原来型号的改进产品	
符号	意义	符号	意义	符号	意义	符号	意义	符号	意义
0	光电(即光敏)二极管、晶体管及其组合管二极管	S	表示已在日本电子工业协会(EIAJ)注册登记的半导体分立器件	A	pnp型高频管	两位以上的整数	从"11"开始,表示在日本工业协会注册登记的顺序号;不同公司的性能相同的器件可以使用同一顺序号;其数字越大,越是近期产品	A B C D E F	用字母表示对原来型号的改进产品
				B	pnp型低频管				
1	三极管或具有两个PN结的其他晶体管			C	npn型高频管				
2				D	npn型低频管				
				F	p控制极可控硅				
3	具有四个有效电极或具有三个PN结的晶体管				n控制极可控硅				
				G	n基极单结晶体管				
				H	p沟道场效应管				
					n沟道场效应管				
n-1	具有n个有效电极或具有n-1个PN结的晶体管			J	双向可控硅				
				K					
				M					

除表中所列的五部分外,有时还有第六、七部分,第六部分表示器件的特殊用途及特性,第七部分则表示器件某个参数的分档标志。

5. ГOCT10865-72半导体分立器件型号命名法

ГOCT10865-72命名法中的半导体分立器件型号由四部分组成,其含义见附表Ⅷ-5。

附表Ⅷ-5　ГОСТ10865-72 命名法型号组成部分的符号及其意义

第一部分 器件使用的材料		第二部分 器件的类型			第三部分 器件基本参数的分类									第四部分 同类分档标点	
符号	意义	符号	意义	器件的类型	101至199	201至299	301至399	401至499	501至599	601至699	701至799	801至899	901至999	符号	意义
字母 Г 或数字 1	锗或锗的化合物	T	三极管	三极管及场效应管	低频小功率	中频小功率	高频与特高频小功率	低频中功率	中频中功率	高频与特高频中功率	低频大功率	中频大功率	高频与特高频大功率	А	代表同一型号的不同档别
		П	场效应管											Б	
		Д	二极管	二极管（τ毫微秒）	整流用小功率	整流用中功率	高频与特高频小功率	通用低频	开关用 τ>150	开关用150≥τ>30	开关用30≥τ>5	开关用5≥τ>1	开关用1≥τ		
		Ц	整流器件		混频	检波		参量	调制	阶跃	振荡			В	
字母 К 或数字 2	硅或硅的化合物	A	特高频二极管	特高频二极管	整流柱小功率	整流柱中功率	整流堆小功率	整流堆中功率		阶跃				Г	
		В	变容二极管	整流器件	放大	振荡	开关	反向							
		И	隧道二极管 反向二极管	隧道二极管	电调谐	阶跃								Д	
		Н	可控硅	变容二极管											
		У	双向可控硅	可控硅	通用小功率	通用中功率	可关断小功率	可关断中功率	双向小功率	双向中功率				Е	
		Л	发光器件	发光器件（B;尼特）	红外光	可见光 B<500	可见光 B>500								
字母 А 或数字 3	镓或镓的化合物	Г	噪声发生器												
		Б	耿氏二极管											Ж	
		К	稳流管	稳压管（V_z;伏）	小功率 V_z <10	小功率 V_z 10~99	小功率 V_z 100~199	中功率 V_z <10	中功率 V_z 10~99	中功率 V_z 100~199	大功率 V_z <10	大功率 V_z 10~99	大功率 V_z 100~199		
		С	稳压管												

参 考 文 献

[1] 宋南辛,徐义刚. 晶体管原理[M]. 北京:国防工业出版社,1980.

[2] 武世香. 双极型和场效应晶体管[M]. 北京:电子工业出版社,1995.

[3] 陈星弼,唐茂成. 晶体管原理[M]. 北京:国防工业出版社,1981.

[4] 刘恩科,朱秉升. 半导体物理学[M]. 北京:国防工业出版社,1979.

[5] 王广发. 晶体管原理与设计[M]. 上海:上海科学技术出版社,1984.

[6] 张屏英,周佑谟. 晶体管原理[M]. 上海:上海科学技术出版社,1985.

[7] 王家骅,李长健,牛文成. 半导体器件物理[M]. 北京:科学出版社,1983.

[8] 爱德华. 半导体器件基础[M]. 北京:人民教育出版社,1981.

[9] 施敏. 半导体器件物理[M]. 北京:电子工业出版社,1987.

[10] ПАСЫНКОВ В В,ЧИРКИН Л К. Полупроводниковые приборы[M]. Москва:Высшая школа,1987.

[11] 施敏. 半导体器件:物理与工艺[M]. 北京:科学出版社,1992.

[12] Heargkit 公司. 半导体器件[M]. 马明刚,编译. 北京:人民邮电出版社,1990:21.

[13] VAN DE WIELE F,DEMONLIN E. Inversion-layer in abrupt p-n junctions[J]. Solid-State Electronics,1970,13(5):717.

[14] GUMMEL H K,SCHARFECTER D L. Depletion-layer capacitance of p^+-n step junctions[J]. J. Appl. Phys,1967,38(5):2148.

[15] KENNEDY D P. A mathematical study of space-charge layer capacitance for an abrupt p-n semiconductor junction[J]. Solid-State Electronics,1977,20(4):311.

[16] CHAWLA R,GUMMEL H K. Transition region capacitance of diffused p-n junction[J]. IEEE Trans.,Electron Devices,1971,ED-18(3):178.

[17] MORGAN S P,SMITS F M. Potential distribution and capacitance of a graded p-n junction[J]. Bell Labs Tech. J.,1960,39(6):1573.

[18] 沃尔夫. 硅半导体工艺数据手册[M]. 北京:国防工业出版社,1975:332.

[19] LAWRENCE H,WARNER R M. Deffused junction depletion layer calculation[J]. Bell Syst. Tech. J.,1960,39(2):389.

[20] SZE S M,GIBBONS G. Avalanche breakdown voltage of abrupt and linearly graded p-n junction in Ge,Si,GaAs,and GaP[J]. Appl. Phys. Lett.,1966,8(5):111.

[21] VAN OVERSTRAETEN R,DE MAN H. Messurement of the ionization rates in diffused silicon p-n junctions[J]. Solid-State Electronics,1970,13(5):583.

[22] SZE S M. Physics of semiconductor devices[M]. New York:Wiley Interscience Ltd,2007.

[23] MILLER S L. Avalanche breakdown in germanium[J]. Phys. Rev.,1955,99(4):1234.

[24] WARNAR R M. Avalanche breakdown in silicon diffused junction[J]. Solid-State Electronics,1972,15(12):1302.

[25] SZE S M, GIBBONS G. Effect of junction curvature on breakdown voltage in semiconductors[J]. Solid-State Electronics, 1966, 9(9):831.

[26] 仓田卫. 半导体器件的数值分析[M]. 张光华, 译. 北京: 电子工业出版社, 1985.

[27] EARLY J M. Effect of space-charge layer widening in junction transistor[J]. Proc. IRE. , 1952, 40(11):1401.

[28] EBERS J J, MOLL J L. Large-signal behavior of junction transistors[J]. Proc. IRE. , 1954, 42(12):1761.

[29] 格特鲁. 双极型晶体管模型[M]. 周宁华, 译. 北京: 科学出版社, 1981.

[30] MAHESHWARI L K, RAMANAN K V. The effect of doping-dependent mobility on base transit time in transistors[J]. Solid-State Electronics, 1975, 18(12):1143.

[31] DAW A N, CHOUDHURY N K D, SINHA T. On the variation of cut-off frequency at high injection level with emitter end concentration of a diffused base transistor[J]. Solid-State Electronics, 1974, 17(10):1108.

[32] DAW A N, CHOUDHURY N K D, GUPTA N S. On the variation of cut-off frequency with emitter end concentration of a diffused base transistor[J]. Solid-State Electronics, 1973, 16(6):669.

[33] LINDMAYER J, WRIGLEY C. The high injection level operation of drift transistor[J]. Solid-State Electronics, 1961, 2(2-3):79.

[34] WEBSTER W M. On the variation of junction-transistor current-amplification factor with emitter current[J]. Proc. IRE. 1954, 42(6):914.

[35] RYDER E J. Mobility of holes and electrons in high electric field[J]. Phys. Rev. , 1953, 90(5):766.

[36] 浙江大学半导体教研室. 二次击穿(译文集)[M]. 浙江大学《新技术译丛》编译组, 1973.

[37] SCHAFFT H A. Second breakdown-A comprehensive review[J]. Proc. IEEE. , 1967, 55(8):1272.

[38] KRISHNA S, GRAY P. Second breakdown: hot spote or hot cylinders[J]. Proc. IEEE. , 1974, 62(8):1182.

[39] HOWER P L, REDDI V G K. Avalanche injection and second breakdown[J]. IEEE Trans. Electron. Devices, 1970, ED-17(4):320.

[40] BEATTY B A, KRISHNA S, ADLER M S. Second breakdown in power transistors due to avalanche[J]. IEEE Trans. Electron. Devices, 1976, ED-23(8):851.

[41] SHOCKLEY W. A unipolar "field effect" transistor[J]. Proc. IRE. , 1952, 40(11):1365.

[42] DACAY G C, ROSS I M. Unipolar "field effect" transistor[J]. Proc. IRE. , 1952, 41(8):970.

[43] MEAD C A. Schottky barrier gate field effect transistor[J]. Proc. IEEE. , 1966, 54(2):307.

[44] 亢宝位. 场效应晶体管理论基础[M]. 北京: 科学出版社, 1985.

[45] TROFIMENKOFF F N. Field-dependent mobility analysis of the field-effect transistor[J]. Proc. IEEE. , 1965, 53(11):1765.

[46] YAMAGUCHI K, ASAI S, KODERA H. Two-dimensional numerical analysis of stability criteria of GaAs FET's[J]. IEEE Trans. Electron Devices, 1976, ED-23(12):1283.

[47] 杨祥林. 微波器件原理[M]. 北京: 电子工业出版社, 1985.

[48] DILORENZO J V, WISSEMAN W R. GaAs power MESFET's: design, fabrication and performance[J]. IEEE Trans. on Microwave Theory and Techniques, 1978, MTT-27(5): 367.

[49] FUKUTA M, MIMURA T, SUZUKI H, et al. 4 GHz 15W power GaAs MESFET[J]. IEEE Trans., 1978, ED-25(6): 559.

[50] BARNARD J, OHNO H, WOOD C E C, et al. Double heterostructure $Ga_{0.47}In_{0.53}As$ MESFETs with submicron gates[J]. IEEE Electron Device Letters, 1980, EDL-1(9): 174.

[51] MIMUMA T, HIYAMIZU S, FUJII T, et al. A New field effect transistor with selectivity doped GaAs/n-$Al_xGa_{1-x}As$ hetro-junctions[J]. Jpn. J. Appl. Phys., 1980, 19: L225.

[52] DINGLE R, STORMER H L, GOSSARD A C, et al. Electron mobilities in modulation-doped semiconductor heterostructure superlattices[J]. Appl. Phys. Lett., 1978, 33(7): 665.

[53] 虞丽生. 半导体异质结物理[M]. 北京: 科学出版社, 1990: 169.

[54] 邓生贵, 张晓玲. 应变层 InGaAs/AlGaAs 调制掺杂场效应晶体管[J]. 半导体情报, 1989(5): 6.

[55] TESZNER S. Gridistor development for the microwave power region[J]. IEEE Trans. Electron Devices, 1972, ED-19(3): 355.

[56] MOK T D, SALAMA C A T. The characteristics and applications of a V-shaped notched channel field effect transistor (VFET)[J]. Solid-State Electronics, 1976, 19(2): 159.

[57] 希维迪斯. MOS 晶体管的工作原理及建模[M]. 西安: 西安交通大学出版社, 1989.

[58] 谢孟贤, 刘国维. 半导体工艺原理(上册)[M]. 北京: 国防工业出版社, 1980.

[59] 里奇曼. MOS 场效应晶体管和集成电路[M]. 北京: 人民邮电出版社, 1980.

[60] COBBOLD R S C. Theory and application of field-effect transistors[M]. New York: Wiley Interscience Ltd., 1970.

[61] FONG E, PITZER D C, ZEMAN R J. Power DMOS for high-frequency and switching application[J]. IEEE Trans. Electron Devices, 1980, ED-27(2): 322.

[62] YOSHIDA I, KUBO M, OCHI S. A high power MOSFET with a vertical drain electrode and meshed gate structure[J]. IEEE J. of Solid-State Circuits, 1976, SC-11(4): 472.

[63] SUN S C, PLUMMER J D. Modeling of the on-resistance of LDMOS, VDMOS and VMOS power transistor[J]. IEEE Trans. Electron Devices, 1980, ED-27(2): 356.

[64] POON H C, YAU L D, JOHNSTON R L, et al. DC model for short-channel IGFET's[C]. Washington, DC, USA: IEDM Techn. Dig., 1973. 2: 156.

[65] NOBLE W P, COTTRELL P E. Narrow channel effect in insulated gate field effect transistors[C]. Washington, DC, USA: IEDM Techn. Dig., 1976: 582.

[66] BREWS J R, FICHTNER W, NICOLLIAN E H, et al. Generalized guide for MOSFET miniaturization[J]. IEEE Electron Devices Lett., 1980, EDL-1(1): 2.

[67] OU-YANG P. Double ion implanted V-MOS technology[J]. IEEE J. Solid-State

Circuits,1977,SC-12(1):3.

[68] SALAMA C A T. A new short channel MOSFET structure (UMOST)[J]. Solid-State Electronics,1977,20(12):1003.

[69] BAECHTOLD W. Noise behavior of schottky barrie gate field-effect transistor at microwave frequencies[J]. IEEE Trans. on Electron Devices,1971,ED-18(2):97.

[70] BAECHTOLD W. Noise temperature in silicon in the hot electron region[J]. IEEE Trans. on Electron Devices,1971,ED-18(12):1186.

[71] SHOCKLEY W. Quantum theory of atoms, molecules, and the solid-state[M]. New York:Academic Press,1966:537-563.

[72] VAN DER ZIEL A. Noise:sources,characterization,measurement[M]. Information and System Sciences Series,Englewood Cliffs,NJ,USA:Prentice-Hall,1970.

[73] CHRISTENSSON S,LUNDSTROM I,SVENSSON C. Low frequency noise in MOS transistor-I theory[J]. Solid-State Electronics,1968,11(9):797.

[74] HOOGE F N. $1/f$ noise[J]. Physica. 1976,83B(1):14-23.

[75] VANDAMME L K J. Model for $1/f$ noise in MOS transistors biased in the linear region[J]. Solid-State Electronics,1980,23(4):317.

[76] ASHBURN P. Design and realization of bipolar transistors[M]. New York:John Wiley &Sons Inc. ,1988.

[77] 苏里曼. 异质结双极晶体管. 半导体器件研究与进展（第一册）[M]. 北京：科学出版社,1988.

[78] PATTON G L,COMFORT J H,MEYERSON B S. 75 GHz f_T SiGe-base-heterojunction bipolar transistor[J]. IEEE Electron Device Lett. ,1990,EDL-11(4):171.

[79] WANG Y S,SHENG W W,XIONG C K. Si/a-Si:H heterojunction microwave bipolar transistor with cut-off frequencies f_T above 5 GHz[J]. IEEE Trans. on Electron Devices,1990,37(1):153.

[80] SASAKI K,RAHMAN M M,FURUKAWA S. An amorphous SiC:H emitter heterojunction bipolar transistor[J]. IEEE Electron Device Lett. ,1985,EDL-6(6):311.

[81] NING T H,ISAAC R D. Effect of emitter contact on current gain of silicon bipolar devices[J]. IEEE Trans. on Electron Devices,1980,ED-27(11):2051.

[82] MATSUSHITA T,OH-UCHI N,HAYASHI H,et al. A silicon heterojunction transistor[J]. App. Phys. Lett. ,1979,35(7):549.

[83] SUGII T,ITO T,FURUMURA Y. β-SiC/Si heterojunction bipolar transistor with high current gain[J]. IEEE Electron Device Lett,1988,9(2):87.

[84] NISHIZAWA J,TERASAKI T,SHIBATA J. Field-effect transistor versus analog transistor (static-induction transistor) [J]. IEEE Trans. on Electron Devices. 1975, ED-22(4):185.

[85] 任逸维,崔恩录. 槽栅结构静电感应晶体管[J]. 微纳电子技术,1989(6):14.

[86] Li S Y,ZHANG T J,JIA X T,et al. A static induction transistor with insulator cover-gate and with triode-like I-V characteristics[J]. Solid-State Elec. ,1990,33(3):345-349.

[87] NISHIZAWA J,OHMI T,MOCHIDA Y. Bipolar mode static induction transistor (BSIT)-high speed swiching devices[C]. Washington,DC,USA:IEDM Techn. Dig. ,1978,24:676.

[88] 王国平,蔡菊荣. 双极—MOS功率半导体器件概述[J]. 微纳电子技术,1991(4):23.

[89] 张秀澹. IGBT及其应用的发展概况[J]. 半导体技术,1990(3):1-7.

[90] 张秀澹. IGBT及其应用的新进展[J]. 半导体技术,1991(1):1-7.

[91] TAFT R C,PLUMMER J D. Ge_xSi_{1-x}/silicon inversion base transistors:theory of operation[J]. IEEE Trans. on Electron Devices,1992,ED-39(9):2108.

[92] TAFT R C,PLUMMER J D,LYER S S. Ge_xSi_{1-x}/silicon inversion base transistors: experimental demonstration[J]. IEEE Trans. on Electron Devices,1992,ED-39(9):2119.

[93] BOZLER C O,ALLEY G D,MURPHY R A. Fabrication and microwave performace of the permeable base transistor[C]. Cornell:Proc. 7th Biennial Cornell Conf. on Active Microwave Semiconductor Devices,1979. 8:33-42.

[94] BOZLER C O,ALLEY G D. Fabrication and numerical simulation of the permeable base transistor[J]. IEEE Trans. on Electron Devices,1980,ED-27(6):1128.

[95] SNYDER D E,KUBENA R L. Evaluation of the permeable base transistor for application in silicon integrated logic circuits[C]. Washington,DC,USA:IEDM Techn. Dig. ,1981,27:612-615.

[96] MERCKEL G,GAUTIER J. A model of punchthrough current in short-channel MOSFET's from low to high injection level[C]. Washington,DC,USA:IEDM Techn. Dig. ,1978,24:476-477.

[97] MERCKEL G,BOREL J,CUPCEA N Z. An accurate large-signal MOS transistor model for use-in computer-aided design[J]. IEEE Trans. on Electron Devices,1972,ED-19(5):681.

[98] ZULEEG R. A silicon space-charge-limited triode and analog transistor[J]. Solid-State Electronics,1967,10(5):449-466.

[99] FUKUI H. The noise performance of microwave transistor[J]. IEEE Trans. on Electron Devices,1966,ED-13(3):329.